JN260504

ライブラリ 物理の演習しよう 5

演習しよう
物理数学

これでマスター！ 学期末・大学院入試問題

鈴木久男●監修／引原俊哉●著

数理工学社

監修のことば

　あなたは物理のテキストを読めばわかるのだけど，問題が解けないなんて悩んでいませんか？　私が学生だった頃も同様の悩みを抱えていました．そもそも物理学は，サイエンスすべての現象を説明するための学問です．こうしたことから，概念を応用して初めて「物理を理解した」といえるものなのです．物理学とは厳しい学問なんですね．

　とはいっても，物理が難しい学問であることが今のあなたにとっての悩みを解決しているわけではありません．実際何も参考にしないでじっくりと物理学の難しい問題を解くなんて簡単ではありません．現実に学期末試験や大学院入試の対策に悩んでいるのではないでしょうか．特に学期末試験や大学院入試問題は，限られた時間で解く必要があるのでなおさらです．他方このように悩んでいるのはあなただけではありません．出題側の教員にとっても悩みがあります．例えば，テストなどで全く新しいパターンの問題を出してしまうと，大多数の得点は非常に低くなってしまい，成績付けが困難になります．こうしたことから，テストではパターン化された問題の割合を多くせざるをえないのです．このようなことから，まずあなたに必要なスキルとしては，パターン化された問題を，素早く解いていくことなのです．この「ライブラリ 物理の演習しよう」では，理工系向けに，じっくり考える必要がある難問ではなく学期末試験や大学院入試で出題されやすい型にはまった問題を解くためのスキルを身につけてもらい，あなたの学習を強力にバックアップしていくことを目標としています．

　またあなたはこうも感じていませんか？　高校までは物理はわかったのだが，大学ではわからなくなったと．実はこれの多くは「数学」の理解に原因があることにあなたは気づいているはずです．力学，電磁気学などに出てくる数学は高校に比べて高度であり，理解しにくいのです．物理も数学も理解できない状態ではどこが理解できないのかすら，わからなくなります．逆にいえば，物理に出てくる「数学」を使いこなすことができれば，あなたは物理学の理解だけに専念でき，理解が非常に楽になるのです．本ライブラリの中に本書「物理数学」がある意義がここにあります．数学のテクニックの多くは，数百年前から先人達が研究してきたことです．そのため，あなたは「自分で思いつくか？」などあまり考える必要はありません．本書で「どうしてそうなるのか」を条件反射的に導けるまで繰り返し演習してみてください．するとどうでしょう．あなたの「物理学」の学習が驚くほど楽になるのが体感できると思います．著者の引原俊哉先生は，北大で「物理数学」の講義をされた経験から，学生達のわかりにくいポイントを良く理解され，評判も大変良い先生です．信じて安心して演習していきましょう．

　読むだけではだめですよ！　さあこれから頑張って物理の演習しよう！

2016 年 2 月　　　　　　　　　　　　　　　　　　監修者　北海道大学　鈴木久男

まえがき

　大学で物理を学習するとき，最初に勉強すべきことはなんでしょうか．私はまず，物理数学を勧めます．なぜなら，物理の学習・研究において，数学が"標準言語"として使われるからです．実際，物理の問題を解く場合，私たちはほぼ例外なく，「問題を数式で表し，その数式を処理し，得られた数式・数値を解釈する」という作業を行います．（数学を使っていないように見える場合も，それは「一度数学で確かめた知識」を利用しているに過ぎません．）自然現象を正確に扱うには，数学が必須なのです．そのように，物理の学習・研究で必ず数学を使うのであれば，その数学を自由に使えることが大きな強みになることは自明です．

　本書は，基礎・教養課程における基礎的数学（微分・積分，線形代数）を習得し，これから理系学部で物理を学習しようとしている学生の皆さんを対象とした，物理数学の演習書です．内容としては，微分・積分，線形代数の簡単なまとめの後，微分方程式，ベクトル解析，複素関数論，フーリエ・ラプラス解析，特殊関数を扱っています．これらを1冊の本に収めるという制限は厳しいものでしたが，本書を学習すれば学部レベルの物理の習得に必要な項目は一通りカバーできるように心がけました．学部の講義から大学院入試に至るまで，多くの場面で役立ててください．

　物理数学の学習においては，やみくもに式をいじるのではなく，数式の物理的意味や，解答を導出する論理を理解しながら問題を解くことが重要です．そのため，問題の内容が理解できるよう，各項目ごとに解説をつけています．また，物理の学習によく出てくる典型的な問題を網羅しつつ，数学の抽象的な理論体系も理解できるよう，バランスを配慮して，問題を選択しました．なお本書では，「物理を理解するための数学」を学習するという観点から，論理の流れを強調し，枝葉にあたる数学的詳細を（正しさを損なわない範囲で）省略した部分があります．それらの詳細については，巻末に挙げた参考文献をはじめとして，数学の専門書を参照してください．

　本書は，北海道大学で行った物理数学の講義のノートを基にしています．講義時には，受講者の学生諸氏から様々な質問をうけました．また，ノート作成，本書執筆時には，多くの数学書を参考としました．それら全てを挙げることはできませんが，ここに深く感謝します．本書の作成に際して，北海道大学の佐々木伸氏には，校正作業において有益なコメントを，数理工学社の田島伸彦氏，鈴木綾子氏，一ノ瀬知子氏には，執筆に不慣れな著者へのサポート，激励をいただきました．厚く感謝いたします．

2016年2月　　　　　　　　　　　　　　　　　　　　著者　群馬大学　引原俊哉

目次

第1章　予備知識　　1
1.1　微分・積分　　2
1.2　線形代数　　14

第2章　微分方程式　　23
2.1　基礎知識　　24
2.2　線形1階常微分方程式　　28
　演習問題　　33
2.3　定係数線形高階常微分方程式　　34
　演習問題　　48
2.4　定係数連立線形常微分方程式　　49
　演習問題　　66
2.5　非線形1階常微分方程式　　68
　演習問題　　75
2.6　その他のテクニック　　77
　演習問題　　83

第3章　ベクトル解析　　85
3.1　ベクトルの演算　　86
　演習問題　　89
3.2　スカラー場・ベクトル場の積分　　91
　演習問題　　96
3.3　スカラー場・ベクトル場の微分　　97
　演習問題　　110
3.4　ベクトル微分演算子の応用　　111
　演習問題　　120
3.5　直交曲線座標系　　121
　演習問題　　134

第4章　複素関数論　135

4.1 基礎知識 ... 136
演習問題 ... 144
4.2 初等関数 ... 145
演習問題 ... 154
4.3 複素関数の微分 ... 155
演習問題 ... 163
4.4 複素関数（正則）の積分 ... 164
演習問題 ... 174
4.5 複素関数（特異点あり）の積分 ... 175
演習問題 ... 188
4.6 複素写像 ... 189
演習問題 ... 196

第5章　フーリエ・ラプラス解析　197

5.1 フーリエ級数 ... 198
演習問題 ... 205
5.2 フーリエ変換 ... 206
演習問題 ... 216
5.3 ラプラス変換 ... 217
演習問題 ... 227

第6章　デルタ・ガンマ・ベータ関数　229

6.1 デルタ関数 ... 230
演習問題 ... 235
6.2 ガンマ関数 ... 236
演習問題 ... 240
6.3 ベータ関数 ... 241
演習問題 ... 245

演習問題解答 247
第 2 章 247
第 3 章 260
第 4 章 269
第 5 章 288
第 6 章 297

一歩進んだ学習のための文献リスト 303
索　　引 305

第1章 予備知識

　この章では，微分・積分と線形代数について述べます．この2つは，ほとんどの大学の理工系学部において一年次基礎科目として扱われますが，それはこれらの知識が，物理を含めた自然科学において，基礎中の基礎として用いられるためです．そのため，これらの数学を正しく理解しておくことは，物理数学を効率よくマスターする上で非常に重要になります．この章では，この本で扱う（学部専門科目レベルの）物理数学を学習するにあたって最低限知っておくべき事柄をまとめてあります．知識のもれをチェックするためのものとして利用し，もし一読してわからない項目があれば，きちんと復習しておいてください．なお，そのような目的のため，この章では各節末の演習問題はありません．

1.1 微分・積分
——基礎中の基礎となる演算．必ずマスター!!

> **Contents**
> Subsection ❶ 微分・導関数　　Subsection ❷ 偏微分・偏導関数
> Subsection ❸ 全微分　　　　　Subsection ❹ 定積分・不定積分
> Subsection ❺ 多重積分　　　　Subsection ❻ テイラー展開

> **キーポイント**
> 微分・積分の"意味"を理解しよう．テイラー展開も重要．

　微分・積分は物理数学において最も重要な概念の一つです．物理数学—ひいては物理そのもの—を理解するには，微分・積分が計算できることに加えて，微分・積分の物理的意味を正しく理解していることが，とりわけ重要になります．そのため，この節では，特に微分・積分の意味に注目して，内容を理解してください．なお，ここでは実関数の微分・積分を考えることとし，複素関数の微分・積分については第4章で学習します．

❶ 微分・導関数

以下の式で定義される極限値

$$f'(x_0) = \left.\frac{df(x)}{dx}\right|_{x=x_0} = \lim_{\Delta x \to 0} \frac{f(x_0 + \Delta x) - f(x_0)}{\Delta x} \tag{1.1}$$

を位置 x_0 における関数 $f(x)$ の **微分係数** と呼びます．Δx を正の側から 0 に近づけた極限値と，負の側からの極限値が一致するとき，$f(x)$ は $x = x_0$ で **微分可能** であるといいます．微分係数 $f'(x_0)$ が $x = x_0$ での $f(x)$ の接線の傾きを与えることは，図 1.1 を見れば明らかでしょう．ある区間（例えば $a < x < b$）中の任意の x における微分係数 $f'(x)$ の集合を x の関数と考えたとき，その $f'(x)$ を $f(x)$ の **導関数** と呼びます．さらに，導関数 $f'(x)$ の導関数

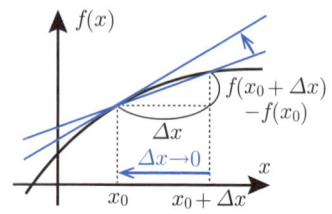

図 1.1　微分係数の概念図．式 (1.1) が，点 $x = x_0$ での接線の傾きを与える．

$$f''(x) = \frac{d^2 f(x)}{dx^2} = \lim_{\Delta x \to 0} \frac{f'(x + \Delta x) - f'(x)}{\Delta x} \tag{1.2}$$

を $f(x)$ の 2 階導関数と呼び，$n\ (\geq 3)$ 階の導関数も同様に定義します．なお，n 階導関数は $f^{(n)}(x)$ のように書くこともあります．

微分係数および導関数の意味をより深く理解するために，定義式 (1.1) を

$$f(x_0 + \Delta x) = f(x_0) + f'(x_0)\Delta x + o(\Delta x) \tag{1.3}$$

と書き直してみましょう．$o(\Delta x)$ は $\Delta x \to 0$ で Δx より速く 0 に近づく（すなわち $\lim_{\Delta x \to 0} \frac{o(\Delta x)}{\Delta x} = 0$ となる）量で，左辺 $f(x_0 + \Delta x)$ と，右辺第 1, 2 項 $f(x_0) + f'(x_0)\Delta x$ とのずれを表します（図 1.2 参照）．式 (1.3) を $f'(x_0) = \cdots$ の形に変形すれば，式 (1.1) と同じになることがわかるでしょう．さらに，この節の最後（「❻テイラー展開」の項）で述べるように，$f(x)$ がテイラー展開可能である場合には，

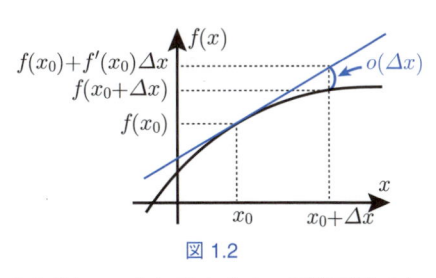

$$f(x_0 + \Delta x) = f(x_0) + f'(x_0)\Delta x + O(\Delta x^2) \tag{1.4}$$

図 1.2

となります．$O(\Delta x^2)$ は，$\Delta x \to 0$ で Δx^2 $(= (\Delta x)^2$ の意味$)$ と同じかそれより速く 0 に近づく量で，$o(\Delta x)$ よりさらに小さい量です．

この式 (1.3), (1.4) は示唆に富んでいます．すなわち，これらの式は，<u>位置 $x = x_0$ での関数の値 $f(x_0)$ と微分係数の値 $f'(x_0)$ がわかれば，$x = x_0 + \Delta x$ での関数の値 $f(x_0 + \Delta x)$ が [$o(\Delta x)$ または $O(\Delta x^2)$ の精度で] わかる</u>ということを意味しています．このように，微分係数を用いて，少しだけ（Δx だけ）離れた位置での物理量を求めるという考え方は，物理で最もよく使われる理論的枠組みの一つです．例えば力学では，加速度と力の関係式である運動方程式が物体の運動を決定しますが，これは，

(1) 時刻 t での位置，速度がわかれば，運動方程式からその時刻における加速度がわかる
(2) 時刻 t での速度（位置の微分係数）と加速度（速度の微分係数）がわかれば，Δt だけ進んだ時刻 $t + \Delta t$ での位置と速度がわかる

という操作を繰り返していると考えることができます．これが物理において微分および微分方程式が極めて重要であることの理由です．この点については，2.1 節で改めて議論します．

以上が「微分の物理的意味」ですが，実際に物理数学の問題を解くには，当然，導関数の計算が出来なければなりません．具体的な関数に対する導関数の導出は，微分積分学の教科書にまかせるとして，ここでは基本的な関数の導関数を表 1.1 にまとめておきます．また，微分演算では，次のような公式が成り立ちます．

表 1.1 関数 $f(x)$ とその導関数 $f'(x)$

	$f(x)$	$f'(x)$		$f(x)$	$f'(x)$
定数	c	0	指数関数	e^x	e^x
べき関数	x^α	$\alpha x^{\alpha-1}$	対数関数	$\ln x$	$\frac{1}{x}$
三角関数	$\cos x$	$-\sin x$	双曲関数	$\cosh x$	$\sinh x$
〃	$\sin x$	$\cos x$	〃	$\sinh x$	$\cosh x$

微分演算の公式: $f(x), g(x)$ が微分可能であるとき,以下の式が成り立つ.

(1) $\dfrac{d}{dx}\{f(x)+g(x)\} = \dfrac{df(x)}{dx} + \dfrac{dg(x)}{dx}$

(2) $\dfrac{d}{dx}\{f(x)g(x)\} = \dfrac{df(x)}{dx}g(x) + f(x)\dfrac{dg(x)}{dx}$

(3) $\dfrac{d}{dx}\left\{\dfrac{f(x)}{g(x)}\right\} = \dfrac{\frac{df(x)}{dx}g(x) - f(x)\frac{dg(x)}{dx}}{\{g(x)\}^2}$

(4) $\dfrac{d}{dx}f(g(x)) = \dfrac{df(g)}{dg}\dfrac{dg(x)}{dx}$

表 1.1 とこれらの公式を組み合わせれば,この本に出てくる(すなわち学部専門科目レベルの物理数学に必要な)微分計算については,ほぼ対応できるでしょう.

❷ 偏微分・偏導関数

多変数関数の導関数を**偏導関数**といいます.例えば,$u(x,y)$ を x で偏微分した偏導関数は,y を固定して x を x から $x+\Delta x$ へと変化させたときの $u(x,y)$ の変化率

$$\frac{\partial u(x,y)}{\partial x} = \lim_{\Delta x \to 0} \frac{u(x+\Delta x, y) - u(x,y)}{\Delta x} \tag{1.5}$$

で定義されます.このとき,y を固定していることを忘れないために,偏導関数を $\left(\dfrac{\partial u(x,y)}{\partial x}\right)_y$ と書くこともあります.偏導関数において何を固定しているかは,重要です.例えば,熱力学で,気体の内部エネルギー U の温度 T に対する変化率を考えるとき,体積 V 一定での偏導関数 $\left(\dfrac{\partial U}{\partial T}\right)_V$ と,圧力 p 一定での偏導関数 $\left(\dfrac{\partial U}{\partial T}\right)_p$ では,物理的意味が全く異なります.ただし,何を一定にしているか明らかな場合は,$(\cdots)_y$ という表記はしばしば省略されます.この本では,例えば $u(x,y)$ の x に関する偏導関数では,特に断らない限り,残りの変数 y が固定されているとして,$(\cdots)_y$ の表記は省略します.3 変数以上の関数についても同様です.

偏導関数の計算は,固定した変数を定数とみなして,1 変数関数の微分のルールに従って計算を行うだけです.また,偏導関数は次の性質を満たします.

偏微分の順序の交換：関数 $u(x,y)$ の 2 階偏導関数 $\frac{\partial}{\partial x}\left(\frac{\partial u}{\partial y}\right)$, $\frac{\partial}{\partial y}\left(\frac{\partial u}{\partial x}\right)$ が存在し，かつ，その 2 階偏導関数が連続であるとき，次の等式が成り立つ．

$$\frac{\partial}{\partial x}\frac{\partial u(x,y)}{\partial y} \equiv \frac{\partial^2 u(x,y)}{\partial x \partial y} = \frac{\partial^2 u(x,y)}{\partial y \partial x} \equiv \frac{\partial}{\partial y}\frac{\partial u(x,y)}{\partial x}.$$

つまり，$\frac{\partial}{\partial x}\left(\frac{\partial u}{\partial y}\right)$, $\frac{\partial}{\partial y}\left(\frac{\partial u}{\partial x}\right)$ がともに連続である場合には，偏微分の順序を交換できるということです（証明略）．偏微分は特に，第 3 章のベクトル解析で，ベクトル場，スカラー場を扱う際に重要になります．

❸ 全微分

式 (1.3), (1.4) に見られるように，1 変数関数 $f(x)$ において，変数を x から $x+\Delta x$ へ変化させた際の $f(x)$ の変化分は，Δx が小さい極限で，$f'(x)\Delta x$ になります．この式を，多変数関数に拡張したものが，以下に述べる全微分です．

全微分：関数 $u(x,y)$ の偏導関数 $\frac{\partial u}{\partial x}, \frac{\partial u}{\partial y}$ が存在し，かつ，その偏導関数が連続であるとき，(x,y) から $(x+\Delta x, y+\Delta y)$ への微小変化に伴う $u(x,y)$ の変化分は，以下の式で与えられる．

$$\begin{aligned} du(x,y) &\equiv u(x+\Delta x, y+\Delta y) - u(x,y) \\ &\to \frac{\partial u(x,y)}{\partial x}\Delta x + \frac{\partial u(x,y)}{\partial y}\Delta y. \quad (\Delta x, \Delta y \to 0) \end{aligned} \qquad (1.6)$$

この $du(x,y)$ を $u(x,y)$ の全微分と呼ぶ．

この式は，「(x,y) から $(x+\Delta x, y+\Delta y)$ への微小変化に伴う $u(x,y)$ の変化分は，(x,y) から $(x+\Delta x, y)$ における変化分 $\frac{\partial u(x,y)}{\partial x}\Delta x$ と，(x,y) から $(x, y+\Delta y)$ における変化分 $\frac{\partial u(x,y)}{\partial y}\Delta y$ の和に等しい」ことを意味しています（図 1.3 参照）．変数が 3 つ以上の関数の全微分も，同様に定義されます．

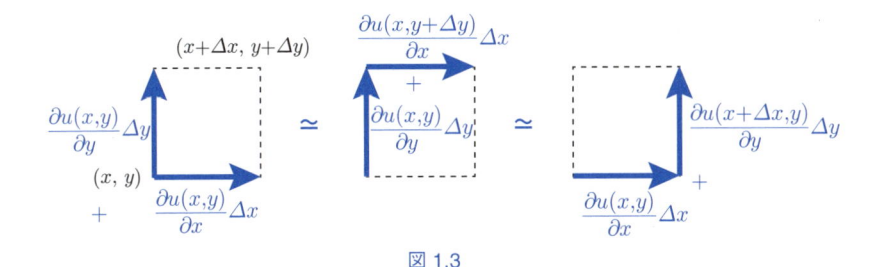

図 1.3

❹ 定積分・不定積分

まずは，**定積分**の定義をおさらいしておきましょう．区間 I ($a \leq x \leq b$) における関数 $f(x)$ の定積分は，区間 I で x 軸と曲線 $f(x)$ が囲む領域の面積で与えられます．($f(x)$ が負の領域に対しては，面積に負符号を付ける．) ここで $f(x)$ が区間 I で一定であれば面積は $f(x_0) \times (b-a)$ です (x_0 は区間 I 中の任意の点)．対して，$f(x)$ が一定でない場合は，問題はそう簡単ではなくなります．その場合の対処法が，「区間 I を幅 Δx_i の微小区間に分割する」ことです．もし $f(x)$ がなめらかで，かつ，Δx_i が十分小さければ，$f(x)$ の値は各微小区間中で一定と近似することができ，i 番目の微小区間での面積は $f(x_i) \times \Delta x_i$ と近似できます (x_i は i 番目の微小区間中の任意の点)．この面積を全ての微小区間について足しあげれば，求める定積分の値が得られます (図 1.4 参照)．こうして，関数 $f(x)$ の定積分が，以下のように定義されます．

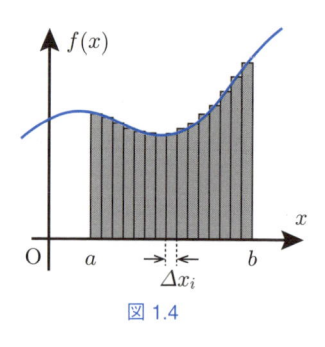

> **定積分**：関数 $f(x)$ の区間 I ($a \leq x \leq b$) における定積分は，以下の式で与えられる．
> $$\int_a^b f(x)dx \equiv \lim_{\Delta x_i \to 0} \sum_{i \in I} f(x_i) \Delta x_i. \tag{1.7}$$
> ここで $\sum_{i \in I}$ は，区間 I に含まれる全ての微小区間 i についての和を表す．

このように，積分はあくまで微小量 $f(x_i)\Delta x_i$ の和であり，積分記号 $\int_a^b \cdots dx$ はその和を略記しているに過ぎません．この「区間 I を，考える物理量が一定と見なせるぐらい微小な区間に分割した上で，対応する微小量を足しあげる」という考え方は，物理の到るところで用いられる手法ですので，その意味を正しく理解しておいてください．実際，第 3 章のベクトル解析や，第 4 章の複素関数論などで，全く同じ考え方による線積分，面積分などが出てきます．

なお，積分区間の下限 a が上限 b より大きい場合の定積分は

$$\int_a^b f(x)dx = -\int_b^a f(x)dx \quad (a > b) \tag{1.8}$$

で定義されます．また，定数 a,b,c に対して（それらの大小に関わらず）

$$\int_a^b f(x)dx + \int_b^c f(x)dx = \int_a^c f(x)dx \tag{1.9}$$

が成り立つことも，式 (1.7), (1.8) より明らかでしょう．

不定積分は定積分を用いて，次のように定義されます．

不定積分：関数 $f(x)$ に対して，下限を任意の定数 c，上限を変数 x とした積分
$$F(x) = \int_c^x f(s)ds \tag{1.10}$$
を $f(x)$ の不定積分と呼ぶ．

このように定義した不定積分 $F(x)$ は，関数 $f(x)$ と次の関係を満たします．

関数と不定積分の関係：点 x で関数 $f(x)$ が連続であるとき，$f(x)$ とその不定積分 $F(x)$ の間には，次の関係が成り立つ．
$$F'(x) = f(x). \tag{1.11}$$

【証明】微分の定義 (1.1) と式 (1.9)，(1.10) より，
$$F'(x) = \lim_{\Delta x \to 0} \frac{1}{\Delta x} \left(\int_c^{x+\Delta x} f(s)ds - \int_c^x f(s)ds \right) = \lim_{\Delta x \to 0} \frac{1}{\Delta x} \int_x^{x+\Delta x} f(s)ds.$$
ここで，右辺の積分 $\int_x^{x+\Delta x} f(s)ds$ は定積分の定義 (1.7) より，$\Delta x \to 0$ の極限で $f(x)\Delta x$ に収束する．ゆえに，
$$F'(x) = \lim_{\Delta x \to 0} \frac{1}{\Delta x} f(x)\Delta x = f(x). \ \square$$

ここで注意すべき点は，このように定義した関数 $F(x)$ には，定数を加えるだけの任意性があることです．実際，式 (1.10) には，積分の下限 c に任意性があります．また，$F(x)$ に定数を加えても，微分すれば消えてしまうので，ある関数 $F(x)$ が式 (1.11) を満たすのであれば，その $F(x)$ に定数を加えた関数も式 (1.11) を満たします．こうして，<u>ある関数 $f(x)$ の不定積分 $F(x)$ には必ず，積分定数と呼ばれる任意定数が含まれます</u>．なお，不定積分は式 (1.10) で与えられますが，しばしば（というかほとんどの場合），積分の下限，上限を省略して
$$F(x) = \int f(x)dx$$
のように書かれます．

● **具体的な計算** ● 具体的な積分計算に進みましょう．まず，式 (1.11) より，不定積分は微分の逆演算なので，導関数の表 1.1 を逆引きした上で，任意定数（積分定数）を加えれば求まります．定積分は，まず被積分関数 $f(x)$ の不定積分 $F(x)$ を求めた上で，次のように求めることができます．
$$\int_a^b f(x)dx = \int_c^b f(x)dx - \int_c^a f(x)dx = F(b) - F(a) \equiv [F(x)]_a^b.$$
ここで，c は不定積分の定義 (1.10) で導入した基準点です．不定積分に同じ基準点を用い

ている（用いなければならない）ことから，$F(b)-F(a)$ では積分定数がキャンセルして，任意定数が残らないことに注意してください．また，最後の $[F(x)]_a^b$ は，$F(b)-F(a)$ をこのように書くという表記の定義です．（それ以上の意味はありません．）

さらに，積分計算では，次のような公式が成り立ちます．

> **積分に関する公式**：$f(x), g(x)$ の積分について，次の式が成り立つ．
>
> (1) **部分積分**：
>
> $$\int_a^b f(x)g'(x)dx = [f(x)g(x)]_a^b - \int_a^b f'(x)g(x)dx, \quad \text{（定積分の場合）}$$
>
> $$\int f(x)g'(x)dx = f(x)g(x) - \int f'(x)g(x)dx. \quad \text{（不定積分の場合）}$$
>
> (2) **置換積分**：1価の単調関数 $\phi(y)$ を用いて[†]，積分変数を x から $x=\phi(y)$ を満たす y に置換する場合，
>
> $$\int_a^b f(x)dx = \int_\alpha^\beta f(\phi(y))\frac{d\phi(y)}{dy}dy, \quad [a=\phi(\alpha), b=\phi(\beta)] \quad \text{（定積分の場合）}$$
>
> $$\int f(x)dx = \int f(\phi(y))\frac{d\phi(y)}{dy}dy. \quad \text{（不定積分の場合）}$$

導関数の表 1.1 とこれらの式を組み合わせることで，多くの初等関数の積分計算を実行することができます．

❺ 多重積分

1変数関数の積分を多変数関数に拡張したものを**多重積分**と呼びます．例えば，xy 平面上の領域 S における関数 $u(x,y)$ の定積分は，領域 S 内で xy 平面と曲面 $u(x,y)$ が囲む体積で与えられます．（$u(x,y)$ が負の領域では体積に負符号を付ける．）そして，その体積は，領域 S を面積 $\Delta x_i \Delta y_i$ の微小領域に分割して，各微小領域における体積 $u(x_i, y_i)\Delta x_i \Delta y_i$ を足しあげることで求められます．こうして関数 $u(x,y)$ の領域 S での定積分は，

$$\iint_S u(x,y)dxdy \equiv \lim_{\Delta x_i, \Delta y_i \to 0} \sum_{i \in S} u(x_i, y_i)\Delta x_i \Delta y_i \tag{1.12}$$

で与えられます．3変数以上の場合への拡張も同様です．

● **具体的な計算** ● 多重積分の計算は，基本的に各変数に対する積分を繰り返すことで実行できます．具体例を見てみましょう．

[†]定積分の場合は，$\alpha \leq y \leq \beta$ の範囲で1価単調であればかまいません．

基本問題 1.1

関数 $u(x,y) = 1$ を，xy 平面上，原点中心，半径 R の円内の領域 S について積分せよ．

方針 y の積分範囲を x の関数で表し，y について積分した後，x について積分する．

【答案】領域 S の外周は $y(x) = \pm\sqrt{R^2 - x^2}$ $(-R \leq x \leq R)$ で与えられることに注意して，

$$\iint_S 1\,dxdy = \int_{-R}^{R}\left(\int_{-\sqrt{R^2-x^2}}^{\sqrt{R^2-x^2}} 1\,dy\right)dx = \int_{-R}^{R} 2\sqrt{R^2 - x^2}\,dx$$

$$= 2\int_{-\pi}^{0}\sqrt{R^2 - R^2\cos^2\theta}\,(-R\sin\theta)d\theta$$

$$= 2R^2\int_{-\pi}^{0}\sin^2\theta\,d\theta = 2R^2\frac{\pi}{2} = \pi R^2.$$

(途中，$x = R\cos\theta$ として置換積分を行った．) ∎

ポイント 定義通り，底面が半径 R の円で，高さが 1 の円柱の体積が得られました．

● **多重積分における変数変換** ● 多重積分で注意が必要な点として，置換積分における積分因子の変換があります．

多重積分の変数変換：関数 $u(x,y)$ の多重積分で変数を (x,y) から (s,t) $[x = \phi(s,t), y = \varphi(s,t)]$ に変換するとき，

$$\iint_S u(x,y)dxdy = \iint_T u(\phi(s,t),\varphi(s,t))\left|\frac{\partial(x,y)}{\partial(s,t)}\right|dsdt \tag{1.13}$$

が成り立つ．（st 平面の領域 T は xy 平面の領域 S に対応．）ここで $\frac{\partial(x,y)}{\partial(s,t)}$ はヤコビアンと呼ばれる量で，以下の式で与えられる．

$$\frac{\partial(x,y)}{\partial(s,t)} = \left(\frac{\partial x}{\partial s}\right)\left(\frac{\partial y}{\partial t}\right) - \left(\frac{\partial x}{\partial t}\right)\left(\frac{\partial y}{\partial s}\right). \tag{1.14}$$

式 (1.13) の右辺には，ヤコビアンの絶対値が入っていることに注意してください．この因子は，xy 座標系における微小面積 $\Delta x \Delta y$ と，st 座標系における微小面積 $\Delta s \Delta t$ が異なることに関係しています．この点については，3.5 節で直交曲線座標系を扱うときに詳しく再考します．なお，ヤコビアンは行列式（1.2 節参照）を用いて，

$$\frac{\partial(x,y)}{\partial(s,t)} = \det \widehat{J}, \qquad \widehat{J} = \begin{pmatrix} \frac{\partial x}{\partial s} & \frac{\partial x}{\partial t} \\ \frac{\partial y}{\partial s} & \frac{\partial y}{\partial t} \end{pmatrix}$$

のように書くこともできます．3 変数以上の場合のヤコビアンは，各偏導関数を同様に並べた行列の行列式で与えられます．

基本問題 1.2

関数 $u(x,y) = 1$ の，xy 平面上，原点中心，半径 R の円内の領域 S に対する積分を，極座標 (r, θ) $[x = r\cos\theta, y = r\sin\theta]$ を用いて計算せよ．

方針 極座標 (r, θ) に変数変換して，$0 \leq r \leq R, 0 \leq \theta < 2\pi$ で積分する．

【答案】極座標 (r, θ) を用いると，$x = r\cos\theta, y = r\sin\theta$ より，ヤコビアンは

$$\frac{\partial(x,y)}{\partial(r,\theta)} = (\cos\theta)(r\cos\theta) - (-r\sin\theta)(\sin\theta) = r(\cos^2\theta + \sin^2\theta) = r.$$

また，領域 S は，$0 \leq r \leq R, 0 \leq \theta < 2\pi$ に対応することから，

$$\iint_S 1\, dxdy = \iint_T r\, drd\theta = \left(\int_0^R r\, dr\right)\left(\int_0^{2\pi} 1\, d\theta\right)$$

$$= \left[\frac{1}{2}r^2\right]_0^R \times [\theta]_0^{2\pi} = \frac{1}{2}R^2 \times 2\pi = \pi R^2. \blacksquare$$

ポイント 基本問題 1.1 と同じ積分を極座標で計算しただけなので，当然，同じ答えになります．

● **ガウス積分** ● 最後に，物理数学でよく出てくる定積分の一つである，**ガウス積分**について述べます．ガウス積分とは，$f(x) = e^{-x^2}$ を $-\infty < x < \infty$ で積分したもので，以下の値をとります．

基本問題 1.3 　　　　　　　　　　　　　　　　　　　　　　　　　重要

ガウス積分 $\int_{-\infty}^{\infty} e^{-x^2}\, dx = \sqrt{\pi}$ を示せ．

方針 関数 $e^{-(x^2+y^2)}$ を xy 座標と極座標でそれぞれ積分してみる．

【答案】$I = \int_{-\infty}^{\infty} e^{-x^2}\, dx$ の値を求める．関数 $e^{-(x^2+y^2)}$ を xy 平面全体（$-\infty < x < \infty, -\infty < y < \infty$）からなる領域 S で積分すると，

$$\iint_S e^{-(x^2+y^2)}\, dxdy = \left(\int_{-\infty}^{\infty} e^{-x^2}\, dx\right)\left(\int_{-\infty}^{\infty} e^{-y^2}\, dy\right) = I^2.$$

同じ積分を，極座標 (r, θ) $[x = r\cos\theta, y = r\sin\theta]$ を用いて計算すると，$x^2 + y^2 = r^2$，ヤコビアン $\frac{\partial(x,y)}{\partial(r,\theta)} = r$，および，領域 S が $0 \leq r < \infty, 0 \leq \theta < 2\pi$ に対応することから，

$$\iint_S e^{-(x^2+y^2)}\,dxdy = \iint_T e^{-r^2}\,r\,drd\theta = \left(\int_0^\infty r\,e^{-r^2}\,dr\right)\left(\int_0^{2\pi} 1\,d\theta\right)$$
$$= \left[-\frac{1}{2}e^{-r^2}\right]_0^\infty \times [\theta]_0^{2\pi} = \left(-\frac{1}{2}\right)(0-1)\times 2\pi = \pi.$$

ゆえに, $I^2 = \pi$. さらに e^{-x^2} は $-\infty < x < \infty$ で常に正なので, $I > 0$. ゆえに,
$$I = \int_{-\infty}^\infty e^{-x^2}\,dx = \sqrt{\pi}. \blacksquare$$

ポイント ガウス積分は
$$\int_0^\infty e^{-x^2}\,dx = \frac{\sqrt{\pi}}{2},$$
$$\int_{-\infty}^\infty e^{-ax^2}\,dx = \sqrt{\frac{\pi}{a}} \quad (a>0\text{ は定数})$$

などの形でも表されます.

❻ テイラー展開

微分・積分に関連した重要な定理として, テイラーの定理があります.

テイラーの定理: 区間 $a \leq s \leq x$ で関数 $f(s)$ が n 階微分可能であるとき, $f(x)$ は次のようなべき級数の形に表すことができる.
$$f(x) = f(a) + f'(a)(x-a) + \frac{1}{2!}f''(a)(x-a)^2$$
$$+ \cdots + \frac{1}{(n-1)!}f^{(n-1)}(a)(x-a)^{n-1} + R_n. \tag{1.15}$$

ここで, R_n はラグランジュの剰余項と呼ばれる量で, $a < t < x$ となる適当な t を用いて, $R_n = \frac{1}{n!}f^{(n)}(t)(x-a)^n$ で与えられる.

【証明 (の前半部)】 n 階導関数 $f^{(n)}(x_1)$ を $a \leq x_1 \leq x$ で定積分すると,
$$\int_a^x f^{(n)}(x_1)dx_1 = f^{(n-1)}(x) - f^{(n-1)}(a).$$

この式を利用して,
$$\int_a^x \left(\int_a^{x_1} f^{(n)}(x_2)dx_2\right)dx_1 = \int_a^x \left(f^{(n-1)}(x_1) - f^{(n-1)}(a)\right)dx_1$$
$$= \left[f^{(n-2)}(x_1)\right]_a^x - f^{(n-1)}(a)\int_a^x dx_1 = f^{(n-2)}(x) - f^{(n-2)}(a) - f^{(n-1)}(a)(x-a).$$

以上を繰り返すと,

$$\int_a^x \int_a^{x_1} \cdots \int_a^{x_{n-1}} f^{(n)}(x_n) dx_n \cdots dx_1$$
$$= f(x) - f(a) - f'(a)(x-a)$$
$$- \frac{1}{2!}f''(a)(x-a)^2 - \cdots - \frac{1}{(n-1)!}f^{(n-1)}(a)(x-a)^{n-1}.$$

式変形して，$f(x) = \cdots$ の形になおすと，

$$f(x) = f(a) + f'(a)(x-a)$$
$$+ \frac{1}{2!}f''(a)(x-a)^2 + \cdots + \frac{1}{(n-1)!}f^{(n-1)}(a)(x-a)^{n-1} + R_n.$$

ラグランジュの剰余項は

$$R_n = \int_a^x \int_a^{x_1} \cdots \int_a^{x_{n-1}} f^{(n)}(x_n) dx_n \cdots dx_1$$

で与えられる．□

　ラグランジュの剰余項が $R_n = \frac{1}{n!}f^{(n)}(t)(x-a)^n$ となることは，平均値の定理と呼ばれる定理を用いて示すことができます．ここで押さえておくべきポイントは，R_n は分母に $n!$ という，n とともに非常に速く増大する因子を含むということです．これは，R_n の多重積分の積分範囲（$a \leq x_1 \leq x, a \leq x_2 \leq x_1, \ldots, a \leq x_n \leq x_{n-1}$）の体積が $\frac{1}{n!}(x-a)^n$ であることからもわかります．このため $f(x)$ が，$f^{(n)}(a)$ が $n!$ より速く増大するような関数でない限り，R_n は $n \to \infty$ で急速に 0 に収束し，その結果，関数 $f(x)$ は次のように展開することができます．

$$f(x) = f(a) + f'(a)(x-a) + \frac{1}{2!}f''(a)(x-a)^2 + \cdots$$
$$= \sum_{n=0}^{\infty} \frac{1}{n!}f^{(n)}(a)(x-a)^n. \tag{1.16}$$

このべき級数を**テイラー級数**と呼び，$f(x)$ を $(x-a)$ のテイラー級数の形に表すことを，$f(x)$ を $x = a$ 周りで**テイラー展開**するといいます．

　なお，多変数関数に対してもテイラー展開が同様に可能で，例えば $u(x,y)$ が n 階偏微分可能で，ラグランジュの剰余項が $n \to \infty$ で 0 となる場合，$u(x,y)$ は

$$u(x,y) = u(a,b) + u_x(a,b)(x-a) + u_y(a,b)(y-b)$$
$$+ \frac{1}{2!}\left\{u_{xx}(a,b)(x-a)^2 + 2u_{xy}(a,b)(x-a)(y-b) + u_{yy}(a,b)(y-b)^2\right\} + \cdots$$

のように展開されます．[ここで $u_\alpha = \frac{\partial u}{\partial \alpha}$, $u_{\alpha\beta} = \frac{\partial}{\partial \beta}\left(\frac{\partial u}{\partial \alpha}\right)$ ($\alpha, \beta = x, y$).]

　テイラー展開は，次の問題のように，ある点近傍の情報のみが必要となる場合に，よく用いられます．

基本問題 1.4 【重要】

ポテンシャル $U(x)$ 中を運動する小物体を考える．小物体が平衡点周りで微小運動しているとき，その運動は単振動になることを示せ．

方針 $U(x)$ を平衡点周りでテイラー展開して，2 次の項までで近似する．平衡点では $U(x)$ の 1 階微分係数が 0 であることに注意．

【答案】平衡点の位置を $x = a$ とし，ポテンシャル $U(x)$ を $x = a$ 周りでテイラー展開する．

$$U(x) = U(a) + U'(a)(x-a) + \frac{1}{2!}U''(a)(x-a)^2 + O((x-a)^3).$$

小物体は $x = a$ 近傍にあるので，

$$1 \gg |x-a| \gg |x-a|^2 \gg |x-a|^3 \gg \cdots$$

が成り立つ．ゆえに，$U(x)$ のテイラー級数を $(x-a)^2$ の項までで近似し，3 次以上の項を無視する．また，平衡点ではポテンシャルが極小をとるので，$U'(a) = 0$．以上より，ポテンシャル $U(x)$ は

$$U(x) \simeq u_0 + \frac{k}{2}(x-a)^2$$

と近似できる [$u_0 = U(a), k = U''(a)$ は定数]．ゆえに，小物体に働く力は

$$F(x) = -\frac{dU(x)}{dx} \simeq -k(x-a).$$

この力はフックの法則に従うばねにつながれた物体が受ける力と同じであり，小物体は単振動を行う．■

ポイント フックの法則に従う力を受ける物体の運動が単振動になることは，2.3 節（基本問題 2.7）を参照してください．この例のように，テイラー展開して高次の項を無視するという近似は，物理の到るところで用いられます．

1.2 線形代数
──行列の計算に慣れよう

> **Contents**
> Subsection ❶ 行列の基本演算   Subsection ❷ 行列式
> Subsection ❸ 固有値問題・行列の対角化

> **キーポイント**
> 行列式，対角化の計算をマスターしておこう．

　線形代数は，連立一次方程式の解法やベクトル空間における座標変換など，自然現象の数学的記述において極めて強力な手法であり，微分・積分と並んで，物理で最もよく用いられる数学です．線形代数で扱われる行列・ベクトルは，普通の数とは異なる演算ルールに従うため，その計算のルールをきちんとマスターしておく必要があります．線形代数の基本演算のうち，ベクトルの演算に関する基礎知識は第3章で述べることとし，この節では行列に関する基礎知識についてまとめます．これらの計算は，2.4節の連立微分方程式や，第3章のベクトル解析などで必要となります．

> **表記についての約束**：以下，行列 $\widehat{A}$ の i 行 j 列成分を a_{ij} と書きます（$\widehat{B}$ と b_{ij} なども同様）．また，m 行 n 列行列を $m \times n$ 行列と書きます．

❶ 行列の基本演算
まずは行列の和とスカラー倍を定義します．

> **行列の和，スカラー倍**：$\widehat{A}, \widehat{B}$ をともに $m \times n$ 行列，α をスカラー（通常の数）としたとき，次の式が成り立つ．
> $$\widehat{A} + \widehat{B} = \begin{pmatrix} a_{11} & \cdots & a_{1n} \\ \vdots & \ddots & \vdots \\ a_{m1} & \cdots & a_{mn} \end{pmatrix} + \begin{pmatrix} b_{11} & \cdots & b_{1n} \\ \vdots & \ddots & \vdots \\ b_{m1} & \cdots & b_{mn} \end{pmatrix}$$
> $$= \begin{pmatrix} a_{11}+b_{11} & \cdots & a_{1n}+b_{1n} \\ \vdots & \ddots & \vdots \\ a_{m1}+b_{m1} & \cdots & a_{mn}+b_{mn} \end{pmatrix}, \tag{1.17}$$
> $$\alpha \widehat{A} = \alpha \begin{pmatrix} a_{11} & \cdots & a_{1n} \\ \vdots & \ddots & \vdots \\ a_{m1} & \cdots & a_{mn} \end{pmatrix} = \begin{pmatrix} \alpha a_{11} & \cdots & \alpha a_{1n} \\ \vdots & \ddots & \vdots \\ \alpha a_{m1} & \cdots & \alpha a_{mn} \end{pmatrix}. \tag{1.18}$$

行列の和は，同じサイズ（m 行 n 列）の行列同士に対してのみ定義されます．
和，スカラー倍に比べて，行列の積は少しクセのある演算になります．

行列の積： $\widehat{A}$ が $l \times m$ 行列，$\widehat{B}$ が $m \times n$ 行列であるとき，それらの積 $\widehat{A}\widehat{B}$ は以下のような $l \times n$ 行列として定義される．

$$\widehat{A}\widehat{B} = \begin{pmatrix} a_{11} & \cdots & a_{1m} \\ \vdots & \ddots & \vdots \\ a_{l1} & \cdots & a_{lm} \end{pmatrix} \begin{pmatrix} b_{11} & \cdots & b_{1n} \\ \vdots & \ddots & \vdots \\ b_{m1} & \cdots & b_{mn} \end{pmatrix} = \begin{pmatrix} c_{11} & \cdots & c_{1n} \\ \vdots & \ddots & \vdots \\ c_{l1} & \cdots & c_{ln} \end{pmatrix}, \tag{1.19}$$

$$c_{ij} = \sum_{k=1}^{m} a_{ik} b_{kj}. \quad (1 \le i \le l, 1 \le j \le n) \tag{1.20}$$

行列の積に関して注意すべきポイントをまとめておきます．

(1) 行列の積 $\widehat{A}\widehat{B}$ は，$\widehat{A}$（左側の行列）の列の数と $\widehat{B}$（右側の行列）の行の数が等しいときにのみ定義される．
(2) 行列の積では，交換則は常には成り立たない．すなわち，一般に，$\widehat{A}\widehat{B} \ne \widehat{B}\widehat{A}$．
(3) 行列の積では，次の分配則，結合則が成り立つ．

$$\widehat{A}\left(\widehat{B} + \widehat{C}\right) = \widehat{A}\widehat{B} + \widehat{A}\widehat{C}, \qquad \left(\widehat{A} + \widehat{B}\right)\widehat{C} = \widehat{A}\widehat{C} + \widehat{B}\widehat{C}, \qquad \widehat{A}\left(\widehat{B}\widehat{C}\right) = \left(\widehat{A}\widehat{B}\right)\widehat{C}.$$

特に (2) は行列の演算で最も特徴的なポイントです．行列の積では（交換できることを確認することなしに）勝手に順番を入れ替えてはいけません．

行列とベクトルの積は，n 次元の列ベクトル（n 個の数を縦に並べたベクトル）を $n \times 1$ 行列，n 次元の行ベクトル（n 個の数を横に並べたベクトル）を $1 \times n$ 行列として，行列の積と同様に定義されます．すなわち，次のようになります．

$$\widehat{A} \begin{pmatrix} v_1 \\ \vdots \\ v_n \end{pmatrix} = \begin{pmatrix} a_{11} & \cdots & a_{1n} \\ \vdots & \ddots & \vdots \\ a_{m1} & \cdots & a_{mn} \end{pmatrix} \begin{pmatrix} v_1 \\ \vdots \\ v_n \end{pmatrix} = \begin{pmatrix} v'_1 \\ \vdots \\ v'_m \end{pmatrix},$$

$$v'_i = \sum_{k=1}^{n} a_{ik} v_k. \quad (1 \le i \le m)$$

$$\begin{pmatrix} u_1 & \cdots & u_m \end{pmatrix} \widehat{A} = \begin{pmatrix} u_1 & \cdots & u_m \end{pmatrix} \begin{pmatrix} a_{11} & \cdots & a_{1n} \\ \vdots & \ddots & \vdots \\ a_{m1} & \cdots & a_{mn} \end{pmatrix} = \begin{pmatrix} u'_1 & \cdots & u'_n \end{pmatrix},$$

$$u'_j = \sum_{k=1}^{m} u_k a_{kj}. \quad (1 \le j \le n)$$

もう一つ，行列に特有の演算として，転置があります．

転置：行列 $\widehat{A}$ の ij 成分を ji 成分に置き換えた行列を，$\widehat{A}$ の転置行列と呼び，${}^t\widehat{A}$ と書く．

$$\widehat{A} = \begin{pmatrix} a_{11} & a_{12} & \cdots & a_{1n} \\ \vdots & \vdots & \ddots & \vdots \\ a_{m1} & a_{m2} & \cdots & a_{mn} \end{pmatrix} \iff {}^t\widehat{A} = \begin{pmatrix} a_{11} & \cdots & a_{m1} \\ a_{12} & \cdots & a_{m2} \\ \vdots & \ddots & \vdots \\ a_{1n} & \cdots & a_{mn} \end{pmatrix}. \tag{1.21}$$

$\widehat{A}$ が $m \times n$ 行列であれば，${}^t\widehat{A}$ は $n \times m$ 行列です．行列の積の転置については，

$$ {}^t\left(\widehat{A}\widehat{B}\right) = {}^t\widehat{B}\,{}^t\widehat{A} $$

が成り立ちます．転置行列は $\widehat{A}^T$ のように書かれることもあります．

最後に線形代数において重要な行列である，単位行列，逆行列を紹介します．

単位行列：対角成分が 1 でその他の成分が 0 である正方行列（行と列の数が等しい行列）を単位行列と呼び，$\widehat{I}$ と書く．

$$\widehat{I} = \begin{pmatrix} 1 & 0 & \cdots & 0 \\ 0 & \ddots & \ddots & \vdots \\ \vdots & \ddots & \ddots & 0 \\ 0 & \cdots & 0 & 1 \end{pmatrix}. \tag{1.22}$$

単位行列は行列の演算において，通常の数における 1 と同じ役割を果たします．

逆行列：$n \times n$ 行列 $\widehat{A}$ に対して，

$$\widehat{A}\widehat{X} = \widehat{X}\widehat{A} = \widehat{I} \tag{1.23}$$

となる $n \times n$ 行列 $\widehat{X}$ を $\widehat{A}$ の逆行列と呼び，$\widehat{X} = \widehat{A}^{-1}$ と書く．

逆行列は任意の正方行列に対して常に存在するわけではありません．逆行列の存在条件については，すぐ後に述べます．$\widehat{A}$ が逆行列を持つとき，$\widehat{A}$ は可逆（または正則）であるといいます．また，逆行列に関して，次の関係式が成り立ちます．

$$\left(\widehat{A}\widehat{B}\right)^{-1} = \widehat{B}^{-1}\widehat{A}^{-1}, \quad {}^t\left(\widehat{A}^{-1}\right) = \left({}^t\widehat{A}\right)^{-1}.$$

❷ 行列式

行列式とは，正方行列 $\widehat{A}$ に対して，以下に定義する演算により得られるスカラー量（通常の数）で，$\det \widehat{A}$ または $|\widehat{A}|$ のように書かれます．（$|\widehat{A}|$ は絶対値ではないことに注意．）行列式の定義にはいくつかの方法がありますが，ここでは行列式の計算に使いやすい，漸

化式を用いた定義を紹介します†.まず準備として,行列の余因子を定義します.

余因子:$n \times n$ 行列 $\widehat{A}$ の第 i 行と第 j 列を除いた $(n-1) \times (n-1)$ 行列の行列式に $(-1)^{i+j}$ を掛けたものを,$\widehat{A}$ の第 (i,j) 余因子と呼ぶ.

言葉だけだと分かりにくいので,具体例を書いておきます.

(例) $\widehat{A} = \begin{pmatrix} a_{11} & a_{12} & a_{13} & a_{14} \\ a_{21} & a_{22} & a_{23} & a_{24} \\ a_{31} & a_{32} & a_{33} & a_{34} \\ a_{41} & a_{42} & a_{43} & a_{44} \end{pmatrix}$ の第 $(2,3)$ 余因子:

$$C_{23} = (-1)^{2+3} \begin{vmatrix} a_{11} & a_{12} & a_{14} \\ a_{31} & a_{32} & a_{34} \\ a_{41} & a_{42} & a_{44} \end{vmatrix}.$$

余因子 C_{23} の式中の行列は,$\widehat{A}$ から 2 行目と 3 列目を取り除いたものであることに注意してください.

余因子の定義にまだ定義していない行列式が出てきたじゃないか,と思ったかもしれませんが,次の定義と合わせることで,行列式と余因子がまとめて定義されます.

行列式:$n \times n$ 行列 $\widehat{A}$ の行列式は,以下のように定義される.
 (1) 1×1 行列 $\widehat{A} = (a_{11})$ の行列式は,$\det \widehat{A} = |\widehat{A}| = a_{11}$.
 (2) $n \geq 2$ に対して,$n \times n$ 行列 $\widehat{A} = \begin{pmatrix} a_{11} & \cdots & a_{1n} \\ \vdots & \ddots & \vdots \\ a_{n1} & \cdots & a_{nn} \end{pmatrix}$ の行列式は,$\widehat{A}$ の成分 a_{ij} と余因子 C_{ij} を用いて,以下の式で与えられる(**余因子展開**).

$$\det \widehat{A} = |\widehat{A}| = \sum_{k=1}^{n} a_{ik} C_{ik} = \sum_{k=1}^{n} a_{kj} C_{kj}. \tag{1.24}$$

ここで,i, j はどの行,列でもよい.

$n \times n$ 行列の余因子は $(n-1) \times (n-1)$ 行列の行列式で表されますので,式 (1.24) を使って $n = 1$ から順番に計算すれば,任意の n での行列式が求まります.特に,2×2 行列,3×3 行列の行列式はしばしば必要になるので,その式を書き下しておきます.

$$\begin{vmatrix} a_{11} & a_{12} \\ a_{21} & a_{22} \end{vmatrix} = a_{11}a_{22} - a_{12}a_{21},$$

$$\begin{vmatrix} a_{11} & a_{12} & a_{13} \\ a_{21} & a_{22} & a_{23} \\ a_{31} & a_{32} & a_{33} \end{vmatrix} = a_{11}a_{22}a_{33} + a_{12}a_{23}a_{31} + a_{13}a_{21}a_{32} \\ - a_{11}a_{23}a_{32} - a_{12}a_{21}a_{33} - a_{13}a_{22}a_{31}.$$

---

†行列式は例えば,置換 $\sigma = \{(1,\ldots,n) \to (i_1,\ldots,i_n)\}$ を用いた式 $\det \widehat{A} = \sum_{\sigma} \mathrm{sgn}(\sigma) a_{i_1 1} \cdots a_{i_n n}$(詳細は略)でも定義できます.この定義とこの本で示す漸化式による定義は等価です.

これらは図 1.5 のような"たすきがけ"の計算で求めることができますので，覚えてしまいましょう．

なお，行列式に関して，次の式が成り立ちます．

$$\det(\widehat{A}\widehat{B}) = \det\widehat{A} \cdot \det\widehat{B}, \quad \det\left({}^t\widehat{A}\right) = \det\widehat{A}.$$

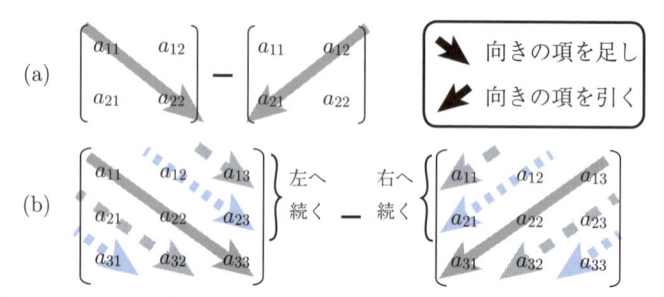

図 1.5 "たすきがけ"による (a) 2×2 行列，(b) 3×3 行列の行列式の計算．

●逆行列の存在条件● 　行列式の応用として最もよく利用するものの一つに，次の定理があります．

逆行列の存在条件：行列 $\widehat{A}$ の逆行列が存在する $\iff$ $\det\widehat{A} \neq 0$．

つまり，行列式 $\det\widehat{A}$ を計算すれば，行列 $\widehat{A}$ が可逆かどうかがわかります（証明略）．$\det\widehat{A} \neq 0$ のとき，$\widehat{A}$ の逆行列は，以下の式で与えられます．

$$\widehat{A}^{-1} = \frac{1}{\det\widehat{A}} \begin{pmatrix} C_{11} & \cdots & C_{n1} \\ \vdots & \ddots & \vdots \\ C_{1n} & \cdots & C_{nn} \end{pmatrix}. \tag{1.25}$$

第 (i,j) 余因子 C_{ij} が，通常の位置から転置されていることに注意してください．

❸ 固有値問題・行列の対角化

行列の固有値，固有ベクトルは次のように定義されます．

固有値・固有ベクトル：正方行列 $\widehat{A}$ に対して，スカラー λ，ベクトル $\bm{v}$ ($\bm{v}\neq\bm{0}$) が

$$\widehat{A}\bm{v} = \lambda\bm{v} \tag{1.26}$$

を満たすとき，λ を行列 $\widehat{A}$ の固有値，$\bm{v}$ を行列 $\widehat{A}$ の（固有値 λ に対応する）固有ベクトルと呼ぶ．

この式 (1.26) を**固有値方程式**といいます．

以下，$\widehat{A}$ を $n \times n$ 行列としましょう．$\widehat{A}$ の固有値と固有ベクトルは次のようにして求められます．まず，式 (1.26) を次のように変形します．

$$\widehat{A}\boldsymbol{v} - \lambda\boldsymbol{v} = (\widehat{A} - \lambda\widehat{I})\boldsymbol{v} = \boldsymbol{0}. \tag{1.27}$$

ここでもし，行列 $\widehat{A} - \lambda\widehat{I}$ が逆行列を持つとすると，式 (1.27) に左からその逆行列を掛けることで $\boldsymbol{v} = (\widehat{A} - \lambda\widehat{I})^{-1}\boldsymbol{0} = \boldsymbol{0}$ となり，$\boldsymbol{v}$ はゼロベクトルになります．すなわち，$\boldsymbol{v}$ は固有ベクトルになれません．このため，固有ベクトル $\boldsymbol{v}$ が存在するためには，$\widehat{A} - \lambda\widehat{I}$ は逆行列を持ってはいけません．言い換えると，$\widehat{A} - \lambda\widehat{I}$ が逆行列を持たないような λ だけが，固有ベクトルを持てる，すなわち，固有値になれるわけです．こうして固有値 λ が満たすべき方程式は，$\widehat{A} - \lambda\widehat{I}$ が逆行列を持たないための条件式，すなわち，

$$\det(\widehat{A} - \lambda\widehat{I}) = 0 \tag{1.28}$$

となります．この式 (1.28) を**特性方程式**または**固有方程式**といいます．特性方程式は，λ に関する n 次方程式ですので，一般に n 個の解 λ_i $(i = 1, \ldots, n)$ が得られます．（ただし，λ_i には複素解も含み，また，重解はそれぞれ別に数えます．）固有ベクトルは，固有値方程式 (1.26) に λ_i を代入して得られる n 元連立一次方程式から求めることができます．

こうして求めた固有ベクトルを用いて，行列 $\widehat{A}$ を対角化することができます．

行列の対角化： $n \times n$ 行列 $\widehat{A}$ が互いに一次独立な[†] n 個の固有ベクトル $\boldsymbol{v}_i$ を持つとき，$\boldsymbol{v}_i$ を並べた行列 $\widehat{V}$ を用いて，行列 $\widehat{A}$ を固有値 λ_i が対角成分に並んだ対角行列に変換することができる．すなわち，

$$\widehat{V}^{-1}\widehat{A}\widehat{V} = \widehat{\Lambda}, \quad \widehat{V} = \begin{pmatrix} | & & | \\ \boldsymbol{v}_1 & \cdots & \boldsymbol{v}_n \\ | & & | \end{pmatrix}, \quad \widehat{\Lambda} = \begin{pmatrix} \lambda_1 & 0 & \cdots & 0 \\ 0 & \ddots & \ddots & \vdots \\ \vdots & \ddots & \ddots & 0 \\ 0 & \cdots & 0 & \lambda_n \end{pmatrix}. \tag{1.29}$$

【**証明（の概略）**】 固有ベクトルは固有値方程式 $\widehat{A}\boldsymbol{v}_i = \lambda_i \boldsymbol{v}_i$ を満たすことから，

$$\widehat{A}\widehat{V} = \begin{pmatrix} | & & | \\ \widehat{A}\boldsymbol{v}_1 & \cdots & \widehat{A}\boldsymbol{v}_n \\ | & & | \end{pmatrix} = \begin{pmatrix} | & & | \\ \lambda_1\boldsymbol{v}_1 & \cdots & \lambda_n\boldsymbol{v}_n \\ | & & | \end{pmatrix} = \begin{pmatrix} | & & | \\ \boldsymbol{v}_1 & \cdots & \boldsymbol{v}_n \\ | & & | \end{pmatrix} \begin{pmatrix} \lambda_1 & 0 & \cdots & 0 \\ 0 & \ddots & \ddots & \vdots \\ \vdots & \ddots & \ddots & 0 \\ 0 & \cdots & 0 & \lambda_n \end{pmatrix} = \widehat{V}\widehat{\Lambda}.$$

また，$\boldsymbol{v}_i$ が互いに一次独立であることから，$\det\widehat{V} \neq 0$（証明略）．すなわち $\widehat{V}$ の逆行列が存在する．ゆえに，上式に左から $\widehat{V}^{-1}$ を掛けて，

$$\widehat{V}^{-1}\widehat{A}\widehat{V} = \widehat{V}^{-1}\widehat{V}\widehat{\Lambda} = \widehat{\Lambda}. \quad \square$$

[†] ベクトルの一次独立・一次従属については，90 ページのコラム参照．

行列が対角化可能かどうかは，その行列が互いに一次独立な n 個の固有ベクトルを持つかどうかによります．固有ベクトルが一次独立になるかどうかに関しては，以下の定理があります．

(1) 行列の固有値 λ_i $(i=1,\ldots,n)$ が全て異なる（"縮退がない"）場合，その固有ベクトル $\boldsymbol{v}_i$ $(i=1,\ldots,n)$ は互いに一次独立となる．

つまり，固有値に縮退がなければ，その行列は対角化可能です．また，固有値に $\lambda_i = \lambda_j$ $(i \neq j)$ となるようなものが含まれる（"縮退がある"）場合は，固有ベクトルを互いに一次独立にできるかどうかは行列によりますが，もし行列が実対称（成分が実数で，${}^t\widehat{A} = \widehat{A}$）である場合は，次の定理が成り立ちます．

(2) 実対称行列に対しては，固有値の縮退の有無にかかわらず，n 個の互いに直交する固有ベクトルを作ることができる．

「互いに直交」とは，2つのベクトルのスカラー積が 0 ということで，2, 3 次元空間では，2つのベクトルの成す角が 90° であることと等価です（3.1 節参照）．直交するベクトルは互いに一次独立なので，実対称行列は常に対角化可能であることになります[†]．

基本問題 1.5 　　　　　　　　　　　　　　　　　　　　　　　　　　　**重要**

次の行列の固有値，固有ベクトルを求め，行列を対角化せよ．

(1) $\widehat{A} = \begin{pmatrix} 1 & 1 \\ 2 & 0 \end{pmatrix}$ 　　(2) $\widehat{A} = \begin{pmatrix} -2 & 1 & 1 \\ 1 & -2 & 1 \\ 1 & 1 & -2 \end{pmatrix}$

方針　特性方程式から固有値を求めた後，固有値方程式から固有ベクトルを求める．

【答案】 (1) 特性方程式は，
$$\begin{vmatrix} 1-\lambda & 1 \\ 2 & -\lambda \end{vmatrix} = (1-\lambda)(-\lambda) - 2 = \lambda^2 - \lambda - 2 = (\lambda - 2)(\lambda + 1) = 0.$$
ゆえに，固有値は $\lambda_1 = 2, \lambda_2 = -1$.

$\lambda_1 = 2$ に対応する固有ベクトルを $\boldsymbol{v}_1 = \begin{pmatrix} x \\ y \end{pmatrix}$ とすると，固有値方程式より，
$$\widehat{A}\boldsymbol{v}_1 = \lambda_1 \boldsymbol{v}_1 \longrightarrow \begin{pmatrix} 1 & 1 \\ 2 & 0 \end{pmatrix}\begin{pmatrix} x \\ y \end{pmatrix} = \begin{pmatrix} x+y \\ 2x \end{pmatrix} = 2\begin{pmatrix} x \\ y \end{pmatrix} \longrightarrow x = y.$$
ゆえに，$x = 1$ とおいて，固有ベクトルは $\boldsymbol{v}_1 = \begin{pmatrix} 1 \\ 1 \end{pmatrix}$.

[†] これは行列要素が実数のときの話で，複素行列の場合は，行列がエルミート行列（$\overline{{}^t\widehat{A}} = \widehat{A}$）であれば，同じことが成り立ちます．

$\lambda_2 = -1$ に対応する固有ベクトルも同様に計算して，$\boldsymbol{v}_2 = \begin{pmatrix} 1 \\ -2 \end{pmatrix}$ となる．
$\widehat{A}$ を対角化する行列 $\widehat{V}$ とその逆行列は，
$$\widehat{V} = \begin{pmatrix} 1 & 1 \\ 1 & -2 \end{pmatrix}, \quad \widehat{V}^{-1} = \frac{1}{-3}\begin{pmatrix} -2 & -1 \\ -1 & 1 \end{pmatrix} = \frac{1}{3}\begin{pmatrix} 2 & 1 \\ 1 & -1 \end{pmatrix}.$$
これらで $\widehat{A}$ をはさむと，
$$\widehat{V}^{-1}\widehat{A}\widehat{V} = \frac{1}{3}\begin{pmatrix} 2 & 1 \\ 1 & -1 \end{pmatrix}\begin{pmatrix} 1 & 1 \\ 2 & 0 \end{pmatrix}\begin{pmatrix} 1 & 1 \\ 1 & -2 \end{pmatrix} = \begin{pmatrix} 2 & 0 \\ 0 & -1 \end{pmatrix}$$
となり，$\widehat{A}$ が $\lambda_1 = 2, \lambda_2 = -1$ を対角成分に並べた行列に対角化される．

(2) 特性方程式は
$$\begin{vmatrix} -2-\lambda & 1 & 1 \\ 1 & -2-\lambda & 1 \\ 1 & 1 & -2-\lambda \end{vmatrix} = -\lambda^3 - 6\lambda^2 - 9\lambda = -\lambda(\lambda+3)^2 = 0.$$
ゆえに，固有値は $\lambda_1 = 0, \lambda_2 = \lambda_3 = -3$．

$\lambda_1 = 0$ に対応する固有値方程式は，
$$\widehat{A}\boldsymbol{v}_1 = \begin{pmatrix} -2 & 1 & 1 \\ 1 & -2 & 1 \\ 1 & 1 & -2 \end{pmatrix}\begin{pmatrix} x \\ y \\ z \end{pmatrix} = \begin{pmatrix} -2x+y+z \\ x-2y+z \\ x+y-2z \end{pmatrix} = 0 \longrightarrow x = y = z.$$
ゆえに，$x = \frac{1}{\sqrt{3}}$ とおいて，固有ベクトルは $\boldsymbol{v}_1 = \frac{1}{\sqrt{3}}\begin{pmatrix} 1 \\ 1 \\ 1 \end{pmatrix}$．

$\lambda_2 = \lambda_3 = -3$ に対応する固有値方程式は，
$$\widehat{A}\boldsymbol{v} = \begin{pmatrix} -2x+y+z \\ x-2y+z \\ x+y-2z \end{pmatrix} = -3\begin{pmatrix} x \\ y \\ z \end{pmatrix} \longrightarrow x+y+z = 0.$$
3 変数 (x,y,z) に対して条件式が 1 つしかないことに注意．これは 3 次元空間において，$x+y+z=0$ の平面上にあるベクトルであればどれでも，$\lambda = -3$ の固有値方程式を満たすことを示している．この平面上の互いに一次独立なベクトルをとるために，
$$x = y = \frac{1}{\sqrt{6}} \text{ とおくと，} \boldsymbol{v}_2 = \frac{1}{\sqrt{6}}\begin{pmatrix} 1 \\ 1 \\ -2 \end{pmatrix},$$
$$x = -y = \frac{1}{\sqrt{2}} \text{ とおくと，} \boldsymbol{v}_3 = \frac{1}{\sqrt{2}}\begin{pmatrix} 1 \\ -1 \\ 0 \end{pmatrix}.$$
これらは互いに一次独立で固有値 $\lambda = -3$ の固有ベクトルになっている．

$\widehat{A}$ を対角化する行列 $\widehat{V}$ とその逆行列は，
$$\widehat{V} = \begin{pmatrix} \frac{1}{\sqrt{3}} & \frac{1}{\sqrt{6}} & \frac{1}{\sqrt{2}} \\ \frac{1}{\sqrt{3}} & \frac{1}{\sqrt{6}} & -\frac{1}{\sqrt{2}} \\ \frac{1}{\sqrt{3}} & -\frac{2}{\sqrt{6}} & 0 \end{pmatrix}, \quad \widehat{V}^{-1} = \begin{pmatrix} \frac{1}{\sqrt{3}} & \frac{1}{\sqrt{3}} & \frac{1}{\sqrt{3}} \\ \frac{1}{\sqrt{6}} & \frac{1}{\sqrt{6}} & -\frac{2}{\sqrt{6}} \\ \frac{1}{\sqrt{2}} & -\frac{1}{\sqrt{2}} & 0 \end{pmatrix}.$$
これらで $\widehat{A}$ をはさむと，$\widehat{V}^{-1}\widehat{A}\widehat{V} = \begin{pmatrix} 0 & 0 & 0 \\ 0 & -3 & 0 \\ 0 & 0 & -3 \end{pmatrix}$ となり，$\widehat{A}$ が $\lambda_1 = 0, \lambda_2 = \lambda_3 = -3$ を対角成分に並べた行列に対角化される．■

■ポイント■　いくつかポイントがあります．

まず (1), (2) とも，固有ベクトルを求めるとき，「$x=1$ とおいて $\cdots$」のように，ベクトルの成分の一つを勝手に決めています．これは固有ベクトルの定数倍の任意性からきています．すなわち，$\boldsymbol{v}$ が固有値 λ の固有ベクトルであれば，$\boldsymbol{v}$ に定数 a を掛けたベクトル $a\boldsymbol{v}$ も同じ固有値 λ の固有ベクトルになります．これは固有値方程式 $\widehat{A}\boldsymbol{v}=\lambda\boldsymbol{v}$ の形から明らかです．ゆえに，固有ベクトルの成分の一つは，勝手に選んでかまいません．また，(2) では「$x=\frac{1}{\sqrt{3}}$ とおいて $\cdots$」のように一見妙な値をとっていますが，これは固有ベクトルの大きさが 1 になるようにしているためです．このようにベクトルの大きさを 1 にする操作を**規格化**といいます．

次に (2) では固有値が縮退する場合を扱っていますが，対角化可能な行列の固有値問題で縮退した固有値の固有ベクトルを求める場合は，この問題のように，固有ベクトルを求める条件式の数が，必要な数より少なくなるということが起こります．その場合は，その"緩い"条件の中で（この問題の (2) だと「$x+y+z=0$ で与えられる平面上」で），互いに一次独立なベクトルを作ればよいことになります．

最後に (2) では，固有ベクトルを並べた行列 $\widehat{V}$ の逆行列 $\widehat{V}^{-1}$ が，$\widehat{V}$ の転置 ${}^t\widehat{V}$ と等しくなっています．これは偶然ではなく，この【答案】の (2) では，固有ベクトルを規格化した上で，互いに直交するように選んでいるためです†．これを見るために，n 本の固有ベクトル $\boldsymbol{v}_i\ (i=1,\ldots,n)$ が "規格直交化" されている，すなわち，

$$\boldsymbol{v}_i\cdot\boldsymbol{v}_j=\delta_{ij}=\begin{cases}1 & (i=j)\\ 0 & (i\neq j)\end{cases}\quad (\delta_{ij}:\text{クロネッカーのデルタ})$$

が成り立つ場合を考えましょう．すると，$\widehat{V},\ {}^t\widehat{V}$ はそれぞれ

$$\widehat{V}=\begin{pmatrix}| & & |\\ \boldsymbol{v}_1 & \cdots & \boldsymbol{v}_n\\ | & & |\end{pmatrix},\quad {}^t\widehat{V}=\begin{pmatrix}-\ \boldsymbol{v}_1\ -\\ \vdots\\ -\ \boldsymbol{v}_n\ -\end{pmatrix}$$

であるので，${}^t\widehat{V}\widehat{V}$ の ij 成分は $\boldsymbol{v}_i\cdot\boldsymbol{v}_j$ であり，

$${}^t\widehat{V}\widehat{V}=\begin{pmatrix}\boldsymbol{v}_1\cdot\boldsymbol{v}_1 & \boldsymbol{v}_1\cdot\boldsymbol{v}_2 & \cdots & \boldsymbol{v}_1\cdot\boldsymbol{v}_n\\ \boldsymbol{v}_2\cdot\boldsymbol{v}_1 & \boldsymbol{v}_2\cdot\boldsymbol{v}_2 & \ddots & \vdots\\ \vdots & \ddots & \ddots & \boldsymbol{v}_{n-1}\cdot\boldsymbol{v}_n\\ \boldsymbol{v}_n\cdot\boldsymbol{v}_1 & \cdots & \boldsymbol{v}_n\cdot\boldsymbol{v}_{n-1} & \boldsymbol{v}_n\cdot\boldsymbol{v}_n\end{pmatrix}=\begin{pmatrix}1 & 0 & \cdots & 0\\ 0 & 1 & \ddots & \vdots\\ \vdots & \ddots & \ddots & 0\\ 0 & \cdots & 0 & 1\end{pmatrix}=\widehat{I}\quad\longrightarrow\quad {}^t\widehat{V}=\widehat{V}^{-1}$$

となります．この $\widehat{V}$ のように，規格直交化されたベクトルを並べた行列のことを，成分が実数のとき**直交行列**，成分が複素数を含むとき**ユニタリー行列**と呼びます．直交行列，ユニタリー行列は，逆行列が簡単に求まるなど計算上便利であるだけでなく，量子力学などで本質的な役割を果たします．

---

† 具体的には，$\boldsymbol{v}_2$ で $x=y$ とした後に $\boldsymbol{v}_3$ を作るところで，$x=\alpha y\ (\alpha\neq 1)$ であれば $\boldsymbol{v}_2$ と $\boldsymbol{v}_3$ は一次独立になりますが，特に $x=-y$ を選ぶことで，$\boldsymbol{v}_2$ と $\boldsymbol{v}_3$ が直交化されています．$\boldsymbol{v}_1$ と $\boldsymbol{v}_2,\boldsymbol{v}_3$ は元々直交しています．

第2章

微分方程式

　微分方程式は，物理数学の中で最も重要なトピックといってよいでしょう．なにしろ，物理学で出てくるほとんどの問題は，微分方程式―力学の運動方程式，電磁気学のマクスウェル方程式，量子力学のシュレーディンガー方程式など―で表すことができます．ですから，微分方程式の解法を習得することは，物理を数学的に取り扱うための必須項目といえます．

　ここで「必須項目」などというと，「微分方程式なんていう大きな分野を全て理解するなんて難しそうだ…」と尻込みしてしまうかもしれませんが，その心配はありません．もちろん，微分方程式論は様々な問題・解法を含んだ広大な分野ですが，学部レベルの物理数学で必要となる微分方程式のほとんどは，線形常微分方程式と呼ばれる範囲に入ります．なので，その線形常微分方程式を理解してしまえば，物理の基本的なトピックの大部分をカバーすることができます．

　この章では，まず 2.1 節で，微分方程式に関する基礎知識について述べた後，2.2 節から 2.4 節までで，線形常微分方程式の解法を学習します．ここまでがこの章のメインであり，まずはこの部分をマスターしてください．その後の 2.5, 2.6 節ではそれぞれ，非線形常微分方程式の解法と，その他の便利なテクニックについて紹介します．これらは個別に学習できますので，順次取り組んで，解ける微分方程式の範囲を広げていってください．

2.1 基礎知識
──微分方程式を解くための予備知識

> Contents
> Subsection ❶ 微分方程式，解曲線
> Subsection ❷ 特解，一般解，任意定数
> Subsection ❸ 求積法，発見法的解法

> キーポイント
> 微分方程式の解が持つ一般的な性質を理解しよう．

ここでは，微分方程式の問題を解く際に知っておくべき基本的な事柄をまとめます．ここに書いてあることを知っているかいないかで，この後の理解が格段に違ってきますので，一度は目を通しておいてください．

❶ 微分方程式，解曲線

微分方程式とは，ある関数 $y(x)$ とその導関数 $y'(x) = y^{(1)}(x) = \frac{dy(x)}{dx}$, $y''(x) = y^{(2)}(x) = \frac{d^2y(x)}{dx^2}, \ldots, y^{(n)}(x) = \frac{d^ny(x)}{dx^n}$ の間に成り立つ式，

$$F\left(y^{(n)}(x), \ldots, y^{(1)}(x), y(x), x\right) = 0 \tag{2.1}$$

のことです．考える関数（ここでは $y(x)$）が 1 変数関数の場合は，特に**常微分方程式**と呼び，多変数関数（例えば $u(x,y,z)$）の場合は，**偏微分方程式**と呼びます[†]．常微分方程式で，方程式に含まれる導関数の最大の階数が n のものを，n **階常微分方程式**と呼びます．また，常微分方程式は，しばしば $y^{(n)}(x) = \cdots$ の形に変形して，

$$y^{(n)}(x) = \frac{d^ny(x)}{dx^n} = f\left(y^{(n-1)}(x), \ldots, y^{(1)}(x), y(x), x\right) \tag{2.2}$$

の形でも書かれます．この形を**正規形**といいます．

微分方程式を解くということは，等式 (2.1), (2.2) を満たすような関数 $y(x)$ を見つけるということです．そのような $y(x)$ が（xy 平面で）与える曲線のことを**解曲線**といいます．ここで微分方程式が解曲線を与えるメカニズムを考えてみましょう．

簡単のため，1 階常微分方程式

$$y'(x) = \frac{dy(x)}{dx} = f(y(x), x) \tag{2.3}$$

を考えます．この式は $y(x)$ と x の値がわかれば，微分係数 $y'(x)$ の値がわかるという意

[†] ただし，特に両者を混同する心配がない場合はしばしば，「常微分方程式」「偏微分方程式」といわずに，単に「微分方程式」と呼ぶことがあります．

味にとることができます.さらに 1.1 節で見たように,微分の定義より

$$y(x + \Delta x) = y(x) + y'(x)\Delta x + o(\Delta x) \tag{2.4}$$

ですので,$y(x)$ と $y'(x)$ がわかれば,$y(x + \Delta x)$ が($o(\Delta x)$ の精度で)わかります.

この 2 つの式—微分方程式と微分係数の定義式—を組み合わせると,以下のことが言えます.今,$x = x_0$ における $y(x)$ の値 $y(x_0) = y_0$ がわかっているとしましょう.すると微分方程式 (2.3) から,$x = x_0$ における $y'(x)$ の値 $y'(x_0) = f(y_0, x_0)$ がわかります.ここで式 (2.4) を使うと,x が Δx だけ進んだ位置での $y(x)$ の値 $y(x_0 + \Delta x)$ がわかります.後は,同じことの繰返しです.微分方程式から $y'(x_0 + \Delta x)$ を求め,微分の定義から $y(x_0 + 2\Delta x)$ が求まります.こうして点 (x_0, y_0) から出発して,1 つの曲線が決まります(図 2.1 参照).この $y(x)$ は($\Delta x \to 0$ とすれば)全ての x の位置で,微分方程式 (2.3) を満たす関数,すなわち,微分方程式の解です.以上は 1 階常微分方程式について考えましたが,n 階の常微分方程式への拡張は簡単です.ある $x = x_0$ での $\{y(x_0), \ldots, y^{(n-1)}(x_0)\}$ がわかれば,微分方程式から $y^{(n)}(x_0)$ がわかり,それらの値から $x_0 + \Delta x$ での $\{y(x_0 + \Delta x), \ldots, y^{(n-1)}(x_0 + \Delta x)\}$ がわかり,$\cdots$ と,同じ手順を繰り返すだけです.こうして必要な数の初期条件が与えられれば,微分方程式が解曲線を決定することがわかります.

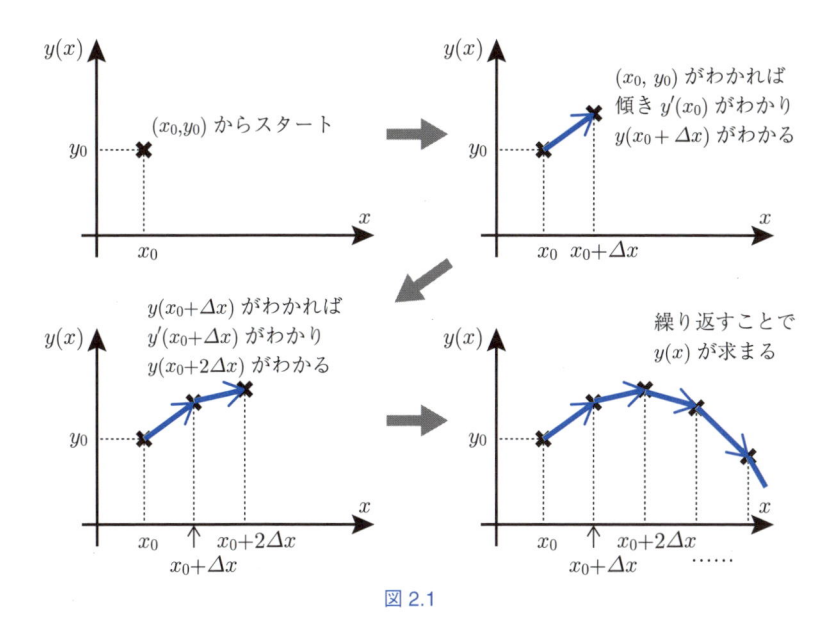

図 2.1

なお,以上の考察から,微分方程式 (2.2) は $\left(f\left(y^{(n-1)}(x),\ldots,y^{(1)}(x),y(x),x\right)\right.$ が "まともな" 関数であれば),与えられた初期条件に対して唯一の(一意の)解曲線を持つことが,自然に理解できると思います.この解の一意性については,以下の定理があります.

解の存在・一意性:常微分方程式
$$y^{(n)}(x) = f\left(y^{(n-1)}(x),\ldots,y^{(1)}(x),y(x),x\right)$$
について,関数 $f\left(y^{(n-1)}(x),\ldots,y^{(1)}(x),y(x),x\right)$ がリプシッツ条件を満たすとき,初期条件 $y(x_0)=y_0, y'(x_0)=y_1,\ldots,y^{(n-1)}(x_0)=y_{n-1}$ を満たす解が一意に存在する.

リプシッツ条件とは,関数 $f\left(y^{(n-1)}(x),\ldots,y^{(1)}(x),y(x),x\right)$ の $\{y,y^{(1)},\ldots,y^{(n-1)}\}$ に関する偏導関数が連続であれば満たされるという,比較的緩い条件であり,物理の(少なくとも学部レベルの)問題で出てくるほとんどの微分方程式で満たされるものです.

❷ 特解,一般解,任意定数

n 階常微分方程式の解で,n 個の独立な任意定数を含む関数 $y(x)$ を,その微分方程式の**一般解**といいます.対して,一般解の任意定数に特定の値を代入し,$y(x)$ がある初期条件を満たすようにした解を,その初期条件に対する**特解**(または**特殊解**,**特別解**)といいます.これらの解の関係については,次のように具体例を考えるとわかりやすいでしょう.

基本問題 2.1

$$y(x) = \frac{1}{2}gx^2 + Ax + B \quad (A, B \text{ は任意定数},\ g \text{ は与えられた定数})$$

は,2 階常微分方程式 $y''(x) = g$ の一般解であることを示せ.また,初期条件 $y(0)=0, y'(0)=0$ に対応する特解を求めよ.

方針 一般解,特解の意味を理解しよう.

【答案】 $y(x)$ を微分すると,$y'(x) = gx + A, y''(x) = g$ より,$y(x)$ は微分方程式を満たす,すなわち,解である.また,$y(x)$ は 2 つの任意定数 A, B を含む.ゆえに $y(x)$ は一般解である.
$y(0)=B, y'(0)=A$ より,A, B を調節することで,$y(x)$ は任意の初期条件 $y(0)=y_0, y'(0)=y_1$ を再現することができる.初期条件を $y(0)=0, y'(0)=0$ とすると,$A=B=0$. ゆえに,対応する特解は $y(x) = \frac{1}{2}gx^2$. ∎

n 階常微分方程式の初期条件は，n 個の変数 $y(x_0) = y_0, y'(x_0) = y_1, \ldots, y^{(n-1)}(x_0) = y_{n-1}$ で与えられますので，任意の初期条件を再現するためには，独立に調節できるパラメータが少なくとも n 個存在する必要があります．物理の問題に出てくる n 階常微分方程式の多くでは，一般解に含まれる n 個の任意定数を調節することで，任意の初期条件を再現することができます．しかし，微分方程式によっては，一般解に含まれる任意定数をどのようにとっても表現できない（すなわち特解の集合に含まれない）解が存在することがあります．そのような解を**特異解**と呼びます．

❸ 求積法，発見法的解法

ここまで，微分方程式に関する基礎知識について述べましたが，これらの知識は微分方程式を解く際に，大きな威力を発揮します．微分方程式の解法には，大きく分けて 2 つのやり方があります．1 つ目は，微分方程式から出発して，様々な演算（主に積分）を有限回行うことで，解を導出する方法で，**求積法**と呼ばれます．これはある意味，最も確実な解法であり，皆さんが求積法を用いて解ける微分方程式の範囲を増やすことが，この章の目的の一つです．

しかし，求積法では解くのが難しい微分方程式も数多くあります．そのようなとき，2 つ目の解法の出番になります．その方法は一言でいうと，「物理的な考察やひらめきから，解を見つけてしまえ」というものです．まず，与えられた微分方程式の解の式を「仮定」します．この仮定はどんなものでも—最悪，あてずっぽうでも—構いません．どんなやり方で仮定しても，その式を微分方程式に代入して，等式が成り立てば，その式は微分方程式の解です．また，その式が必要な数の任意定数を含んでいれば，それは一般解であり，それらの任意定数を調節して，与えられた初期条件を再現できたとすれば，それは（その初期条件に対応する）特解です．そして，微分方程式が解の一意性の定理を満たしていれば，その解は（その初期条件に対応する）唯一の解であることが保証されます．このような発見法的解法は，一見，乱暴に思えるかもしれませんが，数学的に正当な解法であり，特に求積法では解けない問題に対して，非常に有効な方法として用いられます．

以下，この章では，求積法と発見法的解法の両方を駆使して，微分方程式の問題に取り組みます．

2.2 線形1階常微分方程式
――まずは最も簡単な微分方程式でウォーミング・アップ!!

> **Contents**
> Subsection ❶ 斉次の場合
> Subsection ❷ 非斉次の場合

> **キーポイント**
> 確実に解ける微分方程式.変数分離と定数変化法をマスターしよう.

常微分方程式 $F\left(y^{(n)}(x), \ldots, y^{(1)}(x), y(x), x\right) = 0$ が y とその導関数について線形の式,すなわち,

$$y^{(n)}(x) + p_{n-1}(x)y^{(n-1)}(x) + \cdots + p_1(x)y'(x) + p_0(x)y(x) = r(x) \tag{2.5}$$

で表される場合,これを**線形常微分方程式**といいます.(ここでは関数 F の中で y によらない部分を右辺に移項して,$r(x)$ としています.)さらに,右辺が $r(x) = 0$ の場合を**斉次**,$r(x) \neq 0$ の場合を**非斉次**といいます.この節では,まず1階の線形常微分方程式に着目し,斉次,非斉次それぞれの場合の解法について学習します.

❶ 斉次の場合

斉次の線形1階常微分方程式は,以下のような方法で解くことができます.

基本問題 2.2 ――――――――――――――――――――――― 重要

$y'(x) + p(x)y(x) = 0$ の一般解を求めよ.

方針 微分方程式を左辺が y のみの式,右辺が x のみの式になるよう変形する(変数分離法).

【答案】 微分方程式を変形して

$$y' = \frac{dy}{dx} = -p(x)y.$$

ここで,$y \neq 0$ と仮定して両辺を y で割ると,

$$\frac{1}{y}y' = -p(x).$$

両辺を x で積分して,

2.2 線形1階常微分方程式

$$\int \frac{1}{y}\frac{dy}{dx}dx = -\int p(x)dx.$$

左辺は変数変換して y の積分になおすことができ，不定積分を実行すると，

$$\int \frac{1}{y}dy = \ln|y| + c = -\int p(x)dx.$$

(c は積分定数．右辺の不定積分も積分定数を出すが，それも移項して c に含める)．上式を変形して，一般解

$$y(x) = C\exp\{-P(x)\} \qquad \left(P(x) = \int p(x)dx\right)$$

が求まる．$C = \pm e^{-c}$ は任意定数であり，初期条件 $y(x_0) = y_0$ が与えられれば決まる．

この一般解は，$y_0 \neq 0$ であれば任意の x で $y(x) \neq 0$ となるので，解答途中で用いた仮定を満たしている．$y(x_0) = y_0 = 0$ の場合は $y'(x_0) = 0$ より，$y(x)$ は0であり続けるため，任意の x で $y(x) = 0$ となる．この解は $C = 0$ として一般解の式に含めることができる．■

ポイント この【答案】のように，微分方程式を，左辺が y, y' のみの関数，右辺が x のみの関数となるように変形することを，**変数分離**と言います．いったん，変数分離ができてしまえば，両辺をそれぞれ積分することで，微分方程式を x, y のみの（y' を含まない）式になおすことができますので，後は，$y = \cdots$ の形になおせば解が求まります．変数分離は線形に限らず1階常微分方程式を解くときに最もよく用いられる解法の一つです．この変数分離については，2.5節でより詳しく扱います．

基本問題 2.3 【重要】

質量 m の小物体が，x 軸上を，速度に比例する抵抗力
$$F = -\Gamma v(t) = -\Gamma \frac{dx(t)}{dt}$$
を受けて運動している．

(1) 小物体の速度 $v(t)$，変位 $x(t)$ の一般解を求めよ．
(2) 初期条件 $x(0) = 0, v(0) = \frac{dx(0)}{dt} = v_0$ に対応する特解を求めよ．

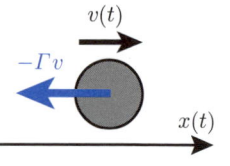

図 2.2

方針 変数分離で解くことができる．

【答案】(1) 運動方程式は
$$m \frac{d^2 x(t)}{dt^2} = m \frac{dv(t)}{dt} = -\Gamma v(t).$$
$v \neq 0$ と仮定して変数分離すると，
$$\frac{1}{v} v' = -\frac{\Gamma}{m}.$$
両辺を t で積分して，
$$\int \frac{1}{v} \frac{dv}{dt} dt = \int \frac{1}{v} dv = -\int \frac{\Gamma}{m} dt \longrightarrow \ln|v| + c = -\frac{\Gamma}{m} t.$$
(右辺の積分の積分定数は c に含める．) ゆえに，$v(t)$ の一般解は，
$$v(t) = C \exp\left(-\frac{\Gamma}{m} t\right)$$
($C = \pm e^{-c}$ は任意定数).

ある時刻 $t = t_0$ で $v = 0$ となる場合は，運動方程式より $v'(t_0) = 0$．ゆえに $v(t)$ は変化せず，任意の t で $v(t) = 0$ となるが，その場合は $C = 0$ として，一般解に含むことができる．

変位 $x(t)$ の一般解は，速度 $v(t)$ を積分して，
$$x(t) = \int v(t) dt = \int C e^{-(\Gamma/m)t} dt = -\frac{Cm}{\Gamma} e^{-(\Gamma/m)t} + D$$
(D は任意定数).

(2) (1) で求めた一般解に初期条件 $x(0) = 0, v(0) = \frac{dx(0)}{dt} = v_0$ を課すと，
$$v(0) = C e^0 = C = v_0, \quad x(0) = -\frac{Cm}{\Gamma} e^0 + D = 0 \longrightarrow D = \frac{Cm}{\Gamma}.$$
ゆえに，特解は
$$v(t) = v_0 e^{-(\Gamma/m)t}, \quad x(t) = -\frac{v_0 m}{\Gamma} e^{-(\Gamma/m)t} + \frac{v_0 m}{\Gamma} = \frac{v_0 m}{\Gamma}\left(1 - e^{-(\Gamma/m)t}\right). \blacksquare$$

❷ 非斉次の場合

非斉次の線形1階常微分方程式は，**定数変化法**と呼ばれる手法で解くことができます．定数変化法の手順は以下の通りです．

(1) まず，仮に右辺を $r(x) = 0$ とおいた，斉次の場合の一般解を求める．すると，その解は $C_0 y_0(x)$（C_0 は任意定数）と表される．

(2) 非斉次の場合の一般解を $y(x) = C(x)y_0(x)$ と仮定し，問題の微分方程式に代入する．

(3) そうして得られた $C(x)$ に対する微分方程式を解いて，$C(x)$ を求める．

具体的なやり方は，次の問題を見てみましょう．

基本問題 2.4 　　　　　　　　　　　　　　　　　　　　　　　　　　　　**重要**

$y'(x) + p(x)y(x) = r(x)$ の一般解を求めよ．

方針 　斉次の場合の一般解に含まれる任意定数を x の関数として，非斉次の方程式に代入する（定数変化法）．

【答案】 　まず，$r(x) = 0$ と仮定した方程式 $y'(x) + p(x)y(x) = 0$ の一般解は，$y(x) = C_0 y_0(x)$，$y_0(x) = \exp\{-P(x)\}$ $\left(P(x) = \int p(x)dx\right)$ である（基本問題 2.2 参照）．

問題の微分方程式（非斉次）の一般解を $y(x) = C(x)y_0(x)$ と仮定して代入すると，

$$\frac{d}{dx}\{C(x)y_0(x)\} + p(x)C(x)y_0(x) = r(x)$$

$$\longrightarrow \quad C'(x)y_0(x) + C(x)y_0'(x) + p(x)C(x)y_0(x) = r(x)$$

$$\longrightarrow \quad C'(x)y_0(x) + C(x)\{y_0'(x) + p(x)y_0(x)\} = r(x).$$

ここで $y_0(x)$ は斉次の解なので，$y_0'(x) + p(x)y_0(x) = 0$．ゆえに，

$$C'(x)y_0(x) = r(x) \quad \longrightarrow \quad \frac{dC(x)}{dx} = \frac{r(x)}{y_0(x)}.$$

この微分方程式は，両辺を積分するだけで解くことができて，

$$C(x) = \int \frac{r(x)}{y_0(x)}dx + C_1 = \int r(x)e^{P(x)}dx + C_1.$$

ゆえに，求める非斉次の場合の一般解は

$$y(x) = \left(\int r(x)e^{P(x)}dx + C_1\right)e^{-P(x)}$$

（C_1 は任意定数）．■

ポイント 　線形1階常微分方程式の場合は非斉次でも，定数変化法で比較的簡単に解くことができるので，この解法は是非マスターしておきましょう．

基本問題 2.5　　　　　　　　　　　　　　　　　　　　　　　重要

図 2.3 のような，抵抗とコイルを電源につないだ回路を考える．回路に流れる電流 $I(t)$ は，微分方程式
$$L\frac{dI(t)}{dt} + RI(t) = V(t)$$
に従う．
(1)　$V(t) = V_0$（直流電源）の場合の一般解を求めよ．
(2)　$V(t) = V_0 \cos(\omega t)$（交流電源）の場合の一般解を求めよ．

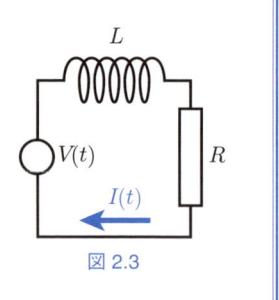

図 2.3

方針　定数変化法で解くことができる．

【答案】　まず，斉次の場合 ($V(t) = 0$) の一般解は，
$$I'(t) = -\frac{R}{L}I(t) \quad \longrightarrow \quad \frac{1}{I(t)}\frac{dI(t)}{dt} = -\frac{R}{L}$$
$$\longrightarrow \quad \int \frac{1}{I}\frac{dI}{dt}dt = \ln|I| + c_0 = -\frac{R}{L}t$$
$$\longrightarrow \quad I(t) = C_0 e^{-(R/L)t}.$$

非斉次の場合の一般解を $I(t) = C(t)e^{-(R/L)t}$ と仮定して，微分方程式に代入すると，
$$L\left\{C'(t)e^{-(R/L)t} + C(t)\left(-\frac{R}{L}\right)e^{-(R/L)t}\right\} + RC(t)e^{-(R/L)t} = V(t)$$
$$\longrightarrow \quad LC'(t)e^{-(R/L)t} - RC(t)e^{-(R/L)t} + RC(t)e^{-(R/L)t} = V(t)$$
$$\longrightarrow \quad C'(t) = \frac{V(t)}{L}e^{(R/L)t}.$$

(1)　$V(t) = V_0$ とすると，
$$C'(t) = \frac{V_0}{L}e^{(R/L)t} \quad \longrightarrow \quad C(t) = \frac{V_0}{L}\int e^{(R/L)t}dt = \frac{V_0}{R}e^{(R/L)t} + C_1.$$

ゆえに，求める一般解は，
$$I(t) = \left(\frac{V_0}{R}e^{(R/L)t} + C_1\right)e^{-(R/L)t} = C_1 e^{-(R/L)t} + \frac{V_0}{R}.$$

(2)　$V(t) = V_0 \cos(\omega t)$ とすると，
$$C'(t) = \frac{V_0}{L}e^{(R/L)t}\cos(\omega t) \quad \longrightarrow \quad C(t) = \frac{V_0}{L}\int e^{(R/L)t}\cos(\omega t)dt.$$

この積分は，部分積分を繰り返すことで求めることができ，

$$\int e^{(R/L)t} \cos(\omega t)dt$$
$$= \frac{L}{R}e^{(R/L)t}\cos(\omega t) - \frac{L}{R}(-\omega)\int e^{(R/L)t}\sin(\omega t)dt$$
$$= \frac{L}{R}e^{(R/L)t}\cos(\omega t) + \frac{L}{R}\omega\left(\frac{L}{R}e^{(R/L)t}\sin(\omega t) - \frac{L}{R}\omega\int e^{(R/L)t}\cos(\omega t)dt\right)$$
$$= \frac{L}{R}e^{(R/L)t}\cos(\omega t) + \frac{L^2}{R^2}\omega e^{(R/L)t}\sin(\omega t) - \frac{L^2}{R^2}\omega^2\int e^{(R/L)t}\cos(\omega t)dt.$$

(以上では，積分定数を省略した.) 整理すると，
$$\int e^{(R/L)t}\cos(\omega t)dt = \frac{1}{\frac{R^2}{L^2}+\omega^2}e^{(R/L)t}\left(\frac{R}{L}\cos(\omega t)+\omega\sin(\omega t)\right) + C_1.$$

ゆえに，求める一般解は，
$$I(t) = \frac{V_0}{L}\left\{\frac{1}{\frac{R^2}{L^2}+\omega^2}e^{(R/L)t}\left(\frac{R}{L}\cos(\omega t)+\omega\sin(\omega t)\right) + C_1\right\}e^{-(R/L)t}$$
$$= Ce^{-(R/L)t} + \frac{V_0}{L}\frac{1}{\frac{R^2}{L^2}+\omega^2}\left(\frac{R}{L}\cos(\omega t)+\omega\sin(\omega t)\right).$$

(任意定数 $\frac{V_0}{L}C_1$ を，改めて C とおいた.) ∎

演習問題

2.2.1 次の線形 1 階常微分方程式（斉次）の一般解を求めよ．
(1) $y' + 2y = 0$ (2) $y' + 3x^2y = 0$

2.2.2 次の線形 1 階常微分方程式（非斉次）の一般解を求めよ．
(1) $y' + y = x^2 + 2x$ (2) $y' + y = e^{\lambda x}$

2.3 定係数線形高階常微分方程式
——物理で最重要かつ最頻出の微分方程式

Contents
- Subsection ❶ 重ね合わせの原理
- Subsection ❷ 斉次の場合
- Subsection ❸ 非斉次の場合
- Subsection ❹ $n\,(\geq 3)$ 階への拡張

キーポイント
物理で最もよく出る微分方程式．これが解ければ多くの問題が解ける．
重ね合わせの原理，指数関数解などの概念も重要．

1 階の線形常微分方程式が解けるようになったところで，高階の線形常微分方程式へ話を進めましょう．ここで最も大事なのは 2 階の線形常微分方程式です．この章の最初に，物理に出てくる問題の多くは微分方程式で表すことができると述べましたが，それらの方程式—運動方程式，波動方程式，拡散方程式，電気回路の方程式，量子力学のシュレーディンガー方程式など—は，多くの場合，2 階の線形常微分方程式に帰着します[†]．さらに物理の問題では非常にしばしば，微分方程式中の，$y(x), y'(x), \ldots, y^{(n)}(x)$ の前の係数が定数になります．そこで，この節では主に，定係数線形 n 階常微分方程式

$$y^{(n)}(x) + p_{n-1}y^{(n-1)}(x) + \cdots + p_1 y'(x) + p_0 y(x) = r(x) \tag{2.6}$$

を考えます．この式の解法をマスターすれば，物理を学習する上で，大きな力になることでしょう．ここでのキーワードは「重ね合わせの原理」と「指数関数は便利な関数」の 2 つです．

❶ 重ね合わせの原理

具体的な解法に進む前にまず，線形微分方程式において最も重要な原理—重ね合わせの原理—について学習しましょう．ここでは定係数に限らず，係数 $p_i(x)$ が x の関数でもよい場合を考え，また，斉次の方程式を考えます．（非斉次の場合については後で述べます．）

[†]正確には，2 階の "偏" 微分方程式になることがしばしばありますが，その場合でも，変数変換や，2.6 節で述べる（偏微分方程式に対する）変数分離のテクニックを使うことで，2 階の常微分方程式になおせることが多くあります．

2.3 定係数線形高階常微分方程式

重ね合わせの原理（斉次の場合）: 斉次の線形常微分方程式
$$y^{(n)}(x) + p_{n-1}(x)y^{(n-1)}(x) + \cdots + p_1(x)y'(x) + p_0(x)y(x) = 0$$
について，$y_1(x), y_2(x)$ がこの微分方程式の解であるとき，それらの線形結合 $y(x) = c_1 y_1(x) + c_2 y_2(x)$ も，同じ微分方程式の解である．

【証明】 $y(x) = c_1 y_1(x) + c_2 y_2(x)$ を微分方程式に代入すると，

$$\frac{d^n}{dx^n}\{c_1 y_1(x) + c_2 y_2(x)\} + p_{n-1}(x)\frac{d^{n-1}}{dx^{n-1}}\{c_1 y_1(x) + c_2 y_2(x)\}$$
$$+ \cdots + p_1(x)\frac{d}{dx}\{c_1 y_1(x) + c_2 y_2(x)\} + p_0(x)\{c_1 y_1(x) + c_2 y_2(x)\}$$
$$= c_1 \left\{y_1^{(n)}(x) + p_{n-1}(x)y_1^{(n-1)}(x) + \cdots + p_1(x)y_1'(x) + p_0(x)y_1(x)\right\}$$
$$+ c_2 \left\{y_2^{(n)}(x) + p_{n-1}(x)y_2^{(n-1)}(x) + \cdots + p_1(x)y_2'(x) + p_0(x)y_2(x)\right\}.$$

ここで $y_1(x), y_2(x)$ はそれぞれ微分方程式の解なので，右辺の $\{\cdots\}$ の中はそれぞれ 0．ゆえに，（左辺）$= 0$ となり，$y(x) = c_1 y_1(x) + c_2 y_2(x)$ も微分方程式を満たす．□

この証明を見れば，重ね合わせの原理が，「微分方程式が線形であること」と「微分演算に分配則（$\frac{d}{dx}\{f(x) + g(x)\} = \frac{df(x)}{dx} + \frac{dg(x)}{dx}$）が成り立つこと」の 2 点のみによっていることがわかります．実際，重ね合わせの原理は，（偏微分方程式を含めて）線形微分方程式一般に成り立つ，非常に適用範囲の広い原理であり，物理で扱う様々な現象に顔を出します．

● **線形常微分方程式の解法への応用** ● 重ね合わせの原理は，線形常微分方程式の一般解を求めるときに威力を発揮します．

まず簡単のため，2 階の斉次線形常微分方程式
$$y''(x) + p(x)y'(x) + q(x)y(x) = 0$$
を考えましょう．$y_1(x), y_2(x)$ が，この微分方程式の特解であるとします．すると，重ね合わせの原理より，$y(x) = c_1 y_1(x) + c_2 y_2(x)$ も解になります．また，この解は 2 つの任意定数 c_1, c_2 を含みますので，この解は一般解です．こうして 2 つの特解 $y_1(x), y_2(x)$ が求まれば，一般解がわかることになります．

ここで一つ，重要な注意があります．例として，微分方程式
$$y''(x) - 3y'(x) + 2y(x) = 0$$
を考えます．$y_1(x) = e^x$ は，この微分方程式の解です．（代入して確認してください．）また，それを 2 倍した関数 $y_2(x) = 2e^x$ もこの微分方程式の解です．では，これらの線形結合 $y(x) = c_1 y_1(x) + c_2 y_2(x)$ は，一般解になるでしょうか．答えは No です．この解

は，式で書くと $y(x) = (c_1 + 2c_2)e^x$ となりますが，係数をまとめると $y(x) = Ce^x$ となり，いかに c_1, c_2 を変化させたところで，実質的には 1 つの任意定数 C を変化させるのと同じ効果しかありません．つまり，この解に含まれる"独立な"任意定数は 1 つだけということになります．このように解

$$y(x) = c_1 y_1(x) + c_2 y_2(x)$$

が 2 つの"独立した"任意定数を含むためには，$y_1(x), y_2(x)$ が互いの定数倍でないことが必要になります[†]．

以上の話は，n 階の斉次線形常微分方程式の場合に，容易に拡張できます．$y_1(x), y_2(x), \ldots, y_n(x)$ が，考える微分方程式の特解であるとします．すると，

$$y(x) = c_1 y_1(x) + c_2 y_2(x) + \cdots + c_n y_n(x)$$

も解です．そして，$y_1(x), y_2(x), \ldots, y_n(x)$ のどの $y_i(x)$ も，それ以外の $\{y_j(x)\}$ $(j \neq i)$ の線形結合で書くことができない場合は，$y(x)$ は独立な n 個の任意定数を含む解，すなわち，一般解になります．（この「$\{y_i(x)\}$ のどれもがその他の線形結合で書けない」ことを，「$\{y_i(x)\}$ は互いに一次独立である」といいます．この「関数の一次独立」については，37 ページのコラムで詳しく述べます．）

こうして斉次の n 階線形常微分方程式の一般解を求める問題は，<u>互いに一次独立な n 個の特解を求める問題に帰着できる</u>ことがわかりました．後は，なんらかの方法で，その特解を求めるだけです．以下で，その方法について考えます．

❷ 斉次の場合

準備が終わったところで，斉次の定係数線形常微分方程式の解法に移りましょう．以下しばらく，2 階の微分方程式

$$y''(x) + py'(x) + qy(x) = 0$$

を考えます．（n (≥ 3) 階の場合への一般化は，後で述べます．）重ね合わせの原理により，この微分方程式の一般解を求める問題は，互いに一次独立な特解を（どんな方法でもよいので）2 つ見つける問題に帰着します．そのような互いに一次独立な特解のことを**基本解**といいます．基本解は次の基本問題 2.6 で用いる方法により，求めることができます．ここでのキーポイントは「基本解を $y(x) = e^{\lambda x}$ と仮定する」ことです．

[†] 上記の微分方程式の場合であれば，$y_1(x) = e^x$ に対して，$y_2(x) = e^{2x}$（これも解です）とすれば O.K. です．

コラム　関数の一次独立・一次従属

一次独立，一次従属（線形独立，線形従属ともいいます）という言葉は，線形代数でベクトルに対して使うことの方がなじみがあるかもしれません．関数に対する一次独立，一次従属の定義は以下の通りです．

関数の一次独立・一次従属：x のある区間 I において，関数列 $\{y_1(x), \ldots, y_n(x)\}$ に対して，
$$c_1 y_1(x) + \cdots + c_n y_n(x) = 0 \tag{2.7}$$
となる，$c_1 = \cdots = c_n = 0$ 以外の定数の組 $\{c_1, \ldots, c_n\}$ が存在するとき，$\{y_1(x), \ldots, y_n(x)\}$ は一次従属である．また，$\{y_1(x), \ldots, y_n(x)\}$ が一次従属でないとき，$\{y_1(x), \ldots, y_n(x)\}$ は一次独立である．

つまり，関数列 $\{y_1(x), \ldots, y_n(x)\}$ が一次独立というのは，$\{y_1(x), \ldots, y_n(x)\}$ の中からどの関数 $y_i(x)$ をとっても，その他の線形結合で表すことができない，ということですから，ベクトルの場合との類似は明らかでしょう．この一次独立性によって，$y(x) = \sum\limits_{i=1}^{n} c_i y_i(x)$ が独立な任意定数を n 個含むことが保証されます．

関数列 $\{y_1(x), \ldots, y_n(x)\}$ が一次独立であるかどうかを判定する方法としては，**ロンスキー行列式**（**ロンスキアン**）を用いる方法が知られています．ロンスキー行列式とは，関数列に含まれる関数とその導関数を並べた行列

$$\widehat{W} = \begin{pmatrix} y_1 & y_2 & \cdots & y_n \\ y_1' & y_2' & \cdots & y_n' \\ \vdots & \vdots & \ddots & \vdots \\ y_1^{(n-1)} & y_2^{(n-1)} & \cdots & y_n^{(n-1)} \end{pmatrix}$$

の行列式のことです．ロンスキー行列式 $\det \widehat{W}$ に対して，

- 区間 I 中のある $x = x_0$ で，$\det \widehat{W} \neq 0 \implies$ 関数列 $\{y_1(x), \ldots, y_n(x)\}$ は一次独立

が成り立ちます．また，

- $\{y_1(x), \ldots, y_n(x)\}$ が斉次の線形 n 階常微分方程式（式 (2.5) で右辺 $r(x) = 0$ の場合）の解であるときには，
  区間 I 中のある $x = x_0$ で，$\det \widehat{W} = 0 \implies$ 関数列 $\{y_1(x), \ldots, y_n(x)\}$ は一次従属

となります．
関数の一次独立性は，関数が 2 つの場合は，互いに定数倍になっているかどうかで判断できますが，関数が 3 つ以上になると，多くの場合，一目ではわかりませんので，ロンスキー行列式で確認する必要があります．

基本問題 2.6 【重要】

$y''(x) + py'(x) + qy(x) = 0$ の一般解を求めよ.

方針 解を $y(x) = e^{\lambda x}$ と仮定して方程式に代入し，互いに一次独立な解を 2 つ探す.

【答案】 解を $y(x) = e^{\lambda x}$ と仮定して，微分方程式に代入すると

$$\lambda^2 e^{\lambda x} + p\lambda e^{\lambda x} + q e^{\lambda x} = (\lambda^2 + p\lambda + q)e^{\lambda x} = 0.$$

ゆえに,

$$\lambda^2 + p\lambda + q = 0$$

であれば，$y(x) = e^{\lambda x}$ は微分方程式の解である．以下，判別式 $D = p^2 - 4q$ の値によって場合分けする.

 (i) $D > 0$ の場合：λ は異なる 2 つの実数解 $\lambda_1 = \frac{-p + \sqrt{D}}{2}$, $\lambda_2 = \frac{-p - \sqrt{D}}{2}$ を持つ．$\lambda_1 \neq \lambda_2$ より，$y_1(x) = e^{\lambda_1 x}, y_2(x) = e^{\lambda_2 x}$ は互いに一次独立，すなわち基本解になっている．ゆえに，求める一般解は,

$$y(x) = c_1 e^{\frac{-p + \sqrt{D}}{2}x} + c_2 e^{\frac{-p - \sqrt{D}}{2}x}.$$

 (ii) $D < 0$ の場合：λ は異なる 2 つの複素数解 $\lambda_1 = -\frac{p}{2} + i\omega_0$, $\lambda_2 = -\frac{p}{2} - i\omega_0$ を持つ. (ここで $\omega_0 = \frac{\sqrt{|D|}}{2}$ とした.) $\lambda_1 \neq \lambda_2$ より，$y_1(x) = e^{\lambda_1 x}, y_2(x) = e^{\lambda_2 x}$ は基本解．ゆえに，求める一般解は,

$$y(x) = c_1 e^{\{-(p/2) + i\omega_0\}x} + c_2 e^{\{-(p/2) - i\omega_0\}x} = e^{-(p/2)x}\left(c_1 e^{i\omega_0 x} + c_2 e^{-i\omega_0 x}\right).$$

また，オイラーの関係式 $e^{\pm i\omega_0 x} = \cos(\omega_0 x) \pm i\sin(\omega_0 x)$ を用いると，

$$y(x) = e^{-(p/2)x}\{A\cos(\omega_0 x) + B\sin(\omega_0 x)\}$$

と書き直すこともできる．(任意定数を改めて $A = c_1 + c_2, B = i(c_1 - c_2)$ とおいた.)

 (iii) $D = 0$ の場合：λ は重解 $\lambda = -\frac{p}{2}$ を持ち，基本解の 1 つは $y_1(x) = e^{-(p/2)x}$. また，$y_2(x) = xe^{-(p/2)x}$ とすると，$y_2(x)$ は微分方程式を満たし，かつ $y_1(x)$ と一次独立．ゆえに $y_2(x)$ も基本解であり，求める一般解は,

$$y(x) = c_1 e^{-(p/2)x} + c_2 x e^{-(p/2)x} = (c_1 + c_2 x)e^{-(p/2)x}.$$

【(iii) 別解】 $y(x) = Ae^{-(p/2)x}$ が解であることから，一般解を $y(x) = a(x)e^{-(p/2)x}$ と仮定して，微分方程式に代入すると,

$$\begin{aligned}
y''(x) + py'(x) + qy(x) &= a''(x)e^{-(p/2)x} + 2\left(-\frac{p}{2}\right)a'(x)e^{-(p/2)x} + \frac{p^2}{4}a(x)e^{-(p/2)x} \\
&\quad + p\left\{a'(x)e^{-(p/2)x} + \left(-\frac{p}{2}\right)a(x)e^{-(p/2)x}\right\} + qa(x)e^{-(p/2)x} \\
&= a''(x)e^{-(p/2)x} + \left(q - \frac{p^2}{4}\right)a(x)e^{-(p/2)x} = 0.
\end{aligned}$$

$$\longrightarrow \quad a''(x) = 0.$$

この式の一般解は $a(x) = c_1 + c_2 x$. ゆえに求める一般解は $y(x) = (c_1 + c_2 x)e^{-(p/2)x}$. ■

ポイント 【答案】を順を追ってみてみましょう. まず, 一番のポイントは, 解を $y(x) = e^{\lambda x}$ と仮定することで, 微分方程式を λ についての 2 次方程式

$$\lambda^2 + p\lambda + q = 0 \tag{2.8}$$

になおしたことです. この式を**特性方程式**と呼びます. 2 次方程式の解は, 解の公式から簡単に求まりますので, この時点で, この問題は本質的に解けたも同然です. このような簡単化が可能なのは,「$e^{\lambda x}$ は微分しても形が変わらない (λ 倍されるだけ)」という, 指数関数が持つ非常に便利な性質によります. このため定係数線形常微分方程式の解は, 基本的に指数関数で表されます.「物理の問題を解いていると, なぜか指数関数がよく出てくる」という印象を持っていた人もいるかもしれませんが, これがその理由です.

特性方程式までたどり着けば, 後は場合分けして丁寧に解くだけです. ここでの注意点は, 以下の 2 つです. まず「(ii) $D = p^2 - 4q < 0$ の場合」のところで, **オイラーの関係式**というものが出てきました. これは任意の θ に対して成り立つ恒等式

$$e^{i\theta} = \cos\theta + i\sin\theta$$

(i は虚数単位 : $i^2 = -1$) のことです. この関係式は指数関数と三角関数を橋渡しする非常に重要な関係式で, 物理の様々な分野の問題で出てきます. オイラーの関係式の導出については, 複素関数論 (第 4 章) のところで詳しく述べます.

もう一つは「(iii) $D = p^2 - 4q = 0$ の場合」です. この場合, 特性方程式の解が 1 つ (重解) しかなく, 基本解が 1 つしか見つからないわけですが, ここで $y_2(x) = xe^{-(p/2)x}$ も基本解であるとしています. この解はどうやって求めたかというと「試してみたらそうだった」ということです. 実際, $y_2(x)$ を微分方程式に代入すると, 方程式を満たすことが確認でき, $e^{-(p/2)x}$ と $xe^{-(p/2)x}$ が一次独立であることも明らかです. こう書くと身も蓋もないようですが, ここでやるべきことは, "どんな方法でもよいから" 基本解を 2 つ見つけることですので, これで十分目的を果たしていることになります. ただしこの解は, 【別解】のように定数変化法でも求められますので, そちらもマスターしておいた方がよいでしょう.

最後に, 以上の解法は, 係数が定数の線形常微分方程式に対してのみ有効であることを注意しておきます. 残念ながら, 係数が x の関数である方程式

$$y''(x) + p(x)y'(x) + q(x)y(x) = 0$$

については, ここで述べた解法で基本解を見つけることが, 一般にはできません. その場合は, 2.6 節で述べる階数の引き下げなどのテクニックを試すことになります.

基本問題 2.7 【重要】

図 2.4 のように，ばねにつながれたおもりがある．つりあいの位置からの変位を $x(t)$ とすると，$x(t)$ は運動方程式
$$m\frac{d^2 x(t)}{dt^2} = -kx(t)$$
に従う．

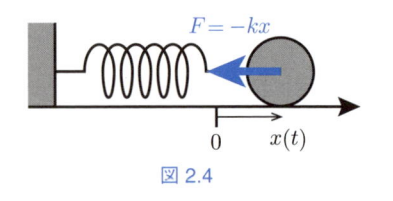

(1) $x(t)$ の一般解を求めよ．
(2) $t=0$ におもりを $x(0)=x_0$ から速度 $v(0)=v_0$ ではなした場合の特解を求めよ．

図 2.4

方針 指数関数を微分方程式に代入すると，基本解が 2 つ見つかる．

【答案】(1) 解を $x(t)=e^{\lambda t}$ と仮定して，微分方程式に代入すると $(m\lambda^2+k)e^{\lambda t}=0$. ゆえに，特性方程式 $m\lambda^2+k=0$ より，$\lambda=\pm i\sqrt{\frac{k}{m}}$ であり，基本解は，
$$x_1(t)=e^{i\omega t}, \quad x_2(t)=e^{-i\omega t} \quad \left(\omega=\sqrt{\frac{k}{m}}\right).$$
ゆえに，求める一般解は $x(t)=c_1 e^{i\omega t}+c_2 e^{-i\omega t}$ となる（c_1, c_2 は任意定数）．この一般解は，オイラーの関係式を用いると，
$$x(t)=A\cos(\omega t)+B\sin(\omega t)=C\cos(\omega t+\delta)$$
のように書き直すこともできる（A, B または C, δ が任意定数）．このように，おもりは固有角振動数 $\omega=\sqrt{\frac{k}{m}}$ で**単振動**する．

(2) $x(t)=A\cos(\omega t)+B\sin(\omega t)$ を用いて，初期条件を代入すると，
$$x(0)=A=x_0, v(0)=\{-A\omega\sin(\omega\cdot 0)+B\omega\cos(\omega\cdot 0)\}=B\omega=v_0 \longrightarrow B=\frac{v_0}{\omega}.$$
ゆえに，求める特解は $x(t)=x_0\cos(\omega t)+\frac{v_0}{\omega}\sin(\omega t)$. ■

基本問題 2.8 【重要】

図 2.5 のような LCR 回路を考える．コンデンサーにたまる電荷を $Q(t)$ とすると，$Q(t)$ は常微分方程式
$$L\frac{d^2 Q(t)}{dt^2}+R\frac{dQ(t)}{dt}+\frac{1}{C}Q(t)=0$$
に従う．$Q(t)$ の一般解を求め，その概略を図示せよ．

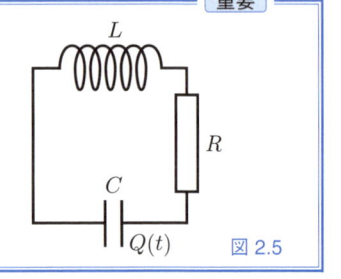

図 2.5

方針 指数関数を微分方程式に代入して，2 つの基本解を探す．特性方程式の判別式によって場合分けする必要あり．

2.3 定係数線形高階常微分方程式

【答案】 解を $Q(t) = e^{\lambda t}$ と仮定して，微分方程式に代入すると $\left(L\lambda^2 + R\lambda + \frac{1}{C}\right) e^{\lambda t} = 0$.
ゆえに，特性方程式は，

$$L\lambda^2 + R\lambda + \frac{1}{C} = 0$$

$$\longrightarrow \quad \lambda^2 + r\lambda + \omega_0^2 = 0 \quad \left(r = \frac{R}{L},\ \omega_0 = \sqrt{\frac{1}{LC}}\right).$$

以下，判別式によって場合分けする．

(i) $r^2 - 4\omega_0^2 > 0$ の場合：特性方程式は，異なる2つの実数解 $\lambda = -\frac{r \pm \sqrt{r^2 - 4\omega_0^2}}{2}$ を持つ．
ゆえに，一般解は，

$$Q(t) = c_1 e^{\lambda_1 t} + c_2 e^{\lambda_2 t}.$$

$$\left(\lambda_1 = -\frac{r + \sqrt{r^2 - 4\omega_0^2}}{2},\ \lambda_2 = -\frac{r - \sqrt{r^2 - 4\omega_0^2}}{2}\right)$$

$\lambda_1 < \lambda_2 < 0$ より，$Q(t)$ は時間 t とともに，指数関数的に減衰する．このような振舞いを**過減衰**という．

(ii) $r^2 - 4\omega_0^2 < 0$ の場合：特性方程式は，異なる2つの複素数解

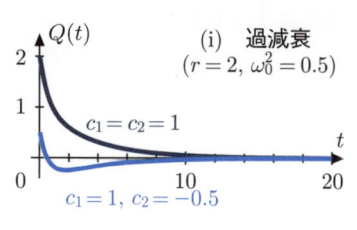

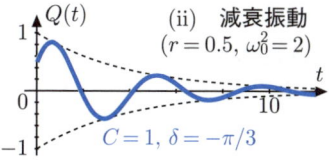

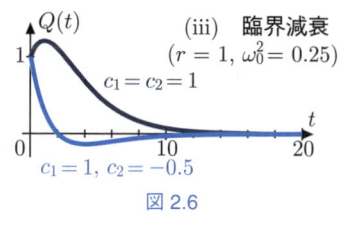

$$\lambda = -\frac{r}{2} \pm i\omega \quad \left(\omega = \frac{\sqrt{4\omega_0^2 - r^2}}{2} = \sqrt{\omega_0^2 - \frac{r^2}{4}}\right)$$

を持つ．ゆえに，一般解は，

$$Q(t) = c_1 e^{\{-(r/2)+i\omega\}t} + c_2 e^{\{-(r/2)-i\omega\}t} = e^{-(r/2)t}(c_1 e^{i\omega t} + c_2 e^{-i\omega t})$$
$$= e^{-(r/2)t}\{A\cos(\omega t) + B\sin(\omega t)\} = Ce^{-(r/2)t}\cos(\omega t + \delta)$$

($\{c_1, c_2\}, \{A, B\}, \{C, \delta\}$ は任意定数)．$Q(t)$ は振幅が $e^{-(r/2)t}$ に比例して指数関数的に減衰しながら，角振動数 ω で振動する．このような振舞いを**減衰振動**という．

(iii) $r^2 - 4\omega_0^2 = 0$ の場合：特性方程式は，重解 $\lambda = -\frac{r}{2}$ を持ち，基本解は $e^{-(r/2)t}, te^{-(r/2)t}$ の2つになる．(実際，$Q(t) = te^{-(r/2)t}$ を微分方程式に代入すると，

$$Q''(t) + rQ'(t) + \omega_0^2 Q(t)$$
$$= -re^{-(r/2)t} + \frac{r^2}{4}te^{-(r/2)t} + r\left(e^{-(r/2)t} - \frac{r}{2}te^{-(r/2)t}\right) + \omega_0^2 te^{-(r/2)t}$$
$$= \left(\omega_0^2 - \frac{r^2}{4}\right)te^{-(r/2)t} = 0$$

となり，$Q(t) = te^{-(r/2)t}$ は解であることが確かめられる．) ゆえに，一般解は，

$$Q(t) = c_1 e^{-(r/2)t} + c_2 te^{-(r/2)t} = (c_1 + c_2 t)e^{-(r/2)t}.$$

$Q(t)$ は，t に比例する因子を含むが，十分時間が経てば $e^{-(r/2)t}$ の減衰の方が速いため，最終的には指数関数的に減衰する．このような振舞いを**臨界減衰**という．■

図 2.6
(i) 過減衰 ($r = 2, \omega_0^2 = 0.5$)
(ii) 減衰振動 ($r = 0.5, \omega_0^2 = 2$)
(iii) 臨界減衰 ($r = 1, \omega_0^2 = 0.25$)

❸ 非斉次の場合

ここでは，非斉次の定係数線形 2 階常微分方程式

$$y''(x) + py'(x) + qy(x) = r(x)$$

を考えます．以下では，斉次の場合（$r(x) = 0$）の一般解は，ここまでに述べた解法で求まっているとします．ここで扱う非斉次の場合の解法でも，重ね合わせの原理が大きな役割を果たします．

> **重ね合わせの原理（非斉次の場合）:** 非斉次の線形常微分方程式
>
> $$y^{(n)}(x) + p_{n-1}(x)y^{(n-1)}(x) + \cdots + p_1(x)y'(x) + p_0(x)y(x) = r(x)$$
>
> について，$y_0(x)$ を斉次の場合（$r(x) = 0$）の一般解，$Y_0(x)$ を非斉次の場合の特解とする．このとき，それらの和 $y(x) = y_0(x) + Y_0(x)$ は，非斉次の場合の一般解である．

【証明】$y(x) = y_0(x) + Y_0(x)$ を微分方程式に代入すると，

$$\frac{d^n}{dx^n}\{y_0(x) + Y_0(x)\} + p_{n-1}(x)\frac{d^{n-1}}{dx^{n-1}}\{y_0(x) + Y_0(x)\}$$
$$+ \cdots + p_1(x)\frac{d}{dx}\{y_0(x) + Y_0(x)\} + p_0(x)\{y_0(x) + Y_0(x)\}$$
$$= \left\{y_0^{(n)}(x) + p_{n-1}(x)y_0^{(n-1)}(x) + \cdots + p_1(x)y_0'(x) + p_0(x)y_0(x)\right\}$$
$$+ \left\{Y_0^{(n)}(x) + p_{n-1}(x)Y_0^{(n-1)}(x) + \cdots + p_1(x)Y_0'(x) + p_0(x)Y_0(x)\right\}$$
$$= 0 + r(x) = r(x).$$

ゆえに $y(x) = y_0(x) + Y_0(x)$ は非斉次の場合の解．また，$y_0(x)$ は斉次の一般解であり，独立な任意定数を n 個含むので，$y(x)$ も n 個の独立な任意定数を含む．ゆえに，$y(x)$ は一般解である．□

大ざっぱにいうと，$y_0(x)$ が n 個の独立な任意定数を含むという一般解の役割を，$Y_0(x)$ が右辺に $r(x)$ を与えるという非斉次の解の役割を，それぞれ分担しているといえます．この結果を用いることで，<u>非斉次の場合の一般解を求める問題が，非斉次の場合の特解 $Y_0(x)$ を求める問題に簡単化されます</u>．

● **非斉次の解の見つけ方** ● 問題を簡単化したところで，非斉次の場合の特解 $Y_0(x)$ を見つける方法に進みましょう．ここでの方針はやはり「適当な式を仮定して，それが解であることを確かめる」ことになります．まずは，問題をみてみましょう．

基本問題 2.9

$y''(x) + 2y'(x) + 4y(x) = 2x^2 + 6x - 1$ の一般解を求めよ．

方針 非斉次の特解を非斉次項と（ほぼ）同形に仮定して微分方程式に代入する．

【答案】 まず，斉次の場合

$$y''(x) + 2y'(x) + 4y(x) = 0$$

の解を $y(x) = e^{\lambda x}$ と仮定すると，特性方程式 $\lambda^2 + 2\lambda + 4 = 0$ より $\lambda = -1 \pm i\sqrt{3}$．ゆえに，斉次の場合の一般解は，

$$y_0(x) = e^{-x}\left(ae^{i\sqrt{3}\,x} + be^{-i\sqrt{3}\,x}\right) = e^{-x}\left\{A\cos(\sqrt{3}\,x) + B\sin(\sqrt{3}\,x)\right\}$$

(a, b または A, B は任意定数).

非斉次の場合の特解を $Y_0(x) = c_2 x^2 + c_1 x + c_0$ と仮定して，微分方程式に代入すると，

$$Y_0''(x) + 2Y_0'(x) + 4Y_0(x) = 2c_2 + 2(2c_2 x + c_1) + 4(c_2 x^2 + c_1 x + c_0)$$
$$= 4c_2 x^2 + (4c_2 + 4c_1)x + 2c_2 + 2c_1 + 4c_0$$
$$= 2x^2 + 6x - 1.$$

係数を比較して，

$$4c_2 = 2,\ 4c_2 + 4c_1 = 6,\ 2c_2 + 2c_1 + 4c_0 = -1$$
$$\longrightarrow\ c_2 = \frac{1}{2},\ c_1 = 1,\ c_0 = -1.$$

ゆえに，求める一般解は，

$$y(x) = y_0(x) + Y_0(x) = e^{-x}\left\{A\cos(\sqrt{3}\,x) + B\sin(\sqrt{3}\,x)\right\} + \frac{1}{2}x^2 + x - 1.\ \blacksquare$$

ポイント ここでのポイントは非斉次の特解 $Y_0(x)$ の見つけ方ですが，上の問題では，次のような方法で $Y_0(x)$ を求めています．

(1) $Y_0(x)$ の関数形を仮定する．ただし，その関数に未定の係数（上の問題では c_2, c_1, c_0）を含ませておく．
(2) 仮定した $Y_0(x)$ を微分方程式に代入し，等式が成り立つように係数を決める．

このように，仮定した解に係数の自由度を含ませるやり方を**未定係数法**といいます．

では，$Y_0(x)$ の関数形はどう決めればよいでしょうか．問題をみると，微分方程式に $Y_0(x)$ を代入したとき，左辺で $Y_0(x)$ とその導関数 ($Y_0'(x), Y_0''(x)$) に含まれる項のいくつかが打ち消し合い，残った項が右辺の非斉次項 $r(x)$ を与えていることがわかります．このことから，$Y_0(x)$ として，「$Y_0(x)$ とその導関数から非斉次項 $r(x)$ を出すことができ，かつ，それ以外の余分な項をできるだけ出さない」関数をとるとよさそうだ，と考えられます．

●**非斉次の解の関数形**● さらに進んで,具体的な $Y_0(x)$ の関数形を考えましょう.実は,非斉次項 $r(x)$ が,

> (1) 定数,(2) 多項式,(3) 指数関数,(4) 三角関数

で書かれる場合には,それぞれ表 2.1 のように $Y_0(x)$ として同じ形の関数形を仮定すればよいことがわかっています.(ただし,仮定した関数が斉次の基本解と一次従属の場合は注意が必要で,それについては次の基本問題 2.10 で詳しく述べます.)この表 2.1 は非常に便利でかつ頻繁に使うことになるので,覚えてしまうのがよいでしょう.

非斉次項 $r(x)$ が表 2.1 にない場合は,上に述べた $Y_0(x)$ に求められる要件を参考に試行錯誤するか,定数変化法(演習問題 2.3.3 参照)を用いることになります.

表 2.1 非斉次項 $r(x)$ と,対応する非斉次の方程式の特解 $Y_0(x)$ の形

非斉次項 $r(x)$	特解 $Y_0(x)$
a	A
$a_n x^n + a_{n-1} x^{n-1} + \cdots + a_1 x + a_0$	$A_n x^n + A_{n-1} x^{n-1} + \cdots + A_1 x + A_0$
$ae^{\lambda x}$	$Ae^{\lambda x}$
$a\cos(\omega x) + b\sin(\omega x)$	$A\cos(\omega x) + B\sin(\omega x)$

基本問題 2.10 〔重要〕

図 2.7 のように,ばねにつながれたおもりがある.つりあいの位置からの変位を $x(t)$ とする.おもりには,ばねからの力 $-kx(t)$ と,振動する外力 $f_0 \cos(\omega t)$ が働くとすると,$x(t)$ は運動方程式

$$m\frac{d^2 x(t)}{dt^2} = -kx(t) + f_0 \cos(\omega t)$$

に従う.$x(t)$ の一般解を求めよ.

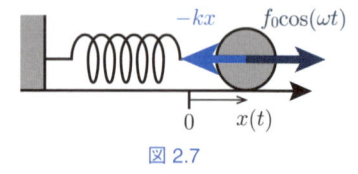

図 2.7

方針 表 2.1 を参考に,非斉次の特解の形を仮定する.

【答案】微分方程式を書き直すと,

$$\frac{d^2 x(t)}{dt^2} + \frac{k}{m} x(t) = \frac{f_0}{m} \cos(\omega t).$$

斉次の場合 $x''(t) + \frac{k}{m} x(t) = 0$ の解を $x(t) = e^{\lambda t}$ と仮定すると,特性方程式 $\lambda^2 + \frac{k}{m} = 0$ より $\lambda = \pm i\sqrt{\frac{k}{m}}$.ゆえに,斉次の場合の一般解は

$$x_0(t) = ae^{i\omega_0 t} + be^{-i\omega_0 t} = A\cos(\omega_0 t) + B\sin(\omega_0 t).$$

ここで，$\omega_0 = \sqrt{\frac{k}{m}}$ は系の固有角振動数，a, b または A, B は任意定数である．以下，外力の角振動数 ω によって，場合分けする．

(i) $\omega \neq \omega_0$ の場合：非斉次の場合の特解を $X_0(t) = C\cos(\omega t) + D\sin(\omega t)$ と仮定して，微分方程式に代入すると，

$$\frac{d^2 X_0(t)}{dt^2} + \frac{k}{m} X_0(t) = -C\omega^2 \cos(\omega t) - D\omega^2 \sin(\omega t) + \frac{k}{m}\{C\cos(\omega t) + D\sin(\omega t)\}$$

$$= \left(-\omega^2 + \frac{k}{m}\right) C\cos(\omega t) + \left(-\omega^2 + \frac{k}{m}\right) D\sin(\omega t) = \frac{f_0}{m}\cos(\omega t).$$

係数比較して，$\left(-\omega^2 + \frac{k}{m}\right)C = \frac{f_0}{m} \longrightarrow C = \frac{f_0}{m(\omega_0^2 - \omega^2)},\ D = 0$.

ゆえに，求める一般解は

$$x(t) = A\cos(\omega_0 t) + B\sin(\omega_0 t) + \frac{f_0}{m(\omega_0^2 - \omega^2)}\cos(\omega t).$$

(ii) $\omega = \omega_0$ の場合：非斉次の場合の特解を $X_0(t) = Ct\cos(\omega_0 t) + Dt\sin(\omega_0 t)$ と仮定して，微分方程式に代入すると，

$$\frac{d^2 X_0(t)}{dt^2} + \frac{k}{m} X_0(t) = \left(-\omega_0^2 + \frac{k}{m}\right) Ct\cos(\omega_0 t) + \left(-\omega_0^2 + \frac{k}{m}\right) Dt\sin(\omega_0 t)$$
$$- 2C\omega_0 \sin(\omega_0 t) + 2D\omega_0 \cos(\omega_0 t)$$

$$= -2C\omega_0 \sin(\omega_0 t) + 2D\omega_0 \cos(\omega_0 t) = \frac{f_0}{m}\cos(\omega_0 t).$$

ここで，$\omega_0^2 = \frac{k}{m}$ を使った．係数比較して，$C = 0,\ 2D\omega_0 = \frac{f_0}{m} \longrightarrow D = \frac{f_0}{2m\omega_0}$.
ゆえに，求める一般解は

$$x(t) = A\cos(\omega_0 t) + B\sin(\omega_0 t) + \frac{f_0}{2m\omega_0} t\sin(\omega_0 t). \blacksquare$$

ポイント いわゆる**強制振動**の運動方程式を未定係数法で解いた問題です．基本的に，上で説明したやり方の通りに解いていますが，ω の値で場合分けしたところで注意が必要です．ここでは，(ii) $\omega = \omega_0$ の場合を別扱いにしましたが，この場合は，(i) の場合に仮定した非斉次の特解 $X_0(t) = C\cos(\omega t) + D\sin(\omega t)$ が，斉次の場合の基本解 $\{\cos(\omega_0 t), \sin(\omega_0 t)\}$ と一次従属になります．すると，この $X_0(t)$ は斉次の基本解の線形結合ですから，斉次の微分方程式を満たすことになります．すなわち，微分方程式に代入すると，（左辺）= 0 となってしまい，非斉次の解にはなり得ません．このため，(i) で仮定した非斉次の特解に t を掛けたものを $X_0(t)$ としています．t を掛けたことで導関数から出てくる項が増え，それらの一部と $X_0(t)$ がうまく打ち消しあって，右辺の $\frac{f_0}{m}\cos(\omega_0 t)$ だけが残ります．このように $X_0(t)$ にある関数を仮定してうまくいかなかったときに，それに t を掛けたものを試してみるとうまくいくことがあります．

なお，物理的に解釈すると，おもりの運動は，系の固有角振動数 ω_0 での単振動と，外力による角振動数 ω での振動の重ね合わせになります．この外力による振動については，$\omega \neq \omega_0$ のとき，ω が ω_0 に近づくほど振幅が大きくなり，$\omega = \omega_0$ では，振幅が時間 t に比例して大きくなる ($t \to \infty$ で発散する) という現象がおきます．この現象を**共鳴**といいます．

基本問題 2.11 【重要】

図 2.8 のような LCR 回路を考える．コンデンサーにたまる電荷を $Q(t)$，電源電圧を $V(t)$ とすると，$Q(t)$ は微分方程式

$$L\frac{d^2Q(t)}{dt^2} + R\frac{dQ(t)}{dt} + \frac{1}{C}Q(t) = V(t)$$

に従う．

(1) 直流電源 $V(t) = V_0$
(2) 交流電源 $V(t) = V_0 \cos(\omega t)$

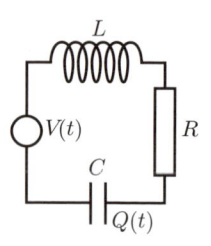

の場合の，$Q(t)$ の一般解を求めよ．ただし，$\left(\frac{R}{L}\right)^2 - \frac{4}{LC} < 0$ とする．

方針 前問と同様，表 2.1 を参考に，非斉次の特解の形を仮定する．

【答案】 斉次の解を $q(t) = e^{\lambda t}$ とすると，特性方程式は $L\lambda^2 + R\lambda + \frac{1}{C} = 0$. 条件 $\left(\frac{R}{L}\right)^2 - \frac{4}{LC} < 0$ より，特性方程式は 2 つの複素数解 $\lambda = -\frac{R}{2L} \pm i\Omega$ $\left(\Omega = \sqrt{\frac{1}{LC} - \left(\frac{R}{2L}\right)^2}\right)$ を持つ．ゆえに，斉次の場合の一般解は

$$q_0(t) = e^{-(R/2L)t}\left(ae^{i\Omega t} + be^{-i\Omega t}\right) = e^{-(R/2L)t}\{A\cos(\Omega t) + B\sin(\Omega t)\}$$

となる (a, b または A, B は任意定数)．

(1) 非斉次の特解を $Q_0(t) = D$ と仮定して，微分方程式に代入すると，$Q_0'(t) = Q_0''(t) = 0$ より $\frac{1}{C}D = V_0 \longrightarrow D = CV_0$. ゆえに，求める一般解は

$$Q(t) = e^{-(R/2L)t}\{A\cos(\Omega t) + B\sin(\Omega t)\} + CV_0.$$

なお，斉次の一般解の部分は，$e^{-(R/2L)t}$ に比例して時間とともに指数関数的に小さくなる．ゆえに，十分時間がたった後 $(t \gg \frac{2L}{R})$ には，コンデンサーの電荷 $Q(t)$ および回路に流れる電流 $I(t)$ は，

$$Q(t) \to CV_0, \quad I(t) = \frac{dQ(t)}{dt} \to 0$$

となる．すなわち，コンデンサーに一定の電荷 $Q = CV_0$ がたまることで，コンデンサーの極板間電位差が直流電源の電位差 V_0 とつりあい，回路に電流は流れなくなる．

(2) 非斉次の特解を $Q_0(t) = D_1\cos(\omega t) + D_2\sin(\omega t)$ と仮定して，微分方程式に代入すると，

$$L\frac{d^2Q_0(t)}{dt^2} + R\frac{dQ_0(t)}{dt} + \frac{1}{C}Q_0(t)$$
$$= L\{-D_1\omega^2\cos(\omega t) - D_2\omega^2\sin(\omega t)\} + R\{-D_1\omega\sin(\omega t) + D_2\omega\cos(\omega t)\}$$
$$\quad + \frac{1}{C}\{D_1\cos(\omega t) + D_2\sin(\omega t)\}$$

2.3 定係数線形高階常微分方程式

$$= \left\{\left(-L\omega^2 + \frac{1}{C}\right)D_1 + R\omega D_2\right\}\cos(\omega t) + \left\{-R\omega D_1 + \left(-L\omega^2 + \frac{1}{C}\right)D_2\right\}\sin(\omega t)$$
$$= V_0 \cos(\omega t).$$

$\omega_0 = \sqrt{\frac{1}{LC}}$ として，係数比較すると，

$$L\left(\omega_0^2 - \omega^2\right)D_1 + R\omega D_2 = V_0, \quad -R\omega D_1 + L\left(\omega_0^2 - \omega^2\right)D_2 = 0$$

$$\longrightarrow \quad D_1 = \frac{\omega_0^2 - \omega^2}{(\omega_0^2 - \omega^2)^2 + \left(\frac{R}{L}\omega\right)^2}\frac{V_0}{L}, \quad D_2 = \frac{\frac{R}{L}\omega}{(\omega_0^2 - \omega^2)^2 + \left(\frac{R}{L}\omega\right)^2}\frac{V_0}{L}.$$

ゆえに，求める一般解は

$$Q(t) = e^{-(R/2L)t}\left\{A\cos(\Omega t) + B\sin(\Omega t)\right\}$$
$$+ \frac{1}{(\omega_0^2 - \omega^2)^2 + \left(\frac{R}{L}\omega\right)^2}\frac{V_0}{L}\left\{\left(\omega_0^2 - \omega^2\right)\cos(\omega t) + \frac{R}{L}\omega\sin(\omega t)\right\}$$
$$= e^{-(R/2L)t}\left\{A\cos(\Omega t) + B\sin(\Omega t)\right\} + \frac{V_0}{L\sqrt{(\omega_0^2 - \omega^2)^2 + \left(\frac{R}{L}\omega\right)^2}}\cos(\omega t + \phi)$$

(ただし $\tan\phi = -\frac{R\omega}{L(\omega_0^2 - \omega^2)}$)．なお，斉次の一般解の部分は，$e^{-(R/2L)t}$ に比例して指数関数的に減衰するので，十分時間がたった後 ($t \gg \frac{2L}{R}$) には，コンデンサーの電荷 $Q(t)$ および回路に流れる電流 $I(t)$ は，

$$Q(t) \to \frac{V_0}{L\sqrt{(\omega_0^2 - \omega^2)^2 + \left(\frac{R}{L}\omega\right)^2}}\cos(\omega t + \phi),$$
$$I(t) = \frac{dQ(t)}{dt} \to -\frac{V_0\omega}{L\sqrt{(\omega_0^2 - \omega^2)^2 + \left(\frac{R}{L}\omega\right)^2}}\sin(\omega t + \phi)$$

のように振る舞う．■

ポイント このように問題の回路では，斉次の場合の一般解 $q_0(t)$ が $e^{-(R/2L)t}$ に比例して減衰する過渡現象を表し，非斉次の場合の特解 $Q_0(t)$ が十分時間がたった後に実現される定常状態での電荷の振舞いを与えることになります．

● **定数変化法（高階微分方程式の場合）** ● 最後に，定数変化法について述べておきます．ここまで非斉次の線形高階常微分方程式の解法として未定係数法を議論してきましたが，この問題は，1 階常微分方程式の場合と同様に，定数変化法を用いて解くこともできます．具体的な解法については，演習問題 2.3.3 を見てください．定数変化法は，定係数線形常微分方程式であれば，系統的に一般解を求めることができるという"確実な"方法ですが，計算が煩雑になるだけでなく，物理的考察（非斉次の場合の特解を考える）があまり効かない解法になります．まずは未定係数法を考えてみて，ダメなら（最後の手段として）定数変化法で解くというのが"物理数学"的といえるかもしれません．

❹ n（≥ 3）階への拡張

ここまでは，2階の定係数線形常微分方程式の解法について述べてきましたが，これらのテクニックは，3階以上の場合にも同じように使うことができます．

まず斉次の場合は，解を $y(x) = e^{\lambda x}$ と仮定して代入すると，特性方程式として，

$$\lambda^n + p_{n-1}\lambda^{n-1} + \cdots + p_1\lambda + p_0 = 0$$

が得られます．この式は λ の n 次方程式であり，一般に n 個の解を持ちますので，それらの解 $\{\lambda_i\}$ を用いて，$\{y_i(x) = e^{\lambda_i x}\}$ が基本解を与えます．ただし，λ が m 重解 $\lambda_i = \lambda_{i+1} = \cdots = \lambda_{i+m-1}$ を持つ場合は，対応する基本解は $e^{\lambda_i x}, xe^{\lambda_i x}, \ldots, x^{m-1}e^{\lambda_i x}$ となります．このように求めた n 個の基本解の線形結合が，斉次の場合の一般解になります．

非斉次の場合にも，未定係数法で，非斉次の場合の特解をみつけることができれば，その特解と斉次の一般解の和をとることで，非斉次の場合の一般解が求まります．非斉次項 $r(x)$ が定数，多項式，指数関数，三角関数である場合は，表2.1が役立ちます．$r(x)$ がより複雑な関数である場合は，なんとかして解の関数形を見つけて未定係数法を試すか，定数変化法を用いることになります．ただし，微分方程式の階数が上がると，定数変化法はどんどん複雑に（面倒に）なりますので，2.6節で述べる階数の引き下げなど，使えるテクニックを総動員することになります．

演 習 問 題

2.3.1 次の関数列のロンスキー行列式を計算せよ．
  (1) $\{e^{\lambda_1 x}, e^{\lambda_2 x}\}$ （$\lambda_1 \neq \lambda_2$）　(2) $\{e^{\lambda x}, xe^{\lambda x}\}$
  (3) $\{\cos(\omega x), \sin(\omega x), e^{i\omega x}\}$

2.3.2 次の微分方程式の一般解 $y(x)$ を，未定係数法を用いて求めよ．
  (1) $y''(x) + 5y'(x) + 4y(x) = \cos(x) - \sin(x)$
  (2) $y''(x) + 4y'(x) + 4y(x) = 4e^{-3x}$

2.3.3 (1) $y''(x) + py'(x) + qy(x) = r(x)$ の一般解を，定数変化法を用いて求めよ．
  (2) $y''(x) + 3y'(x) + 2y(x) = 5$ の一般解を，定数変化法を用いて求めよ．

2.3.4 次の微分方程式の一般解 $y(x)$ を求めよ．
  (1) $y'''(x) - 3y''(x) - y'(x) + 3y(x) = 0$
  (2) $y^{(4)}(x) - 8y''(x) + 16y(x) = 0$

2.4 定係数連立線形常微分方程式
——多自由度系を扱う場合の必須項目

> Contents
> Subsection ❶ 斉次の場合   Subsection ❷ 非斉次の場合
> Subsection ❸ 連成振動
> Subsection ❹ 連立微分方程式と高階微分方程式

キーポイント
連成振動系など，複数の自由度がある系の微分方程式の解法．
連立微分方程式が独立な微分方程式に分離される様子を理解しよう．

複数の自由度を含んだ系—ばねでつながれた複数のおもりや，複数のコンデンサーを含んだ電気回路など—を考えるとき，しばしば，複数の関数 $\{y_1(x), \ldots, y_n(x)\}$ が絡み合った微分方程式—連立微分方程式—が出てきます．この節では，特に断らない限り，定係数で線形の連立 1 階常微分方程式

$$\frac{dy_1(x)}{dx} = a_{11}y_1(x) + \cdots + a_{1n}y_n(x) + r_1(x),$$
$$\vdots$$
$$\frac{dy_n(x)}{dx} = a_{n1}y_1(x) + \cdots + a_{nn}y_n(x) + r_n(x)$$
(2.9)

を考えます．この式は，行列とベクトルを使うと，次のように書くことができます．

$$\begin{pmatrix} \frac{dy_1(x)}{dx} \\ \vdots \\ \frac{dy_n(x)}{dx} \end{pmatrix} = \begin{pmatrix} a_{11} & \cdots & a_{1n} \\ \vdots & \ddots & \vdots \\ a_{n1} & \cdots & a_{nn} \end{pmatrix} \begin{pmatrix} y_1(x) \\ \vdots \\ y_n(x) \end{pmatrix} + \begin{pmatrix} r_1(x) \\ \vdots \\ r_n(x) \end{pmatrix},$$
(2.10)

$$\frac{d}{dx}\boldsymbol{Y}(x) = \widehat{A}\boldsymbol{Y}(x) + \boldsymbol{R}(x).$$
(2.11)

$\boldsymbol{Y}(x), \boldsymbol{R}(x)$ は，関数 $\{y_i(x)\}, \{r_i(x)\}$ を縦に並べたベクトルであり，$\widehat{A}$ は係数 $\{a_{ij}\}$ を並べた行列です．この連立微分方程式も，斉次の場合 ($\boldsymbol{R}(x) = \boldsymbol{0}$) と，非斉次の場合 ($\boldsymbol{R}(x) \neq \boldsymbol{0}$) で，解き方が変わります．

❶ 斉次の場合

まず，斉次の場合 ($\boldsymbol{R}(x) = \boldsymbol{0}$) を考えましょう．連立微分方程式の場合も，方程式が線形であれば[†]，重ね合わせの原理が成り立ちます．

[†] この節では，$\widehat{A}$ が定係数行列 (a_{ij} が定数) の場合を考えていますが，重ね合わせの原理は，a_{ij} が x の関数である場合にも成り立ちます．

第2章 微分方程式

重ね合わせの原理（連立微分方程式・斉次の場合）： 斉次の n 元連立線形常微分方程式

$$\frac{d}{dx}\boldsymbol{Y}(x) = \widehat{A}\boldsymbol{Y}(x), \quad \boldsymbol{Y}(x) = \begin{pmatrix} y_1(x) \\ \vdots \\ y_n(x) \end{pmatrix}, \quad \widehat{A} = \begin{pmatrix} a_{11} & \cdots & a_{1n} \\ \vdots & \ddots & \vdots \\ a_{n1} & \cdots & a_{nn} \end{pmatrix}$$

を考える．（a_{ij} は x の関数であってもよい．）

$$\boldsymbol{Y}_1(x) = \begin{pmatrix} y_{11}(x) \\ \vdots \\ y_{1n}(x) \end{pmatrix}, \cdots, \boldsymbol{Y}_n(x) = \begin{pmatrix} y_{n1}(x) \\ \vdots \\ y_{nn}(x) \end{pmatrix}$$

がこの微分方程式の解であるとき，それらの線形結合 $\boldsymbol{Y}(x) = c_1\boldsymbol{Y}_1(x) + \cdots + c_n\boldsymbol{Y}_n(x)$ も，同じ微分方程式の解である．

【証明】 $\boldsymbol{Y}(x) = c_1\boldsymbol{Y}_1(x) + \cdots + c_n\boldsymbol{Y}_n(x)$ を微分方程式に代入すると，左辺は，

$$\frac{d}{dx}\boldsymbol{Y}(x) = \frac{d}{dx}\{c_1\boldsymbol{Y}_1(x) + \cdots + c_n\boldsymbol{Y}_n(x)\} = c_1\frac{d}{dx}\boldsymbol{Y}_1(x) + \cdots + c_n\frac{d}{dx}\boldsymbol{Y}_n(x).$$

$\boldsymbol{Y}_i(x)$ $(i = 1, \ldots, n)$ はそれぞれ微分方程式の解であるので $\frac{d}{dx}\boldsymbol{Y}_i(x) = \widehat{A}\boldsymbol{Y}_i(x)$．ゆえに，

$$\frac{d}{dx}\boldsymbol{Y}(x) = c_1\widehat{A}\boldsymbol{Y}_1(x) + \cdots + c_n\widehat{A}\boldsymbol{Y}_n(x)$$
$$= \widehat{A}\{c_1\boldsymbol{Y}_1(x) + \cdots + c_n\boldsymbol{Y}_n(x)\} = \widehat{A}\boldsymbol{Y}(x).$$

ゆえに，$\boldsymbol{Y}(x) = c_1\boldsymbol{Y}_1(x) + \cdots + c_n\boldsymbol{Y}_n(x)$ は微分方程式の解である．□

ここで重要なのは，こうして作った解 $\boldsymbol{Y}(x) = c_1\boldsymbol{Y}_1(x) + \cdots + c_n\boldsymbol{Y}_n(x)$ の式に，n 個の任意定数 $\{c_1, \ldots, c_n\}$ が含まれていることです．$\boldsymbol{Y}_1(x), \ldots, \boldsymbol{Y}_n(x)$ が互いに一次独立[†]であれば，$\{c_1, \ldots, c_n\}$ は"独立な"任意定数になります．一方，この節の最後で見るように，n 元 1 階連立常微分方程式は n 階常微分方程式と等価なので，n 個の独立な任意定数を含む解は一般解です．こうして斉次の n 元 1 階連立線形常微分方程式の一般解を求める問題は，互いに一次独立な n 本の解ベクトル $\boldsymbol{Y}_1(x), \ldots, \boldsymbol{Y}_n(x)$ を見つける問題に帰着します．このような互いに一次独立な解ベクトルを，連立線形常微分方程式の**基本解**と呼びます．

●**基本解の求め方**● さて，では連立線形常微分方程式の基本解を求めるにはどうすればよいでしょうか．ここでは線形代数を用いた解法を紹介します．以下しばらく抽象的な説明が続きますが，まずやり方を理解した上で，後で具体例に取り組んでください．

ここで一つ重要な注意：以下断らない限り，$\widehat{A}$ は定係数行列であり，かつ，対角化可能であるとします．これは数学的には，単なる仮定です．しかし，物理の問題に出てくる連立微分方程式では，物理法則や様々な対称性などから，$\widehat{A}$ は対角化可能な定係数行列であることがほとんどです．実際，そのような場合の解法をマスターしておけば，大学

[†] 関数ベクトルの一次独立・一次従属については，56 ページのコラムを参照してください．

2.4 定係数連立線形常微分方程式

学部レベルの物理の学習には十分ですので,以下ではその場合に集中することにします.

行列の対角化について,おさらいしておきましょう(詳細は 1.2 節を参照). $n \times n$ 行列 $\widehat{A}$ が対角化可能であるとき,

$$\widehat{A}\boldsymbol{v}_i = \lambda_i \boldsymbol{v}_i \tag{2.12}$$

を満たす固有値 λ_i と固有ベクトル $\boldsymbol{v}_i$ が n 組存在し,固有ベクトルは互いに一次独立にとることができます.すると, n 本の固有ベクトルを並べた行列 $\widehat{V}$ を用いて,行列 $\widehat{A}$ は

$$\widehat{V}^{-1}\widehat{A}\widehat{V} = \widehat{\Lambda}, \quad \widehat{\Lambda} = \begin{pmatrix} \lambda_1 & 0 & \cdots & 0 \\ 0 & \ddots & \ddots & \vdots \\ \vdots & \ddots & \ddots & 0 \\ 0 & \cdots & 0 & \lambda_n \end{pmatrix}, \quad \widehat{V} = \begin{pmatrix} | & & | \\ \boldsymbol{v}_1 & \cdots & \boldsymbol{v}_n \\ | & & | \end{pmatrix} \tag{2.13}$$

のように対角化されます.

さて,これらの式を利用して,微分方程式

$$\frac{d}{dx}\boldsymbol{Y}(x) = \widehat{A}\boldsymbol{Y}(x)$$

の一般解を求めましょう.まず,微分方程式に左から $\widehat{V}^{-1}$ を掛けます.

$$\widehat{V}^{-1}\frac{d}{dx}\boldsymbol{Y}(x) = \widehat{V}^{-1}\widehat{A}\boldsymbol{Y}(x).$$

$\widehat{V}^{-1}$ は定数が並んだ (x によらない) 行列ですので,左辺の $\widehat{V}^{-1}$ と微分演算を入れ替えることができます.さらに右辺の $\widehat{A}$ と $\boldsymbol{Y}(x)$ の間に $\widehat{V}\widehat{V}^{-1} = \widehat{I}$ (単位行列) を挟むと

$$\frac{d}{dx}\left\{\widehat{V}^{-1}\boldsymbol{Y}(x)\right\} = \widehat{V}^{-1}\widehat{A}\widehat{V}\widehat{V}^{-1}\boldsymbol{Y}(x).$$

ここで新たに関数ベクトル

$$\boldsymbol{Z}(x) = \begin{pmatrix} z_1(x) \\ \vdots \\ z_n(x) \end{pmatrix} \equiv \widehat{V}^{-1}\boldsymbol{Y}(x) = \begin{pmatrix} V^{-1}_{11}y_1(x) + \cdots + V^{-1}_{1n}y_n(x) \\ \vdots \\ V^{-1}_{n1}y_1(x) + \cdots + V^{-1}_{nn}y_n(x) \end{pmatrix}$$

(V^{-1}_{ij} は $\widehat{V}^{-1}$ の ij 成分) を導入すると, $\widehat{V}^{-1}\widehat{A}\widehat{V} = \widehat{\Lambda}$ に注意して,

$$\frac{d}{dx}\boldsymbol{Z}(x) = \widehat{\Lambda}\boldsymbol{Z}(x) \iff \frac{d}{dx}\begin{pmatrix} z_1(x) \\ \vdots \\ \vdots \\ z_n(x) \end{pmatrix} = \begin{pmatrix} \lambda_1 & 0 & \cdots & 0 \\ 0 & \ddots & \ddots & \vdots \\ \vdots & \ddots & \ddots & 0 \\ 0 & \cdots & 0 & \lambda_n \end{pmatrix}\begin{pmatrix} z_1(x) \\ \vdots \\ \vdots \\ z_n(x) \end{pmatrix}$$

となります.すなわち, $\boldsymbol{Z}(x)$ の要素 $\{z_i(x)\}$ は,互いに独立な n 個の微分方程式

$$\frac{d}{dx}z_i(x) = \lambda_i z_i(x) \quad (i = 1, \ldots, n)$$

に従うことになります.この微分方程式はすぐに解けて,一般解は

$$z_i(x) = c_i e^{\lambda_i x}$$

です（c_i は任意定数）．最後に $\boldsymbol{Z}(x)$ から $\boldsymbol{Y}(x)$ へ逆変換すると，

$$\boldsymbol{Y}(x) = \widehat{V}\boldsymbol{Z}(x) = \begin{pmatrix} | & & | \\ \boldsymbol{v}_1 & \cdots & \boldsymbol{v}_n \\ | & & | \end{pmatrix} \begin{pmatrix} c_1 e^{\lambda_1 x} \\ \vdots \\ c_n e^{\lambda_n x} \end{pmatrix} = c_1 e^{\lambda_1 x} \boldsymbol{v}_1 + \cdots + c_n e^{\lambda_n x} \boldsymbol{v}_n$$

となります．

$$\boldsymbol{Y}_i(x) = e^{\lambda_i x} \boldsymbol{v}_i$$

は互いに一次独立であることに注意してください．（$\boldsymbol{Y}_i(x)$ は微分方程式の解，かつ，$\boldsymbol{Y}_i(x=0) = \boldsymbol{v}_i$ は互いに一次独立なので，$\boldsymbol{Y}_i(x)$ は任意の x で一次独立（56 ページのコラム参照）．）こうして n 本の基本解 $\boldsymbol{Y}_i(x)$ の重ね合わせで表される解，すなわち，一般解が求まったことになります．

　この解法のポイントは，元々の関数の組 $\{y_i(x)\}$ に対する微分方程式は互いの関数が絡み合った連立微分方程式であったのに対し，$\{y_i(x)\}$ を線形変換した関数の組 $\{z_i(x)\}$ を用いれば，微分方程式を互いに独立な式に分解できるという点です．この $\{y_i(x)\}$ から $\{z_i(x)\}$ への変換は，数学的には関数空間での座標変換に対応しますが，要するに，解を表すときに基準とする関数の組を変えただけのことです．（空間の位置を表す際の，座標軸の取り方を変えることに似ています．）つまり，関数の"座標軸"を変えただけで，問題の微分方程式が一気に簡単化されたわけです．この解釈は物理的にも重要なもので，連立微分方程式で表される物理現象の理解と深く関係しています．この点については，この節の「❸ 連成振動」の項でも議論しますので，そちらも参照してください．

基本問題 2.12　　　　　　　　　　　　　　　　　　　　　　　　【重要】

次の連立微分方程式の一般解を求めよ．
$$\frac{dy_1(x)}{dx} = -y_1(x) + 4y_2(x), \quad \frac{dy_2(x)}{dx} = 2y_1(x) - 3y_2(x)$$

方針　係数行列を対角化して，独立な常微分方程式に分離する．

【答案】 微分方程式を行列とベクトルで書くと

$$\frac{d}{dx}\boldsymbol{Y}(x) = \widehat{A}\boldsymbol{Y}(x), \quad \widehat{A} = \begin{pmatrix} -1 & 4 \\ 2 & -3 \end{pmatrix}.$$

$\widehat{A}$ の特性方程式は

$$\begin{vmatrix} -1-\lambda & 4 \\ 2 & -3-\lambda \end{vmatrix} = \lambda^2 + 4\lambda - 5 = (\lambda+5)(\lambda-1) = 0.$$

ゆえに，固有値は $\lambda_1 = -5, \lambda_2 = 1$ で，対応する固有ベクトルは $\boldsymbol{v}_1 = \begin{pmatrix} 1 \\ -1 \end{pmatrix}, \boldsymbol{v}_2 = \begin{pmatrix} 2 \\ 1 \end{pmatrix}$．また，$\widehat{V} = \begin{pmatrix} 1 & 2 \\ -1 & 1 \end{pmatrix}$ とすると，

$$\widehat{V}^{-1} = \frac{1}{3}\begin{pmatrix} 1 & -2 \\ 1 & 1 \end{pmatrix}, \quad \widehat{V}^{-1}\widehat{A}\widehat{V} = \widehat{\Lambda} = \begin{pmatrix} -5 & 0 \\ 0 & 1 \end{pmatrix}.$$

微分方程式に左から $\widehat{V}^{-1}$ を掛けて変形すると，

$$\widehat{V}^{-1}\frac{d}{dx}\boldsymbol{Y}(x) = \widehat{V}^{-1}\widehat{A}\boldsymbol{Y}(x) \quad \longrightarrow \quad \frac{d}{dx}\widehat{V}^{-1}\boldsymbol{Y}(x) = \widehat{V}^{-1}\widehat{A}\widehat{V}\widehat{V}^{-1}\boldsymbol{Y}(x) = \widehat{\Lambda}\widehat{V}^{-1}\boldsymbol{Y}(x).$$

ゆえに，$\boldsymbol{Z}(x) = \begin{pmatrix} z_1(x) \\ z_2(x) \end{pmatrix} \equiv \widehat{V}^{-1}\boldsymbol{Y}(x) = \begin{pmatrix} \frac{1}{3}y_1(x) - \frac{2}{3}y_2(x) \\ \frac{1}{3}y_1(x) + \frac{1}{3}y_2(x) \end{pmatrix}$ とすると，

$$\frac{d}{dx}\boldsymbol{Z}(x) = \widehat{\Lambda}\boldsymbol{Z}(x) \quad \longrightarrow \quad \begin{cases} \dfrac{d}{dx}z_1(x) = -5z_1(x) \longrightarrow z_1(x) = c_1 e^{-5x}, \\ \dfrac{d}{dx}z_2(x) = z_2(x) \quad \longrightarrow z_2(x) = c_2 e^x. \end{cases}$$

$\boldsymbol{Z}(x)$ から $\boldsymbol{Y}(x)$ への逆変換は

$$\boldsymbol{Y}(x) = \widehat{V}\boldsymbol{Z}(x) = z_1(x)\boldsymbol{v}_1 + z_2(x)\boldsymbol{v}_2$$
$$= z_1(x)\begin{pmatrix} 1 \\ -1 \end{pmatrix} + z_2(x)\begin{pmatrix} 2 \\ 1 \end{pmatrix} = \begin{pmatrix} z_1(x) + 2z_2(x) \\ -z_1(x) + z_2(x) \end{pmatrix}.$$

ゆえに，求める一般解は，

$$y_1(x) = c_1 e^{-5x} + 2c_2 e^x, \quad y_2(x) = -c_1 e^{-5x} + c_2 e^x. \blacksquare$$

ポイント 解法通りにやれば解ける問題です．式変形の流れを理解した上で，行列の対角化，逆行列の計算などに慣れるようにしましょう．

基本問題 2.13 【重要】

次の連立微分方程式の一般解を求めよ．
$$\frac{dy_1(x)}{dx} = y_1(x) + y_2(x) + 2y_3(x),$$
$$\frac{dy_2(x)}{dx} = y_2(x) + y_3(x),$$
$$\frac{dy_3(x)}{dx} = -y_1(x) - y_3(x)$$

方針 解法は前問と同じ．固有値が複素数になる場合に慣れよう．

【答案】微分方程式を行列とベクトルで書くと

$$\frac{d}{dx}\boldsymbol{Y}(x) = \widehat{A}\boldsymbol{Y}(x), \quad \widehat{A} = \begin{pmatrix} 1 & 1 & 2 \\ 0 & 1 & 1 \\ -1 & 0 & -1 \end{pmatrix}.$$

$\widehat{A}$ の特性方程式は

$$\begin{vmatrix} 1-\lambda & 1 & 2 \\ 0 & 1-\lambda & 1 \\ -1 & 0 & -1-\lambda \end{vmatrix} = -\lambda^3 + \lambda^2 - \lambda = -\lambda(\lambda^2 - \lambda + 1) = 0.$$

ゆえに，固有値は $\lambda_1 = 0$, $\lambda_2 = \frac{1+\sqrt{3}\,i}{2}$, $\lambda_3 = \frac{1-\sqrt{3}\,i}{2}$ で，対応する固有ベクトルは

$$\boldsymbol{v}_1 = \begin{pmatrix} 1 \\ 1 \\ -1 \end{pmatrix}, \quad \boldsymbol{v}_2 = \begin{pmatrix} 1 \\ \frac{\sqrt{3}+i}{2\sqrt{3}} \\ \frac{-\sqrt{3}+i}{2\sqrt{3}} \end{pmatrix}, \quad \boldsymbol{v}_3 = \begin{pmatrix} 1 \\ \frac{\sqrt{3}-i}{2\sqrt{3}} \\ \frac{-\sqrt{3}-i}{2\sqrt{3}} \end{pmatrix}.$$

これらを用いて $\widehat{V} = \begin{pmatrix} | & | & | \\ \boldsymbol{v}_1 & \boldsymbol{v}_2 & \boldsymbol{v}_3 \\ | & | & | \end{pmatrix}$ を作ると，$\widehat{V}^{-1}\widehat{A}\widehat{V} = \widehat{\Lambda} = \begin{pmatrix} 0 & 0 & 0 \\ 0 & \frac{1+\sqrt{3}\,i}{2} & 0 \\ 0 & 0 & \frac{1-\sqrt{3}\,i}{2} \end{pmatrix}$.

微分方程式は，

$$\widehat{V}^{-1}\frac{d}{dx}\boldsymbol{Y}(x) = \widehat{V}^{-1}\widehat{A}\boldsymbol{Y}(x) \quad \longrightarrow \quad \frac{d}{dx}\widehat{V}^{-1}\boldsymbol{Y}(x) = \widehat{V}^{-1}\widehat{A}\widehat{V}\widehat{V}^{-1}\boldsymbol{Y}(x) = \widehat{\Lambda}\widehat{V}^{-1}\boldsymbol{Y}(x)$$

と変形できるので，$\boldsymbol{Z}(x) = \begin{pmatrix} z_1(x) \\ z_2(x) \\ z_3(x) \end{pmatrix} \equiv \widehat{V}^{-1}\boldsymbol{Y}(x)$ を導入すると，

$$\frac{d}{dx}z_1(x) = 0 \qquad \longrightarrow \qquad z_1(x) = c_1,$$

$$\frac{d}{dx}z_2(x) = \frac{1+\sqrt{3}\,i}{2}z_2(x) \qquad \longrightarrow \qquad z_2(x) = c_2 e^{(1/2)x} e^{i(\sqrt{3}/2)x},$$

$$\frac{d}{dx}z_3(x) = \frac{1-\sqrt{3}\,i}{2}z_3(x) \qquad \longrightarrow \qquad z_3(x) = c_3 e^{(1/2)x} e^{-i(\sqrt{3}/2)x}.$$

ゆえに，求める一般解は

$$\boldsymbol{Y}(x) = \widehat{V}\boldsymbol{Z}(x) = z_1(x)\boldsymbol{v}_1 + z_2(x)\boldsymbol{v}_2 + z_3(x)\boldsymbol{v}_3,$$

すなわち，

$$\begin{pmatrix} y_1(x) \\ y_2(x) \\ y_3(x) \end{pmatrix} = c_1 \begin{pmatrix} 1 \\ 1 \\ -1 \end{pmatrix} + c_2 e^{(1/2)x} e^{i(\sqrt{3}/2)x} \begin{pmatrix} 1 \\ \frac{\sqrt{3}+i}{2\sqrt{3}} \\ \frac{-\sqrt{3}+i}{2\sqrt{3}} \end{pmatrix}$$

$$+ c_3 e^{(1/2)x} e^{-i(\sqrt{3}/2)x} \begin{pmatrix} 1 \\ \frac{\sqrt{3}-i}{2\sqrt{3}} \\ \frac{-\sqrt{3}-i}{2\sqrt{3}} \end{pmatrix}.$$

【別解】 λ_i, $\boldsymbol{v}_i$ と $z_i(x) = c_i e^{\lambda_i x}$ を求めるところまでは【答案】と同じ．$\boldsymbol{Y}_i(x) = e^{\lambda_i x}\boldsymbol{v}_i$ は微分方程式の解であるので，これらの線形結合も解である．ゆえに $\boldsymbol{Y}_2(x)$ と $\boldsymbol{Y}_3(x)$ の線形結合

$$\widetilde{\boldsymbol{Y}}_2(x) = \frac{1}{2}(e^{\lambda_2 x}\boldsymbol{v}_2 + e^{\lambda_3 x}\boldsymbol{v}_3) = e^{(1/2)x} \begin{pmatrix} \cos\left(\frac{\sqrt{3}}{2}x\right) \\ \frac{1}{2}\cos\left(\frac{\sqrt{3}}{2}x\right) - \frac{1}{2\sqrt{3}}\sin\left(\frac{\sqrt{3}}{2}x\right) \\ -\frac{1}{2}\cos\left(\frac{\sqrt{3}}{2}x\right) - \frac{1}{2\sqrt{3}}\sin\left(\frac{\sqrt{3}}{2}x\right) \end{pmatrix},$$

$$\widetilde{\boldsymbol{Y}}_3(x) = \frac{1}{2i}(e^{\lambda_2 x}\boldsymbol{v}_2 - e^{\lambda_3 x}\boldsymbol{v}_3) = e^{(1/2)x} \begin{pmatrix} \sin\left(\frac{\sqrt{3}}{2}x\right) \\ \frac{1}{2\sqrt{3}}\cos\left(\frac{\sqrt{3}}{2}x\right) + \frac{1}{2}\sin\left(\frac{\sqrt{3}}{2}x\right) \\ \frac{1}{2\sqrt{3}}\cos\left(\frac{\sqrt{3}}{2}x\right) - \frac{1}{2}\sin\left(\frac{\sqrt{3}}{2}x\right) \end{pmatrix}$$

2.4 定係数連立線形常微分方程式

も解であり，かつ，$Y_1(x), \widetilde{Y}_2(x), \widetilde{Y}_3(x)$ は互いに一次独立．ゆえに $Y_1(x), \widetilde{Y}_2(x), \widetilde{Y}_3(x)$ は基本解であり，求める一般解は

$$Y(x) = c_1 Y_1(x) + \widetilde{c}_2 \widetilde{Y}_2(x) + \widetilde{c}_3 \widetilde{Y}_3(x),$$

すなわち

$$\begin{pmatrix} y_1(x) \\ y_2(x) \\ y_3(x) \end{pmatrix} = c_1 \begin{pmatrix} 1 \\ 1 \\ -1 \end{pmatrix} + \widetilde{c}_2 e^{(1/2)x} \begin{pmatrix} \cos\left(\frac{\sqrt{3}}{2}x\right) \\ \frac{1}{2}\cos\left(\frac{\sqrt{3}}{2}x\right) - \frac{1}{2\sqrt{3}}\sin\left(\frac{\sqrt{3}}{2}x\right) \\ -\frac{1}{2}\cos\left(\frac{\sqrt{3}}{2}x\right) - \frac{1}{2\sqrt{3}}\sin\left(\frac{\sqrt{3}}{2}x\right) \end{pmatrix}$$

$$+ \widetilde{c}_3 e^{(1/2)x} \begin{pmatrix} \sin\left(\frac{\sqrt{3}}{2}x\right) \\ \frac{1}{2\sqrt{3}}\cos\left(\frac{\sqrt{3}}{2}x\right) + \frac{1}{2}\sin\left(\frac{\sqrt{3}}{2}x\right) \\ \frac{1}{2\sqrt{3}}\cos\left(\frac{\sqrt{3}}{2}x\right) - \frac{1}{2}\sin\left(\frac{\sqrt{3}}{2}x\right) \end{pmatrix}$$

と書くことができる．■

ポイント この問題のポイントは，行列 $\widehat{A}$ の固有値が複素数になる点です．行列 $\widehat{A}$ が対角化可能であれば，固有値が実数でも複素数でも，一般解は形式的に $Y(x) = \sum_{i=1}^{n} c_i e^{\lambda_i x} v_i$ の形に書くことができます．ここで注意が必要なのは，ある固有値 λ_i が複素数になる場合，対応する基本解 $Y_i(x) = e^{\lambda_i x} v_i$ も複素ベクトルになるということです．一方，物理の問題では，考えている物理量（おもりの変位やコンデンサーの電荷など）が実数であることが多く，その場合，微分方程式の解 $Y(x)$ も実数であることが求められます．この整合性をどうつけるかですが，ここでカギとなるのは，「実行列の固有値が複素数になる場合，$\lambda = a + ib$ とその複素共役 $\overline{\lambda} = a - ib$ が必ずペアで現れる」という事実です[†]．このため，複素数の基本解（上の【答案】の $Y_2(x)$ と $Y_3(x)$）が存在する場合には，その任意定数（c_2 と c_3）も一般に複素数となり，実数の初期条件が与えられたときに，基本解の虚部が打ち消しあって実部だけが残るように任意定数の値が決まることになります．もし，そのような複素係数を用いる計算が面倒だという人は，【別解】のように，一般解の式の段階で，複素基本解の適当な線形結合をとり，$\cos$ と $\sin$ の項になおしておけばよいでしょう．（これは好みの問題ですが．）

[†] これは特性方程式 $\det(\widehat{A} - \lambda \widehat{I})$ は n 次多項式であり，多項式の係数が実数のとき，λ が多項式の解であれば $\overline{\lambda}$ も解であることから示すことができます．

コラム　関数ベクトルの一次独立・一次従属

さて、「互いに一次独立な n 本の解ベクトル $\{Y_i(x)\}$」というものが出てきました。「互いに一次独立なベクトル」であれば線形代数で習いましたし、「互いに一次独立な関数」も、2.3 節で理解しました（それぞれ、90 ページ、37 ページのコラム参照）。しかし、ここで扱う $Y_i(x)$ は、関数 $\{y_{i1}(x),\ldots,y_{in}(x)\}$ をベクトルとして並べた関数ベクトルです。それらが互いに一次独立というのはどうすれば確かめることができるでしょうか。この問題は、以下のように考えることができます。

まず x をある値 $x = x_0$ に固定すれば、$\{Y_i(x_0)\}$ ($i = 1,\ldots,n$) はただの数字が並んだベクトルになりますので、一次独立性を確かめることは可能です。ある区間中の任意の x で、$\{Y_i(x)\}$ が互いに一次独立であれば、関数ベクトル $\{Y_i(x)\}$ は（その区間で）一次独立であるといいます。しかし、「任意の x で、x の値を $\{Y_i(x)\}$ に代入して、ベクトルが一次独立であることを確かめる」ことは現実問題として不可能です。ではどうするかですが、実は、連立微分方程式の解ベクトルに関しては、次のような便利な定理が成り立ちます。

> **定理**：関数ベクトル $\{Y_i(x)\}$ ($i = 1,\ldots,n$) が、x のある区間 I で定係数連立線形常微分方程式
> $$\frac{d}{dx}Y(x) = \widehat{A}Y(x) \qquad ①$$
> の解であるとき、
> 　　区間 I 中のある $x = x_0$ で $\{Y_i(x_0)\}$ が互いに一次独立
> 　$\Longrightarrow$ 区間 I 中の任意の x で $\{Y_i(x)\}$ は互いに一次独立

【証明】　対偶を示す。区間 I 中のある $x = x_1$ で $\{Y_i(x_1)\}$ が一次従属であると仮定する。（「区間 I 中の任意の x で $\{Y_i(x)\}$ が一次独立」の否定。）すると、

$$\alpha_1 Y_1(x_1) + \cdots + \alpha_n Y_n(x_1) = \mathbf{0}$$

となる $\alpha_1 = \cdots = \alpha_n = 0$ 以外の $\{\alpha_i\}$ が存在する。ここで、$Y(x) = \alpha_1 Y_1(x) + \cdots + \alpha_n Y_n(x)$ とすると、$\{Y_i(x)\}$ は①の解なので、重ね合わせの原理より $Y(x)$ も①の解。また、$Y(x) = \mathbf{0}$ のとき、$\frac{d}{dx}Y(x) = \widehat{A}\mathbf{0} = \mathbf{0}$ となるので、ある $x = x_1$ で $Y(x_1) = \mathbf{0}$ となる解は変化せず、区間 I 中の任意の x で

$$Y(x) = \alpha_1 Y_1(x) + \cdots + \alpha_n Y_n(x) = \mathbf{0}$$

が成り立つ。これは区間 I 中の任意の x で $\{Y_i(x)\}$ が一次従属であること（「区間 I 中のある $x = x_0$ で $\{Y_i(x_0)\}$ が一次独立」の否定）を示している。□

この定理により、関数ベクトル $\{Y_i(x)\}$ ($i = 1,\ldots,n$) が互いに一次独立であることを確かめるには、全ての x で一次独立性を確かめる必要はなく
(1) $\{Y_i(x)\}$ が連立微分方程式①の解であること
(2) ある（計算しやすい）$x = x_0$ で、$\{Y_i(x_0)\}$ が互いに一次独立であること
の 2 点を確かめればよいことになります。

❷ 非斉次の場合

次に非斉次の場合

$$\frac{d}{dx}\boldsymbol{Y}(x) = \widehat{A}\boldsymbol{Y}(x) + \boldsymbol{R}(x)$$

を考えます．ここでも $\widehat{A}$ は対角化可能な定係数行列であるとして，斉次の場合（$\boldsymbol{R}(x) = \boldsymbol{0}$）の一般解は，上で述べた解法で得られているものとします．この非斉次の連立線形常微分方程式の解法にも，（連立でない）非斉次線形常微分方程式のときと同様に，2つの方法があります．すなわち

(1) 定数変化法：斉次の場合の一般解に含まれる任意定数を x の関数に置き換えて，非斉次の微分方程式に代入し，解を求める．
(2) 発見法的解法：どんな方法でもよいので，非斉次の微分方程式を満たす特解 $\boldsymbol{Y}_p(x)$ が求まれば，斉次の一般解 $\boldsymbol{Y}_g(x)$ と $\boldsymbol{Y}_p(x)$ の和が，非斉次の一般解を与える．

1階の定係数連立線形常微分方程式に関しては，(1)の定数変化法を用いると，確実に解が得られますので，ここでは定数変化法について詳しく紹介し，(2)の発見法的解法については，最後に簡単にふれることにします．

●定数変化法● さて，非斉次の連立微分方程式を定数変化法で解いてみましょう．斉次の場合の一般解を $\boldsymbol{Y}_g(x)$ とすると，$\boldsymbol{Y}_g(x)$ は基本解 $\{\boldsymbol{Y}_i(x)\}$ を用いて，

$$\begin{aligned}\boldsymbol{Y}_g(x) &= c_1\boldsymbol{Y}_1(x) + \cdots + c_n\boldsymbol{Y}_n(x) \\ &= \begin{pmatrix} | & & | \\ \boldsymbol{Y}_1(x) & \cdots & \boldsymbol{Y}_n(x) \\ | & & | \end{pmatrix} \begin{pmatrix} c_1 \\ \vdots \\ c_n \end{pmatrix} \equiv \widehat{Y}(x)\boldsymbol{C}\end{aligned}$$

と書くことができます．（基本解のベクトル $\{\boldsymbol{Y}_i(x)\}$ を並べた行列 $\widehat{Y}(x)$ を導入した．）ここで非斉次の一般解を

$$\boldsymbol{Y}(x) = c_1(x)\boldsymbol{Y}_1(x) + \cdots + c_n(x)\boldsymbol{Y}_n(x) = \widehat{Y}(x)\boldsymbol{C}(x)$$

と仮定して，微分方程式に代入します．すると，まず左辺は

$$\frac{d}{dx}\boldsymbol{Y}(x) = \frac{d}{dx}\left\{\widehat{Y}(x)\boldsymbol{C}(x)\right\} = \frac{d\widehat{Y}(x)}{dx}\boldsymbol{C}(x) + \widehat{Y}(x)\frac{d\boldsymbol{C}(x)}{dx}$$

となります．ここで $\widehat{Y}(x)$ は斉次の基本解を並べた行列なので，

$$\begin{aligned}\frac{d\widehat{Y}(x)}{dx} &= \begin{pmatrix} | & & | \\ \frac{d\boldsymbol{Y}_1(x)}{dx} & \cdots & \frac{d\boldsymbol{Y}_n(x)}{dx} \\ | & & | \end{pmatrix} = \begin{pmatrix} | & & | \\ \widehat{A}\boldsymbol{Y}_1(x) & \cdots & \widehat{A}\boldsymbol{Y}_n(x) \\ | & & | \end{pmatrix} \\ &= \widehat{A}\begin{pmatrix} | & & | \\ \boldsymbol{Y}_1(x) & \cdots & \boldsymbol{Y}_n(x) \\ | & & | \end{pmatrix} = \widehat{A}\widehat{Y}(x).\end{aligned}$$

ゆえに，

となります。この式と、微分方程式の右辺を見比べると、

$$\widehat{Y}(x)\frac{d\boldsymbol{C}(x)}{dx} = \boldsymbol{R}(x) \quad \longrightarrow \quad \frac{d\boldsymbol{C}(x)}{dx} = \left\{\widehat{Y}(x)\right\}^{-1}\boldsymbol{R}(x)$$

であればよいことがわかります。この式を成分表示しておくと

$$\frac{dc_i(x)}{dx} = Y_{i1}^{-1}(x)R_1(x) + \cdots + Y_{in}^{-1}(x)R_n(x). \quad (i = 1,\ldots,n)$$

($Y_{ij}^{-1}(x)$ は、逆行列 $\left\{\widehat{Y}(x)\right\}^{-1}$ の ij 成分の意味。) この右辺は既知の関数なので、この微分方程式は単純に積分をすれば解くことができ、

$$\boldsymbol{C}(x) = \boldsymbol{C}_0 + \int_0^x \left\{\widehat{Y}(x')\right\}^{-1}\boldsymbol{R}(x')dx'$$

となります ($\boldsymbol{C}_0$ は任意定数ベクトル)。こうして非斉次の場合の一般解は

$$\boldsymbol{Y}(x) = \widehat{Y}(x)\left(\boldsymbol{C}_0 + \int_0^x \left\{\widehat{Y}(x')\right\}^{-1}\boldsymbol{R}(x')dx'\right)$$
$$= \widehat{Y}(x)\boldsymbol{C}_0 + \widehat{Y}(x)\int_0^x \left\{\widehat{Y}(x')\right\}^{-1}\boldsymbol{R}(x')dx'$$

と求まります。

定数変化法を用いて、具体的な問題を解いておきましょう。

基本問題 2.14

定数変化法を用いて、次の連立微分方程式の一般解を求めよ。

$$\frac{dy_1(x)}{dx} = y_1(x) + 2y_2(x) + 4, \quad \frac{dy_2(x)}{dx} = 2y_1(x) - 2y_2(x) - 3$$

方針 定数変化法で丁寧に計算すれば解ける。

【答案】与式を行列とベクトルを用いて書くと、

$$\frac{d}{dx}\begin{pmatrix} y_1(x) \\ y_2(x) \end{pmatrix} = \begin{pmatrix} 1 & 2 \\ 2 & -2 \end{pmatrix}\begin{pmatrix} y_1(x) \\ y_2(x) \end{pmatrix} + \begin{pmatrix} 4 \\ -3 \end{pmatrix} \quad \longrightarrow \quad \frac{d}{dx}\boldsymbol{Y}(x) = \widehat{A}\boldsymbol{Y}(x) + \boldsymbol{R}(x).$$

$\widehat{A}$ の固有値と固有ベクトルを求めると、$\lambda_1 = -3, \boldsymbol{v}_1 = \begin{pmatrix} 1 \\ -2 \end{pmatrix}$, $\lambda_2 = 2, \boldsymbol{v}_2 = \begin{pmatrix} 2 \\ 1 \end{pmatrix}$. ゆえに、斉次の場合 ($\boldsymbol{R}(x) = \boldsymbol{0}$) の基本解は

$$\boldsymbol{Y}_1(x) = e^{-3x}\begin{pmatrix} 1 \\ -2 \end{pmatrix}, \quad \boldsymbol{Y}_2(x) = e^{2x}\begin{pmatrix} 2 \\ 1 \end{pmatrix}.$$

これらの基本解を並べて行列 $\widehat{Y}(x)$ を作ると

$$\widehat{Y}(x) = \begin{pmatrix} | & | \\ \boldsymbol{Y}_1(x) & \boldsymbol{Y}_2(x) \\ | & | \end{pmatrix} = \begin{pmatrix} e^{-3x} & 2e^{2x} \\ -2e^{-3x} & e^{2x} \end{pmatrix}.$$

逆行列は，

$$\left\{\widehat{Y}(x)\right\}^{-1} = \frac{1}{|\widehat{Y}(x)|} \begin{pmatrix} e^{2x} & -2e^{2x} \\ 2e^{-3x} & e^{-3x} \end{pmatrix}$$

$$= \frac{1}{5e^{-x}} \begin{pmatrix} e^{2x} & -2e^{2x} \\ 2e^{-3x} & e^{-3x} \end{pmatrix} = \frac{1}{5} \begin{pmatrix} e^{3x} & -2e^{3x} \\ 2e^{-2x} & e^{-2x} \end{pmatrix}.$$

すると，

$$\int_0^x \left\{\widehat{Y}(x')\right\}^{-1} \boldsymbol{R}(x') dx' = \int_0^x \frac{1}{5} \begin{pmatrix} e^{3x'} & -2e^{3x'} \\ 2e^{-2x'} & e^{-2x'} \end{pmatrix} \begin{pmatrix} 4 \\ -3 \end{pmatrix} dx'$$

$$= \int_0^x \begin{pmatrix} 2e^{3x'} \\ e^{-2x'} \end{pmatrix} dx' = \begin{pmatrix} \frac{2}{3}(e^{3x}-1) \\ -\frac{1}{2}(e^{-2x}-1) \end{pmatrix}.$$

ゆえに，求める一般解は，

$$\boldsymbol{Y}(x) = \widehat{Y}(x) \left(\boldsymbol{C}_0 + \int_0^x \left\{\widehat{Y}(x')\right\}^{-1} \boldsymbol{R}(x') dx' \right)$$

$$= \begin{pmatrix} e^{-3x} & 2e^{2x} \\ -2e^{-3x} & e^{2x} \end{pmatrix} \begin{pmatrix} c_1 + \frac{2}{3}(e^{3x}-1) \\ c_2 - \frac{1}{2}(e^{-2x}-1) \end{pmatrix}$$

$$= \begin{pmatrix} c_1 e^{-3x} + 2c_2 e^{2x} - \frac{2}{3} e^{-3x} + e^{2x} - \frac{1}{3} \\ -2c_1 e^{-3x} + c_2 e^{2x} + \frac{4}{3} e^{-3x} + \frac{1}{2} e^{2x} - \frac{11}{6} \end{pmatrix},$$

すなわち，

$$y_1(x) = \left(c_1 - \frac{2}{3}\right) e^{-3x} + (2c_2 + 1) e^{2x} - \frac{1}{3},$$

$$y_2(x) = \left(-2c_1 + \frac{4}{3}\right) e^{-3x} + \left(c_2 + \frac{1}{2}\right) e^{2x} - \frac{11}{6}$$

となる（c_1, c_2 は任意定数）．■

ポイント こうして成分を全てあらわに書き下してみると，簡単だけども煩雑な計算をする必要があることがわかります．行列とベクトルを使った表記が，計算の本質をシンプルに表すことにおいて，如何に優れているかがよくわかります．

●**発見法的解法**● 最後に，発見法的解法について述べておきます．連立微分方程式でも，方程式が線形であれば，通常の（連立でない）線形微分方程式のときと同様に，斉次の場合の一般解 $\boldsymbol{Y}_g(x)$ と非斉次の場合の特解 $\boldsymbol{Y}_p(x)$ の和 $\boldsymbol{Y}_g(x) + \boldsymbol{Y}_p(x)$ が，非斉次の微分方程式を満たすことは簡単に確認できます（非斉次の場合の**重ね合わせの原理**）．ですので，どんな方法でもよいので，非斉次の場合の特解 $\boldsymbol{Y}_p(x)$ が求められれば，それに斉次の場合の一般解を足すことで，非斉次の場合の一般解が求まることになります．非斉次の場合の特解 $\boldsymbol{Y}_p(x)$ を探すには，これも通常の線形微分方程式と同様に，非斉次項の形から特解の形を予想した上で，微分方程式に代入して確認するという，未定係数法が役に立ちます．ベクトルで書かれた非斉次項 $\boldsymbol{R}(x)$ から特解の形を予想する方法がわからないという人は，連立微分方程式を独立な微分方程式に分解した上で考えればわかりやすいでしょう．すなわち，微分方程式

$$\frac{d}{dx}\boldsymbol{Y}(x) = \widehat{A}\boldsymbol{Y}(x) + \boldsymbol{R}(x)$$

を，$\widehat{A}$ を対角化する行列 $\widehat{V}, \widehat{V}^{-1}$ を用いて，

$$\widehat{V}^{-1}\frac{d}{dx}\boldsymbol{Y}(x) = \widehat{V}^{-1}\left\{\widehat{A}\boldsymbol{Y}(x) + \boldsymbol{R}(x)\right\}$$
$$\longrightarrow \quad \frac{d}{dx}\left\{\widehat{V}^{-1}\boldsymbol{Y}(x)\right\} = \widehat{V}^{-1}\widehat{A}\widehat{V}\widehat{V}^{-1}\boldsymbol{Y}(x) + \widehat{V}^{-1}\boldsymbol{R}(x)$$
$$\longrightarrow \quad \frac{d}{dx}\boldsymbol{Z}(x) = \widehat{\Lambda}\boldsymbol{Z}(x) + \widehat{V}^{-1}\boldsymbol{R}(x)$$

と変形します（$\boldsymbol{Z}(x) = \widehat{V}^{-1}\boldsymbol{Y}(x)$，$\widehat{\Lambda}$ は $\widehat{A}$ の固有値を対角成分とする対角行列）．成分表示すると，

$$\frac{dz_i(x)}{dx} = \lambda_i z_i(x) + \left\{\widehat{V}^{-1}\boldsymbol{R}(x)\right\}_i \quad (i = 1, \ldots, n)$$

です（$\left\{\widehat{V}^{-1}\boldsymbol{R}(x)\right\}_i$ はベクトル $\widehat{V}^{-1}\boldsymbol{R}(x)$ の第 i 成分）．こうして，$z_i(x)$ に対する独立な微分方程式に出てくる非斉次項は，元の非斉次項ベクトル $\boldsymbol{R}(x)$ に $\widehat{V}^{-1}$ を掛けたベクトルの成分であることがわかります．この関数形をみれば，非斉次の場合の $z_i(x)$ の特解の形を予想することができます．（具体例としては，演習問題 2.4.1, 2.4.3 を参照してください．）さらに，$\widehat{V}^{-1}$ を掛けるという操作は定数行列による単なる線形変換であり，非斉次項の関数形は基本的に変化しないので，慣れてくれば，$\widehat{V}^{-1}\boldsymbol{R}(x)$ を計算しなくても，$\boldsymbol{R}(x)$ の式を見るだけで非斉次の場合の特解 $\boldsymbol{Y}_p(x)$ の形を予想できるようになります．

❸ 連成振動

物理の問題で連立微分方程式が登場する代表例が，**連成振動**の問題です．連成振動は，多原子分子の振動，電気回路での電荷・電流の振動，固体中の原子の振動など，様々な実在の系で見られる現象であり，物理学の中でも重要なトピックの一つといえます．自由度 N の連成振動の問題は，一般に連立微分方程式

$$\frac{d^2}{dt^2}\boldsymbol{x}(t) = \widehat{A}\boldsymbol{x}(t), \quad \boldsymbol{x}(t) = \begin{pmatrix} x_1(t) \\ \vdots \\ x_N(t) \end{pmatrix} \tag{2.14}$$

で与えられます．（問題によっては右辺に非斉次項が付く場合もあります．）この問題は，数学的には，ここまでに述べた方法で解くことができますが，ここではその物理的意味を踏まえながら，問題の解法について再考します．以下，最も単純な，2つのおもりがばねでつながれた系を考えましょう．

基本問題 2.15 【重要】

x 軸上を1次元的に運動する質量 M の2つのおもりが，ばね定数 k のばねで図 2.9 のようにつながれている．つりあいの位置からのおもりの変位をそれぞれ $x_1(t), x_2(t)$ とすると，$x_1(t), x_2(t)$ は運動方程式

$$M\frac{d^2 x_1(t)}{dt^2} = -kx_1(t) - k\{x_1(t) - x_2(t)\} = -2kx_1(t) + kx_2(t),$$

$$M\frac{d^2 x_2(t)}{dt^2} = -k\{x_2(t) - x_1(t)\} - kx_2(t) = kx_1(t) - 2kx_2(t)$$

に従う．$x_1(t), x_2(t)$ の一般解を求めよ．

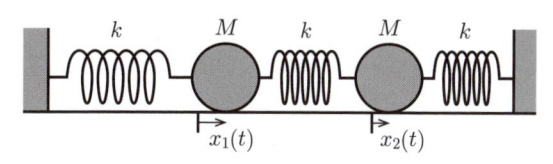

図 2.9

方針 連立微分方程式を独立な常微分方程式に分解する座標系を導入する．

【答案】 $x_1(t), x_2(t)$ からの変数変換として，

$$X_1(t) = \tfrac{1}{2}\{x_1(t) + x_2(t)\}：重心座標, \quad X_2(t) = x_1(t) - x_2(t)：相対座標$$

を導入し，$X_1(t), X_2(t)$ に対する微分方程式を考える．すると，

$$M\frac{d^2 X_1(t)}{dt^2} = M\frac{1}{2}\left\{\frac{d^2 x_1(t)}{dt^2} + \frac{d^2 x_2(t)}{dt^2}\right\} = \frac{1}{2}\{-2kx_1(t) + kx_2(t) + kx_1(t) - 2kx_2(t)\}$$

$$= \frac{1}{2}(-k)\{x_1(t) + x_2(t)\} = -kX_1(t),$$

$$M\frac{d^2 X_2(t)}{dt^2} = M\left\{\frac{d^2 x_1(t)}{dt^2} - \frac{d^2 x_2(t)}{dt^2}\right\} = -2kx_1(t) + kx_2(t) - \{kx_1(t) - 2kx_2(t)\}$$
$$= -3k\{x_1(t) - x_2(t)\} = -3kX_2(t)$$

となり，連立微分方程式が，独立な 2 つの微分方程式に分解できる．この微分方程式は解くことができて，それぞれの一般解は

$$\frac{d^2 X_1(t)}{dt^2} = -\frac{k}{M}X_1(t) \quad \longrightarrow \quad X_1(t) = A_1\cos(\omega_1 t + \phi_1) \quad \left(\omega_1 = \sqrt{\frac{k}{M}}\right),$$

$$\frac{d^2 X_2(t)}{dt^2} = -\frac{3k}{M}X_2(t) \quad \longrightarrow \quad X_2(t) = A_2\cos(\omega_2 t + \phi_2) \quad \left(\omega_2 = \sqrt{\frac{3k}{M}}\right).$$

(A_1, A_2, ϕ_1, ϕ_2 は任意定数). 元々の座標 $x_1(t), x_2(t)$ の解は逆変換より，

$$x_1(t) = X_1(t) + \tfrac{1}{2}X_2(t) = A_1'\cos(\omega_1 t + \phi_1) + A_2'\cos(\omega_2 t + \phi_2),$$

$$x_2(t) = X_1(t) - \tfrac{1}{2}X_2(t) = A_1'\cos(\omega_1 t + \phi_1) - A_2'\cos(\omega_2 t + \phi_2).$$

(改めて $A_1' = A_1, A_2' = \tfrac{1}{2}A_2$ とおいた.)

【別解】 $x_1(t), x_2(t)$ に対する運動方程式を行列とベクトルを用いて表すと，

$$\frac{d^2}{dt^2}\boldsymbol{x}(t) = \widehat{A}\boldsymbol{x}(t), \quad \boldsymbol{x}(t) = \begin{pmatrix} x_1(t) \\ x_2(t) \end{pmatrix}, \quad \widehat{A} = \frac{k}{M}\begin{pmatrix} -2 & 1 \\ 1 & -2 \end{pmatrix}.$$

$\widehat{A}$ の固有値と固有ベクトルは $\lambda_1 = -\frac{k}{M}, \boldsymbol{v}_1 = \frac{1}{\sqrt{2}}\begin{pmatrix} 1 \\ 1 \end{pmatrix}, \lambda_2 = -\frac{3k}{M}, \boldsymbol{v}_2 = \frac{1}{\sqrt{2}}\begin{pmatrix} 1 \\ -1 \end{pmatrix}$. ゆえに，
$\widehat{V} = \begin{pmatrix} | & | \\ \boldsymbol{v}_1 & \boldsymbol{v}_2 \\ | & | \end{pmatrix} = \frac{1}{\sqrt{2}}\begin{pmatrix} 1 & 1 \\ 1 & -1 \end{pmatrix}$ とすると，

$$\widehat{V}^{-1} = \frac{1}{\sqrt{2}}\begin{pmatrix} 1 & 1 \\ 1 & -1 \end{pmatrix}, \quad \widehat{V}^{-1}\widehat{A}\widehat{V} = \widehat{\Lambda} = \begin{pmatrix} -\frac{k}{M} & 0 \\ 0 & -\frac{3k}{M} \end{pmatrix}$$

となる．これらの式を用いて運動方程式を変形すると，

$$\frac{d^2}{dt^2}\widehat{V}^{-1}\boldsymbol{x}(t) = \widehat{V}^{-1}\widehat{A}\widehat{V}\widehat{V}^{-1}\boldsymbol{x}(t) = \widehat{\Lambda}\widehat{V}^{-1}\boldsymbol{x}(t).$$

ゆえに，$\boldsymbol{X}(t) = \begin{pmatrix} X_1(t) \\ X_2(t) \end{pmatrix} = \widehat{V}^{-1}\boldsymbol{x}(t)$ とすると

$$\frac{d^2}{dt^2}\boldsymbol{X}(t) = \widehat{\Lambda}\boldsymbol{X}(t) \quad \longrightarrow \quad \begin{cases} \frac{d^2 X_1(t)}{dt^2} = -\frac{k}{M}X_1(t), \\ \frac{d^2 X_2(t)}{dt^2} = -\frac{3k}{M}X_2(t). \end{cases}$$

ゆえに，$X_1(t), X_2(t)$ の一般解は

$$X_1(t) = A_1\cos(\omega_1 t + \phi_1) \quad \left(\omega_1 = \sqrt{\frac{k}{M}}\right),$$

$$X_2(t) = A_2\cos(\omega_2 t + \phi_2) \quad \left(\omega_2 = \sqrt{\frac{3k}{M}}\right).$$

(A_1, A_2, ϕ_1, ϕ_2 は任意定数). 元々の座標 $x_1(t), x_2(t)$ の解は，$\boldsymbol{x}(t) = \widehat{V}\boldsymbol{X}(t)$ より，

$$x_1(t) = \tfrac{1}{\sqrt{2}}\{X_1(t) + X_2(t)\} = A_1'\cos(\omega_1 t + \phi_1) + A_2'\cos(\omega_2 t + \phi_2),$$

$$x_2(t) = \tfrac{1}{\sqrt{2}}\{X_1(t) - X_2(t)\} = A_1'\cos(\omega_1 t + \phi_1) - A_2'\cos(\omega_2 t + \phi_2).$$

(改めて $A_1' = \tfrac{1}{\sqrt{2}}A_1, A_2' = \tfrac{1}{\sqrt{2}}A_2$ とおいた.) ∎

2.4 定係数連立線形常微分方程式

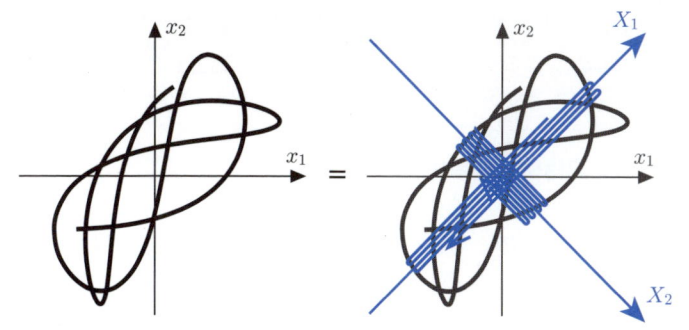

図 2.10 状態点 $(x_1(t), x_2(t))$ の軌跡は，$X_1(t), X_2(t)$ の単振動の重ね合わせになる．

■ポイント■ 【答案】と【別解】でやっていることは本質的に同じですが，【答案】では，物理的考察から（もしくは単に答えを知っていて），重心座標，相対座標の式を与えているのに対し，【別解】では，前提知識なしで，重心座標，相対座標を行列の対角化から導出した上で，問題を解いています．いずれの場合も，この解法のポイントは，元々の運動方程式が $x_1(t), x_2(t)$ が絡み合った連立微分方程式になっているのに対し，重心座標 $X_1(t)$，相対座標 $X_2(t)$ を用いると，運動方程式が互いに独立な 2 つの微分方程式に分離できるという点です．方程式が分離できてしまえば，それぞれは単なる単振動の運動方程式ですので，一般解を簡単に求めることができます．ゆえに，おもりの運動 $x_1(t), x_2(t)$ は，$X_1(t), X_2(t)$ の単振動の重ね合わせになるわけです．

ここで起こっていることをもう少し詳しく考えてみましょう．連成振動系の状態を各おもりの変位 x_1, x_2 を軸とした平面上の点で表すと，系の状態点 $(x_1(t), x_2(t))$ は，時間 t とともに複雑な動きをします（図 2.10 参照）．この座標，すなわち，それぞれのおもりの運動をみているだけでは，どのような運動が起こっているのかはよくわかりません．しかし，軸の取り方を変えて，重心座標 X_1，相対座標 X_2 を軸に取った座標で運動を見ると，系の運動は，それぞれの軸に沿った単振動の重ね合わせで記述できるというわけです．このように連成振動系で連立微分方程式を独立な微分方程式に分離する座標のことを，**基準座標**と呼びます．さらに証明は省きますが，おもりをばねでつないだ連成振動系の場合†，行列 $\widehat{A}$ は常に対角化可能で，かつ，その固有値 λ_i は負または 0（0 は多くても 1 個だけ）となることが知られています．ゆえに基準座標は系の自由度の数だけ存在し，その運動は，単振動（$\lambda_i < 0$ の場合）か等速直線運動（$\lambda_i = 0$ の場合）になります．この基準座標の単振動を基準モード，その角振動数 $\omega_i = \sqrt{|\lambda_i|}$ を固有角振動数と呼びます．こうして，連成振動系の各自由度の運動は，固有角振動数 ω_i で単振動する基準モード（と，もしあれば，等速直線運動）の重ね合わせになります．

ここでは，自由度（おもりの数）N が 2 の場合を扱いましたが，【別解】で用いた行列の対角化による解法を使えば，一般の N への拡張は容易でしょう．自由度 N が大きくなると，係数

---

†正確には，「質量 $M_i > 0$ ($i = 1, \ldots, N$) のおもり i が，他のおもり j または壁 ($j = 0, N+1$) と，フックの法則に従う，ばね定数 $k_{ij} \geq 0$ ($k_{ij} = 0$ はばねでつながれていない組に対応) のばねでつながれている」場合．

行列 $\widehat{A}$ の対角化の計算が大変になりますが，$\widehat{A}$ の固有値と固有ベクトルを求めてしまえば，即，基準座標と固有角振動数が得られます．演習問題 2.4.2, 2.4.3 に，$N=3$ の場合や，非斉次の場合に対応する問題がありますので，是非トライしてください．

❹ 連立微分方程式と高階微分方程式

　最後に，連立微分方程式は，高階微分方程式と等価であることを示しておきます．ここで述べる内容は，問題を解くという観点からは，直接的な効き目は小さいですが，理解を深める上で有用ですので，一読しておくことを勧めます．

　まずは一般論から始めましょう．簡単のため，2 つの関数 $y_1(x), y_2(x)$ に対する連立 1 階常微分方程式

$$\frac{dy_1(x)}{dx} = f(x, y_1, y_2), \tag{2.15}$$

$$\frac{dy_2(x)}{dx} = g(x, y_1, y_2) \tag{2.16}$$

を考えます．f, g は線形（1 次）関数でなくてもかまいません．式 (2.15) の両辺を x で微分すると

$$\frac{d^2 y_1(x)}{dx^2} = \frac{\partial f(x, y_1, y_2)}{\partial x} + \frac{\partial f(x, y_1, y_2)}{\partial y_1}\frac{dy_1(x)}{dx} + \frac{\partial f(x, y_1, y_2)}{\partial y_2}\frac{dy_2(x)}{dx}$$

となります．この右辺は $x, y_1, \frac{dy_1}{dx}, y_2, \frac{dy_2}{dx}$ の関数ですので，

$$\frac{d^2 y_1(x)}{dx^2} = h\left(x, y_1, \frac{dy_1}{dx}, y_2, \frac{dy_2}{dx}\right) \tag{2.17}$$

と書いておきましょう．ここで式 (2.15), (2.16) は，$x, y_1, \frac{dy_1}{dx}, y_2, \frac{dy_2}{dx}$ の間の関係式ですので，これらを用いれば 5 つの変数のうちの 2 つを別の 3 つで表すことができます．そこで式 (2.17) の右辺 $h\left(x, y_1, \frac{dy_1}{dx}, y_2, \frac{dy_2}{dx}\right)$ の y_2 と $\frac{dy_2}{dx}$ を $x, y_1, \frac{dy_1}{dx}$ で表します．すると，式 (2.17) は結局

$$\frac{d^2 y_1(x)}{dx^2} = h\left(x, y_1, \frac{dy_1}{dx}\right)$$

となり，$y_1(x)$ についての 2 階常微分方程式が得られます．もし，この高階常微分方程式が解けて $y_1(x)$ の一般解 $y_1(x; c_1, c_2)$（c_1, c_2 は任意定数）が求まったとすると，その解 $y_1(x; c_1, c_2)$ と導関数 $\frac{dy_1(x; c_1, c_2)}{dx}$ を式 (2.15) に代入すれば，$y_2(x)$ の一般解 $y_2(x; c_1, c_2)$ も求まります．こうして連立微分方程式の問題が，高階微分方程式の問題に変換できました．

基本問題 2.16

連立線形 1 階常微分方程式
$$\frac{dy_1(x)}{dx} = -y_1(x) + 4y_2(x) \quad \text{①}$$
$$\frac{dy_2(x)}{dx} = 2y_1(x) - 3y_2(x) \quad \text{②}$$
を $y_1(x)$ に対する 2 階常微分方程式になおして解くことで，$y_1(x), y_2(x)$ の一般解を求めよ．

方針 微分演算と式の代入を駆使して，y_2 を消去する．

【答案】①の両辺を x で微分すると，
$$y_1''(x) = -y_1'(x) + 4y_2'(x).$$
①，②を使って，右辺から $y_2(x), y_2'(x)$ を消去すると
$$y_1''(x) = -y_1'(x) + 4\{2y_1(x) - 3y_2(x)\}$$
$$= -y_1'(x) + 8y_1(x) - 12 \cdot \frac{1}{4}\{y_1'(x) + y_1(x)\}$$
$$= -4y_1'(x) + 5y_1(x)$$
(1 行目で②を，2 行目で①を使用)．ゆえに
$$y_1''(x) + 4y_1'(x) - 5y_1(x) = 0.$$
この微分方程式は解くことができて，特性方程式 $\lambda^2 + 4\lambda - 5 = (\lambda + 5)(\lambda - 1) = 0$ の解が $\lambda = -5, 1$ であることから，$y_1(x)$ の一般解は
$$y_1(x) = c_1 e^{-5x} + c_2 e^x$$
(c_1, c_2 は任意定数)．この解を①に代入すると，$y_2(x)$ の一般解が
$$y_2(x) = \frac{1}{4}\{y_1'(x) + y_1(x)\} = \frac{1}{4}\left\{\left(-5c_1 e^{-5x} + c_2 e^x\right) + \left(c_1 e^{-5x} + c_2 e^x\right)\right\}$$
$$= -c_1 e^{-5x} + \frac{1}{2} c_2 e^x$$
と求まる．■

ポイント この問題の微分方程式は，基本問題 2.12 と同じです．そのときは行列の対角化を用いて解きましたが，今回のように高階微分方程式になおして解いても，当然ですが，等価な一般解が得られます．この問題の【答案】を見ると，$y_1(x)$ に対する 2 階常微分方程式の特性方程式が，係数行列 $\hat{A}$ の特性方程式と一致しているなど，両者が本質的に同じ問題であることがわかります．一般に，1 階の n 元連立微分方程式は，n 階常微分方程式と等価になります．

演習問題

2.4.1 次の連立微分方程式の一般解を求めよ．

(1) $y_1'(x) = y_2(x), \ y_2'(x) = y_1(x)$

(2) $y_1'(x) = y_2(x) + e^{-x}, \ y_2'(x) = y_1(x) - e^{-x}$

2.4.2 質量 m のおもり2つ（おもり1, 3）と，質量 M のおもり1つ（おもり2）が，ばね定数 k，自然長 L のばねで図 2.11 のようにつながれている．

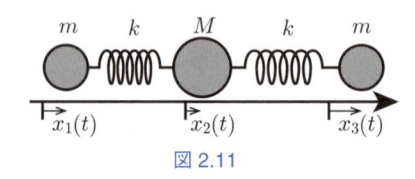

図 2.11

おもりは x 軸上を1次元的に運動する．おもり1, 2, 3 の，位置 $x = -L, 0, +L$ からの変位をそれぞれ $x_1(t), x_2(t), x_3(t)$ とすると，運動方程式は

$$m\frac{d^2 x_1(t)}{dt^2} = -k\{x_1(t) - x_2(t)\} = -kx_1(t) + kx_2(t),$$

$$M\frac{d^2 x_2(t)}{dt^2} = -k\{x_2(t) - x_1(t)\} - k\{x_2(t) - x_3(t)\}$$
$$= kx_1(t) - 2kx_2(t) + kx_3(t),$$

$$m\frac{d^2 x_3(t)}{dt^2} = -k\{x_3(t) - x_2(t)\} = kx_2(t) - kx_3(t)$$

で与えられる．この系の基準座標 $X_1(t), X_2(t), X_3(t)$ を $x_1(t), x_2(t), x_3(t)$ で表した上で，$X_1(t), X_2(t), X_3(t)$ が従う微分方程式，および，その一般解を求めよ．

2.4.3 x 軸上を1次元的に運動する質量 M の2つのおもりが，ばね定数 k のばねで図 2.12 のようにつながれている．

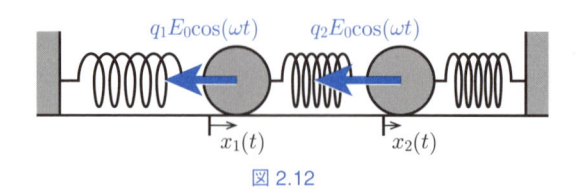

図 2.12

さらに，おもり 1, 2 がそれぞれ q_1, q_2 に帯電していて，交流電場 $E(t) = E_0 \cos(\omega t)$（$E_0, \omega$ は定数）中におかれており，おもりはそれぞれ，ばねの力に加えて，$q_i E_0 \cos(\omega t)$ $(i = 1, 2)$ の力を受ける．つりあいの位置からのおもりの変

位をそれぞれ $x_1(t), x_2(t)$ とすると，運動方程式は

$$M\frac{d^2 x_1(t)}{dt^2} = -2kx_1(t) + kx_2(t) + q_1 E_0 \cos(\omega t),$$
$$M\frac{d^2 x_2(t)}{dt^2} = kx_1(t) - 2kx_2(t) + q_2 E_0 \cos(\omega t)$$

となる．交流電場の角振動数が，電場がないときの系の固有角振動数と異なるとして，$x_1(t), x_2(t)$ の一般解を求めよ．

2.4.4 正方行列 $\widehat{A}$ に x を掛けたものの指数関数を次のように定義する．

$$e^{x\widehat{A}} = 1 + x\widehat{A} + \frac{1}{2!}x^2 \widehat{A}^2 + \cdots = \sum_{m=0}^{\infty} \frac{1}{m!} x^m \widehat{A}^m.$$

(1) $\dfrac{d}{dx} e^{x\widehat{A}} = \widehat{A} e^{x\widehat{A}}$ を示せ．

(2) 連立微分方程式 $\dfrac{d}{dx}\boldsymbol{Y}(x) = \widehat{A}\boldsymbol{Y}(x)$ の，初期条件 $\boldsymbol{Y}(0) = \boldsymbol{Y}_0$ （定数ベクトル）に対応する特解は $\boldsymbol{Y}(x) = e^{x\widehat{A}}\boldsymbol{Y}_0$ で与えられることを示せ．

(3) $\widehat{A}$ が対角化可能である場合に，$e^{x\widehat{A}}$ の各成分を，$\widehat{A}$ の固有値，固有ベクトルと x の式で表せ．

2.4.5 次の連立微分方程式を高階微分方程式になおし，連立微分方程式の行列の特性方程式と高階微分方程式の特性方程式が等価になることを示せ．

$y_1'(x) = 3y_1(x) - 2y_2(x) + y_3(x), \quad y_2'(x) = y_1(x) - y_2(x), \quad y_3'(x) = y_2(x) - 2y_3(x).$

2.5 非線形1階常微分方程式
——知っていれば解ける．知らないと解けない

Contents
- Subsection ❶ 変数分離形
- Subsection ❷ 同次形
- Subsection ❸ ベルヌイ型
- Subsection ❹ リッカチ型
- Subsection ❺ 完全微分方程式

> **キーポイント**
> 非線形微分方程式は大変な難問．解ける形を知ろう．

前節までで扱った線形常微分方程式は，多くの場合—特に定係数であればほとんどの場合—解くことができました．一方，微分方程式は非線形になると途端に解くのが難しくなります．これは非線形微分方程式では，重ね合わせの原理や指数関数解などの強力な手法が使えなくなることからも想像できると思います．ただし，非線形になったらお手上げかというと，もちろんそうではなく，特に階数が1階であれば，非線形であっても，かなりの範囲のものが解けることが知られています．それらの解法を紹介するのがこの節の目的です．この節の問題は，解き方を知っているかどうかで勝負が決まりますので，これらの手法をマスターして，テクニックの引き出しを増やしておきましょう．

❶変数分離形

まず，最も汎用性の高い手法である，**変数分離**について述べます．変数分離形の1階常微分方程式とは，

$$y'(x) = p(x)q(y) \tag{2.18}$$

の形に書ける微分方程式のことです（$p(x), q(y)$ はそれぞれ x, y のみの関数）．この形の方程式は，$p(x), \frac{1}{q(y)}$ が積分可能であるとき，次の方法で，一般解を求めることができます．

基本問題 2.17　　　　　　　　　　　　　　　　　　　　　　　　　　**重要**

$y'(x) = p(x)q(y)$ の一般解を求めよ．（$p(x), \frac{1}{q(y)}$ は積分可能であるとする．）

方針　左辺が y のみの式，右辺が x のみの式になるよう変形する．

【**答案**】　任意の y に対して $q(y) \neq 0$ の場合，両辺を $q(y)$ で割って x で積分すると，

$$\int \frac{1}{q(y)} \frac{dy(x)}{dx} dx = \int \frac{1}{q(y)} dy = \int p(x) dx \quad \longrightarrow \quad Q(y) = P(x) + C$$

（ここで $\frac{dQ(y)}{dy} = \frac{1}{q(y)}$, $\frac{dP(x)}{dx} = p(x)$, C は任意定数）. この等式を $y = \cdots$ の形になおせば, 求める一般解が得られる.

ある $y = y_0$ で $q(y_0) = 0$ となる場合は, 解曲線が $y = y_0$ をとるとき $y' = 0$ となり, x が変化しても y が変化しない. ゆえに $y(x) = y_0$（定数）も解となる. ■

ポイント この解法は, 2.2 節で線形 1 階常微分方程式を解くときに用いたものと基本的に同じですが, 上の【答案】のように, より広い範囲の 1 階常微分方程式に用いることができます. この解法のポイントは<u>正規形に書いた微分方程式の右辺が,（x の関数）×（y の関数）の形にまとめられるかどうか</u>ですが, これについては, やってみないとわかりません. いったん, 変数分離ができてしまえば, 後は積分計算をするだけで一般解が求まりますので, 1 階常微分方程式を解くときには, まず変数分離できるかどうかを考えてみるとよいでしょう.

基本問題 2.18 **重要**

箱の中を粒子が飛び回っている. 粒子が衝突する確率は粒子密度 $\rho(t)$ の 2 乗に比例し, 衝突した粒子は対消滅する. このとき粒子密度 $\rho(t)$ は, 微分方程式
$$\frac{d\rho(t)}{dt} = -k\{\rho(t)\}^2$$
（k は定数）に従う. 時刻 $t = 0$ に $\rho(0) = \rho_0 > 0$ であったとして, $\rho(t)$ を求めよ.

方針 変数分離！

【答案】 まず一般解を求める. 両辺を $\{\rho(t)\}^2$ で割って, t で積分すると,
$$\int \frac{1}{\{\rho(t)\}^2} \frac{d\rho(t)}{dt} dt = -\int k\, dt \longrightarrow \int \frac{1}{\rho^2} d\rho = -k \int dt \longrightarrow -\frac{1}{\rho} = -kt + C.$$
ゆえに, 一般解は $\rho(t) = \frac{1}{kt - C}$ となる（C は任意定数）. 初期条件より C を決めると,
$$\rho(0) = -\frac{1}{C} = \rho_0 \longrightarrow C = -\frac{1}{\rho_0}.$$
ゆえに, 求める特解は $\rho(t) = \frac{1}{kt + \frac{1}{\rho_0}} = \frac{\rho_0}{1 + k\rho_0 t}$.

なお, この解は任意の t で $\rho(t) > 0$ であるので, $\rho(t) = 0$ となる場合は考えなくてよい. ■

❷ 同次形

1 階常微分方程式を正規形になおしたときに, 右辺が
$$y'(x) = f\left(\frac{y}{x}\right) \tag{2.19}$$
のように, $\frac{y}{x}$ のみの関数で書ける場合, この微分方程式を**同次形**といいます. 同次形の微分方程式は, 以下のような方法で, 変数分離形になおすことができます.

基本問題 2.19

同次形の微分方程式 $y'(x) = f\left(\frac{y}{x}\right)$ に対して，$z = \frac{y}{x}$ と変数変換することで，z に対する微分方程式が変数分離形になることを示せ．

方針 問題文の通り，変数変換する．

【答案】 $z = \frac{y}{x}$ とすると，$y = xz$. ゆえに，
$$\frac{dy}{dx} = z + x\frac{dz}{dx}.$$
この式と，$\frac{dy}{dx} = f\left(\frac{y}{x}\right) = f(z)$ より，
$$z + x\frac{dz}{dx} = f(z) \quad \longrightarrow \quad \frac{dz}{dx} = \frac{f(z) - z}{x}$$
となり，z に対する微分方程式は変数分離形になる．■

ポイント こうして得られた z に対する微分方程式を解いた上で，$y(x) = xz(x)$ をとれば，求める解 $y(x)$ を得ることができます．

基本問題 2.20

$y'(x) = \frac{y}{x} + \frac{x}{y}$ の一般解を求めよ．

方針 同次形なので，まずは変数分離形になおす．

【答案】 $z = \frac{y}{x}$ とすると，$y = xz$ より，
$$\frac{dy}{dx} = z + x\frac{dz}{dx} \quad \longrightarrow \quad x\frac{dz}{dx} = \frac{dy}{dx} - z = z + \frac{1}{z} - z = \frac{1}{z}.$$
(途中，与式 $\frac{dy}{dx} = \frac{y}{x} + \frac{x}{y} = z + \frac{1}{z}$ を用いた．) ゆえに，
$$\frac{dz}{dx} = \frac{1}{xz}.$$
これは変数分離形なので解くことができ，
$$\int z\frac{dz}{dx}dx = \int z\,dz = \int \frac{1}{x}dx \quad \longrightarrow \quad \frac{1}{2}z^2 = \ln|x| + c \quad \longrightarrow \quad z = \pm\sqrt{2\ln|x| + C}$$
($C = 2c$ は任意定数). ゆえに，求める一般解は，
$$y(x) = xz(x) = \pm x\sqrt{2\ln|x| + C}.\ \blacksquare$$

❸ ベルヌイ型

$$y'(x) + p(x)y(x) + q(x)\{y(x)\}^n = 0 \tag{2.20}$$

の形で表される微分方程式を**ベルヌイ型**といいます．この微分方程式は，以下のような方法で，線形1階常微分方程式になおすことができます．

基本問題 2.21

ベルヌイ型の微分方程式 $y'(x) + p(x)y(x) + q(x)\{y(x)\}^n = 0$ $(n \neq 0, 1)$ は，$u(x) = \{y(x)\}^{1-n}$ と変数変換することで，$u(x)$ に対する線形1階常微分方程式に変形できることを示せ．

方針 問題文の通り，変数変換する．

【答案】 $u(x) = \{y(x)\}^{1-n}$ と変数変換すると，

$$\frac{du(x)}{dx} = (1-n)\{y(x)\}^{-n}\frac{dy(x)}{dx} \quad \longrightarrow \quad \frac{dy(x)}{dx} = \frac{\{y(x)\}^n}{1-n}\frac{du(x)}{dx}.$$

この式と $y(x) = u(x)\{y(x)\}^n$ を与式に代入すると，

$$\frac{du(x)}{dx}\frac{\{y(x)\}^n}{1-n} + p(x)u(x)\{y(x)\}^n + q(x)\{y(x)\}^n = 0$$
$$\longrightarrow \quad \frac{du(x)}{dx} + (1-n)p(x)u(x) + (1-n)q(x) = 0$$

となり，これは $u(x)$ に対する線形1階常微分方程式である．■

ポイント 後は，得られた線形1階常微分方程式を解いた上で，$u(x)$ を $y(x)$ になおすことで，$y(x)$ の一般解を求めることができます．変数変換をはさむ分，少々面倒ではありますが，線形1階常微分方程式は比較的簡単に解くことができるので，使い勝手のよい手法といえます．ベルヌイ型の式については，<u>線形1階常微分方程式は斉次であれば，$\{y(x)\}^n$ の項が加わっても怖くない</u>と覚えておくとよいでしょう[†]．

[†] なお，問題では $n \neq 0, 1$ としていますが，$n = 0, 1$ の場合は，与式はもともと線形1階常微分方程式です．

基本問題 2.22

x 軸上を正の方向に運動する（すなわち速度 $v(t) \geq 0$ の），質量 m の小物体を考える．小物体には速度に比例する抵抗力 $-\Gamma v(t)$ と，速度の 2 乗に比例する抵抗力 $-\tilde{\Gamma}\{v(t)\}^2$ が働く．初速度 $v(0) = v_0 > 0$ を与えたときの小物体の速度の時間変化 $v(t)$ を求めよ．

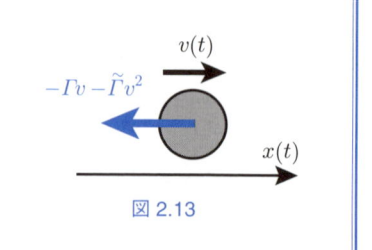

図 2.13

方針 運動方程式はベルヌイ型になる．線形 1 階常微分方程式になおして解く．

【答案】 運動方程式は

$$m\frac{d^2x(t)}{dt^2} = m\frac{dv(t)}{dt} = -\Gamma v(t) - \tilde{\Gamma}\{v(t)\}^2.$$

ある時刻 $t = t_0$ で $v(t_0) = 0$ であれば，$\frac{dv(t_0)}{dt} = 0$ となり，任意の t で $v(t) = 0$ となるので，この運動方程式の解は $v = 0$ をまたぐことはない，すなわち，符号反転しない．ゆえに，以下 $v(t) > 0$ の解を考える．$u(t) = \frac{1}{v(t)}$ と変数変換すると，

$$\frac{du(t)}{dt} = \frac{du(v)}{dv}\frac{dv(t)}{dt} = -\frac{1}{\{v(t)\}^2}\frac{dv(t)}{dt} \longrightarrow \frac{dv(t)}{dt} = -\{v(t)\}^2\frac{du(t)}{dt}.$$

この式を運動方程式に代入して，

$$-m\{v(t)\}^2\frac{du(t)}{dt} = -\Gamma v(t) - \tilde{\Gamma}\{v(t)\}^2 \longrightarrow \frac{du(t)}{dt} = \frac{\Gamma}{m}\frac{1}{v(t)} + \frac{\tilde{\Gamma}}{m} = \frac{\Gamma}{m}u(t) + \frac{\tilde{\Gamma}}{m}.$$

これは $u(t)$ に対する線形 1 階常微分方程式（非斉次）なので，2.2 節の解法で解くことができ，一般解は

$$u(t) = Ce^{(\Gamma/m)t} - \frac{\tilde{\Gamma}}{\Gamma}$$

（C は任意定数）．ゆえに，$v(t)$ の一般解は

$$v(t) = \frac{1}{u(t)} = \frac{1}{Ce^{(\Gamma/m)t} - \frac{\tilde{\Gamma}}{\Gamma}}.$$

初期条件 $v(t=0) = v_0$ より，$v_0 = \frac{1}{C - \frac{\tilde{\Gamma}}{\Gamma}} \longrightarrow C = \frac{1}{v_0} + \frac{\tilde{\Gamma}}{\Gamma}$．ゆえに，求める解は，

$$v(t) = \frac{1}{\left(\frac{1}{v_0} + \frac{\tilde{\Gamma}}{\Gamma}\right)e^{(\Gamma/m)t} - \frac{\tilde{\Gamma}}{\Gamma}}. \blacksquare$$

❹ リッカチ型

$$y'(x) + p(x)y(x) + q(x)\{y(x)\}^2 + r(x) = 0 \tag{2.21}$$

の形で表される微分方程式を**リッカチ型**といいます．この微分方程式は，特解 $y_1(x)$ が 1 つ得られていれば，以下の方法で，一般解を求めることができます．

基本問題 2.23

リッカチ型の微分方程式 $y'(x) + p(x)y(x) + q(x)\{y(x)\}^2 + r(x) = 0$ ($q(x) \neq 0$ かつ $r(x) \neq 0$) は，特解 $y_1(x)$ が既知であれば，$u(x) = y(x) - y_1(x)$ と変数変換することで，$u(x)$ に対するベルヌイ型の微分方程式に変形できることを示せ．

方針 問題文の通り，変数変換する．

【答案】 $u(x) = y(x) - y_1(x)$ と変数変換すると，$y(x) = u(x) + y_1(x)$．また，$y'(x) = u'(x) + y_1'(x)$．これらを与式に代入すると，

$$u'(x) + y_1'(x) + p(x)\{u(x) + y_1(x)\} + q(x)\{u(x) + y_1(x)\}^2 + r(x) = 0$$
$$\longrightarrow \quad u'(x) + p(x)u(x) + q(x)[\{u(x)\}^2 + 2u(x)y_1(x)] = 0.$$

($y_1(x)$ は与式の解であるので，$y_1'(x) + p(x)y_1(x) + q(x)\{y_1(x)\}^2 + r(x) = 0$ であることを用いた．) 式を整理すると，

$$u'(x) + \{p(x) + 2q(x)y_1(x)\}u(x) + q(x)\{u(x)\}^2 = 0.$$

$y_1(x)$ は既知関数なので，この微分方程式はベルヌイ型である．■

ポイント このリッカチ型の解法については，特解 $y_1(x)$ が得られているという条件が付くため，残念ながら，確実に解ける方法ではなくなっています．しかし，なんにせよ，非線形微分方程式は難問であり，解法の引き出しは多いに越したことはないので，このような解法があることを，頭の隅においておくとよいでしょう†．リッカチ型の微分方程式の問題を，演習問題 2.5.4, 2.5.5 に挙げておきますので，そちらで練習してください．

---

†なお，問題にある「$q(x) \neq 0$ かつ $r(x) \neq 0$」という条件についてですが，$q(x) = 0$ の場合は与式は線形 1 階常微分方程式，$r(x) = 0$ の場合は与式はベルヌイ型になります．

❺完全微分方程式

最後に,「完全微分方程式への変形」という,1階常微分方程式の一風変わった解法について述べます.

> **完全微分方程式**:1階常微分方程式を $y'(x) = f(x,y) = -\frac{P(x,y)}{Q(x,y)}$ としたときに,
> $$P(x,y) = \frac{\partial \phi(x,y)}{\partial x}, \quad Q(x,y) = \frac{\partial \phi(x,y)}{\partial y} \tag{2.22}$$
> を満たす全微分可能な関数 $\phi(x,y)$ が存在する場合,この微分方程式を完全微分方程式と呼び,その一般解は $\phi(x,y) = c$ (c は任意定数)で与えられる.

まず,なぜ $\phi(x,y) = c$ が解になるかを見てみましょう.導関数 $\frac{dy(x)}{dx}$ を「x の変化分 dx と y の変化分 dy の比」と考えると,微分方程式

$$\frac{dy}{dx} = -\frac{P(x,y)}{Q(x,y)}$$

を解くという問題は,dx と dy の間に

$$P(x,y)dx + Q(x,y)dy = 0$$

が成り立つような xy 平面上の曲線を探す問題になります.さてここで,

$$P(x,y) = \frac{\partial \phi(x,y)}{\partial x}, \quad Q(x,y) = \frac{\partial \phi(x,y)}{\partial y}$$

を満たす関数 $\phi(x,y)$ が存在するとしましょう.すると,$\phi(x,y)$ の全微分は

$$d\phi(x,y) = \frac{\partial \phi(x,y)}{\partial x}dx + \frac{\partial \phi(x,y)}{\partial y}dy = P(x,y)dx + Q(x,y)dy$$

となります.ここで全微分 $d\phi(x,y)$ とは,xy 平面上で点 (x,y) から $(x+dx, y+dy)$ へと移動したときの $\phi(x,y)$ の変化分です.となると,$\phi(x,y) = c$(定数)で与えられる曲線に沿って移動すれば,$\phi(x,y)$ は変化しませんので,

$$d\phi(x,y) = P(x,y)dx + Q(x,y)dy = 0$$

が自動的に成り立つことになります.すなわち,曲線 $\phi(x,y) = c$ は,微分方程式を満たす曲線(解曲線)を与えることになるわけです.

さて,この完全微分方程式を微分方程式の解法として利用するためには,微分方程式を

$$y'(x) = -\frac{P(x,y)}{Q(x,y)}$$

のように表したとき,

$$P(x,y) = \frac{\partial \phi(x,y)}{\partial x}, \quad Q(x,y) = \frac{\partial \phi(x,y)}{\partial y}$$

となるような $\phi(x,y)$ が存在する必要があります.(そのような $\phi(x,y)$ が存在するかどう

かの判定方法については演習問題 2.5.6 で述べます．）ここでポイントとなるのは，微分方程式を $y'(x) = -\frac{P(x,y)}{Q(x,y)}$ と表すときの $P(x,y), Q(x,y)$ の取り方は無数にあるという点です．実際，$P(x,y), Q(x,y)$ に同じ関数 $G(x,y)$ を掛けても，$y'(x)$ は同じに保たれますので，$P(x,y), Q(x,y)$ の取り方には $G(x,y)$ の分だけの（すなわち無限の）任意性が残ります．そして，$P(x,y) = \frac{\partial \phi(x,y)}{\partial x}, Q(x,y) = \frac{\partial \phi(x,y)}{\partial y}$ を満たす $\phi(x,y)$ が存在するかどうかは，$P(x,y), Q(x,y)$ の取り方によります．そのため題意を満たす $P(x,y), Q(x,y)$ を如何にうまく見つけるかが，この解法のカギとなります．ただし残念ながら，任意の微分方程式に対して確実に正解を見つけられる万能の方法はありません[†]．このため，実際に微分方程式を解くためには，題意を満たす $P(x,y), Q(x,y)$ を試行錯誤して探すことになります．そのような理由から，この完全微分方程式を利用した解法は，微分方程式を解くという意味では強力な手法とはいえませんが，全微分の意味を理解し，微分方程式を解曲線の観点から考え直すという点で有益ですので，そのアイデアは理解しておくとよいでしょう．

演習問題

2.5.1 次の微分方程式（変数分離形）の一般解 $y(x)$ を求めよ．
  (1) $y' - x^3 y^2 = 0$
  (2) $y' - \{\sin(x+y) + \sin(x-y)\}^2 = 0$

2.5.2 微分方程式 $y' = \dfrac{x+y}{2x}$ は同次形に変形できる．一般解 $y(x)$ を求めよ．

2.5.3 次の微分方程式はベルヌイ型である．一般解 $y(x)$ を求めよ．
  (1) $y' + \dfrac{y}{x} + 2y^2 = 0$
  (2) $y' + y - \dfrac{\cos x}{y} = 0$

2.5.4 次の微分方程式はリッカチ型である．微分方程式をベルヌイ型に変形せよ．
  (1) $y' = -3x^2 + (x^2 + 3)y - y^2$
  (2) $y' = 1 - \dfrac{1}{x} + \left(\dfrac{1}{x^2} - x\right)y + y^2$

  [ヒント：$y(x)$ を適当に仮定して，微分方程式を満たすような特解を探す．]

[†] 特定の形をした（ある条件を満たす）いくつかの微分方程式に対しては，題意を満たす $P(x,y), Q(x,y)$ を見つける方法がありますが，この本ではそれらの詳細には踏み込まないことにします．

2.5.5 x 軸上を正の方向に運動する（すなわち速度 $v(t) \geq 0$ の），質量 m の小物体を考える．小物体には，速度に比例する抵抗力 $-\Gamma v(t)$，速度の 2 乗に比例する抵抗力 $-\widetilde{\Gamma}\{v(t)\}^2$ に加えて，一定の力 $F_0 > 0$ が働く．

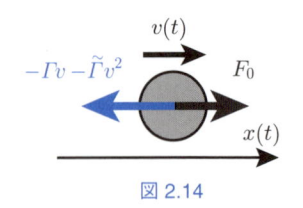

(1) $t \to \infty$ で，小物体の速度は一定の終端速度 v_∞ に収束する．v_∞ を求めよ．

(2) 初速度 $v(0) = v_0 > v_\infty$ を与えたときの小物体の速度 $v(t)$ を求めよ．

[ヒント：運動方程式はリッカチ型になる．]

2.5.6 微分方程式 $y'(x) = -\frac{P(x,y)}{Q(x,y)}$ が完全微分方程式になるかどうかの判定に関連して，以下が成り立つことを示せ．（ただし，P, Q は偏微分可能，ϕ は 2 階偏微分可能な関数であり，偏導関数はそれぞれ連続であるとする．）

$$P(x,y) = \frac{\partial \phi(x,y)}{\partial x}, Q(x,y) = \frac{\partial \phi(x,y)}{\partial y} \text{ を満たす } \phi(x,y) \text{ が存在する}$$
$$\iff \frac{\partial P(x,y)}{\partial y} = \frac{\partial Q(x,y)}{\partial x} \text{ が成り立つ}$$

2.5.7 完全微分方程式の解法を用いて，次の微分方程式の一般解 $y(x)$ を求めよ．

(1) $y' = \frac{2y^2 - 2xy + 3}{x^2 - 4xy + 1}$

(2) $y' - (x+y)\tan x + 1 = 0$

2.6 その他のテクニック
――解けない問題を解ける問題になおす

> **Contents**
> Subsection ❶ 階数の引き下げ
> Subsection ❷ 偏微分方程式の変数分離

> **キーポイント**
> 2階微分方程式より1階微分方程式の方が解きやすい．
> 偏微分方程式より常微分方程式の方が解きやすい．

　この章の最後に，微分方程式を解くときにしばしば用いる重要なテクニック――「階数の引き下げ」と「偏微分方程式の変数分離」――について述べておきます．これらは，直接，微分方程式の解を求める方法ではありませんが，問題を簡単化したり，そのままでは解けない問題を解ける形になおしたりすることができる上，広い汎用性を持つため，これらのテクニックを知っておけば，解ける微分方程式の範囲が一気に広がります．是非，マスターしておきましょう．

❶ 階数の引き下げ

　前節までの解法を見てもわかるように，一般に，微分方程式は階数が小さいほど解くのが簡単になります．特に，非線形微分方程式や，線形でも定係数でない方程式だと，2階以上の場合は解くのが非常に難しいのに対して，階数が1階になると，2.5節で述べたテクニックを使うことで，かなりの部分が解けるようになります．一方，物理の問題に目を向けると，物理で出てくる微分方程式は，多くの場合，2階微分方程式です．ということは，もしその2階微分方程式を1階微分方程式になおすことができれば，解ける問題の範囲が劇的に広がることになります．ここでは，そのような階数の引き下げができる3つのタイプの微分方程式を紹介します．以下では，2階微分方程式を例に話を進めますが，同じ手法は一般のn階微分方程式にも拡張できます．

> **階数の引き下げ (1)：微分方程式が y を含まない場合：** $y(x)$ を含まない2階常微分方程式
> $$F\left(y''(x), y'(x), x\right) = 0$$
> に対して，$z(x) = y'(x)$ を導入すると，
> $$F\left(z'(x), z(x), x\right) = 0$$
> となり，1階の常微分方程式になおすことができる．

改まって書くと難しそうですが,このタイプの方程式は皆さんもなじみのもので,この手法もここまでに既に使っています.具体例としては,力学の運動方程式で,力が物体の位置 $x(t)$ によらない場合があります.例えば質量 M の物体に,速度に比例する抵抗力が働く場合だと,運動方程式は

$$M\frac{d^2x(t)}{dt^2} = -\Gamma\frac{dx(t)}{dt}$$

となりますが,この方程式を,わざわざ $x(t)$ の 2 階微分方程式として解くことはありません.物体の速度 $v(t) = \frac{dx(t)}{dt}$ を導入すれば,

$$M\frac{dv(t)}{dt} = -\Gamma v(t)$$

となり,$v(t)$ に対する 1 階微分方程式になります.この方程式を解いて,$v(t)$ の一般解を求めた後,積分すれば,$x(t)$ の一般解を得ることができます.この手法が,もっと複雑な力 $f(v(t), t)$(非線形でもなんでもよいので,とにかく $x(t)$ によらない力)に対しても使えることは明らかでしょう.使えるときにはどんどん使うようにしましょう.

階数の引き下げ (2):微分方程式が x を含まない場合:独立変数 x を陽に含まない 2 階常微分方程式

$$F\left(y''(x), y'(x), y(x)\right) = 0$$

を考える.$z(x) = y'(x)$ を導入した上で,y を独立変数として扱う($z = z(y)$ と考える)ことにすると,

$$y''(x) = \frac{d^2y}{dx^2} = \frac{dz}{dx} = \frac{dz}{dy}\frac{dy}{dx} = \frac{dz}{dy}z.$$

ゆえに,元の微分方程式は,

$$F\left(\frac{dz(y)}{dy}z(y), z(y), y\right) = 0$$

となり,関数 $z(y)$ に対する 1 階常微分方程式になる.

基本問題 2.24

微分方程式 $y''(x) = y(x)\{y'(x)\}^2$ を解け．

方針 $z(x) = y'(x)$ を導入する．

【答案】 $z(x) = \frac{dy(x)}{dx}$ を導入する．任意の x で，$z(x) \neq 0$ の場合を考える．$y = y(x)$ の逆関数 $x = x(y)$ を通じて，z を y の関数 $z(y)$ と考えると，

$$\frac{d^2y(x)}{dx^2} = \frac{dz(x)}{dx} = \frac{dz(y)}{dy}\frac{dy(x)}{dx} = \frac{dz(y)}{dy}z(y).$$

（最後の等式のところで，$\frac{dy(x)}{dx} = z(x)$ を $z(y)$ に考え直している．）すると，与式は

$$\frac{dz(y)}{dy}z(y) = y\{z(y)\}^2 \qquad ①$$

と書くことができる．これは $z(y)$ に対する変数分離形の 1 階常微分方程式なので解くことができる．今，$z(y) \neq 0$ なので，両辺を $z(y)$ で割ると，

$$\frac{dz(y)}{dy} = yz(y) \quad \longrightarrow \quad \frac{1}{z}\frac{dz}{dy} = y$$

$$\longrightarrow \quad \int \frac{1}{z}\frac{dz}{dy}dy = \int \frac{1}{z}dz = \int y\,dy \quad \longrightarrow \quad \ln|z| = \frac{1}{2}y^2 + c.$$

ゆえに，$z = Ce^{(1/2)y^2}$ （$C = \pm e^c$ は任意定数）．この式は $y(x)$ に対する 1 階微分方程式

$$\frac{dy}{dx} = Ce^{(1/2)y^2}$$

を与える．これを解いて，

$$\int e^{-(1/2)y^2}\frac{dy}{dx}dx = \int C\,dx \quad \longrightarrow \quad \int e^{-(1/2)y^2}dy = Cx + D$$

が解を与える（C, D は任意定数）．

ある $x = x_0$ で $z(x_0) = \frac{dy(x_0)}{dx} = 0$ となる場合は，$\frac{d^2y(x_0)}{dx^2} = 0$ なので，$\frac{dy(x)}{dx}$ は 0 であり続ける．ゆえに，$y(x) = y_0$ （定数）も解である．■

ポイント 【答案】のうち，①を導出したところまでが，階数の引き下げのテクニックを使っており，それ以降は，得られた 1 階常微分方程式を，変数分離法を用いて解いています．

> **階数の引き下げ (3)：微分方程式が y, y', y'' についての同次式の場合：**
> ここで，「関数 $F(z_1, z_2, \ldots, z_n)$ が $z_1, z_2, \ldots, z_n$ についての同次式」とは，$F(z_1, z_2, \ldots, z_n)$ が任意のパラメータ t に対して
> $$F(tz_1, tz_2, \ldots, tz_n) = t^m F(z_1, z_2, \ldots, z_n)$$
> を満たすことをいう（m は同次式の次数）．
>   今，微分方程式 $F(y'', y', y, x) = 0$ が y, y', y'' についての同次式であるとする．$z(x) = \frac{y'(x)}{y(x)}$ を導入すると，$y'(x) = y(x)z(x)$ であり，また，
> $$y'' = y'z + yz' = yz \cdot z + yz' = y(z' + z^2).$$
> ゆえに，微分方程式は，
> $$F(y'', y', y, x) = F\left(y(z' + z^2), yz, y \cdot 1, x\right) = y^m F\left(z' + z^2, z, 1, x\right) = 0$$
> $$\longrightarrow \quad F\left(z' + z^2, z, 1, x\right) = 0$$
> となり，これは $z(x)$ に対する 1 階微分方程式になっている．

基本問題 2.25

微分方程式 $y(x)y''(x) = a\{y'(x)\}^2$ $(a \neq 1)$ を解け．

方針 $z(x) = \frac{y'(x)}{y(x)}$ を導入する．

【答案】 問題の微分方程式は，2 次の同次式．ゆえに，$z(x) = \frac{y'(x)}{y(x)}$ を導入すると，$y' = yz$．また，
$$z' = \frac{y''y - (y')^2}{y^2} \quad \longrightarrow \quad yy'' = y^2 z' + (y')^2.$$
これらを微分方程式に代入すると，
$$y^2 z' + (y')^2 = a(y')^2$$
$$\longrightarrow \quad y^2 z' = (a-1)(y')^2 = (a-1)y^2 z^2$$
$$\longrightarrow \quad \frac{dz}{dx} = (a-1)z^2 \qquad \qquad ①$$
となり，$z(x)$ に対する 1 階常微分方程式が求まる．この①は変数分離で解くことができて，
$$\int \frac{1}{\{z(x)\}^2} \frac{dz(x)}{dx} dx = \int (a-1) dx$$
$$\longrightarrow \quad -\frac{1}{z(x)} = (a-1)x + C_1$$
$$\longrightarrow \quad z(x) = -\frac{1}{(a-1)x + C_1}$$

(C_1 は任意定数). さらに, $y' = yz$ より

$$\frac{dy(x)}{dx} = -\frac{y(x)}{(a-1)x + C_1}.$$

この微分方程式も変数分離して解くことができて,

$$\int \frac{1}{y(x)} \frac{dy(x)}{dx} dx = -\int \frac{1}{(a-1)x + C_1} dx$$
$$\longrightarrow \quad \ln|y(x)| = -\frac{1}{a-1} \ln|(a-1)x + C_1| + C_2$$
$$= \ln\left(|(a-1)x + C_1|^{1/(1-a)}\right) + C_2$$
$$\longrightarrow \quad y(x) = C_2' |(a-1)x + C_1|^{1/(1-a)}$$

となる ($C_2' = \pm e^{C_2}$ は任意定数). ∎

▌ ポイント ▌ この問題でも, ①の導出までが階数の引き下げのテクニックで, それ以降は, 得られた 1 階常微分方程式を順次解いています.

❷ 偏微分方程式の変数分離

この章ではここまでずっと, 常微分方程式の解法について述べてきました. 常微分方程式とは, 独立変数が 1 つの関数 (例えば $y(x)$) に対する微分方程式のことです. 対して, 物理の問題ではしばしば, 複数の独立変数を持つ関数 (例えば $u(x,t)$) に対する微分方程式―偏微分方程式―が出てきます. 偏微分方程式は概して, 常微分方程式より解くのが難しく, この本ではその詳細には立ち入りません. しかし, 1 つだけ, 偏微分方程式に関して, これだけは知っておくべきというテクニックがあります. それは (**偏微分方程式の**) **変数分離**と呼ばれるものです[†]. この手法は, どんな偏微分方程式にも使えるというわけではありませんが, うまくいく場合には, 偏微分方程式を常微分方程式になおすことができます. 常微分方程式になおせてしまえば, この本で扱っている解法などを用いることで, 問題が解ける可能性が大きく広がるというわけです. このテクニック 1 つを知っているだけで, 偏微分方程式の多くの部分がカバーできるわけですから, これはマスターしない手はありません. まずは, 次の具体例を見てみましょう.

[†] これは 2.2, 2.5 節で述べた (常微分方程式の) 変数分離とは異なるものです.

基本問題 2.26 　　　　　　　　　　　　　　　　　　　　　重要

位置 x，時刻 t におけるひもの変位を $u(x,t)$ とする．$u(x,t)$ が波動方程式

$$\frac{\partial^2 u(x,t)}{\partial x^2} = \frac{1}{v^2}\frac{\partial^2 u(x,t)}{\partial t^2}$$

（v は定数）に従うとき，$u(x,t) = X(x)T(t)$ と変数分離できると仮定することで，$X(x), T(t)$ が従う常微分方程式を導け．

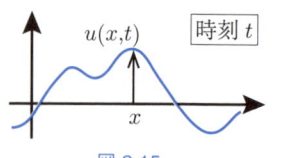

図 2.15

方針 仮定の式 $u(x,t) = X(x)T(t)$ を方程式に代入した上で，左辺が x のみの式，右辺が t のみの式になるよう変形する．

【答案】 $u(x,t) = X(x)T(t)$ と仮定して，波動方程式に代入すると，

$$\frac{\partial^2}{\partial x^2}\{X(x)T(t)\} = \frac{1}{v^2}\frac{\partial^2}{\partial t^2}\{X(x)T(t)\} \quad \longrightarrow \quad T(t)\frac{d^2 X(x)}{dx^2} = \frac{1}{v^2}X(x)\frac{d^2 T(t)}{dt^2}.$$

（偏微分だった部分が，それぞれ 1 変数関数 $X(x)$ または $T(t)$ の微分になっているため，微分の記号 $\frac{d}{dx}, \frac{d}{dt}$ になおしてある．）両辺を $X(x)T(t)$ で割ると，

$$\frac{1}{X(x)}\frac{d^2 X(x)}{dx^2} = \frac{1}{v^2}\frac{1}{T(t)}\frac{d^2 T(t)}{dt^2}. \qquad ①$$

①を見ると，左辺は x のみ，右辺は t のみの関数になっているため，この等式が任意の (x,t) で成り立つためには，(左辺) = (右辺) = 定数 でなければならない．ゆえに，定数を λ とおくと

$$\frac{1}{X(x)}\frac{d^2 X(x)}{dx^2} = \frac{1}{v^2}\frac{1}{T(t)}\frac{d^2 T(t)}{dt^2} = \lambda.$$

ゆえに，$X(x), T(t)$ が従う常微分方程式はそれぞれ

$$\frac{d^2 X(x)}{dx^2} = \lambda X(x), \quad \frac{d^2 T(t)}{dt^2} = v^2 \lambda T(t)$$

となる．■

ポイント この【答案】のように，「解 $u(x,t)$ が x のみの関数 $X(x)$ と t のみの関数 $T(t)$ の積の形に書ける」と仮定して，偏微分方程式に代入するという解法を，（偏微分方程式の）**変数分離**と呼びます．この【答案】で最も注意すべき部分は，①で左辺は x のみ，右辺は t のみの関数なので，(左辺) = (右辺) = 定数 でなければならないというところです．①の等式が任意の (x,t) で成り立つということは，「x は $x = x_0$ に固定，t は任意」としても等式は成り立たないといけません．このとき左辺は定数になりますので，右辺は任意の t に対して定数にならないといけないことになります．t を固定しても同様で，左辺も任意の x に対して定数になります．この論理が，偏微分方程式の変数分離を理解する上で一番のポイントとなりますので，ぜひ，正しく理解しておいてください．なお，変数分離するときに導入される定数 λ のことを，**分離定数**と

いいます．一般に独立変数が n 個の偏微分方程式を変数分離すると，$(n-1)$ 個の分離定数を導入した後に，n 個の常微分方程式が得られます．

　偏微分方程式の変数分離は，解くべき問題を偏微分方程式から常微分方程式へと変更する，非常に強力かつ便利な手法です．残念ながら，偏微分方程式が変数分離可能かどうかは，やってみないとわかりません．ただ，変数分離できてしまえば，問題の解ける可能性が一気に広がりますので，偏微分方程式に出会ったら，とにかく一度，変数分離をトライしてみるとよいでしょう．

― 演習問題 ―

2.6.1 次の 2 階常微分方程式の階数を引き下げ，1 階常微分方程式に変形せよ．
(1) $y'' + (y')^2 + 2y'\cos y = 0$
(2) $y''y^2 + x(y')^3 + x^2 y(y')^2 = 0$

2.6.2 1 次元拡散方程式
$$\frac{\partial u(x,t)}{\partial t} = D\frac{\partial^2 u(x,t)}{\partial x^2} \quad (D>0)$$
の解が，境界条件 $u(0,t) = u(L,t) = 0$（t は任意）を満たすとする．
(1) $u(x,t) = X(x)T(t)$ と仮定し変数分離することで，$X(x), T(t)$ が従う常微分方程式を求めよ．（分離定数を λ とせよ．）
(2) $X(x)$ に対する常微分方程式と境界条件から，λ にかかる条件を求めよ．また，$X(x)$ の解を求めよ．
(3) (2) の λ を用いて，$T(t)$ の解を求めよ．また，$u(x,t)$ の一般解を求めよ．

2.6.3 質量 m の自由粒子の波動関数 $\Psi(x,y,z)$ は，偏微分方程式（シュレーディンガー方程式）
$$-\frac{\hbar^2}{2m}\left(\frac{\partial^2}{\partial x^2} + \frac{\partial^2}{\partial y^2} + \frac{\partial^2}{\partial z^2}\right)\Psi(x,y,z) = E\Psi(x,y,z)$$
（$\hbar, E$ は定数）に従う．$\Psi(x,y,z) = X(x)Y(y)Z(z)$ と仮定し変数分離することで，$X(x), Y(y), Z(z)$ が従う常微分方程式を求めよ．

第3章 ベクトル解析

　ベクトル解析とは何かを一言でいうと，"場"を扱う数学，ということができます．ここでいう場とは，空間に連続的に分布した物理量のことで，空間座標 r（と時刻 t）の関数で与えられます．物理量がスカラーなら「スカラー場」，ベクトルなら「ベクトル場」です．物理に出てくる場は，例えば以下のようなものです．

　　　スカラー場：質量・電荷密度 $\rho(r)$，スカラーポテンシャル $U(r)$，波動関数 $\Psi(r)$
　　　ベクトル場：電場 $E(r)$，磁束密度 $B(r)$，ベクトルポテンシャル $A(r)$

　ベクトル解析とは，これらの場に対する解析（特に微分・積分）を行い，その性質を明らかにするための数学であり，特に電磁気学，量子力学などの理解には，ベクトル解析の知識が必須になります．

　この章では，まず3.1節でベクトル演算の基礎についてまとめた後，3.2節で場の積分，3.3節で場の微分について学習します．特に，3.3節で扱う，勾配，発散，回転，および，ガウスの定理，ストークスの定理は重要ですので，それらの意味を正しく理解してください．その後，3.4節でベクトル解析の応用について，3.5節で，円柱座標系，球座標系など，一般の座標系におけるベクトル解析について紹介します．

3.1 ベクトルの演算
―― まずは基本から

Subsection ❶ **基本演算・スカラー積・ベクトル積**
Subsection ❷ **ベクトルの微分**

――― キーポイント ―――
スカラー積，ベクトル積の性質を理解しよう．

まずは，ベクトルに対する基本的な演算を定義しておきましょう．ここで扱うのは，ベクトルの足し算，定数倍，掛け算（スカラー積，ベクトル積）とベクトルの微分です[†]．

表記について：本書ではベクトルを太字で表します．すなわち $\boldsymbol{a}$ はベクトルであり，
$$\boldsymbol{a} = (a_x, a_y, a_z) = a_x \boldsymbol{e}_x + a_y \boldsymbol{e}_y + a_z \boldsymbol{e}_z$$
($\boldsymbol{e}_x, \boldsymbol{e}_y, \boldsymbol{e}_z$ は x, y, z 軸方向の単位ベクトル) を意味します．ベクトルとスカラーは異なる量ですので，明確に区別してください．なお，ベクトル $\boldsymbol{a}$ が定義されている場合，細字 a は $\boldsymbol{a}$ の大きさ $a = |\boldsymbol{a}| = \sqrt{a_x^2 + a_y^2 + a_z^2}$ を表すこととします．

❶ 基本演算・スカラー積・ベクトル積

ベクトルの足し算，定数倍は以下のように定義されます．

ベクトルの和，定数倍：任意のベクトル $\boldsymbol{a}, \boldsymbol{b}$，任意のスカラー q に対して，
$$\boldsymbol{a} + \boldsymbol{b} = (a_x+b_x, a_y+b_y, a_z+b_z) = (a_x+b_x)\boldsymbol{e}_x + (a_y+b_y)\boldsymbol{e}_y + (a_z+b_z)\boldsymbol{e}_z,$$
$$q\boldsymbol{a} = (qa_x, qa_y, qa_z) = qa_x\boldsymbol{e}_x + qa_y\boldsymbol{e}_y + qa_z\boldsymbol{e}_z.$$

ベクトルの掛け算は 2 種類あります．一つ目はスカラー積（内積）と呼ばれるものです．

スカラー積（内積）：任意のベクトル $\boldsymbol{a}, \boldsymbol{b}$ に対して，
$$\boldsymbol{a} \cdot \boldsymbol{b} = a_x b_x + a_y b_y + a_z b_z = ab \cos\theta. \tag{3.1}$$
($a = |\boldsymbol{a}|, b = |\boldsymbol{b}|, \theta$ は $\boldsymbol{a}, \boldsymbol{b}$ がなす角．)

[†] ここでいうベクトルの微分は，3.3 節で扱うベクトル場の微分とは違うものです．場の微分は奥が深いので，後でじっくり学習しましょう．

スカラー積 $\boldsymbol{a}\cdot\boldsymbol{b}$ は，$\boldsymbol{a}$ を $\boldsymbol{b}$ 方向に射影した成分 $a\cos\theta$ に，$\boldsymbol{b}$ の大きさを掛けたものになります（図 3.1 参照）．このことから，ベクトル $\boldsymbol{a}$ と基底ベクトル $\boldsymbol{e}_\alpha$ （$\alpha=x,y,z$, $|\boldsymbol{e}_\alpha|=1$）のスカラー積は，$\boldsymbol{a}$ の α 成分 a_α を与えることがわかります．また，スカラー積は $\boldsymbol{a},\boldsymbol{b}$ が平行（$\theta=0$）のとき最大値 ab をとり，垂直（$\theta=\frac{\pi}{2}$）のとき 0 になります．このためスカラー積

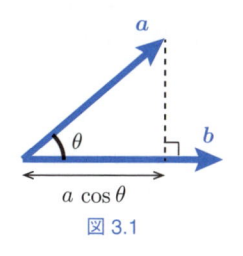

図 3.1

は，2 つのベクトルが直交することを示すときによく用いられます．なお，スカラー積は $\boldsymbol{a},\boldsymbol{b}$ の交換に対して不変です（$\boldsymbol{a}\cdot\boldsymbol{b}=\boldsymbol{b}\cdot\boldsymbol{a}$）．

ベクトルの掛け算にはもう一つ，ベクトル積（外積）と呼ばれるものがあります．

ベクトル積（外積）：任意のベクトル $\boldsymbol{a},\boldsymbol{b}$ に対して，

$$\begin{aligned}\boldsymbol{a}\times\boldsymbol{b} &= (a_y b_z - a_z b_y, a_z b_x - a_x b_z, a_x b_y - a_y b_x) \\ &= (a_y b_z - a_z b_y)\boldsymbol{e}_x + (a_z b_x - a_x b_z)\boldsymbol{e}_y + (a_x b_y - a_y b_x)\boldsymbol{e}_z \\ &= \begin{vmatrix} \boldsymbol{e}_x & \boldsymbol{e}_y & \boldsymbol{e}_z \\ a_x & a_y & a_z \\ b_x & b_y & b_z \end{vmatrix} = ab\sin\theta\,\boldsymbol{e}_\perp. \end{aligned} \tag{3.2}$$

（$a=|\boldsymbol{a}|$, $b=|\boldsymbol{b}|$, θ は $\boldsymbol{a},\boldsymbol{b}$ がなす角，$\boldsymbol{e}_\perp$ は $\boldsymbol{a},\boldsymbol{b}$ が張る面に垂直で，$\boldsymbol{a}$ から $\boldsymbol{b}$ へ右ねじの向きの単位ベクトル．）

ベクトル積は，大きさが $\boldsymbol{a}$ と $\boldsymbol{b}$ が張る平行四辺形の面積に等しく，$\boldsymbol{a},\boldsymbol{b}$ の両方に垂直で $\boldsymbol{a}$ から $\boldsymbol{b}$ へ右ねじの向きのベクトルになります（図 3.2 参照）．また，ベクトル積は $\boldsymbol{a},\boldsymbol{b}$ が垂直（$\theta=\frac{\pi}{2}$）のとき大きさが最大値 ab をとり，平行（$\theta=0$）のとき大きさが 0 になります．ベクトル積は，$\boldsymbol{a},\boldsymbol{b}$ の交換に対して符号反転します（$\boldsymbol{a}\times\boldsymbol{b}=-\boldsymbol{b}\times\boldsymbol{a}$）．

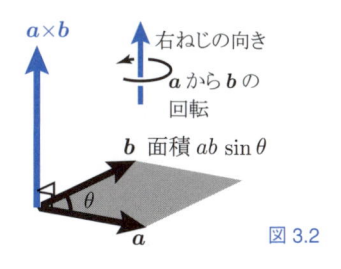

図 3.2

演算の定義は以上です．後はこれらの組合せで，様々な演算を行うことができます．中でもしばしば出てくる演算に，スカラー三重積があります．

スカラー三重積：任意のベクトル $\boldsymbol{a},\boldsymbol{b},\boldsymbol{c}$ に対して，

$$\begin{aligned}\boldsymbol{a}\cdot(\boldsymbol{b}\times\boldsymbol{c}) &= a_x(b_y c_z - b_z c_y) + a_y(b_z c_x - b_x c_z) + a_z(b_x c_y - b_y c_x) \\ &= \begin{vmatrix} a_x & a_y & a_z \\ b_x & b_y & b_z \\ c_x & c_y & c_z \end{vmatrix}. \end{aligned} \tag{3.3}$$

成分で書くとややこしいですが，図形で考えるとその意味がわかります．まず $b \times c$ は，b, c が張る平行四辺形の面積を大きさとする，b, c に垂直なベクトルです．それと a のスカラー積をとるわけですから，その値は，$b \times c$ の大きさに，a の b, c に垂直な方向の成分を掛けたものになります．ゆえに，$a \cdot (b \times c)$ の絶対値は，a, b, c が作る平行六面体の体積を与えます（図 3.3 参照）．このことからスカラー三重積は，結晶格子の単位格子の体積を求めるときなどに用いられます．

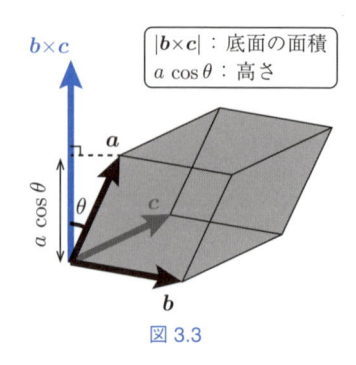

図 3.3

基本問題 3.1

次の恒等式が成り立つことを示せ．
$$a \times (b \times c) = b(a \cdot c) - c(a \cdot b)$$

方針 左辺と右辺の x 成分を，定義に従って計算する．（y, z 成分も同様．）

【答案】 与式左辺のベクトルの x 成分に着目すると
$$\{a \times (b \times c)\}_x = a_y(b \times c)_z - a_z(b \times c)_y$$
$$= a_y(b_x c_y - b_y c_x) - a_z(b_z c_x - b_x c_z) = b_x(a_y c_y + a_z c_z) - c_x(a_y b_y + a_z b_z).$$
この式に，$b_x a_x c_x - c_x a_x b_x = 0$ を足すと，
$$\{a \times (b \times c)\}_x = b_x(a_x c_x + a_y c_y + a_z c_z) - c_x(a_x b_x + a_y b_y + a_z b_z)$$
$$= b_x(a \cdot c) - c_x(a \cdot b)$$
となり，両辺の x 成分が等しいことが示される．y, z 成分についても同様に示すことができる．■

❷ ベクトルの微分

ベクトルがあるパラメータ（例えば時刻 t）の関数であるとき，その微分は以下のように定義されます．

ベクトルの微分：パラメータ t の関数であるベクトル $a(t) = (a_x(t), a_y(t), a_z(t))$ に対して，
$$\frac{d}{dt} a(t) = \left(\frac{da_x(t)}{dt}, \frac{da_y(t)}{dt}, \frac{da_z(t)}{dt} \right). \tag{3.4}$$

すなわち，ベクトルを微分すると，各成分の導関数を並べたベクトルが得られます．スカラー積，ベクトル積の微分については，以下の分配則が成り立ちます．

$$\frac{d}{dt}\{\boldsymbol{a}(t)\cdot\boldsymbol{b}(t)\} = \frac{d\boldsymbol{a}(t)}{dt}\cdot\boldsymbol{b}(t) + \boldsymbol{a}(t)\cdot\frac{d\boldsymbol{b}(t)}{dt}, \tag{3.5}$$

$$\frac{d}{dt}\{\boldsymbol{a}(t)\times\boldsymbol{b}(t)\} = \frac{d\boldsymbol{a}(t)}{dt}\times\boldsymbol{b}(t) + \boldsymbol{a}(t)\times\frac{d\boldsymbol{b}(t)}{dt}. \tag{3.6}$$

証明は演習問題 3.1.4 にまわします．

演習問題

3.1.1 次の恒等式が成り立つことを示せ．
(1) $\boldsymbol{a}\cdot(\boldsymbol{b}\times\boldsymbol{c}) = \boldsymbol{b}\cdot(\boldsymbol{c}\times\boldsymbol{a}) = \boldsymbol{c}\cdot(\boldsymbol{a}\times\boldsymbol{b})$
(2) $\boldsymbol{a}\times(\boldsymbol{b}\times\boldsymbol{c}) + \boldsymbol{b}\times(\boldsymbol{c}\times\boldsymbol{a}) + \boldsymbol{c}\times(\boldsymbol{a}\times\boldsymbol{b}) = \boldsymbol{0}$

3.1.2 3次元空間において，3つのベクトル $\boldsymbol{a},\boldsymbol{b},\boldsymbol{c}$ が同一平面上にあるための必要十分条件は，$\boldsymbol{a}\cdot(\boldsymbol{b}\times\boldsymbol{c}) = 0$ であることを示せ．（ベクトルはどれもゼロベクトルではないとする．）

3.1.3 3次元結晶の基本格子ベクトル $\boldsymbol{a}_1,\boldsymbol{a}_2,\boldsymbol{a}_3$ から作ったベクトル

$$\boldsymbol{b}_1 = \frac{\boldsymbol{a}_2\times\boldsymbol{a}_3}{\boldsymbol{a}_1\cdot(\boldsymbol{a}_2\times\boldsymbol{a}_3)}, \quad \boldsymbol{b}_2 = \frac{\boldsymbol{a}_3\times\boldsymbol{a}_1}{\boldsymbol{a}_1\cdot(\boldsymbol{a}_2\times\boldsymbol{a}_3)}, \quad \boldsymbol{b}_3 = \frac{\boldsymbol{a}_1\times\boldsymbol{a}_2}{\boldsymbol{a}_1\cdot(\boldsymbol{a}_2\times\boldsymbol{a}_3)}$$

を基本逆格子ベクトルと呼ぶ．$\boldsymbol{a}_i\cdot\boldsymbol{b}_j = \delta_{ij}$ を示せ（δ_{ij} はクロネッカーのデルタ）．

3.1.4 t の関数であるベクトル $\boldsymbol{a}(t),\boldsymbol{b}(t)$ に対して，以下の分配則が成り立つことを示せ．

(1) $\dfrac{d}{dt}\{\boldsymbol{a}(t)\cdot\boldsymbol{b}(t)\} = \dfrac{d\boldsymbol{a}(t)}{dt}\cdot\boldsymbol{b}(t) + \boldsymbol{a}(t)\cdot\dfrac{d\boldsymbol{b}(t)}{dt}$

(2) $\dfrac{d}{dt}\{\boldsymbol{a}(t)\times\boldsymbol{b}(t)\} = \dfrac{d\boldsymbol{a}(t)}{dt}\times\boldsymbol{b}(t) + \boldsymbol{a}(t)\times\dfrac{d\boldsymbol{b}(t)}{dt}$

3.1.5 (1) 質量 m の小物体の位置ベクトルを $\boldsymbol{r}(t)$ とする．小物体に働く力が常に $\boldsymbol{r}(t)$ と平行であるとき，原点周りの角運動量 $\boldsymbol{L}(t) = \boldsymbol{r}(t)\times\{m\boldsymbol{v}(t)\}$（$\boldsymbol{v}(t)$ は小物体の速度）は保存することを示せ．

(2) 相互作用する 2 つの小物体 1, 2 を考える．小物体 1, 2 の位置ベクトルをそれぞれ $\boldsymbol{r}_1(t),\boldsymbol{r}_2(t)$，質量をそれぞれ m_1,m_2 とする．小物体に，互いの位置を結んだ直線に平行な（すなわち $\boldsymbol{r}_2(t)-\boldsymbol{r}_1(t)$ に平行な）内力のみが働くとき，小物体 1, 2 の原点周りの角運動量の和が保存することを示せ．

コラム ベクトルの一次独立・一次従属

ベクトルの基礎知識として,「ベクトルの一次独立・一次従属」があります．これはこの章のベクトル解析の問題解法には直接は用いませんが，重要な事柄なので，ここでまとめておきます．

まず3次元空間における3本のベクトル v_1, v_2, v_3 を考えましょう．これらのどのベクトルも，他の2本のベクトルの線形結合で表すことができない場合，これらのベクトルは互いに一次独立といい，表すことができる場合，一次従属といいます．幾何学的には，ある1本のベクトルが，残りの2本のベクトルが張る平面上にあるとき，これらのベクトルは互いに一次従属であり，同じ平面上にないとき一次独立になります．数式で表すと，

$$c_1 v_1 + c_2 v_2 + c_3 v_3 = 0$$

となる $c_1 = c_2 = c_3 = 0$ 以外の解 $\{c_1, c_2, c_3\}$ が存在するとき，v_1, v_2, v_3 は互いに一次従属，存在しないとき一次独立です．3次元空間で3本のベクトルが一次従属であれば，それらのベクトルは同じ平面上にあることになりますので，それらの線形結合をどのようにとっても，その平面からずれたベクトルを表すことはできません．反対に，3次元空間で互いに一次独立なベクトルが3本あれば，それらの線形結合で，3次元空間中の任意のベクトルを表すことができます．このため，座標系を記述する座標ベクトルは必ず，互いに一次独立である必要があります．また，3次元空間で互いに一次独立なベクトルは最大で3本までということも明らかでしょう．

以上の議論は，n 次元ベクトルに拡張することができます．k 本の n 次元ベクトル $\{v_i\}$ ($i = 1, \ldots, k$) に対して，

$$c_1 v_1 + \cdots + c_k v_k = 0$$

となる $c_1 = \cdots = c_k = 0$ 以外の解 $\{c_i\}$ が存在するとき，$\{v_i\}$ は互いに一次従属であり，存在しないとき，一次独立となります．n 次元空間で互いに一次独立なベクトルの数は最大 n 本までであり，その互いに一次独立な n 本のベクトルがわかっていれば，それらの線形結合を用いて，n 次元空間中の任意のベクトルを表すことができます．この「互いに一次独立な n 本のベクトル」を見つけられるかどうかは，線形代数で大きな意味を持ちます．例えば $n \times n$ 行列が対角化可能であることは，互いに一次独立な n 本の固有ベクトルが存在することと等価です (1.2 節参照)．また，互いに一次独立な n 本のベクトルを，n 次元空間を表す座標ベクトルと見る考え方は，2.4 節の連立線形微分方程式のところで重要になります．

n 本の n 次元ベクトルが互いに一次独立かどうかの判定は，行列式を用いて行うことができます．すなわち，n 本のベクトル $\{v_i\}$ を並べた行列

$$\widehat{V} = \begin{pmatrix} | & & | \\ v_1 & \cdots & v_n \\ | & & | \end{pmatrix}$$

に対して，

- $\det \widehat{V} \neq 0 \iff \{v_i\}$ は互いに一次独立

  (これは，$\det \widehat{V} = 0 \iff \{v_i\}$ は互いに一次従属，と等価)

となります．

3.2 スカラー場・ベクトル場の積分
—— "場"の演算の第一歩．ベクトル解析の最初の山場

Contents

- Subsection ❶ スカラー場の体積積分
- Subsection ❷ ベクトル場の線積分
- Subsection ❸ ベクトル場の面積分

キーポイント
積分が表す量の物理的意味を理解しよう．
ベクトル場の線積分，面積分の意味は特に注意．

ベクトルの基本演算を見たところで，次にベクトル解析の本題である，スカラー場・ベクトル場の微分・積分に進みましょう．そのうち微分の方が少し難しいので，まずは，積分について考えることにします．

❶ スカラー場の体積積分

まず，スカラー場の体積積分を考えましょう．

スカラー場の体積積分：空間中のある領域 V に着目し，V 中の位置 r にある微小体積 $dv = dxdydz$ を考える．なめらかなスカラー場 $\phi(r)$ に対して，$dx, dy, dz \to 0$ の極限では，微小体積中でスカラー場は一定としてよいので，微小体積に含まれるスカラー場の"量"は $\phi(r)dxdydz$ と近似できる．この量を，領域 V を分割してできた全ての微小体積について足し上げると，領域 V に含まれるスカラー場の"総量"が求まる．この和を

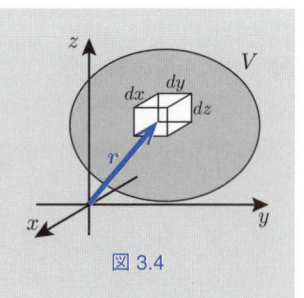

$$\lim_{dx,dy,dz \to 0} \sum_{r \in V} \phi(r)dxdydz \equiv \iiint_V \phi(r)dxdydz = \int_V \phi(r)dv \tag{3.7}$$

と書き，スカラー場 $\phi(r)$ の体積積分と呼ぶ．

図 3.4

スカラー場の体積積分の意味は，スカラー場として，質量，粒子数，電荷などの密度分布 $\rho(r)$ を考えるとわかりやすくなります．例えば空間中に連続的に分布している電荷の密度を $\rho(r)$ とすると，$\rho(r)dxdydz$ は微小体積 $dxdydz$ 中に含まれる電荷になります．これを領域 V 全体について足し上げるわけですから，<u>電荷密度 $\rho(r)$ の V についての体積積分は，V に含まれる電荷の総量となるわけです</u>．

スカラー場の体積積分の計算は，通常の積分（3次元空間を考えている場合は三重積分）と基本的に同じです．問題を見てみることにしましょう．

基本問題 3.2

原点中心，半径 R の球内に，原点からの距離 $r = |\boldsymbol{r}|$ に比例した密度 $\rho(\boldsymbol{r}) = ar$（$a$ は定数）で電荷が分布しているとする．球内に含まれる電荷の総量を求めよ．

方針 半径 r から $r + dr$ の薄い球殻を考えて，$r = 0$ から R まで足し上げる（積分する）．

【答案】 原点中心で半径 $r \sim r + dr$ の球殻の体積は，$dr \to 0$ の極限で，球の表面積 $4\pi r^2$ と球殻の厚さ dr の積 $4\pi r^2 dr$ で与えられる．また，$dr \to 0$ では，球殻内の電荷密度は ar で一定としてよいので，球殻内の電荷は $ar \times 4\pi r^2 dr$．これを $r = 0$ から R まで積分すれば，半径 R の球内の電荷 Q が，

$$Q = \int_0^R 4\pi a r^3 dr = 4\pi a \left[\frac{1}{4} r^4\right]_0^R = \pi a R^4$$

と求まる．■

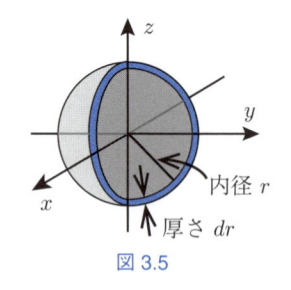

図 3.5

ポイント 電荷分布が球対称（原点からの距離 r のみの関数）なので，球座標を用いて計算しています．

❷ベクトル場の線積分

ベクトル場の線積分は，次のように定義されます．

ベクトル場の線積分： 空間中のある曲線 C を微小線素 $d\boldsymbol{r}$（$|d\boldsymbol{r}| \to 0$）に分割する．位置 $\boldsymbol{r}$ にある微小線素に着目し，その位置でのベクトル場 $\boldsymbol{A}(\boldsymbol{r})$ と微小線素 $d\boldsymbol{r}$ のスカラー積 $\boldsymbol{A}(\boldsymbol{r}) \cdot d\boldsymbol{r}$ をとる．このスカラー積を曲線 C 上の全ての微小線素について足し上げたものを

$$\lim_{|d\boldsymbol{r}| \to 0} \sum_{\boldsymbol{r} \in C} \boldsymbol{A}(\boldsymbol{r}) \cdot d\boldsymbol{r} \equiv \int_C \boldsymbol{A}(\boldsymbol{r}) \cdot d\boldsymbol{r} \quad (3.8)$$

と書き，（経路 C での）ベクトル場 $\boldsymbol{A}(\boldsymbol{r})$ の線積分と呼ぶ．

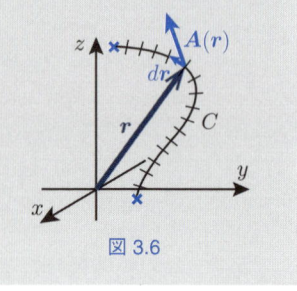

図 3.6

ベクトル場の線積分の意味をつかむには，力学で出てくる「仕事」を考えるとよいでしょう．ある物体が位置 $\boldsymbol{r}$ にあるとき，物体に力 $\boldsymbol{F}(\boldsymbol{r})$ が働くとします．このとき物体が曲線 C に沿って，位置 $\boldsymbol{r}$ から $\boldsymbol{r} + d\boldsymbol{r}$ まで動いたとしましょう．線素の大きさがゼロの極限 $|d\boldsymbol{r}| \to 0$ をとると，この移動の間に物体に働く力は $\boldsymbol{F}(\boldsymbol{r})$ で一定と考えてよいの

で，この移動の間に物体が力から受ける仕事は $\boldsymbol{F}(\boldsymbol{r}) \cdot d\boldsymbol{r}$ となります．この仕事を曲線 C 全体にわたって足し上げるわけですから，$\boldsymbol{F}(\boldsymbol{r})$ の曲線 C での線積分は，物体を経路 C に沿って始点から終点まで移動させたときに物体が力 $\boldsymbol{F}(\boldsymbol{r})$ から受ける仕事の総量を与えることになります．このベクトル場の線積分はしばしば，3.3 節で扱うスカラー場の勾配 $\nabla \phi(\boldsymbol{r})$ と組み合わせて用いられます．

ベクトル場の線積分の計算は，「経路 C に沿って」という部分を正しく扱うことができれば，難しくはありません．次の問題を見てみましょう．

基本問題 3.3

ベクトル場 $\boldsymbol{A}(\boldsymbol{r}) = (x^2 z, x^2 y, xyz)$ を，点 $(0,0,0)$ から出発し，まず x 軸に沿って $(1,0,0)$ へ，次に y 軸に平行に $(1,1,0)$ へ，最後に z 軸に平行に $(1,1,1)$ へと到る経路 C について線積分せよ．

方針 3 つの経路に対して定義に従って線積分した後，足し上げる．

【答案】経路 C を，$C_1 : (0,0,0) \to (1,0,0)$, $C_2 : (1,0,0) \to (1,1,0)$, $C_3 : (1,1,0) \to (1,1,1)$ に分割する（図 3.7 参照）．C_1 は x 軸に沿った移動なので，微小線素は $d\boldsymbol{r} = dx\,\boldsymbol{e}_x$. ゆえに，$\boldsymbol{A}(\boldsymbol{r}) \cdot d\boldsymbol{r} = A_x(\boldsymbol{r})dx$. また，$y = z = 0$ なので，$A_x(x,0,0) = 0$. 以上より，
$$\int_{C_1} \boldsymbol{A}(\boldsymbol{r}) \cdot d\boldsymbol{r} = \int_0^1 0\,dx = 0.$$
C_2 では，y 軸に平行に移動するので，$d\boldsymbol{r} = dy\,\boldsymbol{e}_y$ より，$\boldsymbol{A}(\boldsymbol{r}) \cdot d\boldsymbol{r} = A_y(\boldsymbol{r})dy$. また，$x = 1, z = 0$ より，$A_y(1,y,0) = y$. ゆえに，
$$\int_{C_2} \boldsymbol{A}(\boldsymbol{r}) \cdot d\boldsymbol{r} = \int_0^1 y\,dy = \left[\frac{1}{2}y^2\right]_0^1 = \frac{1}{2}.$$
同様に，C_3 では，$d\boldsymbol{r} = dz\,\boldsymbol{e}_z$ より，$\boldsymbol{A}(\boldsymbol{r}) \cdot d\boldsymbol{r} = A_z(\boldsymbol{r})dz$. また，$x = y = 1$ より，$A_z(1,1,z) = z$ なので，
$$\int_{C_3} \boldsymbol{A}(\boldsymbol{r}) \cdot d\boldsymbol{r} = \int_0^1 z\,dz = \left[\frac{1}{2}z^2\right]_0^1 = \frac{1}{2}.$$

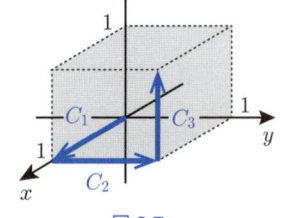

図 3.7

以上を合わせると，求める線積分は，
$$\int_C \boldsymbol{A}(\boldsymbol{r}) \cdot d\boldsymbol{r} = \int_{C_1} \boldsymbol{A}(\boldsymbol{r}) \cdot d\boldsymbol{r} + \int_{C_2} \boldsymbol{A}(\boldsymbol{r}) \cdot d\boldsymbol{r} + \int_{C_3} \boldsymbol{A}(\boldsymbol{r}) \cdot d\boldsymbol{r}$$
$$= 0 + \frac{1}{2} + \frac{1}{2} = 1. \blacksquare$$

ベクトル場の線積分では，経路のパラメータ表示を用いた計算もしばしば行われます．

基本問題 3.4 【重要】

ベクトル場 $\boldsymbol{A}(\boldsymbol{r}) = (x^2 z, x^2 y, xyz)$ を，点 $(0,0,0)$ から直線 $x = y = z$ に沿って $(1,1,1)$ へと到る経路 C について線積分せよ．

方針 $x = y = z = t$ として，$t = 0$ から 1 まで線積分する．

【答案】経路 C をパラメータ t を用いて，$x = y = z = t$ ($0 \leq t \leq 1$) とパラメータ表示する．パラメータ t から $t + dt$ への変化に対応する微小線素を $d\boldsymbol{r} = (dx, dy, dz)$ とすると，$dx = \frac{dx(t)}{dt} dt = dt$．同様に，$dy = dz = dt$．ゆえに，この微小線素上での $\boldsymbol{A}(\boldsymbol{r}) \cdot d\boldsymbol{r}$ は，

$$\boldsymbol{A}(\boldsymbol{r}) \cdot d\boldsymbol{r} = A_x(\boldsymbol{r}(t)) dx + A_y(\boldsymbol{r}(t)) dy + A_z(\boldsymbol{r}(t)) dz$$
$$= A_x(t,t,t) dt + A_y(t,t,t) dt + A_z(t,t,t) dt$$
$$= t^3 dt + t^3 dt + t^3 dt = 3t^3 dt.$$

これを $t = 0$ から 1 まで積分して，求める線積分は

$$\int_C \boldsymbol{A}(\boldsymbol{r}) \cdot d\boldsymbol{r} = \int_0^1 3t^3 dt = \left[\frac{3}{4} t^4 \right]_0^1 = \frac{3}{4}. \blacksquare$$

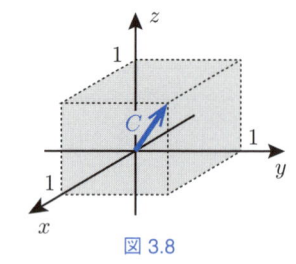

図 3.8

ポイント 基本問題 3.3, 3.4 を見比べると，同じベクトル場 $\boldsymbol{A}(\boldsymbol{r})$ を同じ始点から同じ終点まで線積分しているのに，得られる値が異なっています．このように，同じベクトル場を同じ始点，終点の間で線積分しても，その値は，途中の経路によって一般には異なります．逆にいうと，「線積分が (始点・終点が同じであれば) 経路によらない」ためには，ベクトル場 $\boldsymbol{A}(\boldsymbol{r})$ がある性質を満たしている必要があります．この性質については，3.4 節で詳しく述べます．

❸ ベクトル場の面積分

最後にベクトル場の面積分について見てみましょう．

ベクトル場の面積分： 空間中のある曲面 S を微小面素に分割する．位置 $\boldsymbol{r}$ にある微小面素に着目し，向きが面素に垂直で，大きさが面素の面積に等しいベクトルを**面素ベクトル** $d\boldsymbol{\sigma}$ と呼ぶ．（面素ベクトルの向きについては，問題ごとに正の向きを適当に定める．）$|d\boldsymbol{\sigma}| \to 0$ の極限をとり，ベクトル場 $\boldsymbol{A}(\boldsymbol{r})$ と面素ベクトル $d\boldsymbol{\sigma}$ のスカラー積 $\boldsymbol{A}(\boldsymbol{r}) \cdot d\boldsymbol{\sigma}$ を曲面 S 上の全ての微小面素について足し上げたものを

$$\lim_{|d\boldsymbol{\sigma}| \to 0} \sum_{\boldsymbol{r} \in S} \boldsymbol{A}(\boldsymbol{r}) \cdot d\boldsymbol{\sigma} \equiv \int_S \boldsymbol{A}(\boldsymbol{r}) \cdot d\boldsymbol{\sigma} \quad (3.9)$$

と書き，(曲面 S での) ベクトル場 $\boldsymbol{A}(\boldsymbol{r})$ の面積分と呼ぶ．

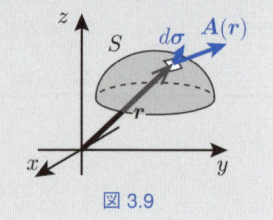

図 3.9

ベクトル場の面積分の意味を理解するには，スカラー積 $\boldsymbol{A}(\boldsymbol{r}) \cdot d\boldsymbol{\sigma}$ の意味を理解する必要があります．例として，ベクトル場が流体の速度ベクトル $\boldsymbol{v}(\boldsymbol{r})$ である場合を考えましょう．このとき $\boldsymbol{v}(\boldsymbol{r})$ と面素ベクトル $d\boldsymbol{\sigma}$ のスカラー積は

$$\boldsymbol{v}(\boldsymbol{r}) \cdot d\boldsymbol{\sigma} = \{v(\boldsymbol{r}) \cos\theta\} d\sigma$$

($v(\boldsymbol{r}) = |\boldsymbol{v}(\boldsymbol{r})|, d\sigma = |d\boldsymbol{\sigma}|, \theta$ は $\boldsymbol{v}(\boldsymbol{r})$ と $d\boldsymbol{\sigma}$ がなす角）であり，ちょうど

（$\boldsymbol{v}(\boldsymbol{r})$ の面素に垂直な成分）×（面素の面積）

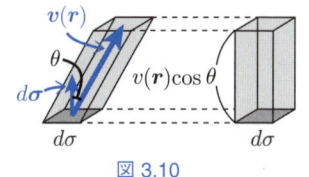

図 3.10

となります（図 3.10 参照）．つまり $\boldsymbol{v}(\boldsymbol{r}) \cdot d\boldsymbol{\sigma}$ は，微小面素を通過する（単位時間当たりの）流体の体積を表しています．この量を曲面 S 全体にわたって足し上げるわけですから，結局，$\boldsymbol{v}(\boldsymbol{r})$ の曲面 S に対する面積分は，曲面 S を通過する（単位時間当たりの）流体の総体積を表していることになります．このようにベクトル場の面積分は，曲面 S を通って出ていくベクトル場（が表す物理量）の総量を与えます．

基本問題 3.5 〔重要〕

真空中，座標原点におかれた点電荷 Q が作る電場は，次のように表される．
$$\boldsymbol{E}(\boldsymbol{r}) = \frac{1}{4\pi\varepsilon_0} \frac{Q}{r^2} \boldsymbol{e}_r$$
($\boldsymbol{e}_r$ は動径方向の単位ベクトル）．この電場ベクトルの，原点中心，半径 R の球面 S 上での面積分を求めよ．（面素ベクトルは球面内側から外側の向きを正とする．）

方針 電場 $\boldsymbol{E}(\boldsymbol{r})$ と球面 S の面素ベクトルは，球面 S 上の任意の点で平行であることに注意して，定義に従って面積分する．

【答案】 電場 $\boldsymbol{E}(\boldsymbol{r})$ は球面 S 上の任意の点で球面に垂直，すなわち，面素ベクトル $d\boldsymbol{\sigma}$ と平行であるので，
$$\boldsymbol{E}(\boldsymbol{r}) \cdot d\boldsymbol{\sigma} = \frac{1}{4\pi\varepsilon_0} \frac{Q}{R^2} d\sigma.$$
この量は，球面 S 上の位置によらず一定．ゆえに，
$$\int_S \boldsymbol{E}(\boldsymbol{r}) \cdot d\boldsymbol{\sigma} = \int_S \frac{1}{4\pi\varepsilon_0} \frac{Q}{R^2} d\sigma = \frac{1}{4\pi\varepsilon_0} \frac{Q}{R^2} \int_S d\sigma.$$
ここで，$\int_S d\sigma$ は，微小面素の面積 $d\sigma$ を球面 S について

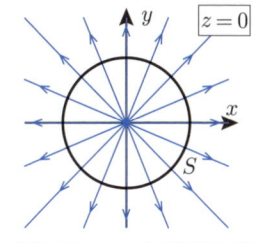

図 3.11 $z=0$ での断面図．

足し上げたものなので，球面 S の面積そのものになる．ゆえに，求める面積分は，
$$\int_S \boldsymbol{E}(\boldsymbol{r}) \cdot d\boldsymbol{\sigma} = \frac{1}{4\pi\varepsilon_0} \frac{Q}{R^2} 4\pi R^2 = \frac{Q}{\varepsilon_0}. \blacksquare$$

ポイント この問題のように，ベクトル場があるきれいな性質（対称性）を持っている場合には，面のとり方によって，面積分の計算が簡単になることがあります．

演習問題

3.2.1 次のスカラー場 $\phi(\boldsymbol{r})$ を指定された領域 V について体積積分せよ（a は定数とする）．
(1) スカラー場 $\phi(\boldsymbol{r}) = axyz$ を，$x=\pm 1, y=\pm 1, z=\pm 1$ の6つの面で囲まれた一辺の長さ2の立方体内部の領域 V で積分．
(2) スカラー場 $\phi(\boldsymbol{r}) = a(x^2+y^2)$ を，z 軸からの距離 $\rho = \sqrt{x^2+y^2} = 1$ の面と，$z=0,1$ の面で囲まれた円柱内の領域 V で積分．

3.2.2 ベクトル場
$$\boldsymbol{A}(\boldsymbol{r}) = xr\,\boldsymbol{e}_x + yr\,\boldsymbol{e}_y + zr\,\boldsymbol{e}_z \quad (r = |\boldsymbol{r}| = \sqrt{x^2+y^2+z^2})$$
を，以下の経路 C_1, C_2 に沿ってそれぞれ線積分せよ．
(1) 経路 C_1：点 $(0,0,0)$ から，まず x 軸に沿って $(1,0,0)$ へ，次に y 軸に平行に $(1,1,0)$ へ，最後に z 軸に平行に $(1,1,1)$ へ到る経路．
(2) 経路 C_2：点 $(0,0,0)$ から直線 $x=y=z$ に沿って $(1,1,1)$ へ到る経路．

3.2.3 次のベクトル場 $\boldsymbol{A}(\boldsymbol{r})$ を指定された面 S 上で面積分せよ．
(1) $\boldsymbol{A}(\boldsymbol{r}) = y^2 z^2\,\boldsymbol{e}_x + xyz\,\boldsymbol{e}_y + x^2 y^2 z\,\boldsymbol{e}_z$ を，$x=\pm 1, y=\pm 1, z=\pm 1$ の6つの面で囲まれた一辺の長さ2の立方体の表面 S 上で積分（面素ベクトルは立方体内側から外側の向きを正とする）．
(2) $\boldsymbol{A}(\boldsymbol{r}) = e^{-ar^2}\boldsymbol{e}_r$ ($r = |\boldsymbol{r}|$, $\boldsymbol{e}_r$ は動径方向の単位ベクトル）を，原点中心，半径 R の球面 S 上で積分（面素ベクトルは球面内側から外側の向きを正とする）．

3.2.4 真空中に，電荷 Q を持つ半径 R の導体球がおかれている．この導体球が作る電場 $\boldsymbol{E}(\boldsymbol{r})$ を求めよ．

［ヒント：「導体内部の電荷は0であり，帯電した導体の電荷は導体表面に分布する」ことと，「電場はガウスの法則（3.3節の基本問題3.11参照）に従う」ことを用いる．］

3.3 スカラー場・ベクトル場の微分
——ベクトル解析における最重要項目

> **Contents**
> Subsection ❶ 勾配（gradient）：$\nabla \phi$
> Subsection ❷ 発散（divergence）：$\nabla \cdot \boldsymbol{A}$
> Subsection ❸ ガウスの定理
> Subsection ❹ 回転（rotation）：$\nabla \times \boldsymbol{A}$
> Subsection ❺ ストークスの定理

> **キーポイント**
> 全てが重要．数式が表す状況を，イメージできるようになろう．

基本演算，場の積分を理解したところで，この章のメイン・トピックである，ベクトル微分演算子を用いた演算に進みましょう．ベクトル微分演算子とは，偏微分演算子 $\frac{\partial}{\partial x}, \frac{\partial}{\partial y}, \frac{\partial}{\partial z}$ をベクトルのように並べた演算子で，「ナブラ」と呼ばれます．

ベクトル微分演算子　ナブラ：

$$\nabla = \left(\frac{\partial}{\partial x}, \frac{\partial}{\partial y}, \frac{\partial}{\partial z} \right)$$

ベクトル微分演算子を用いた演算の基本要素は，「スカラー場の勾配 $\nabla \phi(\boldsymbol{r})$」，「ベクトル場の発散 $\nabla \cdot \boldsymbol{A}(\boldsymbol{r})$」，「ベクトル場の回転 $\nabla \times \boldsymbol{A}(\boldsymbol{r})$」の3つです．ベクトル微分演算子の演算は，電磁気学，量子力学など様々な分野の問題で出てきますが，それらは（ほぼ）全て，これら3つの演算かその組合せで表されます．ベクトル解析で最も大事なのは，これら3つの演算の幾何学的意味を理解することです．それにより，数式が表す物理的状況を正確に把握し，物理に出てくる様々な法則をイメージで理解することができるようになります．この節では，それらの演算の定義・意味を説明し，その重要な応用である，「ガウスの定理」，「ストークスの定理」についても学習します．

❶ 勾配（gradient）：$\nabla \phi$

スカラー場の勾配は，ベクトル微分演算子をスカラー場に作用させたもので，以下のように定義されます．

> **勾配：** スカラー場 $\phi(\boldsymbol{r})$ にナブラを作用させてできるベクトル量
> $$\nabla \phi(\boldsymbol{r}) = \left(\frac{\partial \phi(\boldsymbol{r})}{\partial x}, \frac{\partial \phi(\boldsymbol{r})}{\partial y}, \frac{\partial \phi(\boldsymbol{r})}{\partial z} \right) \tag{3.10}$$
> を $\phi(\boldsymbol{r})$ の勾配（gradient：グラディエント）という．

勾配は $\operatorname{grad} \phi(\boldsymbol{r})$ と書かれることもあります．

勾配の物理的意味は，次の問題を考えると理解できます．

基本問題 3.6 【重要】

スカラー場 $\phi(\boldsymbol{r})$ が全微分可能であるとき，次が成り立つことを示せ．
(1) $\phi(\boldsymbol{r})$ の勾配と微小変位ベクトル $d\boldsymbol{r} = (dx, dy, dz)$ のスカラー積 $\nabla \phi(\boldsymbol{r}) \cdot d\boldsymbol{r}$ は，$\boldsymbol{r}$ から $\boldsymbol{r} + d\boldsymbol{r}$ への移動にともなうスカラー場の変化分 $\phi(\boldsymbol{r} + d\boldsymbol{r}) - \phi(\boldsymbol{r})$ に等しい．
(2) $\phi(\boldsymbol{r})$ の勾配の曲線 C についての線積分は，曲線 C の終点 $\boldsymbol{r}_1$ と始点 $\boldsymbol{r}_0$ でのスカラー場の差 $\phi(\boldsymbol{r}_1) - \phi(\boldsymbol{r}_0)$ を与える．

方針 (1) 全微分の定義と意味を思い出す．(2) 線積分の定義を思い出す．

【答案】 (1) 勾配 $\nabla \phi(\boldsymbol{r})$ と微小変位ベクトル $d\boldsymbol{r}$ のスカラー積は

$$\nabla \phi(\boldsymbol{r}) \cdot d\boldsymbol{r} = \frac{\partial \phi(\boldsymbol{r})}{\partial x} dx + \frac{\partial \phi(\boldsymbol{r})}{\partial y} dy + \frac{\partial \phi(\boldsymbol{r})}{\partial z} dz. \quad ①$$

右辺第 1 項 $\frac{\partial \phi(\boldsymbol{r})}{\partial x} dx$ は，dx が小さい極限で，位置 $\boldsymbol{r} = (x, y, z)$ から $(x + dx, y, z)$ へ移動したときのスカラー場の変化分 $\phi(x + dx, y, z) - \phi(x, y, z)$ を与える．すなわち，

$$\frac{\partial \phi(\boldsymbol{r})}{\partial x} dx \simeq \phi(x + dx, y, z) - \phi(x, y, z).$$

次に，式①の右辺第 2 項 $\frac{\partial \phi(\boldsymbol{r})}{\partial y} dy$ は，dy が小さい極限で，位置 (x, y, z) から $(x, y + dy, z)$ へ移動したときのスカラー場の変化分 $\phi(x, y + dy, z) - \phi(x, y, z)$ を与えるが，dx が十分小さければ，この値は，位置 $(x + dx, y, z)$ から $(x + dx, y + dy, z)$ への移動におけるスカラー場の変化分に等しくなる（図 3.12 参照）．すなわち，

$$\frac{\partial \phi(\boldsymbol{r})}{\partial y} dy \simeq \phi(x, y + dy, z) - \phi(x, y, z) \simeq \phi(x + dx, y + dy, z) - \phi(x + dx, y, z).$$

同様に，式①の右辺第 3 項は，dx, dy, dz が小さい極限で，

$$\frac{\partial \phi(\boldsymbol{r})}{\partial z} dz \simeq \phi(x, y, z + dz) - \phi(x, y, z) \simeq \phi(x + dx, y + dy, z + dz) - \phi(x + dx, y + dy, z)$$

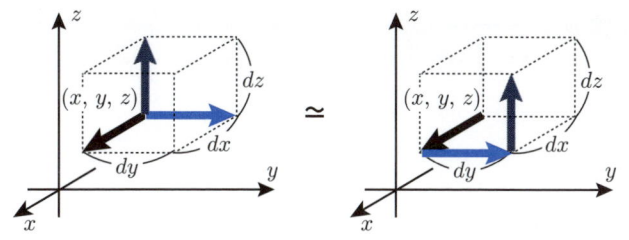

図 3.12 3 つの矢印の変位における $\phi(\bm{r})$ の変化分がそれぞれ（ほぼ）等しい．

となる．以上を足し上げると，スカラー場 $\phi(\bm{r})$ の勾配と $d\bm{r}$ のスカラー積は，

$$\begin{aligned}\nabla\phi(\bm{r})\cdot d\bm{r} &\simeq \phi(x+dx,y,z) - \phi(x,y,z) \\ &\quad + \phi(x+dx,y+dy,z) - \phi(x+dx,y,z) \\ &\quad + \phi(x+dx,y+dy,z+dz) - \phi(x+dx,y+dy,z) \\ &= \phi(x+dx,y+dy,z+dz) - \phi(x,y,z) \\ &= \phi(\bm{r}+d\bm{r}) - \phi(\bm{r})\end{aligned}$$

となり，$\bm{r}$ から $\bm{r}+d\bm{r}$ への微小変位における $\phi(\bm{r})$ の変化分を与える．

(2) 線積分の定義に立ち戻ると，$\displaystyle\int_C \nabla\phi(\bm{r})\cdot d\bm{r} = \lim_{|d\bm{r}|\to 0}\sum_{\bm{r}\in C}\nabla\phi(\bm{r})\cdot d\bm{r}$. ここで，右辺の $d\bm{r}$ は曲線 C を細かく分割してできた微小線素ベクトル．(1) より，$\nabla\phi(\bm{r})\cdot d\bm{r}$ は，$|d\bm{r}|\to 0$ の極限で，$\bm{r}$ から $\bm{r}+d\bm{r}$ への変位における ϕ の変化分を与える．ゆえに，

$$\int_C \nabla\phi(\bm{r})\cdot d\bm{r} = \lim_{|d\bm{r}|\to 0}\sum_{\bm{r}\in C}\{\phi(\bm{r}+d\bm{r}) - \phi(\bm{r})\}.$$

右辺の和を実行すると，C を分割した途中の点での $\phi(\bm{r})$ はキャンセルされ，始点と終点の項だけが残り，結果，

$$\int_C \nabla\phi(\bm{r})\cdot d\bm{r} = \phi(\bm{r}_1) - \phi(\bm{r}_0)$$

が成り立つ．■

ポイント (1) は，$\nabla\phi(\bm{r})\cdot d\bm{r}$ が $\phi(\bm{r})$ の全微分を与えることを示しています．また，この結果から，勾配ベクトル $\nabla\phi(\bm{r})$ の性質を導くことができます．まず，$d\bm{r}$ で結ばれる 2 点 $\bm{r}$, $\bm{r}+d\bm{r}$ で，スカラー場 ϕ の値が同じであるとき，$\nabla\phi(\bm{r})\cdot d\bm{r}=0$ となります．これは $\nabla\phi(\bm{r})$ と $d\bm{r}$ が垂直である，すなわち，$\nabla\phi(\bm{r})$ は $\phi(\bm{r})$ の値が等しい面と直交することを意味します．

また，変位ベクトルの大きさ $|d\bm{r}|$（= 移動距離）を一定に保ちながら，$d\bm{r}$ の向きだけを変えた場合，ϕ の変化分 $\nabla\phi(\bm{r})\cdot d\bm{r}$ は，$\nabla\phi(\bm{r})$ と $d\bm{r}$ が同じ向きのとき最大になります．すなわち，ベクトル $\nabla\phi(\bm{r})$ は，$\phi(\bm{r})$ の変化が最も急な向きを向いていることがわかります．

(2) の性質は，次の問題のように，ポテンシャルエネルギーを考えるときに必要となります．

基本問題 3.7　　　　　　　　　　　　　　　　　　　　　　　　　　　　重要

保存力 $\boldsymbol{F}(\boldsymbol{r})$ が，あるスカラー関数 $\phi(\boldsymbol{r})$ を用いて
$$\boldsymbol{F}(\boldsymbol{r}) = -\nabla \phi(\boldsymbol{r})$$
と表されるとき，$\phi(\boldsymbol{r})$ は $\boldsymbol{F}(\boldsymbol{r})$ のポテンシャルエネルギーを与えることを示せ．

[方針] ポテンシャルエネルギーの定義を思い出す．

【答案】 保存力 $\boldsymbol{F}(\boldsymbol{r})$ のポテンシャルエネルギーは，ある基準点 $\boldsymbol{r}_0$ から位置 $\boldsymbol{r}$ まで，力に逆らって物体をゆっくり移動させるのに必要な仕事 $-\int_{\boldsymbol{r}_0}^{\boldsymbol{r}} \boldsymbol{F}(\boldsymbol{r}) \cdot d\boldsymbol{r}$ を用いて定義される．

今，$\boldsymbol{F}(\boldsymbol{r}) = -\nabla \phi(\boldsymbol{r})$ なので，
$$-\int_{\boldsymbol{r}_0}^{\boldsymbol{r}} \boldsymbol{F}(\boldsymbol{r}') \cdot d\boldsymbol{r}' = -\int_{\boldsymbol{r}_0}^{\boldsymbol{r}} \{-\nabla \phi(\boldsymbol{r}')\} \cdot d\boldsymbol{r}' = \int_{\boldsymbol{r}_0}^{\boldsymbol{r}} \nabla \phi(\boldsymbol{r}') \cdot d\boldsymbol{r}' = \phi(\boldsymbol{r}) - \phi(\boldsymbol{r}_0)$$
$$\longrightarrow \quad \phi(\boldsymbol{r}) = -\int_{\boldsymbol{r}_0}^{\boldsymbol{r}} \boldsymbol{F}(\boldsymbol{r}) \cdot d\boldsymbol{r} + \phi(\boldsymbol{r}_0).$$

これはポテンシャルエネルギーの定義式である．■

[ポイント] このように $\boldsymbol{F}(\boldsymbol{r}) = -\nabla \phi(\boldsymbol{r})$ という式は，力とポテンシャルエネルギーを結び付ける重要な関係式になります．

ここで一つ注意しておくと，上の問題では，力 $\boldsymbol{F}(\boldsymbol{r})$ が保存力である，すなわち，仕事の線積分が経路によらないことを暗に用いています．これはポテンシャルエネルギーを定義できるために力の場 $\boldsymbol{F}(\boldsymbol{r})$ が持つべき性質ですが，実はこの性質は，力が $\boldsymbol{F}(\boldsymbol{r}) = -\nabla \phi(\boldsymbol{r})$ と表される場合には自動的に満たされています．この点については，本節でベクトル場の回転およびストークスの定理を学習した後，3.4 節で再考します．

最後に，ポテンシャルエネルギーから力を求める問題をみておきましょう．

■基本問題 3.8

位置 $\boldsymbol{r}$ にある粒子の持つポテンシャルエネルギーが
$$\phi(\boldsymbol{r}) = k_\mathrm{e} \frac{Qq}{r} \quad \left(r = |\boldsymbol{r}| = \sqrt{x^2 + y^2 + z^2}\right)$$
で与えられるとき，この粒子が位置 $\boldsymbol{r}$ において受ける力 $\boldsymbol{F}(\boldsymbol{r})$ を求めよ．

方針 前問で求めた，ポテンシャルエネルギーと力の関係を用いる．

【答案】 求める力 $\boldsymbol{F}(\boldsymbol{r})$ は $\boldsymbol{F}(\boldsymbol{r}) = -\nabla \phi(\boldsymbol{r})$ で与えられる．力の x 成分は，
$$F_x(\boldsymbol{r}) = -\frac{\partial}{\partial x}\phi(\boldsymbol{r}) = -k_\mathrm{e}Qq\frac{\partial}{\partial x}\left(\frac{1}{\sqrt{x^2+y^2+z^2}}\right)$$
$$= -k_\mathrm{e}Qq\left(-\frac{1}{2}\right)\frac{2x}{(x^2+y^2+z^2)^{3/2}} = k_\mathrm{e}Qq\frac{x}{r^3}.$$
y, z 成分も同様に計算して，$F_y(\boldsymbol{r}) = k_\mathrm{e}Qq\dfrac{y}{r^3}$, $F_z(\boldsymbol{r}) = k_\mathrm{e}Qq\dfrac{z}{r^3}$. ゆえに求める力は
$$\boldsymbol{F}(\boldsymbol{r}) = k_\mathrm{e}Qq\frac{x}{r^3}\boldsymbol{e}_x + k_\mathrm{e}Qq\frac{y}{r^3}\boldsymbol{e}_y + k_\mathrm{e}Qq\frac{z}{r^3}\boldsymbol{e}_z.$$
この力は，原点から放射線状にのびる動径方向の単位ベクトル $\boldsymbol{e}_r = \dfrac{\boldsymbol{r}}{r} = \dfrac{1}{r}(x\boldsymbol{e}_x + y\boldsymbol{e}_y + z\boldsymbol{e}_z)$ を用いて，
$$\boldsymbol{F}(\boldsymbol{r}) = k_\mathrm{e}\frac{Qq}{r^2}\boldsymbol{e}_r$$
と書くこともできる．■

ポイント 問題の $\phi(\boldsymbol{r})$ は，原点に電荷 Q を固定したとき，位置 $\boldsymbol{r}$ にある電荷 q の粒子が持つポテンシャルエネルギーであり，$\boldsymbol{F}(\boldsymbol{r})$ は粒子が受ける静電気力になります．

❷発散（divergence）：$\nabla \cdot \boldsymbol{A}$

ベクトル場の発散は，ベクトル微分演算子とベクトル場のスカラー積で定義されます．

発散：ベクトル場 $\boldsymbol{A}(\boldsymbol{r})$ にナブラをスカラー積の形で作用させたスカラー量
$$\nabla \cdot \boldsymbol{A}(\boldsymbol{r}) = \frac{\partial A_x(\boldsymbol{r})}{\partial x} + \frac{\partial A_y(\boldsymbol{r})}{\partial y} + \frac{\partial A_z(\boldsymbol{r})}{\partial z} \tag{3.11}$$
を $\boldsymbol{A}(\boldsymbol{r})$ の発散（divergence：ダイバージェンス）という．

発散は $\mathrm{div}\,\boldsymbol{A}(\boldsymbol{r})$ と書かれることもあります．

ベクトル場の発散は，次のような幾何学的意味を持ちます．

基本問題 3.9 【重要】

位置 r にある微小直方体 $dxdydz$ からわき出すベクトル場 $A(r)$ の総量が，$\nabla \cdot A(r)dxdydz$ で表されることを示せ．ただし，微小面素を通過するベクトル場 $A(r)$ の量は，微小面素での $A(r)$ の面積分で与えられ，また，微小直方体から出ていく向きを正とする（3.2 節「❸ベクトル場の面積分」参照）．

方針 微小直方体の各面（微小長方形）から出ていくベクトル場の量を足し上げる．

【答案】図 3.13 のように位置 $r = (x, y, z)$ にある微小直方体 $dxdydz$ を考え，x 軸に垂直な面 1, 2 から出ていくベクトル場の量を求める．

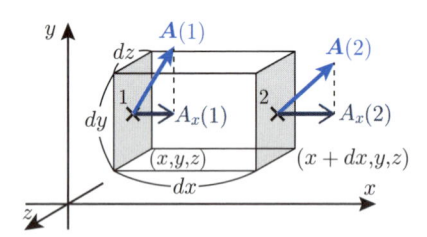

図 3.13 面 1, 2 でのベクトル場を $A(1), A(2)$ のように略記している．

今，面 1 の面積は $dydz$．また，dy, dz は十分小さく，面 1 上の任意の点におけるベクトル場の x 成分は，点 (x, y, z) での値 $A_x(x, y, z)$ に等しく，一定であるとしてよい．ゆえに面 1 でのベクトル場の面積分は $-A_x(x, y, z)dydz$ で与えられる．（− 符号は，A_x の正の向きが，ベクトル場が微小直方体に入ってくる向きであるため．）同様に，面 2 の面積が $dydz$，面 2 におけるベクトル場の x 成分が $A_x(x + dx, y, z)$ であることから，面 2 でのベクトル場の面積分は $A_x(x + dx, y, z)dydz$ で与えられる．以上より，x 軸に垂直な面を通って出ていくベクトル場の量は，

$$\{A_x(x+dx, y, z) - A_x(x, y, z)\}dydz \to \frac{\partial A_x(x, y, z)}{\partial x}dxdydz \quad (dx, dy, dz \to 0)$$

となる．同様に，y 軸，z 軸に垂直な面から出ていくベクトル場の量はそれぞれ，$\frac{\partial A_y(x,y,z)}{\partial y}dydzdx$，$\frac{\partial A_z(x,y,z)}{\partial z}dzdxdy$．以上を足し上げると，微小直方体から出ていくベクトル場の総量は

$$\left\{\frac{\partial A_x(x, y, z)}{\partial x} + \frac{\partial A_y(x, y, z)}{\partial y} + \frac{\partial A_z(x, y, z)}{\partial z}\right\}dxdydz = \nabla \cdot A(r)dxdydz$$

と表される．■

ポイント このように，ベクトル場の発散 $\nabla \cdot A(r)$ は，点 r にある微小体積からわき出てくるベクトル場の量（面積分）を微小体積で割って単位体積当たりに直したものに対応します．

基本問題 3.10

真空中，座標原点に電荷 Q をおいたとき，電場は $\boldsymbol{E}(\boldsymbol{r}) = \frac{1}{4\pi\varepsilon_0}\frac{Q}{r^2}\boldsymbol{e}_r$ で与えられる（$r = |\boldsymbol{r}|$，$\boldsymbol{e}_r$ は動径方向の単位ベクトル）．この電場の発散は，$\boldsymbol{r} \neq \boldsymbol{0}$ で
$$\nabla \cdot \boldsymbol{E}(\boldsymbol{r}) = 0$$
となることを示せ．

方針　$\boldsymbol{e}_r = \frac{\boldsymbol{r}}{r} = \frac{1}{r}(x\boldsymbol{e}_x + y\boldsymbol{e}_y + z\boldsymbol{e}_z)$ に注意して，$\boldsymbol{E}(\boldsymbol{r})$ を成分表示し，発散を計算．

【答案】 $\boldsymbol{E}(\boldsymbol{r}) = \frac{1}{4\pi\varepsilon_0}\frac{Q}{r^2}\boldsymbol{e}_r = \frac{1}{4\pi\varepsilon_0}\frac{Q}{r^2}\frac{\boldsymbol{r}}{r} = \frac{1}{4\pi\varepsilon_0}\frac{Q}{(x^2+y^2+z^2)^{3/2}}(x\boldsymbol{e}_x + y\boldsymbol{e}_y + z\boldsymbol{e}_z)$．
x 成分に着目すると，$E_x(\boldsymbol{r})$ は $\boldsymbol{r} \neq \boldsymbol{0}$ で偏微分可能であり，

$$\frac{\partial E_x(\boldsymbol{r})}{\partial x} = \frac{Q}{4\pi\varepsilon_0}\frac{\partial}{\partial x}\left\{\frac{x}{(x^2+y^2+z^2)^{3/2}}\right\}$$
$$= \frac{Q}{4\pi\varepsilon_0}\frac{(x^2+y^2+z^2)^{3/2} - x\frac{3}{2}(x^2+y^2+z^2)^{1/2}2x}{(x^2+y^2+z^2)^3} = \frac{Q}{4\pi\varepsilon_0}\frac{(x^2+y^2+z^2) - 3x^2}{(x^2+y^2+z^2)^{5/2}}.$$

同様に，

$$\frac{\partial E_y(\boldsymbol{r})}{\partial y} = \frac{Q}{4\pi\varepsilon_0}\frac{(x^2+y^2+z^2) - 3y^2}{(x^2+y^2+z^2)^{5/2}}, \quad \frac{\partial E_z(\boldsymbol{r})}{\partial z} = \frac{Q}{4\pi\varepsilon_0}\frac{(x^2+y^2+z^2) - 3z^2}{(x^2+y^2+z^2)^{5/2}}.$$

以上を足し上げて，

$$\nabla \cdot \boldsymbol{E}(\boldsymbol{r}) = \frac{Q}{4\pi\varepsilon_0}\frac{1}{(x^2+y^2+z^2)^{5/2}}\left\{3(x^2+y^2+z^2) - 3x^2 - 3y^2 - 3z^2\right\}$$
$$= 0. \quad (\boldsymbol{r} \neq \boldsymbol{0}) \blacksquare$$

ポイント　このように点電荷が作る電場の発散は，電荷のない領域（$\boldsymbol{r} \neq \boldsymbol{0}$）では 0 になることが示されます．この結果は（電場の大きさが電気力線の本数に比例することと合わせて），「電気力線は電荷のないところで生まれたり消えたりしない」という電磁気学の基本法則を数学的に表現したものといえます．

❸ ガウスの定理

ベクトル場の発散に関連して，ベクトル解析で最も重要な定理の一つである，ガウスの定理について考えましょう．

ガウスの定理：空間中のある閉曲面 S に囲まれた領域を V とする．このときベクトル場 $\boldsymbol{A}(\boldsymbol{r})$ の発散の V における体積積分と，$\boldsymbol{A}(\boldsymbol{r})$ の S における面積分の間には，

$$\int_V \nabla \cdot \boldsymbol{A}(\boldsymbol{r}) dv = \int_S \boldsymbol{A}(\boldsymbol{r}) \cdot d\boldsymbol{\sigma} \tag{3.12}$$

が成り立つ．

【証明】 定義より，領域 V における $\nabla \cdot \boldsymbol{A}(\boldsymbol{r})$ の体積積分は，領域 V を分割してできた微小体積 $dv = dxdydz$ における $\nabla \cdot \boldsymbol{A}(\boldsymbol{r})dv$ を足し上げたものであり，この量は各微小体積の表面での $\boldsymbol{A}(\boldsymbol{r})$ の面積分の和に等しい[†]．すると，領域 V の内部では，隣接する微小体積で面積分の正の向きが逆であるため，面積分が互いに打ち消し合う（図 3.14 参照）．このため打ち消し合わずに残るのは，領域 V の表面に対応する微小面素での面積分のみであり，その和は表面 S における $\boldsymbol{A}(\boldsymbol{r})$ の面積分と等価となる．□

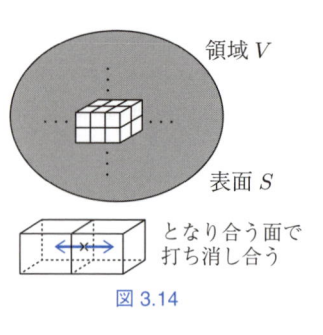

図 3.14

ガウスの定理は，ベクトル場の発散の意味と，体積積分，面積分の定義を理解していれば，幾何学的考察だけで理解することができます．このように，数式の意味をきちんと理解し，イメージできるようになれば，ベクトル解析の問題の大部分は簡単になります．

また，ガウスの定理は任意の領域 V（閉曲面 S）に対して成り立つことも強調しておきます．実際にガウスの定理を用いて問題を解く場合には，考える系が持つ対称性などを考慮して，うまい V, S の取り方を選ぶセンスが重要になります．

基本問題 3.11 　　　　　　　　　　　　　　　　　　　　　　　　　重要

電磁気学における，真空中（誘電率 ε_0）でのガウスの法則は，「任意の閉曲面 S における電場 $\boldsymbol{E}(\boldsymbol{r})$ の面積分は，S 内部に含まれる電荷の総量に比例する（比例係数 $\frac{1}{\varepsilon_0}$）」と表される．電荷が密度 $\rho(\boldsymbol{r})$ で分布しているとして，以下の問いに答えよ．
(1) 　ガウスの法則を積分を用いた数式で表せ．
(2) 　ガウスの法則は発散を用いて，$\nabla \cdot \boldsymbol{E}(\boldsymbol{r}) = \frac{\rho(\boldsymbol{r})}{\varepsilon_0}$ と書けることを示せ．

方針 　(1) S 内の電荷の総量を $\rho(\boldsymbol{r})$ の体積積分で表す．(2) ガウスの定理を用いる．

【答案】 　(1) 　S で囲まれる領域を V とすると，S 内部の電荷の総量は，V における $\rho(\boldsymbol{r})$ の体積積分で与えられる．ゆえに，ガウスの法則を積分の式で表すと，

$$\int_S \boldsymbol{E}(\boldsymbol{r}) \cdot d\boldsymbol{\sigma} = \frac{1}{\varepsilon_0} \int_V \rho(\boldsymbol{r}) dv.$$

(2) 　(1) の左辺の電場の面積分にガウスの定理 (3.12) を用いると

$$\int_S \boldsymbol{E}(\boldsymbol{r}) \cdot d\boldsymbol{\sigma} = \int_V \nabla \cdot \boldsymbol{E}(\boldsymbol{r}) dv = \frac{1}{\varepsilon_0} \int_V \rho(\boldsymbol{r}) dv.$$

この式が任意の V に対して成り立つためには，中辺と右辺の被積分関数が等しくなければならない．ゆえに，$\nabla \cdot \boldsymbol{E}(\boldsymbol{r}) = \frac{\rho(\boldsymbol{r})}{\varepsilon_0}$．■

[†]領域 V を基本問題 3.9 のような微小直方体に分割すると，一般に，表面 S に接する部分で直方体でない微小体積ができますが，その影響は（$dv \to 0$ の極限で）無視できます．

ポイント　(1) の式をガウスの法則の積分形，(2) の式を微分形と呼ぶことがあります．ここで示したように，両者は数学的に等価です．

基本問題 3.12 　　　　　　　　　　　　　　　　　　　　　　　重要

真空中に，電荷密度 ρ_0 で一様に帯電した半径 R の絶縁体球がおかれている．誘電率は絶縁体球内外で等しく ε_0 とする．この絶縁体球が作る電場 $\bm{E}(\bm{r})$ を求めよ．

方針　電場が球対称であることを用いて，原点中心の球面に対してガウスの法則を適用する．

【答案】絶縁体球の中心を座標原点にとると，系は原点周りの回転について対称なので，電場は動径方向（原点から出る放射線方向）を向いており，その動径方向成分は原点からの距離のみの関数である．すなわち

$$\bm{E}(\bm{r}) = E(r)\bm{e}_r$$

と書ける（$\bm{e}_r$ は動径方向外向きの単位ベクトル）．

以下，原点中心，半径 r の球面 S を考え，S 上での電場の動径方向成分 $E(r)$ を求める．

(i) $r \leq R$ の場合：球面 S 上での電場の面積分を考える．電場 $\bm{E}(\bm{r})$ は球面 S に垂直なので，微小面素ベクトルを $d\bm{\sigma}$ とすると，$\bm{E}(\bm{r}) \cdot d\bm{\sigma} = E(r)d\sigma$．また，$E(r)$ は S 上で一定．ゆえに，面積分は $\int_S \bm{E}(\bm{r}) \cdot d\bm{\sigma} = \int_S E(r)d\sigma = E(r)\int_S d\sigma = 4\pi r^2 E(r)$．

ガウスの法則より，この面積分が球面 S 内に含まれる電荷を ε_0 で割ったものに等しいので，S 内の領域を V として

$$4\pi r^2 E(r) = \frac{1}{\varepsilon_0}\int_V \rho_0\, dv = \frac{\rho_0}{\varepsilon_0}\int_V dv = \frac{\rho_0}{\varepsilon_0}\frac{4}{3}\pi r^3 \quad \longrightarrow \quad E(r) = \frac{\rho_0}{3\varepsilon_0}r.$$

(ii) $r > R$ の場合：球面 S 上での電場の面積分は，(i) と同様に $\int_S \bm{E}(\bm{r}) \cdot d\bm{\sigma} = 4\pi r^2 E(r)$．$S$ 内の電荷は，絶縁体球の持つ総電荷に等しく $\rho_0 \frac{4}{3}\pi R^3$．

ゆえに，ガウスの法則より，

$$4\pi r^2 E(r) = \frac{1}{\varepsilon_0}\rho_0\frac{4}{3}\pi R^3 \quad \longrightarrow \quad E(r) = \frac{\rho_0}{3\varepsilon_0}\frac{R^3}{r^2}.$$

(i), (ii) をまとめると，

$$E(r) = \begin{cases} \dfrac{\rho_0}{3\varepsilon_0}r = \dfrac{Q}{4\pi\varepsilon_0 R^3}r & (r \leq R) \\[2mm] \dfrac{\rho_0}{3\varepsilon_0}\dfrac{R^3}{r^2} = \dfrac{Q}{4\pi\varepsilon_0}\dfrac{1}{r^2} & (r > R) \end{cases}$$

($Q = \rho_0 \frac{4}{3}\pi R^3$：絶縁体球の総電荷)．■

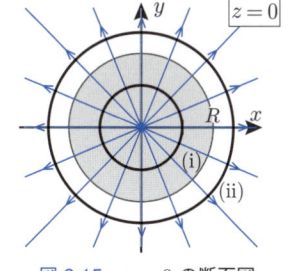

図 3.15　$z=0$ の断面図．

ポイント　この問題のポイントは，電場 $\bm{E}(\bm{r})$ の球対称性（向きが動径方向で，大きさが r のみの関数であること）に着目して，閉曲面 S を面積分がしやすいもの（原点中心の球面）に選んだ点です．このように系が持つ対称性を利用することで，計算を大きく簡略化できます．

❹回転 (rotation):$\nabla \times A$

ベクトル場の回転は,ベクトル微分演算子とベクトル場のベクトル積で与えられます.

> **回転:** ベクトル場 $A(r)$ にナブラをベクトル積の形で作用させたベクトル量
> $$\nabla \times A(r) = \left(\frac{\partial A_z(r)}{\partial y} - \frac{\partial A_y(r)}{\partial z}, \frac{\partial A_x(r)}{\partial z} - \frac{\partial A_z(r)}{\partial x}, \frac{\partial A_y(r)}{\partial x} - \frac{\partial A_x(r)}{\partial y} \right)$$
> $$= \begin{vmatrix} e_x & e_y & e_z \\ \frac{\partial}{\partial x} & \frac{\partial}{\partial y} & \frac{\partial}{\partial z} \\ A_x(r) & A_y(r) & A_z(r) \end{vmatrix} \tag{3.13}$$
> を $A(r)$ の回転(rotation:ローテーション)という.

回転は rot $A(r)$ や curl $A(r)$ などと書かれることもあります.

ベクトル場の回転は次のような意味を持ちます.

基本問題 3.13 　　　　　　　　　　　　　　　　　　　　　　　【重要】

位置 r にある z が一定の平面上の微小ループ $dxdy$ におけるベクトル場 $A(r)$ の線積分が,$\{\nabla \times A(r)\}_z dxdy$ で表されることを示せ.(線積分の正の向きは,ループ上,反時計回りにとるものとする.)

方針 　微小ループの各辺における線積分を計算して足し上げる.

【答案】 図 3.16 のように,位置 $r = (x, y, z)$ にある微小ループ $dxdy$ における,ループ上でのベクトル場の線積分を考える.

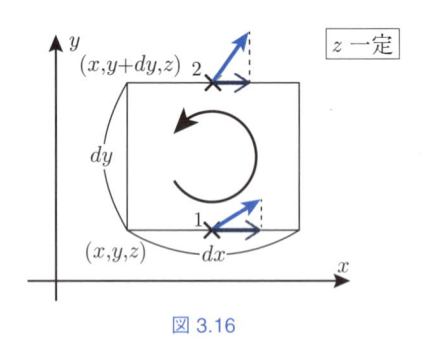

図 3.16

x 軸に平行な辺をそれぞれ辺 1, 2 とする.今,dx は十分小さく,辺 1, 2 におけるベクトル場の x 成分は,それぞれ $A_x(x, y, z)$, $A_x(x, y+dy, z)$ で一定としてよいとする.すると,x 軸に平行な辺での線積分の和は,辺 2 では A_x の正の向きと線積分の正の向きが逆であることに注意して,

$$A_x(x,y,z)dx - A_x(x,y+dy,z)dx = -\{A_x(x,y+dy,z) - A_x(x,y,z)\}dx$$
$$\to -\frac{\partial A_x(x,y,z)}{\partial y}dydx \quad (dx, dy \to 0)$$

となる．同様に，y 軸に平行な辺での線積分の和は，$\frac{\partial A_y(x,y,z)}{\partial x}dxdy$ となることがわかる．以上を足し上げて，微小ループ上でのベクトル場の線積分は

$$\left\{\frac{\partial A_y(x,y,z)}{\partial x} - \frac{\partial A_x(x,y,z)}{\partial y}\right\}dxdy = \{\nabla \times \boldsymbol{A}(\boldsymbol{r})\}_z dxdy$$

となる．■

ポイント この結果は，$\{x,y,z\}$ を $\{y,z,x\}$, $\{z,x,y\}$ と入れ替えても同様に成り立ちます．さらに，証明は省きますが，任意の形状，向きの微小ループに対して，ベクトル場の回転 $\nabla \times \boldsymbol{A}(\boldsymbol{r})$ のループの面に垂直な方向成分は，ループ上での $\boldsymbol{A}(\boldsymbol{r})$ の周回積分をループの面積で割ったものに対応することを示すことができます．すなわち，任意の微小ループに対して，その面素ベクトル（ループの面に垂直な方向を向いた，大きさがループの面積に等しいベクトル）を $d\boldsymbol{\sigma}$ とすると，$|d\boldsymbol{\sigma}| \to 0$ の極限で，

$$\{\nabla \times \boldsymbol{A}(\boldsymbol{r})\} \cdot d\boldsymbol{\sigma} = (\text{微小ループでの } \boldsymbol{A}(\boldsymbol{r}) \text{ の線積分})$$

となります．

あるループ C 上でのベクトル場 $\boldsymbol{A}(\boldsymbol{r})$ の周回積分は，$\boldsymbol{A}(\boldsymbol{r})$ が C に沿ってどれだけ「うずをまいているか」を表し，その周回積分の値を，$\boldsymbol{A}(\boldsymbol{r})$ のループ C に沿った**循環**と呼びます．ベクトル場 $\boldsymbol{A}(\boldsymbol{r})$ の回転 $\nabla \times \boldsymbol{A}(\boldsymbol{r})$ は，$\boldsymbol{A}(\boldsymbol{r})$ のうずの回転軸の方向を向いた，大きさが"うずの強さ"（回転軸に垂直におかれた微小ループに沿った循環を，微小ループの面積で割った値）を与えるベクトルになります．

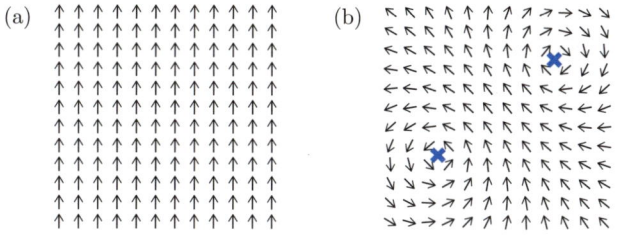

図 3.17 うずなし，うずありのベクトル場の例．矢印が各点でのベクトル場の向きを表す．(a)：一様なベクトル場．いたるところで回転が 0 になる．(b)：うずありのベクトル場．✖ のところに互いに逆回りのうずが存在する．

基本問題 3.14

球対称のベクトル場 $\boldsymbol{A}(\boldsymbol{r}) = A(r)\boldsymbol{e}_r$ （$A(r)$ は $r = |\boldsymbol{r}|$ のみの関数，$\boldsymbol{e}_r$ は動径方向の単位ベクトル）の回転を求めよ．

方針 ベクトル場を成分表示して，回転を定義に従って計算する．

【答案】
$$\boldsymbol{A}(\boldsymbol{r}) = A(r)\boldsymbol{e}_r = A(r)\frac{\boldsymbol{r}}{r} = \frac{A(r)}{r}(x\boldsymbol{e}_x + y\boldsymbol{e}_y + z\boldsymbol{e}_z).$$

回転 $\nabla \times \boldsymbol{A}(\boldsymbol{r})$ の x 成分を計算すると，

$$\begin{aligned}
\{\nabla \times \boldsymbol{A}(\boldsymbol{r})\}_x &= \frac{\partial A_z(\boldsymbol{r})}{\partial y} - \frac{\partial A_y(\boldsymbol{r})}{\partial z} \\
&= \frac{\partial}{\partial y}\left\{\frac{A(r)}{r}z\right\} - \frac{\partial}{\partial z}\left\{\frac{A(r)}{r}y\right\} \\
&= z\frac{\partial r}{\partial y}\frac{\partial}{\partial r}\left\{\frac{A(r)}{r}\right\} - y\frac{\partial r}{\partial z}\frac{\partial}{\partial r}\left\{\frac{A(r)}{r}\right\} \\
&= \left\{z\frac{\partial}{\partial y}(x^2+y^2+z^2)^{1/2} - y\frac{\partial}{\partial z}(x^2+y^2+z^2)^{1/2}\right\}\frac{\partial}{\partial r}\left\{\frac{A(r)}{r}\right\} \\
&= \left\{z\frac{1}{2}\frac{2y}{(x^2+y^2+z^2)^{1/2}} - y\frac{1}{2}\frac{2z}{(x^2+y^2+z^2)^{1/2}}\right\}\frac{\partial}{\partial r}\left\{\frac{A(r)}{r}\right\} \\
&= (zy - yz)\frac{1}{(x^2+y^2+z^2)^{1/2}}\frac{\partial}{\partial r}\left\{\frac{A(r)}{r}\right\} \\
&= 0.
\end{aligned}$$

y, z 成分も同様に 0 であることが示される．ゆえに，$\nabla \times \boldsymbol{A}(\boldsymbol{r}) = \boldsymbol{0}$. ∎

ポイント 球対称のベクトル場は，物理に出てくる多くのベクトル場を含みます．ゆえにここで示した結果は，物理の様々な場面で重要になります．

❺ ストークスの定理

ここでベクトル場の回転に関連して，ガウスの法則と並んでベクトル解析で重要な役割を果たす定理—ストークスの定理—を紹介します．

> **ストークスの定理：** 空間中のある閉曲線 C を縁に持つ曲面を S とする．このとき，ベクトル場 $\boldsymbol{A}(\boldsymbol{r})$ の回転の S における面積分と，$\boldsymbol{A}(\boldsymbol{r})$ の C における線積分の間には，
> $$\int_S \{\nabla \times \boldsymbol{A}(\boldsymbol{r})\} \cdot d\boldsymbol{\sigma} = \oint_C \boldsymbol{A}(\boldsymbol{r}) \cdot d\boldsymbol{r} \tag{3.14}$$
> が成り立つ．

【証明】 定義より，曲面 S における $\nabla \times \boldsymbol{A}(\boldsymbol{r})$ の面積分は，曲面 S を分割してできた微小面素における $\{\nabla \times \boldsymbol{A}(\boldsymbol{r})\} \cdot d\boldsymbol{\sigma}$ を足し上げたものである．すると，$\{\nabla \times \boldsymbol{A}(\boldsymbol{r})\} \cdot d\boldsymbol{\sigma}$ は微小面素の縁からなる微小ループでのベクトル場 $\boldsymbol{A}(\boldsymbol{r})$ の線積分であることから，求める面積分は，各微小ループにおける $\boldsymbol{A}(\boldsymbol{r})$ の線積分の和になる．ここで，曲面 S 内部では，隣接する微小ループで，線積分の正の向きが逆になるため，共通の辺における線積分が隣接する微小ループ同士で打ち消し合う（図 3.18 参照）．このため打ち消し合わずに残るのは，曲面 S の縁における線積分のみであり，その和は閉曲線 C におけるベクトル場 $\boldsymbol{A}(\boldsymbol{r})$ の線積分と等価となる．□

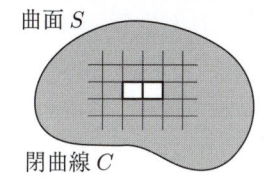

図 3.18

面白いことにこの定理は，「曲面 S における $\nabla \times \boldsymbol{A}(\boldsymbol{r})$ の面積分は，縁の閉曲線 C が同じであれば，曲面 S をどのようにとっても同じ値 $\oint_C \boldsymbol{A}(\boldsymbol{r}) \cdot d\boldsymbol{r}$ をとる」ことを示しています．つまり，何らかの問題を解くのにストークスの定理を使う場合，問題を解くのに都合の良いように曲面 S のとり方を選んでよいということです（図 3.19 参照）．ベクトル場の回転，面積分，線積分の意味を理解した上で，定理の主張する内容をきちんと理解しておきましょう．

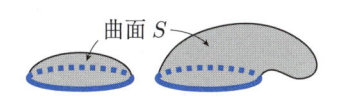

閉曲線 C が同じであれば $\nabla \times \boldsymbol{A}$ の面積分は S によらない

図 3.19

基本問題 3.15 【重要】

電磁気学における，真空中（透磁率 μ_0），定常状態（電場，磁束密度の時間変化なし）でのアンペールの法則は，「任意の閉曲線 C における磁束密度 $\boldsymbol{B}(\boldsymbol{r})$ の線積分は，閉曲線 C を貫く電流の総和に比例する（比例係数 μ_0）」と表される．電流の空間密度分布が $\boldsymbol{j}(\boldsymbol{r})$ で与えられるとして，以下の問いに答えよ．

(1) アンペールの法則を積分を用いた数式で表せ．
(2) アンペールの法則は回転を用いて，$\nabla \times \boldsymbol{B}(\boldsymbol{r}) = \mu_0 \boldsymbol{j}(\boldsymbol{r})$ と書けることを示せ．

方針 (1) C を貫く電流の総和を $\boldsymbol{j}(\boldsymbol{r})$ の面積分で表す．(2) ストークスの定理を用いる．

【答案】 (1) C を縁に持つ曲面を S とする．S を微小面素に分割すると，ある微小面素（面素ベクトル $d\boldsymbol{\sigma}$）を通過する電流の量は $\boldsymbol{j}(\boldsymbol{r}) \cdot d\boldsymbol{\sigma}$ であり，C を貫く電流の総和は，S における $\boldsymbol{j}(\boldsymbol{r})$ の面積分で与えられる．ゆえに，アンペールの法則を積分の式で表すと，

$$\oint_C \boldsymbol{B}(\boldsymbol{r}) \cdot d\boldsymbol{r} = \mu_0 \int_S \boldsymbol{j}(\boldsymbol{r}) \cdot d\boldsymbol{\sigma}.$$

(2) (1) の左辺の磁束密度の線積分にストークスの定理 (3.14) を用いると，

$$\oint_C \boldsymbol{B}(\boldsymbol{r}) \cdot d\boldsymbol{r} = \int_S \{\nabla \times \boldsymbol{B}(\boldsymbol{r})\} \cdot d\boldsymbol{\sigma} = \mu_0 \int_S \boldsymbol{j}(\boldsymbol{r}) \cdot d\boldsymbol{\sigma}.$$

この式が任意の S に対して成り立つためには，中辺と右辺の被積分関数は等しくなければならない．ゆえに $\nabla \times \boldsymbol{B}(\boldsymbol{r}) = \mu_0 \boldsymbol{j}(\boldsymbol{r})$. ∎

ポイント (1) の式をアンペールの法則の積分形，(2) の式を微分形と呼ぶことがあり，両者は同じ法則を表しています．

演習問題

3.3.1 次のスカラー場 $\phi(\boldsymbol{r})$ の勾配を求めよ．
(1) $\phi(\boldsymbol{r}) = x + y$ (2) $\phi(\boldsymbol{r}) = e^{-ar}$ $(r = |\boldsymbol{r}| = \sqrt{x^2 + y^2 + z^2})$

3.3.2 次のベクトル場 $\boldsymbol{A}(\boldsymbol{r})$ の発散と回転を求めよ．
(1) $\boldsymbol{A}(\boldsymbol{r}) = (x^2 - y^2 - z^2)\boldsymbol{e}_x + (y^2 - z^2 - x^2)\boldsymbol{e}_y + (z^2 - x^2 - y^2)\boldsymbol{e}_z$
(2) $\boldsymbol{A}(\boldsymbol{r}) = r \ln r \, \boldsymbol{e}_r$ $(r = |\boldsymbol{r}| = \sqrt{x^2 + y^2 + z^2}$，$\boldsymbol{e}_r$ は動径方向の単位ベクトル．$r \neq 0$ の場合について計算せよ．)

3.3.3 ある流体系が，ある軸の周りを，一定の角速度 ω で回転している．流体の速度分布（位置 $\boldsymbol{r}$ にある流体の速度）を $\boldsymbol{v}(\boldsymbol{r})$ とする．$\boldsymbol{v}(\boldsymbol{r})$ の回転を求めよ．

3.4 ベクトル微分演算子の応用
——前節までの知識の応用.物理数学の問題として頻出.

Contents

Subsection ❶ 多重作用　　Subsection ❷ 分配則
Subsection ❸ スカラーポテンシャル,ベクトルポテンシャル

―キーポイント―
前節までの微分・積分演算を組み合わせて,"場"が従う方程式を導く.
ポテンシャル理論はベクトル解析の一つの到達点.

前節までで,ベクトル解析に用いる計算の基礎は一通り終了です.ベクトル解析の問題は多様に見えますが,基本的には,前節までに学習した要素の組合せです.各要素の意味を考えながら丁寧に計算を積み重ねれば,答えに到達できますので,後は訓練を重ねましょう.

❶ 多重作用

ベクトル微分演算子の応用で最も重要なものとして,ラプラシアンがあります.

ラプラシアン: ナブラのスカラー積で与えられる演算子

$$\nabla \cdot \nabla \equiv \nabla^2 = \left(\frac{\partial^2}{\partial x^2} + \frac{\partial^2}{\partial y^2} + \frac{\partial^2}{\partial z^2} \right) \tag{3.15}$$

をラプラシアンと呼ぶ.

ラプラシアンは △ という記号で表されることもあります.本書では,∇ との関係が分かりやすいよう,∇^2 の記号を使います.

基本問題 3.16

真空中に電荷が電荷密度 $\rho(\boldsymbol{r})$ で分布しているとき，電場 $\boldsymbol{E}(\boldsymbol{r})$ は方程式
$$\nabla \cdot \boldsymbol{E}(\boldsymbol{r}) = \frac{\rho(\boldsymbol{r})}{\varepsilon_0}$$
に従う（ε_0 は真空の誘電率）．電場を電位 $\phi(\boldsymbol{r})$ の勾配を用いて $\boldsymbol{E}(\boldsymbol{r}) = -\nabla \phi(\boldsymbol{r})$ と表したとき，$\phi(\boldsymbol{r})$ が満たすべき微分方程式を求めよ．

方針 与えられた方程式に $\boldsymbol{E}(\boldsymbol{r}) = -\nabla \phi(\boldsymbol{r})$ を代入する．

【答案】方程式 $\nabla \cdot \boldsymbol{E}(\boldsymbol{r}) = \frac{\rho(\boldsymbol{r})}{\varepsilon_0}$ に，$\boldsymbol{E}(\boldsymbol{r}) = -\nabla \phi(\boldsymbol{r})$ を代入して，

$$\nabla \cdot \boldsymbol{E}(\boldsymbol{r}) = -\nabla \cdot \nabla \phi(\boldsymbol{r}) = -\nabla \cdot \left(\frac{\partial \phi(\boldsymbol{r})}{\partial x}, \frac{\partial \phi(\boldsymbol{r})}{\partial y}, \frac{\partial \phi(\boldsymbol{r})}{\partial z} \right)$$
$$= -\left(\frac{\partial^2 \phi(\boldsymbol{r})}{\partial x^2} + \frac{\partial^2 \phi(\boldsymbol{r})}{\partial y^2} + \frac{\partial^2 \phi(\boldsymbol{r})}{\partial z^2} \right) = -\left(\frac{\partial^2}{\partial x^2} + \frac{\partial^2}{\partial y^2} + \frac{\partial^2}{\partial z^2} \right) \phi(\boldsymbol{r}).$$

ゆえに，$\phi(\boldsymbol{r})$ が満たす微分方程式は，
$$\left(\frac{\partial^2}{\partial x^2} + \frac{\partial^2}{\partial y^2} + \frac{\partial^2}{\partial z^2} \right) \phi(\boldsymbol{r}) = \nabla^2 \phi(\boldsymbol{r}) = -\frac{\rho(\boldsymbol{r})}{\varepsilon_0}. \blacksquare$$

ポイント この問題で，元々の方程式 $\nabla \cdot \boldsymbol{E}(\boldsymbol{r}) = \frac{\rho(\boldsymbol{r})}{\varepsilon_0}$ は，電磁気学の基本方程式であるマクスウェル方程式（のうちの一つ）で，得られた方程式 $\nabla^2 \phi(\boldsymbol{r}) = -\frac{\rho(\boldsymbol{r})}{\varepsilon_0}$ は**ポアソン方程式**と呼ばれる方程式です[†]．電磁気学での典型的な問題に，電荷分布 $\rho(\boldsymbol{r})$ が与えられたときにできる電場 $\boldsymbol{E}(\boldsymbol{r})$ を求める問題がありますが，マクスウェル方程式の形では問題が解きにくい場合，ポアソン方程式に書き直し，電位 $\phi(\boldsymbol{r})$ を求めてから，その勾配を計算して電場を求めるという解法がしばしば採用されます．ポアソン方程式は偏微分方程式ですので，2.6 節で扱った変数分離などのテクニックを用いて解くことになります．

基本問題 3.17　　　　　　　　　　　　　　　　　　　　　　　　重要

次の恒等式が成り立つことを示せ．（スカラー場 $\phi(\boldsymbol{r})$ およびベクトル場 $\boldsymbol{A}(\boldsymbol{r})$ の各成分の 2 階偏導関数は連続であるとする．）
(1)　$\nabla \times \{\nabla \phi(\boldsymbol{r})\} = \boldsymbol{0}$　　　　　　　　　　　　　　　　　　　　　(3.16)
(2)　$\nabla \cdot \{\nabla \times \boldsymbol{A}(\boldsymbol{r})\} = 0$　　　　　　　　　　　　　　　　　　　　(3.17)

方針 2 階偏導関数が連続であるとき，偏微分の順序を入れ替えてもよいことを用いる．

[†] 特に右辺 $-\frac{\rho(\boldsymbol{r})}{\varepsilon_0} = 0$ の場合を**ラプラス方程式**と呼びます．

【答案】 (1) x 成分を考える.

$$[\nabla \times \{\nabla \phi(\boldsymbol{r})\}]_x = \frac{\partial}{\partial y}\{\nabla \phi(\boldsymbol{r})\}_z - \frac{\partial}{\partial z}\{\nabla \phi(\boldsymbol{r})\}_y = \frac{\partial}{\partial y}\frac{\partial \phi(\boldsymbol{r})}{\partial z} - \frac{\partial}{\partial z}\frac{\partial \phi(\boldsymbol{r})}{\partial y}.$$

ここで条件より，$\phi(\boldsymbol{r})$ の偏微分の順序は交換可能，すなわち，$\frac{\partial^2 \phi(\boldsymbol{r})}{\partial y \partial z} = \frac{\partial^2 \phi(\boldsymbol{r})}{\partial z \partial y}$ が成り立つ．ゆえに，$[\nabla \times \{\nabla \phi(\boldsymbol{r})\}]_x = 0$ となる．y, z 成分も同様に証明可能．

(2)

$$\nabla \cdot \{\nabla \times \boldsymbol{A}(\boldsymbol{r})\} = \frac{\partial}{\partial x}\{\nabla \times \boldsymbol{A}(\boldsymbol{r})\}_x + \frac{\partial}{\partial y}\{\nabla \times \boldsymbol{A}(\boldsymbol{r})\}_y + \frac{\partial}{\partial z}\{\nabla \times \boldsymbol{A}(\boldsymbol{r})\}_z$$

$$= \frac{\partial}{\partial x}\left\{\frac{\partial A_z(\boldsymbol{r})}{\partial y} - \frac{\partial A_y(\boldsymbol{r})}{\partial z}\right\} + \frac{\partial}{\partial y}\left\{\frac{\partial A_x(\boldsymbol{r})}{\partial z} - \frac{\partial A_z(\boldsymbol{r})}{\partial x}\right\} + \frac{\partial}{\partial z}\left\{\frac{\partial A_y(\boldsymbol{r})}{\partial x} - \frac{\partial A_x(\boldsymbol{r})}{\partial y}\right\}$$

$$= \frac{\partial^2 A_x(\boldsymbol{r})}{\partial y \partial z} - \frac{\partial^2 A_x(\boldsymbol{r})}{\partial z \partial y} + \frac{\partial^2 A_y(\boldsymbol{r})}{\partial z \partial x} - \frac{\partial^2 A_y(\boldsymbol{r})}{\partial x \partial z} + \frac{\partial^2 A_z(\boldsymbol{r})}{\partial x \partial y} - \frac{\partial^2 A_z(\boldsymbol{r})}{\partial y \partial x}.$$

ここで条件より，$\boldsymbol{A}(\boldsymbol{r})$ の各成分の偏微分の順序は交換可能，すなわち，$\frac{\partial^2 A_x(\boldsymbol{r})}{\partial y \partial z} = \frac{\partial^2 A_x(\boldsymbol{r})}{\partial z \partial y}$ などが成り立つ．ゆえに，$\nabla \cdot \{\nabla \times \boldsymbol{A}(\boldsymbol{r})\} = 0$. ∎

ポイント 「2 階偏導関数が連続であるとき，偏微分の順序を交換できる」ことを知っていれば，後は丁寧な計算により解ける問題です．これらの恒等式は，このあと議論する，スカラーポテンシャル，ベクトルポテンシャルの導入において重要な役割を果たします．

基本問題 3.18

次の恒等式が成り立つことを示せ．（ベクトル場 $\boldsymbol{A}(\boldsymbol{r})$ の各成分の 2 階偏導関数は連続であるとする．）

$$\nabla \times \{\nabla \times \boldsymbol{A}(\boldsymbol{r})\} = \nabla\{\nabla \cdot \boldsymbol{A}(\boldsymbol{r})\} - \nabla^2 \boldsymbol{A}(\boldsymbol{r}) \tag{3.18}$$

方針 左辺の x 成分を定義に従って計算する（y, z 成分も同様）．

【答案】 左辺の x 成分を考えると，

$$[\nabla \times \{\nabla \times \boldsymbol{A}(\boldsymbol{r})\}]_x = \frac{\partial}{\partial y}\{\nabla \times \boldsymbol{A}(\boldsymbol{r})\}_z - \frac{\partial}{\partial z}\{\nabla \times \boldsymbol{A}(\boldsymbol{r})\}_y$$

$$= \frac{\partial}{\partial y}\left\{\frac{\partial A_y(\boldsymbol{r})}{\partial x} - \frac{\partial A_x(\boldsymbol{r})}{\partial y}\right\} - \frac{\partial}{\partial z}\left\{\frac{\partial A_x(\boldsymbol{r})}{\partial z} - \frac{\partial A_z(\boldsymbol{r})}{\partial x}\right\}$$

$$= \frac{\partial^2 A_y(\boldsymbol{r})}{\partial y \partial x} + \frac{\partial^2 A_z(\boldsymbol{r})}{\partial z \partial x} - \frac{\partial^2 A_x(\boldsymbol{r})}{\partial y^2} - \frac{\partial^2 A_x(\boldsymbol{r})}{\partial z^2}$$

$$= \frac{\partial^2 A_x(\boldsymbol{r})}{\partial x^2} + \frac{\partial^2 A_y(\boldsymbol{r})}{\partial x \partial y} + \frac{\partial^2 A_z(\boldsymbol{r})}{\partial x \partial z} - \left\{\frac{\partial^2 A_x(\boldsymbol{r})}{\partial x^2} + \frac{\partial^2 A_x(\boldsymbol{r})}{\partial y^2} + \frac{\partial^2 A_x(\boldsymbol{r})}{\partial z^2}\right\}$$

$$= \frac{\partial}{\partial x}\{\nabla \cdot \boldsymbol{A}(\boldsymbol{r})\} - \nabla^2 A_x(\boldsymbol{r}).$$

これは右辺の x 成分である．y, z 成分についても同様に示せる．∎

恒等式 (3.18) も様々な場面で使われるもので，例えば次のような問題で威力を発揮します．

> **基本問題 3.19**　　　　　　　　　　　　　　　　　　　　　　　重要
>
> 電荷の存在しない真空中でのマクスウェル方程式は
> $$\nabla \cdot \boldsymbol{E} = 0 \quad ①, \qquad \nabla \cdot \boldsymbol{B} = 0 \quad ②,$$
> $$\nabla \times \boldsymbol{E} = -\frac{\partial \boldsymbol{B}}{\partial t} \quad ③, \qquad \nabla \times \boldsymbol{B} = \frac{1}{c^2}\frac{\partial \boldsymbol{E}}{\partial t} \quad ④$$
> で与えられる．($\boldsymbol{E} = \boldsymbol{E}(\boldsymbol{r},t)$, $\boldsymbol{B} = \boldsymbol{B}(\boldsymbol{r},t)$ は $(\boldsymbol{r},t)$ の関数．c は定数．）これらの関係式から，電磁場の波動方程式
> $$\nabla^2 \boldsymbol{E} = \frac{1}{c^2}\frac{\partial^2 \boldsymbol{E}}{\partial t^2}, \quad \nabla^2 \boldsymbol{B} = \frac{1}{c^2}\frac{\partial^2 \boldsymbol{B}}{\partial t^2}$$
> を導け．

方針　電磁気学の基本的な問題．恒等式 (3.18) を用いる．

【答案】恒等式 (3.18) と，①より，
$$\nabla \times (\nabla \times \boldsymbol{E}) = \nabla(\nabla \cdot \boldsymbol{E}) - \nabla^2 \boldsymbol{E} = -\nabla^2 \boldsymbol{E}.$$
また，③, ④を用いると，
$$\nabla \times (\nabla \times \boldsymbol{E}) = \nabla \times \left(-\frac{\partial \boldsymbol{B}}{\partial t}\right) = -\frac{\partial}{\partial t}(\nabla \times \boldsymbol{B}) = -\frac{1}{c^2}\frac{\partial^2 \boldsymbol{E}}{\partial t^2}.$$
ゆえに，
$$\nabla^2 \boldsymbol{E} = \frac{1}{c^2}\frac{\partial^2 \boldsymbol{E}}{\partial t^2}.$$
同様に，恒等式 (3.18) と，②より，
$$\nabla \times (\nabla \times \boldsymbol{B}) = \nabla(\nabla \cdot \boldsymbol{B}) - \nabla^2 \boldsymbol{B} = -\nabla^2 \boldsymbol{B}.$$
また，④, ③を用いると，
$$\nabla \times (\nabla \times \boldsymbol{B}) = \nabla \times \left(\frac{1}{c^2}\frac{\partial \boldsymbol{E}}{\partial t}\right) = \frac{1}{c^2}\frac{\partial}{\partial t}(\nabla \times \boldsymbol{E}) = -\frac{1}{c^2}\frac{\partial^2 \boldsymbol{B}}{\partial t^2}.$$
ゆえに，
$$\nabla^2 \boldsymbol{B} = \frac{1}{c^2}\frac{\partial^2 \boldsymbol{B}}{\partial t^2}. \quad \blacksquare$$

ポイント　波動方程式は真空中の電磁波が従う基本方程式ですが，その波動方程式もマクスウェル方程式から導かれることがわかります．

❷ 分配則

スカラー場，ベクトル場の積に，ナブラが作用したときに，どのような式が出てくるかも，知っておくと便利です．

> **基本問題 3.20**
>
> 以下の分配則が成り立つことを示せ．
> $$\nabla \cdot \{\phi(\boldsymbol{r})\boldsymbol{A}(\boldsymbol{r})\} = \{\nabla\phi(\boldsymbol{r})\} \cdot \boldsymbol{A}(\boldsymbol{r}) + \phi(\boldsymbol{r})\{\nabla \cdot \boldsymbol{A}(\boldsymbol{r})\} \tag{3.19}$$

方針 $\phi(\boldsymbol{r})\boldsymbol{A}(\boldsymbol{r})$ の α 成分（$\alpha = x, y, z$）は，$\phi(\boldsymbol{r})A_\alpha(\boldsymbol{r})$ であることに注意して計算．

【答案】$\phi(\boldsymbol{r}), \boldsymbol{A}(\boldsymbol{r}), A_\alpha(\boldsymbol{r})$（$\alpha = x, y, z$）を，それぞれ $\phi, \boldsymbol{A}, A_\alpha$ と略記する．

$$\begin{aligned}
\nabla \cdot (\phi\boldsymbol{A}) &= \frac{\partial}{\partial x}(\phi A_x) + \frac{\partial}{\partial y}(\phi A_y) + \frac{\partial}{\partial z}(\phi A_z) \\
&= \frac{\partial \phi}{\partial x}A_x + \phi\frac{\partial A_x}{\partial x} + \frac{\partial \phi}{\partial y}A_y + \phi\frac{\partial A_y}{\partial y} + \frac{\partial \phi}{\partial z}A_z + \phi\frac{\partial A_z}{\partial z} \\
&= \left(\frac{\partial \phi}{\partial x}A_x + \frac{\partial \phi}{\partial y}A_y + \frac{\partial \phi}{\partial z}A_z\right) + \phi\left(\frac{\partial A_x}{\partial x} + \frac{\partial A_y}{\partial y} + \frac{\partial A_z}{\partial z}\right) \\
&= (\nabla\phi) \cdot \boldsymbol{A} + \phi(\nabla \cdot \boldsymbol{A}). \quad \blacksquare
\end{aligned}$$

ポイント この分配則は，グリーンの定理（演習問題 3.4.2 参照）の証明などに用いられます．この他にも，演習問題 3.4.1 で示すように，様々な分配則があります．

❸ スカラーポテンシャル，ベクトルポテンシャル

ここでは，ベクトル場 $\boldsymbol{F}(\boldsymbol{r})$ が，スカラーポテンシャル，ベクトルポテンシャルと呼ばれるスカラー場 $\phi(\boldsymbol{r})$ およびベクトル場 $\boldsymbol{A}(\boldsymbol{r})$ を用いて表されることを示します．まずは，スカラーポテンシャルに関する定理を紹介します．

> **スカラーポテンシャル**：空間中のある領域において，
> ベクトル場 $\boldsymbol{F}(\boldsymbol{r})$ が $\nabla \times \boldsymbol{F}(\boldsymbol{r}) = \boldsymbol{0}$ を満たす
> $\iff \boldsymbol{F}(\boldsymbol{r}) = -\nabla\phi(\boldsymbol{r})$ となるような，位置 $\boldsymbol{r}$ の一価関数（スカラーポテンシャル）$\phi(\boldsymbol{r})$ が存在する

【証明】$\Longleftarrow$ の証明：$\boldsymbol{F}(\boldsymbol{r}) = -\nabla\phi(\boldsymbol{r})$ と恒等式 (3.16) より，
$$\nabla \times \boldsymbol{F}(\boldsymbol{r}) = -\nabla \times \nabla\phi(\boldsymbol{r}) = \boldsymbol{0}.$$
$\Longrightarrow$ の証明：スカラー関数
$$\phi(\boldsymbol{r}) = -\int_{\boldsymbol{r}_0}^{\boldsymbol{r}} \boldsymbol{F}(\boldsymbol{r}') \cdot d\boldsymbol{r}' + \phi(\boldsymbol{r}_0)$$

を定義する．ここで r_0 は基準点の位置ベクトル，$\phi(r_0)$ は基準点での ϕ の値で，両者とも任意の定数．また，r_0 から r までの経路は適当にとってよいとする．すると，$\nabla\phi(r)\cdot dr$ は r から $r+dr$ への微小変位に際しての $\phi(r)$ の変化分に等しい（3.3 節の基本問題 3.6 参照）ことから，

$$\nabla\phi(r)\cdot dr = \phi(r+dr) - \phi(r)$$
$$= -\int_{r_0}^{r+dr} F(r')\cdot dr' + \phi(r_0) - \left\{-\int_{r_0}^{r} F(r')\cdot dr' + \phi(r_0)\right\}$$
$$= -\int_{r}^{r+dr} F(r')\cdot dr' \to -F(r)\cdot dr. \quad (|dr|\to 0)$$

これが任意の微小変位 dr に対して成り立つことから，

$$F(r) = -\nabla\phi(r).$$

次に，図 3.20 のように，始点に r_0，終点に r を持つ任意の経路 A, B を考え，A を進み B を逆に戻る閉曲線の経路を C，A と B に囲まれた曲面を S とする．

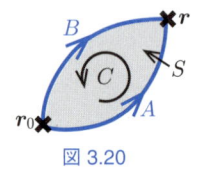

図 3.20

すると，ストークスの定理 (3.14) と $\nabla\times F(r) = \mathbf{0}$ より，

$$\int_A F(r')\cdot dr' - \int_B F(r')\cdot dr' = \oint_C F(r')\cdot dr' = \int_S \{\nabla\times F(r')\}\cdot d\boldsymbol{\sigma}' = 0$$
$$\longrightarrow \int_A F(r')\cdot dr' = \int_B F(r')\cdot dr'.$$

ゆえに，$\phi(r)$ は r を決めれば積分経路によらず 1 つの値をとる．すなわち，$\phi(r)$ は r の一価関数となる．□

このように，力の場 $F(r)$ の回転が（考える空間のいたるところで）$\nabla\times F(r) = \mathbf{0}$ であることが，スカラーポテンシャルを定義できる必要十分条件であることが示されます．また，証明の途中で示されたように，$F(r)$ の回転が $\mathbf{0}$ であることと，$F(r)$ の線積分が経路によらないことは等価ですが，後者は $F(r)$ が保存力であることの定義です．こうして，「$F(r)$ の回転 $\nabla\times F(r) = \mathbf{0}$」，「$F(r)$ が保存力」，「$F(r) = -\nabla\phi(r)$ となるスカラーポテンシャル $\phi(r)$ が定義できる」の 3 つは互いに等価であることがわかります．3.3 節の基本問題 3.14 で示したように，万有引力，静電気力のような球対称な力の場（の重ね合わせ）は $\nabla\times F(r) = \mathbf{0}$ を満たしますので，スカラーポテンシャル $\phi(r)$ を用いて $F(r) = -\nabla\phi(r)$ と表すことができます．

次に，ベクトルポテンシャルについての定理を見てみましょう．

ベクトルポテンシャル：空間中のある領域において，
　ベクトル場 $F(r)$ が $\nabla \cdot F(r) = 0$ を満たす
　　$\iff F(r) = \nabla \times A(r)$ となるような，位置 r の一価関数（ベクトルポテンシャル）$A(r)$ が存在する

【証明】$\Longleftarrow$ の証明：$F(r) = \nabla \times A(r)$ と恒等式 (3.17) より，

$$\nabla \cdot F(r) = \nabla \cdot \{\nabla \times A(r)\} = 0.$$

$\Longrightarrow$ の証明：$\nabla \cdot F(r) = 0$ であるときに，$F(r) = \nabla \times A(r)$, すなわち，

$$F_x(r) = \frac{\partial A_z(r)}{\partial y} - \frac{\partial A_y(r)}{\partial z},$$

$$F_y(r) = \frac{\partial A_x(r)}{\partial z} - \frac{\partial A_z(r)}{\partial x},$$

$$F_z(r) = \frac{\partial A_y(r)}{\partial x} - \frac{\partial A_x(r)}{\partial y}$$

を満たすような，r の一価関数 $A(r)$ が存在すればよい．ここで，

$$A_x(x,y,z) = \int_{z_0}^{z} F_y(x,y,z')dz',$$

$$A_y(x,y,z) = -\int_{z_0}^{z} F_x(x,y,z')dz' + \int_{x_0}^{x} F_z(x',y,z_0)dx',$$

$$A_z(x,y,z) = 0$$

で与えられるベクトル場 $A(r)$ は r の一価関数であり，かつ，$(\nabla \cdot F(r) = 0$ の条件の下で) $F(r) = \nabla \times A(r)$ を満たす．ゆえに，題意を満たすベクトル場 $A(r)$ は存在する．□

$\Longrightarrow$ の証明がかなり乱暴ですが，ここでは $F(r) = \nabla \times A(r)$ を満たすベクトル場 $A(r)$ が存在することを示せばよいので，これで事足りています[†]．大事なのは，この証明により，<u>ベクトル場 $F(r)$ の発散が（考える空間のいたるところで）$\nabla \cdot F(r) = 0$ である場合には，そのベクトル場を $F(r) = \nabla \times A(r)$ の形で再現するようなベクトルポテンシャル $A(r)$ を導入できる</u>ということです．

ここで考えた，発散が 0 のベクトル場の最も重要な例は，磁束密度 $B(r)$ です．電磁気学の基本方程式であるマクスウェル方程式は，磁束密度は常に $\nabla \cdot B(r) = 0$ を満たすことを示しています（磁気単極子不在の法則）．このため，ここで示した結果により，磁束密度 $B(r)$ はベクトルポテンシャル $A(r)$ を用いて，$B(r) = \nabla \times A(r)$ と表せることが保証されます．

ここで，ベクトルポテンシャルについて一つ注意があります．上の証明では，$F(r) = \nabla \times A(r)$ を満たすような $A(r)$ を天下り的に与えることでその存在を証明しましたが，

[†]証明中で与えられた $A(r)$ が $F(r) = \nabla \times A(r)$ を満たすことは，$\nabla \cdot F(r) = 0$ に注意して計算すれば簡単に示すことができます．一度，確認してみてください．

この $\boldsymbol{A}(\boldsymbol{r})$ は唯一の解ではありません．$\boldsymbol{F}(\boldsymbol{r}) = \nabla \times \boldsymbol{A}(\boldsymbol{r})$ を満たすベクトル場 $\boldsymbol{A}(\boldsymbol{r})$ には，一般に無数の解があります．例えば，$\boldsymbol{F}(\boldsymbol{r}) = (0, 0, F_0)$ (F_0 は定数．この $\boldsymbol{F}(\boldsymbol{r})$ は $\nabla \cdot \boldsymbol{F}(\boldsymbol{r}) = 0$ を満たす) を $\boldsymbol{F}(\boldsymbol{r}) = \nabla \times \boldsymbol{A}(\boldsymbol{r})$ の形で与える $\boldsymbol{A}(\boldsymbol{r})$ は，

$$\boldsymbol{A}(\boldsymbol{r}) = (0, xF_0, 0),\ (-yF_0, 0, 0),\ \left(\left(x - \tfrac{1}{2}y\right)F_0, \left(\tfrac{1}{2}x + y\right)F_0, zF_0\right),\ \ldots$$

のように，無数に存在します．この任意性は，$\boldsymbol{A}(\boldsymbol{r})$ に任意のスカラー関数 $u(\boldsymbol{r})$ の勾配 $\nabla u(\boldsymbol{r})$ を足しても，$\boldsymbol{F}(\boldsymbol{r}) = \nabla \times \boldsymbol{A}(\boldsymbol{r})$ は変化しないということからきています (演習問題 3.4.3 参照)．この関数 $u(\boldsymbol{r})$ を**ゲージ関数**と呼びます．実際の物理の問題を解く際には，このような任意性があると困りますので，ベクトル場 $\boldsymbol{F}(\boldsymbol{r})$ をベクトルポテンシャル $\boldsymbol{A}(\boldsymbol{r})$ (およびスカラーポテンシャル $\phi(\boldsymbol{r})$) で表すときには，多くの場合，$\boldsymbol{A}(\boldsymbol{r})$ (および $\phi(\boldsymbol{r})$) に条件を付けるという操作を行います．電磁気学の問題では，しばしば「クーロンゲージ」や「ローレンツゲージ」などと呼ばれる条件式が出てきますが，それはこのゲージ関数の任意性を固定するためのものです[†]．

以上の結果により，次のことがわかりました．

> (1) $\nabla \times \boldsymbol{F}(\boldsymbol{r}) = \boldsymbol{0}$ を満たすベクトル場 $\boldsymbol{F}(\boldsymbol{r})$ は，スカラーポテンシャル $\phi(\boldsymbol{r})$ を用いて $\boldsymbol{F}(\boldsymbol{r}) = -\nabla \phi(\boldsymbol{r})$ と表すことができる．
> (2) $\nabla \cdot \boldsymbol{F}(\boldsymbol{r}) = 0$ を満たすベクトル場 $\boldsymbol{F}(\boldsymbol{r})$ は，ベクトルポテンシャル $\boldsymbol{A}(\boldsymbol{r})$ を用いて $\boldsymbol{F}(\boldsymbol{r}) = \nabla \times \boldsymbol{A}(\boldsymbol{r})$ と表すことができる．

さらに，この本では証明は省略しますが，次のことが知られています．

> (3) (無限遠で十分速く 0 になる) 任意のベクトル場 $\boldsymbol{F}(\boldsymbol{r})$ は，スカラーポテンシャル $\phi(\boldsymbol{r})$ とベクトルポテンシャル $\boldsymbol{A}(\boldsymbol{r})$ を用いて
> $$\boldsymbol{F}(\boldsymbol{r}) = -\nabla \phi(\boldsymbol{r}) + \nabla \times \boldsymbol{A}(\boldsymbol{r})$$
> と表すことができる．

この (3) は**ヘルムホルツの定理**と呼ばれるものです．こうして，物理の問題を考える際には，(上記それぞれの条件を満たす) ベクトル場 $\boldsymbol{F}(\boldsymbol{r})$ を，スカラーポテンシャル $\phi(\boldsymbol{r})$ とベクトルポテンシャル $\boldsymbol{A}(\boldsymbol{r})$ を用いて表した上で，考える問題によって，$\boldsymbol{F}(\boldsymbol{r})$ と $\{\phi(\boldsymbol{r}), \boldsymbol{A}(\boldsymbol{r})\}$ のうち，便利な方の表記を採用するということがしばしば行われます．

[†] 一般の (時間依存性も含めた) 電磁気学において，電場 $\boldsymbol{E}(\boldsymbol{r}, t)$，磁束密度 $\boldsymbol{B}(\boldsymbol{r}, t)$ は，スカラーポテンシャル $\phi(\boldsymbol{r}, t)$，ベクトルポテンシャル $\boldsymbol{A}(\boldsymbol{r}, t)$ を用いて $\boldsymbol{E}(\boldsymbol{r}, t) = -\nabla \phi(\boldsymbol{r}, t) - \frac{\partial \boldsymbol{A}(\boldsymbol{r}, t)}{\partial t}$，$\boldsymbol{B}(\boldsymbol{r}, t) = \nabla \times \boldsymbol{A}(\boldsymbol{r}, t)$ と表されます．そして，これらの $\boldsymbol{E}(\boldsymbol{r}, t)$，$\boldsymbol{B}(\boldsymbol{r}, t)$ は，$\phi'(\boldsymbol{r}, t) = \phi(\boldsymbol{r}, t) - \frac{\partial u(\boldsymbol{r}, t)}{\partial t}$，$\boldsymbol{A}'(\boldsymbol{r}, t) = \boldsymbol{A}(\boldsymbol{r}, t) + \nabla u(\boldsymbol{r}, t)$ という変換に対して不変に保たれます．この $\phi(\boldsymbol{r}, t)$，$\boldsymbol{A}(\boldsymbol{r}, t)$ に対する変換を**ゲージ変換**といいます．

> **基本問題 3.21** 　　　　　　　　　　　　　　　　　　　　　　　　　　　　重要
>
> 真空中，定常状態（電場，磁束密度の時間変化なし）に対するマクスウェル方程式は，電荷分布を $\rho(\boldsymbol{r})$，電流分布を $\boldsymbol{j}(\boldsymbol{r})$ として，
> $$\nabla \cdot \boldsymbol{E}(\boldsymbol{r}) = \frac{\rho(\boldsymbol{r})}{\varepsilon_0} \quad ①, \qquad \nabla \cdot \boldsymbol{B}(\boldsymbol{r}) = 0 \quad ②,$$
> $$\nabla \times \boldsymbol{E}(\boldsymbol{r}) = \boldsymbol{0} \quad ③, \qquad \nabla \times \boldsymbol{B}(\boldsymbol{r}) = \mu_0 \boldsymbol{j}(\boldsymbol{r}) \quad ④$$
> で与えられる．これらの関係式から，電場 $\boldsymbol{E}(\boldsymbol{r})$ のスカラーポテンシャル $\phi(\boldsymbol{r})$，磁束密度 $\boldsymbol{B}(\boldsymbol{r})$ のベクトルポテンシャル $\boldsymbol{A}(\boldsymbol{r})$ が従う方程式を求めよ．（ベクトルポテンシャルのゲージとして，$\nabla \cdot \boldsymbol{A}(\boldsymbol{r}) = 0$ を用いよ．）

> **方針** 　電場・磁束密度とポテンシャルの関係式と，マクスウェル方程式を組み合わせて，恒等式を用いる．

【答案】③より，電場 $\boldsymbol{E}(\boldsymbol{r})$ はスカラーポテンシャル $\phi(\boldsymbol{r})$ を用いて，$\boldsymbol{E}(\boldsymbol{r}) = -\nabla \phi(\boldsymbol{r})$ と表すことができる．これと①より，
$$\nabla^2 \phi(\boldsymbol{r}) = \nabla \cdot \nabla \phi(\boldsymbol{r}) = -\nabla \cdot \boldsymbol{E}(\boldsymbol{r}) = -\frac{\rho(\boldsymbol{r})}{\varepsilon_0}.$$
また，②より，磁束密度 $\boldsymbol{B}(\boldsymbol{r})$ はベクトルポテンシャル $\boldsymbol{A}(\boldsymbol{r})$ を用いて，$\boldsymbol{B}(\boldsymbol{r}) = \nabla \times \boldsymbol{A}(\boldsymbol{r})$ と表すことができる．これと④および恒等式 (3.18) より，
$$\mu_0 \boldsymbol{j}(\boldsymbol{r}) = \nabla \times \boldsymbol{B}(\boldsymbol{r}) = \nabla \times \{\nabla \times \boldsymbol{A}(\boldsymbol{r})\} = \nabla \{\nabla \cdot \boldsymbol{A}(\boldsymbol{r})\} - \nabla^2 \boldsymbol{A}(\boldsymbol{r}).$$
今，$\nabla \cdot \boldsymbol{A}(\boldsymbol{r}) = 0$ となるベクトルポテンシャルを採用しているので，
$$\nabla^2 \boldsymbol{A}(\boldsymbol{r}) = -\mu_0 \boldsymbol{j}(\boldsymbol{r}). \quad \blacksquare$$

ポイント 　【答案】の前半は，基本問題 3.16 と同じ計算になりますが，電場 $\boldsymbol{E}(\boldsymbol{r})$ の回転が $\boldsymbol{0}$ であること（マクスウェル方程式③）から，$\boldsymbol{E}(\boldsymbol{r}) = -\nabla \phi(\boldsymbol{r})$ と書けることを理解してください．こうして，定常状態の電磁場を表すスカラーポテンシャルとベクトルポテンシャル（の各成分）は，
$$\nabla^2 u(\boldsymbol{r}) = f(\boldsymbol{r}) \qquad (u(\boldsymbol{r}) \text{ が求める関数}, \ f(\boldsymbol{r}) \text{ は与えられた関数})$$
の形の 2 階偏微分方程式（ポアソン方程式）に従うことが示されます．
　このように，ある状況における電場 $\boldsymbol{E}(\boldsymbol{r})$，磁束密度 $\boldsymbol{B}(\boldsymbol{r})$ を求める方法としては，
(1) $\{\boldsymbol{E}(\boldsymbol{r}), \boldsymbol{B}(\boldsymbol{r})\}$ 表記を採用し，マクスウェル方程式を解く
(2) $\{\phi(\boldsymbol{r}), \boldsymbol{A}(\boldsymbol{r})\}$ 表記を採用し，ポアソン方程式を解く
という，2 通りのやり方がありえます．どちらが解きやすいかは問題によりますので，両方の表記を使えるようになっておくことが重要です．

演習問題

3.4.1 ∇ について，以下の分配則を示せ．（$\phi(\boldsymbol{r})$, $\boldsymbol{A}(\boldsymbol{r})$, $\boldsymbol{B}(\boldsymbol{r})$ を ϕ, $\boldsymbol{A}$, $\boldsymbol{B}$ と略記する．）
(1) $\nabla \times (\phi \boldsymbol{A}) = (\nabla \phi) \times \boldsymbol{A} + \phi (\nabla \times \boldsymbol{A})$
(2) $\nabla \cdot (\boldsymbol{A} \times \boldsymbol{B}) = (\nabla \times \boldsymbol{A}) \cdot \boldsymbol{B} - \boldsymbol{A} \cdot (\nabla \times \boldsymbol{B})$

3.4.2 ある閉曲面 S に囲まれた領域 V 内で，スカラー場 $\phi(\boldsymbol{r})$, $\varphi(\boldsymbol{r})$ が与えられているとする．このとき，
$$\int_V \{\phi(\boldsymbol{r})\nabla^2 \varphi(\boldsymbol{r}) - \varphi(\boldsymbol{r})\nabla^2 \phi(\boldsymbol{r})\}\, d\boldsymbol{r} = \int_S \{\phi(\boldsymbol{r})\nabla \varphi(\boldsymbol{r}) - \varphi(\boldsymbol{r})\nabla \phi(\boldsymbol{r})\} \cdot d\boldsymbol{\sigma}$$
が成り立つことを示せ（グリーンの定理）．

3.4.3 $\boldsymbol{F}(\boldsymbol{r}) = \nabla \times \boldsymbol{A}(\boldsymbol{r})$ として，以下の問いに答えよ．
(1) ベクトル場 $\boldsymbol{F}(\boldsymbol{r})$ は，$\boldsymbol{A}(\boldsymbol{r})$ に対するゲージ変換
$$\boldsymbol{A}'(\boldsymbol{r}) = \boldsymbol{A}(\boldsymbol{r}) + \nabla u(\boldsymbol{r})$$
（$u(\boldsymbol{r})$ は2階偏導関数が連続な任意の関数）に対して不変であることを示せ．
(2) ベクトルポテンシャル $\boldsymbol{A}(\boldsymbol{r}) = (y^2z, x^2z, 0)$ に対して，$u(\boldsymbol{r}) = -xy^2z$ によるゲージ変換を施したポテンシャル $\boldsymbol{A}'(\boldsymbol{r})$ を求めよ．また，得られた $\boldsymbol{A}'(\boldsymbol{r})$ に対して，
$$\nabla \times \boldsymbol{A}(\boldsymbol{r}) = \nabla \times \boldsymbol{A}'(\boldsymbol{r})$$
を確かめよ．

コラム ∇ は演算子

∇ を含んだ計算問題でしばしば見られる間違いに，例えば，ベクトルの恒等式
$$\boldsymbol{a} \cdot (\boldsymbol{b} \times \boldsymbol{c}) = \boldsymbol{b} \cdot (\boldsymbol{c} \times \boldsymbol{a})$$
の $\boldsymbol{a}$ に ∇ を代入して，
$$\nabla \cdot (\boldsymbol{b} \times \boldsymbol{c}) = \boldsymbol{b} \cdot (\boldsymbol{c} \times \nabla) \quad (!?)$$
としてしまう，というものがあります．これは間違いです．ここでの注意点は，∇ はあくまで微分演算子 $\nabla = \left(\frac{\partial}{\partial x}, \frac{\partial}{\partial y}, \frac{\partial}{\partial z}\right)$ であるということです．微分演算子はその右側にある関数に作用するという約束がありますので，勝手に順番を変えてはいけません．普通の微分演算子に対して
$$\frac{d}{dx}f(x) = f(x)\frac{d}{dx} \quad (!?)$$
のような入れ替えをしてはいけないということはすぐにわかると思います．普通の微分演算子ではこんな間違いはしないのに，ベクトル微分演算子 ∇ になった途端，間違いをすることがあります．注意しましょう．

3.5 直交曲線座標系
—— 円柱座標系・球座標系は物理の理解に必須

Contents
- Subsection ❶ 直交曲線座標系の定義
- Subsection ❷ 直交曲線座標系での微分・積分
- Subsection ❸ 円柱座標系・球座標系でのベクトル解析

キーポイント
円柱座標系・球座標系の表式が使えるようになろう．

ここまでの議論では，ベクトル解析で出てくる数式を，互いに直交する直線的な軸（x,y,z 軸）を用いた座標系—デカルト座標系—を使って表現してきました．しかし，考える系がある対称性を持つような場合には，その対称性をうまく取り込んだ座標系を用いることで，問題が非常に簡単になることがあります．例えば，

- 系が軸対称（ある軸周りで回転対称）　→ 円柱座標系が便利
- 系が球対称（原点周りで回転対称）　→ 球座標系が便利

などです．この節では，直交曲線座標系と呼ばれる座標系でのベクトル解析の表現について紹介し，代表的な直交曲線座標系である，円柱座標系，球座標系での数式の導出を行います．

❶ 直交曲線座標系の定義

座標系とは，3 つの数字の組で空間中の位置を指定するシステムのことです[†]．デカルト座標系では，座標原点から出発して，x,y,z 軸方向にそれぞれ x,y,z だけ進んだ位置を，点 (x,y,z) と表します．また，座標ベクトル $\boldsymbol{r}$，ベクトル場 $\boldsymbol{A}(\boldsymbol{r})$ などのベクトルは，x,y,z 軸の向きの単位ベクトル（座標ベクトル）$\boldsymbol{e}_x, \boldsymbol{e}_y, \boldsymbol{e}_z$ を用いて表します．この位置の指定方法，および，座標ベクトルの取り方は，次のように一般化することができます．

曲線座標系：3 つの曲面 $Q_i(x,y,z) = q_i$ （$i = 1,2,3$）の交点を，点 (q_1, q_2, q_3) と指定する．また，点 $\boldsymbol{r} = (q_1, q_2, q_3)$ において，$Q_i(\boldsymbol{r}) = q_i$ の面に垂直で，q_i が大きくなる向きの単位ベクトルを座標ベクトル $\boldsymbol{e}_i$ とする．

具体例として，デカルト座標系，円柱座標系の定義を図 3.21 にまとめます．

[†] これはもちろん 3 次元系での話で，d 次元系では d 個の数字の組で座標系を表します．

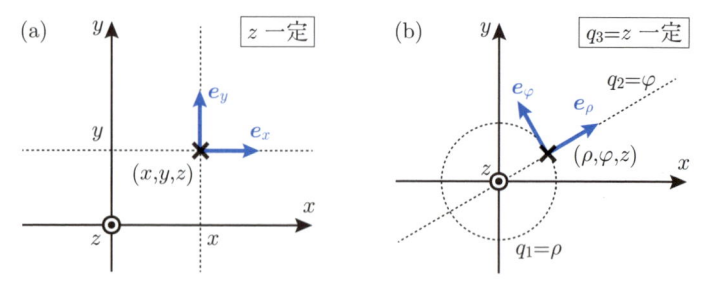

図 3.21 (a) デカルト座標系, (b) 円柱座標系. 図は z 一定の面を表しており, e_z は紙面に垂直, 奥から手前の向きである.

曲線座標系の中で, 特に次の性質を満たすものを直交曲線座標系といいます.

> **直交曲線座標系:** 曲線座標系で, 座標ベクトル (e_1, e_2, e_3) が互いに直交する, すなわち
> $$e_i \cdot e_j = \delta_{ij} \tag{3.20}$$
> が成り立つとき, その座標系を直交曲線座標系という.

さらに, 右手系の直交曲線座標系では, 座標ベクトルは式 (3.20) だけでなく,
$$e_i \times e_j = \sum_{k=1}^{3} \varepsilon_{ijk} e_k \tag{3.21}$$
も満たします (ε_{ijk} はレビ-チビタの記号)[†]. 物理で用いられる座標系では, 多くの場合, 座標ベクトルの直交性が満たされますので, 以下では直交曲線座標系に話を限ることにします. また, 断らない限り, 右手系を考えます.

さて, この直交曲線座標系ですが, デカルト座標系との違いはなんでしょうか. ポイントは 2 つあります.

(1) 座標ベクトル e_i の向きが, 位置によって変わる.
ベクトル場を座標ベクトルを用いて表すとき, $A(r) = \sum_{i=1}^{3} A_i(r) e_i(r)$ となり, e_i も位置 r の関数になる.

(2) q_i から $q_i + dq_i$ への座標の微小変化に伴う移動距離が $|dq_i|$ でない.
座標 q_i が dq_i だけ微小変化したときの変位 ds_i が, 位置によって変わる. ただし,

[†] レビ-チビタの記号は, $\varepsilon_{123} = \varepsilon_{231} = \varepsilon_{312} = 1$, $\varepsilon_{321} = \varepsilon_{213} = \varepsilon_{132} = -1$, $\varepsilon_{ijk} = 0$ (その他の ijk) で定義されます. また, 後で述べるように, 直交曲線座標系では, 座標ベクトルが位置 r に依存するので, ここで述べているのは,「同じ点 r における座標ベクトルが満たす関係式」, すなわち, $e_i(r) \cdot e_j(r) = \delta_{ij}$, $e_i(r) \times e_j(r) = \varepsilon_{ijk} e_k(r)$ を意味しています.

dq_i が微小であれば，変位は dq_i に比例し，

$$ds_i = h_i(\boldsymbol{r}) dq_i \tag{3.22}$$

と書ける．（移動距離は $|ds_i| = |h_i(\boldsymbol{r})|\,|dq_i|$ になる.）ここで $h_i(\boldsymbol{r})$ は位置 $\boldsymbol{r}$ の関数であり，**スケール因子**と呼ばれる．

デカルト座標系との違いは本質的にはこれだけです．ただし，計算（特に微分・積分）は，座標ベクトル，および，スケール因子が位置 $\boldsymbol{r}$ に依存することから，一般に煩雑になります[†]．以下，座標ベクトル，スケール因子は，特に必要のない限り "$(\boldsymbol{r})$" を省略して単に $\boldsymbol{e}_i, h_i$ と書きますが，一般には位置 $\boldsymbol{r}$ の関数であることを忘れないでください．また，スケール因子は，以下の式で与えられます．

> **スケール因子の表式**：直交曲線座標系 (q_1, q_2, q_3) におけるスケール因子は，以下の式で与えられる．
>
> $$h_i = \sqrt{\left(\frac{\partial x}{\partial q_i}\right)^2 + \left(\frac{\partial y}{\partial q_i}\right)^2 + \left(\frac{\partial z}{\partial q_i}\right)^2} \qquad (i = 1, 2, 3) \tag{3.23}$$

導出は，演習問題 3.5.1 を見てください．

❷ 直交曲線座標系での微分・積分

ここでは，スカラー場・ベクトル場の微分・積分が，直交曲線座標系でどのように表されるかを学習します．まず積分ですが，スケール因子が入ってくること以外は，基本的にデカルト座標系の場合と同様の形になります．

● **スカラー場の体積積分** ● 空間中のある領域 V に着目し，V 内の位置 $\boldsymbol{r} = (q_1, q_2, q_3)$ にある微小体積要素を考えます．各座標が $q_i \sim q_i + dq_i$ （$i = 1, 2, 3$) の範囲に対応する微小体積要素を考えると，座標ベクトルが直交しているので，微小体積要素はほぼ，各辺の長さが $ds_i = h_i\,dq_i$ の直方体の形をしており，その体積は，

$$dv \simeq ds_1 ds_2 ds_3 = h_1 h_2 h_3 \, dq_1 dq_2 dq_3$$

となります．（dq_i が有限であれば，体積要素の形が直方体からずれ，体積も上の式からずれますが，そのずれは dq_i の 4 次以上になるので，$dq_i \to 0$ の極限で無視できます．）スカラー場 $\phi(\boldsymbol{r})$ は，体積要素が微小 ($dq_i \to 0$) であればその内部で一定と考えてよいので，領域 V に対するスカラー場の体積積分は，$\phi(\boldsymbol{r}) dv$ を V 内の微小体積要素全てについて足し上げたもの，すなわち，

[†] その意味で，デカルト座標系は，「(1) 座標ベクトルが位置によらず一定」かつ「(2) スケール因子も位置によらず常に $h_i = 1$」という，計算が最も簡単な座標系であるといえます．

$$\lim_{dq_1,dq_2,dq_3 \to 0} \sum_{r \in V} \phi(r) ds_1 ds_2 ds_3 \equiv \iiint_V \phi(r) h_1 h_2 h_3 \, dq_1 dq_2 dq_3 \qquad (3.24)$$

で求まることになります．微小体積要素の体積にスケール因子が入る以外は，定義，計算とも，デカルト座標系と基本的に同じです．また，この式は，デカルト座標系での多重積分 $\iiint_V \phi(r) dx dy dz$ で，(x,y,z) から (q_1,q_2,q_3) へ変数変換したものと一致しますので（スケール因子 $h_1 h_2 h_3$ がヤコビアンに対応），その意味でも自然な定義になっています．

● **ベクトル場の線積分** ● 曲線 C を微小線素に分割します．位置 r にある微小線素が，(q_1,q_2,q_3) から $(q_1+dq_1,q_2+dq_2,q_3+dq_3)$ への座標変化に対応しているとすると，変位ベクトルは，

$$d\boldsymbol{r} = \sum_{i=1}^{3} ds_i \, \boldsymbol{e}_i = \sum_{i=1}^{3} h_i \, dq_i \, \boldsymbol{e}_i$$

となります．ベクトル場 $\boldsymbol{A}(\boldsymbol{r})$ の線積分は，$\boldsymbol{A}(\boldsymbol{r})$ と変位ベクトル $d\boldsymbol{r}$ のスカラー積を曲線 C 上の全微小線素について足し上げたものですので，

$$\lim_{|d\boldsymbol{r}| \to 0} \sum_{\boldsymbol{r} \in C} \boldsymbol{A}(\boldsymbol{r}) \cdot d\boldsymbol{r} \equiv \int_C \boldsymbol{A}(\boldsymbol{r}) \cdot d\boldsymbol{r} = \int_C \left(\sum_{i=1}^{3} A_i(\boldsymbol{r}) \boldsymbol{e}_i \right) \cdot \left(\sum_{j=1}^{3} h_j \, dq_j \, \boldsymbol{e}_j \right)$$

$$= \sum_{i=1}^{3} \int_C A_i(\boldsymbol{r}) h_i \, dq_i$$

（$\boldsymbol{e}_i \cdot \boldsymbol{e}_j = \delta_{ij}$ を用いた）で与えられることになります．この定義についても，微小変位にスケール因子が入ることにだけ注意すれば，考え方はデカルト座標系のときと同じです．

● **ベクトル場の面積分** ● 曲面 S を微小面素に分割します．面素ベクトルの $\boldsymbol{e}_i$ 成分は面素を q_i 一定の面に射影したものの面積になることに注意すると，面素ベクトルは

$$d\boldsymbol{\sigma} = ds_2 ds_3 \, \boldsymbol{e}_1 + ds_3 ds_1 \, \boldsymbol{e}_2 + ds_1 ds_2 \, \boldsymbol{e}_3$$

$$= h_2 h_3 \, dq_2 dq_3 \, \boldsymbol{e}_1 + h_3 h_1 \, dq_3 dq_1 \, \boldsymbol{e}_2 + h_1 h_2 \, dq_1 dq_2 \, \boldsymbol{e}_3$$

と書くことができます．ベクトル場 $\boldsymbol{A}(\boldsymbol{r})$ の面積分は，$\boldsymbol{A}(\boldsymbol{r})$ と面素ベクトル $d\boldsymbol{\sigma}$ のスカラー積を曲面 S 上の全微小面素について足し上げたものであり，

$$\lim_{|d\boldsymbol{\sigma}| \to 0} \sum_{\boldsymbol{r} \in S} \boldsymbol{A}(\boldsymbol{r}) \cdot d\boldsymbol{\sigma} \equiv \int_S \boldsymbol{A}(\boldsymbol{r}) \cdot d\boldsymbol{\sigma}$$

$$= \int_S \{ A_1(\boldsymbol{r}) h_2 h_3 \, dq_2 dq_3 + A_2(\boldsymbol{r}) h_3 h_1 \, dq_3 dq_1 + A_3(\boldsymbol{r}) h_1 h_2 \, dq_1 dq_2 \}$$

と表されます．面素ベクトルの各成分にスケール因子が入ることに注意すれば，この面積分の定義も，自然なものとして理解できるでしょう．

3.5 直交曲線座標系

次に，スカラー場・ベクトル場の微分に進みましょう．具体的には，勾配，発散，回転，ラプラシアンが，直交曲線座標系でどのように表されるかを考えます．ここでは，勾配，発散，回転について，3.3 節で求めた幾何学的意味がそれぞれの定義を与えると解釈することで，直交曲線座標系における表現を導出することにします[†]．

● **スカラー場の勾配** ● スカラー場の勾配 $\nabla\phi(\boldsymbol{r})$ は，$\phi(\boldsymbol{r})$ の変化が最も急な向きを向いた，大きさが $\phi(\boldsymbol{r})$ の変化率に等しいようなベクトルです．また，$\phi(\boldsymbol{r})$ の $\boldsymbol{e}_i$ 方向成分は，$\boldsymbol{e}_i$ の方向に微小変位したときの $\phi(\boldsymbol{r})$ の変化率を与えます．この勾配の幾何学的定義から，$\nabla\phi(\boldsymbol{r})$ の表式が以下のように導かれます．

基本問題 3.22

直交曲線座標系 (q_1, q_2, q_3) において，スカラー場 $\phi(\boldsymbol{r})$ の勾配が

$$\nabla\phi(\boldsymbol{r}) = \sum_{i=1}^{3} \frac{1}{h_i}\left(\frac{\partial\phi(\boldsymbol{r})}{\partial q_i}\right)\boldsymbol{e}_i \tag{3.25}$$

と表されることを示せ．

方針 勾配の幾何学的定義を考える．

【**答案**】 勾配 $\nabla\phi(\boldsymbol{r})$ の $\boldsymbol{e}_i$ 方向成分は，$\boldsymbol{e}_i$ 方向の微小変位に際しての $\phi(\boldsymbol{r})$ の変化率（変化分を変位で割って単位長さ当たりになおしたもの）である．すると，座標 q_i から $q_i + dq_i$ への変化に伴う変位が $ds_i = h_i\, dq_i$ であることに注意して，

$$[\nabla\phi(\boldsymbol{r})]_i = \frac{\partial\phi(\boldsymbol{r})}{\partial s_i} = \frac{1}{h_i}\frac{\partial\phi(\boldsymbol{r})}{\partial q_i}.$$

ゆえに，勾配は与式 (3.25) で与えられる．■

● **ベクトル場の発散** ● ベクトル場の発散 $\nabla\cdot\boldsymbol{A}(\boldsymbol{r})$ の幾何学的定義は，位置 $\boldsymbol{r}$ にある微小体積から出てくるベクトル場 $\boldsymbol{A}(\boldsymbol{r})$ の総量（面積分）を微小体積で割って単位体積当たりの割合になおしたものであり，その直交曲線座標系における表式は，以下の式で与えられます．

[†] この幾何学的意味による定義と，3.3 節で与えた（デカルト座標系での）数式による定義は等価になります．実際，幾何学的定義から導出した勾配，発散，回転の式をデカルト座標系に適用すると，3.3 節の式 (3.10), (3.11), (3.13) が得られます．

基本問題 3.23

直交曲線座標系 (q_1, q_2, q_3) において，ベクトル場 $\boldsymbol{A}(\boldsymbol{r})$ の発散が

$$\nabla \cdot \boldsymbol{A}(\boldsymbol{r}) = \frac{1}{h_1 h_2 h_3}\left\{\frac{\partial}{\partial q_1}(A_1(\boldsymbol{r})h_2 h_3) + \frac{\partial}{\partial q_2}(A_2(\boldsymbol{r})h_3 h_1) + \frac{\partial}{\partial q_3}(A_3(\boldsymbol{r})h_1 h_2)\right\} \tag{3.26}$$

と表されることを示せ．

方針　$q_i \sim q_i + dq_i$（$i = 1, 2, 3$）の微小体積から出てくるベクトル場の総量を計算する．

【答案】 図 3.22 のように，位置 $\boldsymbol{r} = (q_1, q_2, q_3)$ で，各座標が $q_i \sim q_i + dq_i$ の範囲にある微小体積を考え，$\boldsymbol{e}_1$ に垂直な面 S_1, S_1' からわき出すベクトル場の総量を求める．以下，面 S_1 の中心点 $(q_1, q_2 + \frac{dq_2}{2}, q_3 + \frac{dq_3}{2})$ を $\boldsymbol{r}_{S_1}$，面 S_1' の中心点 $(q_1 + dq_1, q_2 + \frac{dq_2}{2}, q_3 + \frac{dq_3}{2})$ を $\boldsymbol{r}_{S_1'}$ と略記する．dq_2, dq_3 が十分小さければ，面 S_1 上でベクトル場は一定値 $\boldsymbol{A}(\boldsymbol{r}_{S_1})$ をとるとしてよいので，面 S_1 でのベクトル場の面積分は，$\boldsymbol{A}(\boldsymbol{r}_{S_1})$ の $\boldsymbol{e}_1$ 方向成分に面 S_1 の面積を掛けたもの，すなわち，$A_1(\boldsymbol{r}_{S_1})h_2(\boldsymbol{r}_{S_1})h_3(\boldsymbol{r}_{S_1})dq_2 dq_3$ となる．同様に，面 S_1' でのベクトル場の面積分は $A_1(\boldsymbol{r}_{S_1'})h_2(\boldsymbol{r}_{S_1'})h_3(\boldsymbol{r}_{S_1'})dq_2 dq_3$ となる．ここで，$F(\boldsymbol{s}) \equiv A_1(\boldsymbol{s})h_2(\boldsymbol{s})h_3(\boldsymbol{s})$ とすると，$\boldsymbol{r}_{S_1'}$ は $\boldsymbol{r}_{S_1}$ から座標 q_1 が dq_1 だけ変化した点であることに注意して，

$$F(\boldsymbol{r}_{S_1'}) = F(\boldsymbol{r}_{S_1}) + \frac{\partial F(\boldsymbol{r}_{S_1})}{\partial q_1}dq_1 + O(dq_1^2)$$

と展開できる．ゆえに，

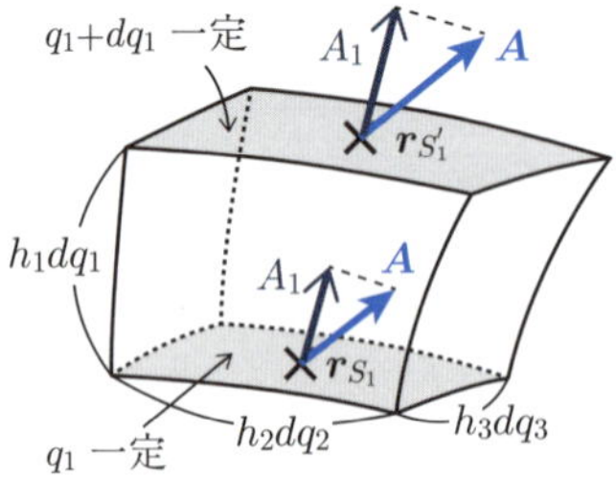

図 3.22

$$\begin{aligned}
&A_1(\boldsymbol{r}_{S_1'})h_2(\boldsymbol{r}_{S_1'})h_3(\boldsymbol{r}_{S_1'})dq_2 dq_3 \\
&= \left[A_1(\boldsymbol{r}_{S_1})h_2(\boldsymbol{r}_{S_1})h_3(\boldsymbol{r}_{S_1}) + \frac{\partial\{A_1(\boldsymbol{r}_{S_1})h_2(\boldsymbol{r}_{S_1})h_3(\boldsymbol{r}_{S_1})\}}{\partial q_1}dq_1 + O(dq_1^2)\right]dq_2 dq_3
\end{aligned}$$

であり，面 S_1, S_1' からわき出すベクトル場の総量は，

$$\begin{aligned}
&A_1(\boldsymbol{r}_{S_1'})h_2(\boldsymbol{r}_{S_1'})h_3(\boldsymbol{r}_{S_1'})dq_2 dq_3 - A_1(\boldsymbol{r}_{S_1})h_2(\boldsymbol{r}_{S_1})h_3(\boldsymbol{r}_{S_1})dq_2 dq_3 \\
&= \frac{\partial\{A_1(\boldsymbol{r})h_2 h_3\}}{\partial q_1}dq_1 dq_2 dq_3 + O(dq^4)
\end{aligned}$$

となる．（$dq_1, dq_2, dq_3 \to 0$ のとき，$\boldsymbol{r}_{S_1} \to \boldsymbol{r}$ であり，また，$h_2(\boldsymbol{r}), h_3(\boldsymbol{r})$ を h_2, h_3 と略記した．）$\boldsymbol{e}_2, \boldsymbol{e}_3$ に垂直な面からのわき出しも同様に計算することができ，それらを足し上げたものを，微小体積 $h_1 h_2 h_3 dq_1 dq_2 dq_3 + O(dq^4)$ で割ると，ベクトル場の発散が得られる．ゆえに，求める式は，

$$\nabla \cdot \boldsymbol{A}(\boldsymbol{r})$$
$$= \lim_{dq_1, dq_2, dq_3 \to 0} \frac{\left\{ \frac{\partial (A_1(\boldsymbol{r}) h_2 h_3)}{\partial q_1} + \frac{\partial (A_2(\boldsymbol{r}) h_3 h_1)}{\partial q_2} + \frac{\partial (A_3(\boldsymbol{r}) h_1 h_2)}{\partial q_3} \right\} dq_1 dq_2 dq_3 + O(dq^4)}{h_1 h_2 h_3 dq_1 dq_2 dq_3 + O(dq^4)}$$
$$= \frac{1}{h_1 h_2 h_3} \left\{ \frac{\partial}{\partial q_1} (A_1(\boldsymbol{r}) h_2 h_3) + \frac{\partial}{\partial q_2} (A_2(\boldsymbol{r}) h_3 h_1) + \frac{\partial}{\partial q_3} (A_3(\boldsymbol{r}) h_1 h_2) \right\}. \blacksquare$$

● ラプラシアン ●　勾配と発散の式を組み合わせて，ラプラシアンの表式を求めることができます．

基本問題 3.24

直交曲線座標系 (q_1, q_2, q_3) において，ラプラシアン ∇^2 が

$$\nabla^2 = \frac{1}{h_1 h_2 h_3} \left\{ \frac{\partial}{\partial q_1} \left(\frac{h_2 h_3}{h_1} \frac{\partial}{\partial q_1} \right) + \frac{\partial}{\partial q_2} \left(\frac{h_3 h_1}{h_2} \frac{\partial}{\partial q_2} \right) + \frac{\partial}{\partial q_3} \left(\frac{h_1 h_2}{h_3} \frac{\partial}{\partial q_3} \right) \right\} \tag{3.27}$$

と表されることを示せ．

方針　勾配の発散がラプラシアンを与える．

【答案】　ラプラシアン演算子 ∇^2 は，任意のスカラー関数 $\phi(\boldsymbol{r})$ に対して，
$$\nabla^2 \phi(\boldsymbol{r}) = \nabla \cdot \{\nabla \phi(\boldsymbol{r})\}$$
のように定義される．ここで，$\nabla \phi(\boldsymbol{r}) = \boldsymbol{A}(\boldsymbol{r})$ とおくと，勾配の式 (3.25) より，$A_i(\boldsymbol{r}) = \frac{1}{h_i} \frac{\partial \phi(\boldsymbol{r})}{\partial q_i}$．この $\boldsymbol{A}(\boldsymbol{r})$ の発散をとれば，$\nabla^2 \phi(\boldsymbol{r})$ が求まり，

$$\nabla^2 \phi(\boldsymbol{r}) = \nabla \cdot \boldsymbol{A}(\boldsymbol{r})$$
$$= \frac{1}{h_1 h_2 h_3} \left[\frac{\partial}{\partial q_1} \left\{ \left(\frac{1}{h_1} \frac{\partial \phi(\boldsymbol{r})}{\partial q_1} \right) h_2 h_3 \right\} + \frac{\partial}{\partial q_2} \left\{ \left(\frac{1}{h_2} \frac{\partial \phi(\boldsymbol{r})}{\partial q_2} \right) h_3 h_1 \right\} \right.$$
$$\left. + \frac{\partial}{\partial q_3} \left\{ \left(\frac{1}{h_3} \frac{\partial \phi(\boldsymbol{r})}{\partial q_3} \right) h_1 h_2 \right\} \right]$$
$$= \frac{1}{h_1 h_2 h_3} \left\{ \frac{\partial}{\partial q_1} \left(\frac{h_2 h_3}{h_1} \frac{\partial}{\partial q_1} \right) + \frac{\partial}{\partial q_2} \left(\frac{h_3 h_1}{h_2} \frac{\partial}{\partial q_2} \right) + \frac{\partial}{\partial q_3} \left(\frac{h_1 h_2}{h_3} \frac{\partial}{\partial q_3} \right) \right\} \phi(\boldsymbol{r}).$$

ゆえに，ラプラシアン ∇^2 は与式 (3.27) で表される．■

● ベクトル場の回転 ●　ベクトル場の回転 $\nabla \times \boldsymbol{A}(\boldsymbol{r})$ は，その $\boldsymbol{e}_i$ 成分が，「$\boldsymbol{e}_i$ に垂直な微小ループ上での $\boldsymbol{A}(\boldsymbol{r})$ の周回積分を，ループの面積で割って単位面積当たりになおしたもの」を与えるベクトルです．この幾何学的定義から，直交曲線座標系における $\nabla \times \boldsymbol{A}(\boldsymbol{r})$ の式が求まります．

基本問題 3.25

直交曲線座標系 (q_1, q_2, q_3) において，ベクトル場 $\boldsymbol{A}(\boldsymbol{r})$ の回転が

$$\nabla \times \boldsymbol{A}(\boldsymbol{r}) = \frac{1}{h_1 h_2 h_3} \begin{vmatrix} h_1 \boldsymbol{e}_1 & h_2 \boldsymbol{e}_2 & h_3 \boldsymbol{e}_3 \\ \frac{\partial}{\partial q_1} & \frac{\partial}{\partial q_2} & \frac{\partial}{\partial q_3} \\ h_1 A_1(\boldsymbol{r}) & h_2 A_2(\boldsymbol{r}) & h_3 A_3(\boldsymbol{r}) \end{vmatrix} \tag{3.28}$$

と表されることを示せ．

方針 図 3.23 の微小ループにおける線積分を計算する．

【答案】 図 3.23 のような，$\boldsymbol{e}_1$ に垂直な (q_1 が一定の) 面内にある，$q_2, q_2+dq_2, q_3, q_3+dq_3$ が一定の 4 辺で囲まれた微小ループを考える．$\nabla \times \boldsymbol{A}(\boldsymbol{r})$ の $\boldsymbol{e}_1$ 成分は，このループ上での $\boldsymbol{A}(\boldsymbol{r})$ の周回積分をループの面積で割ったもので与えられる．以下，q_3, q_3+dq_3 が一定の辺をそれぞれ C_3, C_3' とし，それぞれの辺の中点を，$\boldsymbol{r}_{C_3} = (q_1, q_2+\frac{dq_2}{2}, q_3)$，$\boldsymbol{r}_{C_3'} = (q_1, q_2+\frac{dq_2}{2}, q_3+dq_3)$ と略記する．dq_2 が十分小さければ，C_3 上でベクトル場は一定値 $\boldsymbol{A}(\boldsymbol{r}_{C_3})$ をとるとしてよいので，辺 C_3 での $\boldsymbol{A}(\boldsymbol{r})$ の線積分は，$\boldsymbol{A}(\boldsymbol{r}_{C_3})$

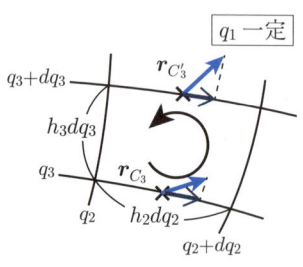

図 3.23

の $\boldsymbol{e}_2$ 方向成分に辺の長さを掛けたものとなり，$A_2(\boldsymbol{r}_{C_3}) h_2(\boldsymbol{r}_{C_3}) dq_2$ で与えられる．同様に，辺 C_3' での線積分は $-A_2(\boldsymbol{r}_{C_3'}) h_2(\boldsymbol{r}_{C_3'}) dq_2$ となる．ここで，$F(\boldsymbol{s}) \equiv A_2(\boldsymbol{s}) h_2(\boldsymbol{s})$ とすると，$\boldsymbol{r}_{C_3'}$ は $\boldsymbol{r}_{C_3}$ から座標 q_3 が dq_3 だけ変化した点であることに注意して，

$$F(\boldsymbol{r}_{C_3'}) = F(\boldsymbol{r}_{C_3}) + \frac{\partial F(\boldsymbol{r}_{C_3})}{\partial q_3} dq_3 + O(dq_3^2)$$

と展開できる．ゆえに，

$$\begin{aligned} & - A_2(\boldsymbol{r}_{C_3'}) h_2(\boldsymbol{r}_{C_3'}) dq_2 \\ & = -A_2(\boldsymbol{r}_{C_3}) h_2(\boldsymbol{r}_{C_3}) dq_2 - \frac{\partial \{A_2(\boldsymbol{r}_{C_3}) h_2(\boldsymbol{r}_{C_3})\}}{\partial q_3} dq_2 dq_3 + O(dq^3) \end{aligned}$$

であり，辺 C_3, C_3' でのベクトル場の線積分の合計は

$$-\frac{\partial \{A_2(\boldsymbol{r}) h_2\}}{\partial q_3} dq_2 dq_3 + O(dq^3)$$

となる．($dq_2 \to 0$ のとき $\boldsymbol{r}_{C_3} \to \boldsymbol{r}$ であり，また，$h_2(\boldsymbol{r})$ を h_2 と略記した．)

q_2, q_2+dq_2 が一定の辺での線積分も同様に計算し，4 辺での線積分を足し上げたものを微小ループの面積 $h_2 h_3 dq_2 dq_3 + O(dq^3)$ で割ると，$\nabla \times \boldsymbol{A}(\boldsymbol{r})$ の $\boldsymbol{e}_1$ 成分が，

$$\begin{aligned} \{\nabla \times \boldsymbol{A}(\boldsymbol{r})\}_1 &= \lim_{dq_2, dq_3 \to 0} \frac{\left\{-\frac{\partial}{\partial q_3}(A_2(\boldsymbol{r}) h_2) + \frac{\partial}{\partial q_2}(A_3(\boldsymbol{r}) h_3)\right\} dq_2 dq_3 + O(dq^3)}{h_2 h_3 dq_2 dq_3 + O(dq^3)} \\ &= \frac{1}{h_2 h_3} \left\{\frac{\partial}{\partial q_2}(A_3(\boldsymbol{r}) h_3) - \frac{\partial}{\partial q_3}(A_2(\boldsymbol{r}) h_2)\right\} \end{aligned}$$

と求まる．e_2 成分，e_3 成分も同様に計算して，

$$\nabla \times \boldsymbol{A}(\boldsymbol{r}) = \frac{1}{h_2 h_3}\left\{\frac{\partial}{\partial q_2}(A_3(\boldsymbol{r})h_3) - \frac{\partial}{\partial q_3}(A_2(\boldsymbol{r})h_2)\right\}\boldsymbol{e}_1$$
$$+ \frac{1}{h_3 h_1}\left\{\frac{\partial}{\partial q_3}(A_1(\boldsymbol{r})h_1) - \frac{\partial}{\partial q_1}(A_3(\boldsymbol{r})h_3)\right\}\boldsymbol{e}_2$$
$$+ \frac{1}{h_1 h_2}\left\{\frac{\partial}{\partial q_1}(A_2(\boldsymbol{r})h_2) - \frac{\partial}{\partial q_2}(A_1(\boldsymbol{r})h_1)\right\}\boldsymbol{e}_3$$
$$= \frac{1}{h_1 h_2 h_3}\begin{vmatrix} h_1 \boldsymbol{e}_1 & h_2 \boldsymbol{e}_2 & h_3 \boldsymbol{e}_3 \\ \frac{\partial}{\partial q_1} & \frac{\partial}{\partial q_2} & \frac{\partial}{\partial q_3} \\ h_1 A_1(\boldsymbol{r}) & h_2 A_2(\boldsymbol{r}) & h_3 A_3(\boldsymbol{r}) \end{vmatrix}$$

となる．∎

❸ 円柱座標系・球座標系でのベクトル解析

　ここまで，直交曲線座標系の一般論について学習しました．直交曲線座標系のうち，物理で最もよく用いられるのは，円柱座標系と球座標系[†]です．以下では，それらの座標系における勾配・発散・回転などの具体的な表式を導出し，その応用例について紹介します．

● **円柱座標系** ●　　円柱座標系 (ρ, φ, z) は，図 3.24 のように

- ρ：z 軸からの距離 $(0 \leq \rho < \infty)$
- φ：位置ベクトル $\boldsymbol{r}$ の xy 平面への射影が x 軸となす角 $(0 \leq \varphi \leq 2\pi)$
- z：z 座標 $(-\infty < z < \infty)$

を用いて，点の位置を指定する座標系です．円柱座標 (ρ, φ, z) とデカルト座標 (x, y, z) の関係，および，それぞれの座標ベクトルの間の関係は，次のようになります．

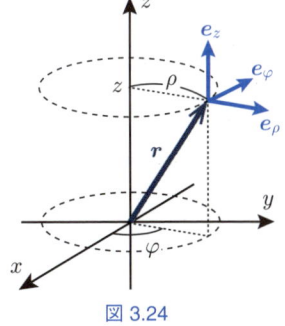

図 3.24

$$\begin{cases} \rho = \sqrt{x^2 + y^2} \\ \varphi = \tan^{-1}\left(\frac{y}{x}\right) \\ z = z \end{cases} \iff \begin{cases} x = \rho \cos \varphi \\ y = \rho \sin \varphi \\ z = z \end{cases} \tag{3.29}$$

$$\begin{cases} \boldsymbol{e}_\rho = \cos\varphi\, \boldsymbol{e}_x + \sin\varphi\, \boldsymbol{e}_y \\ \boldsymbol{e}_\varphi = -\sin\varphi\, \boldsymbol{e}_x + \cos\varphi\, \boldsymbol{e}_y \\ \boldsymbol{e}_z = \boldsymbol{e}_z \end{cases} \iff \begin{cases} \boldsymbol{e}_x = \cos\varphi\, \boldsymbol{e}_\rho - \sin\varphi\, \boldsymbol{e}_\varphi \\ \boldsymbol{e}_y = \sin\varphi\, \boldsymbol{e}_\rho + \cos\varphi\, \boldsymbol{e}_\varphi \\ \boldsymbol{e}_z = \boldsymbol{e}_z \end{cases} \tag{3.30}$$

[†]円柱座標系は**円筒座標系**，球座標系は**極座標系**と呼ばれることもあります．

図 3.24 からもわかるように，円柱座標系は，z 軸周りの回転対称性を持つ系を扱う場合に，大変便利に用いられます．

円柱座標系における具体的な演算の表式は，座標変換の式から求めたスケール因子（演習問題 3.5.1 参照）を，一般の直交曲線座標系に対する式に代入することで得られます．以下，円柱座標系での各種演算の式をまとめておきます．

円柱座標系 (ρ, φ, z) での演算：

スケール因子：$h_\rho = 1, \ h_\varphi = \rho, \ h_z = 1$

体積要素：$dv = \rho \, d\rho \, d\varphi \, dz$

微小変位ベクトル：$d\boldsymbol{r} = d\rho \, \boldsymbol{e}_\rho + \rho \, d\varphi \, \boldsymbol{e}_\varphi + dz \, \boldsymbol{e}_z$

勾配：$\nabla \phi(\rho, \varphi, z) = \boldsymbol{e}_\rho \dfrac{\partial \phi}{\partial \rho} + \boldsymbol{e}_\varphi \dfrac{1}{\rho} \dfrac{\partial \phi}{\partial \varphi} + \boldsymbol{e}_z \dfrac{\partial \phi}{\partial z}$

発散：$\nabla \cdot \boldsymbol{A}(\rho, \varphi, z) = \dfrac{1}{\rho} \dfrac{\partial}{\partial \rho}(\rho A_\rho) + \dfrac{1}{\rho} \dfrac{\partial A_\varphi}{\partial \varphi} + \dfrac{\partial A_z}{\partial z}$

回転：$\nabla \times \boldsymbol{A}(\rho, \varphi, z) = \dfrac{1}{\rho} \begin{vmatrix} \boldsymbol{e}_\rho & \rho \boldsymbol{e}_\varphi & \boldsymbol{e}_z \\ \dfrac{\partial}{\partial \rho} & \dfrac{\partial}{\partial \varphi} & \dfrac{\partial}{\partial z} \\ A_\rho & \rho A_\varphi & A_z \end{vmatrix}$

ラプラシアン：$\nabla^2 \phi(\rho, \varphi, z) = \dfrac{1}{\rho} \dfrac{\partial}{\partial \rho}\left(\rho \dfrac{\partial \phi}{\partial \rho}\right) + \dfrac{1}{\rho^2} \dfrac{\partial^2 \phi}{\partial \varphi^2} + \dfrac{\partial^2 \phi}{\partial z^2}$

● **球座標系** ●　球座標系 (r, θ, φ) では，図 3.25 のように

- r：原点からの距離（$0 \leq r < \infty$）
- θ：位置ベクトル $\boldsymbol{r}$ が z 軸となす角（$0 \leq \theta \leq \pi$）
- φ：位置ベクトル $\boldsymbol{r}$ の xy 平面への射影が x 軸となす角（$0 \leq \varphi \leq 2\pi$）

を用いて，点の位置を指定します．球座標 (r, θ, φ) とデカルト座標 (x, y, z) の関係，および，それぞれの座標ベクトルの間の関係は，次の通りです．

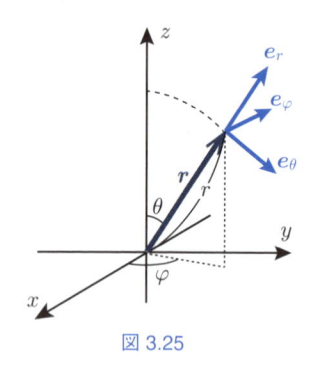

図 3.25

3.5 直交曲線座標系

$$\begin{cases} r = \sqrt{x^2 + y^2 + z^2} \\ \theta = \cos^{-1}\left(\frac{z}{\sqrt{x^2+y^2+z^2}}\right) \\ \varphi = \tan^{-1}\left(\frac{y}{x}\right) \end{cases} \iff \begin{cases} x = r\sin\theta\cos\varphi \\ y = r\sin\theta\sin\varphi \\ z = r\cos\theta \end{cases} \tag{3.31}$$

$$\begin{cases} \bm{e}_r = \sin\theta\cos\varphi\,\bm{e}_x + \sin\theta\sin\varphi\,\bm{e}_y + \cos\theta\,\bm{e}_z \\ \bm{e}_\theta = \cos\theta\cos\varphi\,\bm{e}_x + \cos\theta\sin\varphi\,\bm{e}_y - \sin\theta\,\bm{e}_z \\ \bm{e}_\varphi = -\sin\varphi\,\bm{e}_x + \cos\varphi\,\bm{e}_y \end{cases}$$

$$\iff \begin{cases} \bm{e}_x = \sin\theta\cos\varphi\,\bm{e}_r + \cos\theta\cos\varphi\,\bm{e}_\theta - \sin\varphi\,\bm{e}_\varphi \\ \bm{e}_y = \sin\theta\sin\varphi\,\bm{e}_r + \cos\theta\sin\varphi\,\bm{e}_\theta + \cos\varphi\,\bm{e}_\varphi \\ \bm{e}_z = \cos\theta\,\bm{e}_r - \sin\theta\,\bm{e}_\theta \end{cases} \tag{3.32}$$

球座標系は，原点周りの回転対称性を持つ系を扱う場合に，威力を発揮します．

　球座標系における演算の表式も，スケール因子を計算し（演習問題 3.5.1 参照），一般の直交曲線座標系に対する式に代入することで得られます．以下に，各種演算の式をまとめます．

球座標系 (r, θ, φ) での演算：

スケール因子：$h_r = 1, \quad h_\theta = r, \quad h_\varphi = r\sin\theta$

体積要素：$dv = r^2\sin\theta\, dr\, d\theta\, d\varphi$

微小変位ベクトル：$d\bm{r} = dr\,\bm{e}_r + r\,d\theta\,\bm{e}_\theta + r\sin\theta\,d\varphi\,\bm{e}_\varphi$

勾配：$\nabla\phi(r,\theta,\varphi) = \bm{e}_r\dfrac{\partial\phi}{\partial r} + \bm{e}_\theta\dfrac{1}{r}\dfrac{\partial\phi}{\partial\theta} + \bm{e}_\varphi\dfrac{1}{r\sin\theta}\dfrac{\partial\phi}{\partial\varphi}$

発散：$\nabla\cdot\bm{A}(r,\theta,\varphi) = \dfrac{1}{r^2\sin\theta}\left\{\sin\theta\dfrac{\partial}{\partial r}(r^2 A_r) + r\dfrac{\partial}{\partial\theta}(\sin\theta\, A_\theta) + r\dfrac{\partial A_\varphi}{\partial\varphi}\right\}$

回転：$\nabla\times\bm{A}(r,\theta,\varphi) = \dfrac{1}{r^2\sin\theta}\begin{vmatrix} \bm{e}_r & r\bm{e}_\theta & r\sin\theta\,\bm{e}_\varphi \\ \frac{\partial}{\partial r} & \frac{\partial}{\partial\theta} & \frac{\partial}{\partial\varphi} \\ A_r & rA_\theta & r\sin\theta A_\varphi \end{vmatrix}$

ラプラシアン：
$$\nabla^2\phi(r,\theta,\varphi) = \dfrac{1}{r^2\sin\theta}\left\{\sin\theta\dfrac{\partial}{\partial r}\left(r^2\dfrac{\partial\phi}{\partial r}\right) + \dfrac{\partial}{\partial\theta}\left(\sin\theta\dfrac{\partial\phi}{\partial\theta}\right) + \dfrac{1}{\sin\theta}\dfrac{\partial^2\phi}{\partial\varphi^2}\right\}$$

●**円柱座標系・球座標系の応用**●　ここまでで見たように，直交曲線座標系での演算（特に微分演算）の式は，デカルト座標系の式に比べてかなり煩雑になります．しかし，考える系が，軸対称・球対称などの対称性を持つような場合には，円柱座標系・球座標系を用いることで，問題が簡単化されることがしばしばあります．その例として，ここでは，偏微分方程式への応用を紹介します．

基本問題 3.26 【重要】

ポテンシャル $V(\boldsymbol{r})$ 中を運動する質量 m の粒子の波動関数 $\Psi(\boldsymbol{r})$ は，偏微分方程式（シュレーディンガー方程式）

$$\left(-\frac{\hbar^2}{2m}\nabla^2 + V(\boldsymbol{r})\right)\Psi(\boldsymbol{r}) = E\Psi(\boldsymbol{r})$$

（$\hbar, E$ は定数）に従う．今，ポテンシャルが原点からの距離のみの関数 $V(\boldsymbol{r}) = V(r)$ であるとする．シュレーディンガー方程式を球座標系 (r, θ, φ) で表し，$\Psi(r, \theta, \varphi) = R(r)\Theta(\theta)\Phi(\varphi)$ と変数分離することで，R, Θ, Φ が従う常微分方程式を求めよ．

方針 ラプラシアンを球座標系で表し，偏微分方程式を変数分離する（2.6 節参照）．

【答案】 シュレーディンガー方程式を変形して，

$$\nabla^2 \Psi(\boldsymbol{r}) = K(r)\Psi(\boldsymbol{r}). \quad \left(K(r) = -\frac{2m\{E-V(r)\}}{\hbar^2}\right)$$

ラプラシアン ∇^2 を球座標系を用いて表すと，

$$\frac{1}{r^2 \sin\theta}\left\{\sin\theta\frac{\partial}{\partial r}\left(r^2 \frac{\partial \Psi(r,\theta,\varphi)}{\partial r}\right) + \frac{\partial}{\partial \theta}\left(\sin\theta \frac{\partial \Psi(r,\theta,\varphi)}{\partial \theta}\right) + \frac{1}{\sin\theta}\frac{\partial^2 \Psi(r,\theta,\varphi)}{\partial \varphi^2}\right\}$$
$$= K(r)\Psi(r,\theta,\varphi).$$

ここで，$\Psi(r,\theta,\varphi) = R(r)\Theta(\theta)\Phi(\varphi)$ として，方程式に代入すると，

$$\frac{1}{r^2 \sin\theta}\left\{\sin\theta\,\Theta\Phi\frac{d}{dr}\left(r^2 \frac{dR}{dr}\right) + R\Phi\frac{d}{d\theta}\left(\sin\theta \frac{d\Theta}{d\theta}\right) + \frac{1}{\sin\theta}R\Theta\frac{d^2\Phi}{d\varphi^2}\right\} = K(r)R\Theta\Phi.$$

($R(r), \Theta(\theta), \Phi(\varphi)$ をそれぞれ R, Θ, Φ と略記．また，例えば $\frac{\partial R}{\partial r}$ は 1 変数関数の微分なので，$\frac{dR}{dr}$ に書き直した．) 両辺に $\frac{r^2 \sin^2\theta}{R\Theta\Phi}$ を掛けて整理すると，

$$\frac{1}{\Phi}\frac{d^2\Phi}{d\varphi^2} = r^2 \sin^2\theta\left\{K(r) - \frac{1}{r^2 R}\frac{d}{dr}\left(r^2\frac{dR}{dr}\right) - \frac{1}{r^2 \sin\theta\,\Theta}\frac{d}{d\theta}\left(\sin\theta\frac{d\Theta}{d\theta}\right)\right\}.$$

左辺は φ のみ，右辺は r, θ のみの関数なので，任意の (r, θ, φ) に対して等式が成り立つためには，両辺が定数でなければならない．ゆえに，分離定数を λ_1 として，

$$\frac{1}{\Phi}\frac{d^2\Phi}{d\varphi^2} = \lambda_1, \qquad \text{①}$$

かつ

$$r^2 \sin^2\theta\left\{K(r) - \frac{1}{r^2 R}\frac{d}{dr}\left(r^2\frac{dR}{dr}\right) - \frac{1}{r^2 \sin\theta\,\Theta}\frac{d}{d\theta}\left(\sin\theta\frac{d\Theta}{d\theta}\right)\right\} = \lambda_1.$$

3.5 直交曲線座標系

さらに，この式の両辺に $\frac{1}{\sin^2\theta}$ を掛けて整理すると，

$$\frac{1}{R}\frac{d}{dr}\left(r^2\frac{dR}{dr}\right) - r^2 K(r) = -\frac{1}{\sin\theta\,\Theta}\frac{d}{d\theta}\left(\sin\theta\frac{d\Theta}{d\theta}\right) - \frac{\lambda_1}{\sin^2\theta}.$$

左辺は r のみ，右辺は θ のみの関数なので，任意の (r,θ) に対して等式が成り立つためには，両辺は定数．ゆえに分離定数を λ_2 として，

$$\frac{1}{R}\frac{d}{dr}\left(r^2\frac{dR}{dr}\right) - r^2 K(r) = \lambda_2, \qquad ②$$

かつ

$$-\frac{1}{\sin\theta\,\Theta}\frac{d}{d\theta}\left(\sin\theta\frac{d\Theta}{d\theta}\right) - \frac{\lambda_1}{\sin^2\theta} = \lambda_2. \qquad ③$$

②, ③, ①を整理してまとめると，

$$\frac{d}{dr}\left(r^2\frac{dR(r)}{dr}\right) - (r^2 K(r) + \lambda_2)R(r) = 0,$$

$$\frac{d}{d\theta}\left(\sin\theta\frac{d\Theta(\theta)}{d\theta}\right) + \left(\frac{\lambda_1}{\sin^2\theta} + \lambda_2\right)\sin\theta\,\Theta(\theta) = 0,$$

$$\frac{d^2\Phi(\varphi)}{d\varphi^2} - \lambda_1\Phi(\varphi) = 0$$

が得られる．■

｜ポイント｜ もしデカルト座標系でこの問題を解こうとしたら，ポテンシャルが $r = \sqrt{x^2+y^2+z^2}$ の関数であり，x,y,z が絡み合った形になっているので，偏微分方程式を変数分離できません．その意味で，この問題は，球座標系を用いることではじめて変数分離ができた例といえます．ちなみにこの問題は，原子核の周りに束縛された電子の波動関数（電子軌道）を求める問題として，量子力学で最も本質的な問題の一つであり，変数分離したそれぞれの常微分方程式の解が得られています．

軸対称ポテンシャル中の粒子の問題に対しても，円柱座標系を用いた同様の解法が成り立ちます．演習問題 3.5.4 にトライしてみてください．

演習問題

3.5.1 (1) 直交曲線座標系 (q_1, q_2, q_3) において，スケール因子が

$$h_i = \sqrt{\left(\frac{\partial x}{\partial q_i}\right)^2 + \left(\frac{\partial y}{\partial q_i}\right)^2 + \left(\frac{\partial z}{\partial q_i}\right)^2} \quad (i = 1, 2, 3)$$

と表されることを示せ．

(2) 円柱座標系 (ρ, φ, z) において，スケール因子が

$$h_\rho(\rho, \varphi, z) = 1, \quad h_\varphi(\rho, \varphi, z) = \rho, \quad h_z(\rho, \varphi, z) = 1$$

と表されることを示せ．

(3) 球座標系 (r, θ, φ) において，スケール因子が

$$h_r(r, \theta, \varphi) = 1, \quad h_\theta(r, \theta, \varphi) = r, \quad h_\varphi(r, \theta, \varphi) = r\sin\theta$$

と表されることを示せ．

3.5.2 真空中，z 軸上におかれた導線に，単位長さ当たり q の電荷が一様に分布している．この電荷が作る電場は，円柱座標系 (ρ, φ, z) を用いて

$$\bm{E}(\bm{r}) = \frac{q}{2\pi\varepsilon_0 \rho} \bm{e}_\rho$$

と表される．$\rho \neq 0$ における，電場 $\bm{E}(\bm{r})$ の発散と回転を求めよ．

3.5.3 真空中，座標原点に電荷 q の点電荷がおかれている．この電荷が作る電場は，球座標系 (r, θ, φ) を用いて

$$\bm{E}(\bm{r}) = \frac{q}{4\pi\varepsilon_0 r^2} \bm{e}_r$$

と表される．$r \neq 0$ における，電場 $\bm{E}(\bm{r})$ の発散と回転を求めよ．

3.5.4 ポテンシャル $V(\bm{r})$ 中を運動する質量 m の粒子の波動関数 $\Psi(\bm{r})$ は，偏微分方程式（シュレーディンガー方程式）

$$\left(-\frac{\hbar^2}{2m}\nabla^2 + V(\bm{r})\right)\Psi(\bm{r}) = E\Psi(\bm{r})$$

($\hbar, E$ は定数) に従う．今，ポテンシャルが z 軸からの距離のみの関数 $V(\bm{r}) = V(\rho)$ であるとする．シュレーディンガー方程式を円柱座標系 (ρ, φ, z) で表し，$\Psi(\rho, \varphi, z) = P(\rho)\Phi(\varphi)Z(z)$ と変数分離することで，P, Φ, Z が従う常微分方程式を求めよ．

第4章 複素関数論

この章では複素関数論を扱います.「実関数の数学だけでも大変なのに,なぜやることを増やすのか」と思う人もいるかもしれませんが,複素関数論は以下のような理由で大変重要です.

まず一つ目の理由は,数学としての重要性です.例えば実数の世界では,負の実数 x に対して $\sqrt{x}$ という値は存在しません.平方根(二乗の逆関数)という基本的な関数でさえ,実数だけの世界では定義できないのです.複素数を導入することで,このような問題が解決され,より完成された数学が構築できます.また複素関数論は,定積分の計算などの数学的応用においても,大きな威力を発揮することが知られています.

二つ目の理由としては,物理における重要性があります.例えば,指数関数 $e^{\alpha t}$ において,α を複素数 $\alpha = -\lambda + i\omega$ とすると,

$$e^{\alpha t} = e^{(-\lambda + i\omega)t} = e^{-\lambda t}e^{i\omega t} = e^{-\lambda t}\{\cos(\omega t) + i\sin(\omega t)\}$$

のように減衰する指数関数と振動する三角関数の積が得られます(4.2節参照).実際,減衰現象と振動現象の間には密接な関係があり,複素関数を用いることで,それらを統一的に表現することができるわけです.この例のように,物理においてはしばしば,複素数を用いた解析が本質的な意味を持ちます.

以上のような理由から,複素関数は物理学において標準言語として用いられており,物理を学習するための必須項目となっています.この章では,4.1節から4.5節にかけて,基本演算,初等関数,微分,積分と順を追って,複素関数論を学習していきます.この部分がこの章のメインです.4.6節は,本流から枝分れした応用について扱っていますので,必要に応じて取り組んでください.

4.1 基礎知識
——まずは基本から

> Contents
> Subsection ❶ 基本演算 Subsection ❷ 複素平面
> Subsection ❸ 無限級数

> **キーポイント**
> 複素数の演算に慣れよう．複素平面による表現は特に大事．

複素関数論は次の式からスタートします．

$$i^2 = -1. \tag{4.1}$$

この式を満たす数 i を**虚数単位**と呼び，**複素数**はこの i と実数 x,y を用いて

$$z = x + iy \tag{4.2}$$

のように表されます．$x \equiv \mathrm{Re}(z)$ が複素数 z の**実部**，$y \equiv \mathrm{Im}(z)$ が z の**虚部**です．実関数論と複素関数論の違いは，突き詰めればこの虚数単位 i の導入一点に集約されます．

この節では，まず複素数に対する基本演算を定義した後，複素数を表現するための手法である複素平面について紹介します．これらは複素関数を扱う上での基礎中の基礎となりますので，完全にマスターしておきましょう．また，節の後半では，無限級数を扱います．これは次節で初等関数を定義するのに用いるもので，そのために必要な最小限度の基礎知識がまとめてあります．特に級数の絶対収束や収束半径の概念は次節以降に効いてきますので，理解しておいてください．

❶ 基本演算

まずは，複素数に対する，等号，四則演算の定義から出発します．

> **等号・四則演算**：$z_1 = x_1 + iy_1, z_2 = x_2 + iy_2$ （x_1, y_1, x_2, y_2 は実数）に対して
>
> $$z_1 = z_2 \iff x_1 = x_2, y_1 = y_2, \tag{4.3}$$
>
> $$z_1 \pm z_2 = (x_1 \pm x_2) + i(y_1 \pm y_2), \tag{4.4}$$
>
> $$z_1 z_2 = (x_1 x_2 - y_1 y_2) + i(x_1 y_2 + y_1 x_2), \tag{4.5}$$
>
> $$\frac{z_1}{z_2} = \frac{x_1 + iy_1}{x_2 + iy_2} = \frac{x_1 x_2 + y_1 y_2}{x_2^2 + y_2^2} + i\frac{y_1 x_2 - x_1 y_2}{x_2^2 + y_2^2}. \tag{4.6}$$

等号の定義 (4.3) により，「2 つの複素数が等しい」ことは，「実部，虚部がそれぞれ等しい」ことと等価になります．四則演算については，「足し算 (4.4) では実部，虚部がそれ

それぞれ足されること」,「掛け算 (4.5) では分配則と $i^2 = -1$ が成り立つこと」を認めてしまえば,実数の四則演算の自然な拡張になっていることがわかります.(割り算 (4.6) は,中辺の分母と分子に $x_2 - iy_2$ を掛ければ,掛け算のルールから導かれます.)以下の全ての計算はこの定義に従って進められます.

次に,複素数特有の演算である,複素共役,絶対値を定義します.

> **複素共役・絶対値:** $z = x + iy$ (x, y は実数) に対して,複素共役 $\bar{z}$,絶対値 $|z|$ を以下のように定義する.
> $$\bar{z} = x - iy, \tag{4.7}$$
> $$|z| = \sqrt{x^2 + y^2} = \sqrt{z\bar{z}}. \tag{4.8}$$

複素共役は,虚部の符号だけを反転するもので,複素関数論において重要な演算です[†].絶対値は,すぐ後に出てくる複素数の複素平面表記で,その意味が分かります.

以上の定義を用いて,様々な演算を行うことができます.

基本問題 4.1 　　　　　　　　　　　　　　　　　　　　　　　　　**重要**

$z_1 = x_1 + iy_1, z_2 = x_2 + iy_2$ (x_1, y_1, x_2, y_2 は実数) に対して,以下の関係式を示せ.
(1) 　$\overline{z_1 z_2} = \overline{z_1}\,\overline{z_2}$ 　　(2) 　$|z_1 z_2| = |z_1||z_2|$

方針 　定義された演算だけを使って,丁寧に計算する.

【答案】(1)
$$\overline{z_1 z_2} = \overline{x_1 x_2 - y_1 y_2 + i(x_1 y_2 + y_1 x_2)}$$
$$= x_1 x_2 - y_1 y_2 - i(x_1 y_2 + y_1 x_2) = (x_1 - iy_1)(x_2 - iy_2) = \overline{z_1}\,\overline{z_2}.$$

(2)
$$|z_1 z_2| = |x_1 x_2 - y_1 y_2 + i(x_1 y_2 + y_1 x_2)| = \sqrt{(x_1 x_2 - y_1 y_2)^2 + (x_1 y_2 + y_1 x_2)^2}$$
$$= \sqrt{(x_1 x_2)^2 + (y_1 y_2)^2 - 2x_1 x_2 y_1 y_2 + (x_1 y_2)^2 + (y_1 x_2)^2 + 2x_1 x_2 y_1 y_2}$$
$$= \sqrt{x_1^2 x_2^2 + y_1^2 y_2^2 + x_1^2 y_2^2 + y_1^2 x_2^2} = \sqrt{(x_1^2 + y_1^2)(x_2^2 + y_2^2)} = |z_1||z_2|. \blacksquare$$

ポイント 　こうして「複素数の積の複素共役は,それぞれの複素共役の積に等しい」,「複素数の積の絶対値は,それぞれの絶対値の積に等しい」ことが示されます.この結果は,この後の様々な場面で頻繁に用いることになります.

[†]複素共役は z^* のように $*$ を用いて表すこともあります.

❷ 複素平面

複素数を表現する手法として，複素平面を用いる方法があります．

> **複素平面**：複素数 z の実部 $\mathrm{Re}(z)$ を x 座標，虚部 $\mathrm{Im}(z)$ を y 座標とした xy 平面を複素平面と呼ぶ．このとき複素数
> $$z = x + iy$$
> は，複素平面上の点として表される．

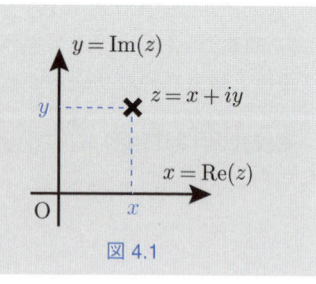

図 4.1

複素数 $z = x + iy$ は，2 つの実数 x, y で指定されるわけですから，これを 2 次元平面を用いて表すというのは自然なアイデアであり，標準的手法として用いられます．

ここで一つ注意しておきたいのは，複素平面を用いると，複素数を複素平面上の 2 次元ベクトルのように考えることができるという点です．例えば，複素数の足し算 (4.4) は，複素平面上で見ると，ベクトルの足し算のように考えることができます．また，複素数の絶対値 $|z| = \sqrt{x^2 + y^2}$ も，z を表す 2 次元ベクトルの大きさとして，理解することができます．（同様に，$|z_1 - z_2|$ は，点 z_1, z_2 の間の距離を表します．）このように，複素関数論は 2 次元空間のベクトル解析と深く関係しており，その類似性はこの後もしばしば出てきます．

基本問題 4.2

複素平面上で以下の式が表す領域を図示せよ．
(1) $|z - z_0| \leq a$ （$z_0 = x_0 + iy_0$ は複素定数，a は正の実数）
(2) $\mathrm{Re}\left(\dfrac{1}{z}\right) \leq 1$

方針 $z = x + iy$ として，x, y に対する不等式から複素平面上の図形を描く．

【答案】(1)
$$|z - z_0| = \sqrt{(x - x_0)^2 + (y - y_0)^2} \leq a$$
$$\longrightarrow \quad (x - x_0)^2 + (y - y_0)^2 \leq a^2.$$

ゆえに与式は，z_0 からの距離が a 以下の領域，すなわち，中心 (x_0, y_0)，半径 a の円周上と円の内部を表す（図 4.2）．

図 4.2

(2) $\dfrac{1}{z} = \dfrac{1}{x + iy} = \dfrac{x}{x^2 + y^2} - i\dfrac{y}{x^2 + y^2}$ より，

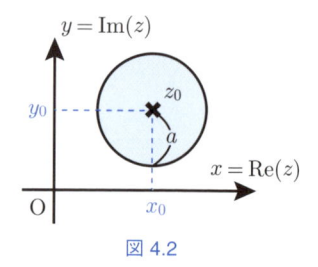

$$\mathrm{Re}\left(\frac{1}{z}\right) = \frac{x}{x^2+y^2} \le 1 \longrightarrow \quad x \le x^2+y^2$$
$$\longrightarrow \quad x^2 - x + y^2 \ge 0$$
$$\longrightarrow \quad \left(x-\frac{1}{2}\right)^2 + y^2 \ge \frac{1}{4}.$$

ゆえに与式は，中心 $(\frac{1}{2},0)$，半径 $\frac{1}{2}$ の円周上と円の外部を表す（図 4.3）．■

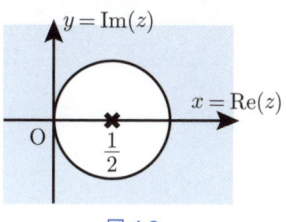

ポイント このように複素数 z に関する等式は複素平面上の線を表し，不等式は複素平面上の領域を表します．

複素平面を用いることで，次のような定理を簡単に示すことができます．

基本問題 4.3

複素数 z_1, z_2 に対して，
$$||z_1| - |z_2|| \le |z_1 + z_2| \le |z_1| + |z_2| \tag{4.9}$$
（三角不等式）を証明せよ．

方針 三角形のある辺の長さは，他の 2 辺の長さの和より小さいことを利用する．

【答案】 複素平面において，原点，点 z_1, $z_1 + z_2$ を頂点とする三角形を考えると，3 辺の長さはそれぞれ，$|z_1|, |z_2|, |z_1 + z_2|$（図 4.4 参照）．この 3 本の線分が三角形を形成しているので，
$$||z_1| - |z_2|| \le |z_1 + z_2| \le |z_1| + |z_2|$$
が成り立つ．■

図 4.4

ポイント 三角不等式は様々な場面で使われる利便性の高い関係式です．一見複雑な関係式に見えますが，この問題のように複素平面を用いることで，非常にシンプルに証明することができます．この例は，複素平面を用いた幾何学的考察の有効性を端的に示しています．

❸ 無限級数

ここでは複素関数論の流れから少し離れて，無限級数の基礎的な性質について述べます．これは次節で初等的な複素関数を定義するときに用いるためのものです．複素関数とは一見関係なさそうな内容が続きますが，複素関数論を語る上で必要な知識がまとめてありますので，正しく理解しておきましょう．

まず下準備として，複素数の数列 $\{z_1, z_2, z_3, \ldots\} = \{z_n\}$ の収束について定義します．

数列の収束：複素数の数列 $\{z_n\}$ に対して

　　任意の実数 $\varepsilon > 0$ に対してある N が存在し，$n > N$ ならば $|z_n - \alpha| < \varepsilon$

が成り立つとき，数列 $\{z_n\}$ は極限（値）α に収束するといい，$\lim_{n \to \infty} z_n = \alpha$ と表す．

この定義が何をいっているのかは，複素平面を用いればよく理解できます．つまり，「$\{z_n\}$ が $n \to \infty$ で α に収束する」ということは，「どんなに小さい $\varepsilon > 0$ に対しても，十分大きな N をとれば，$n > N$ の z_n は全て，α を中心とした半径 ε の円内に収まる」ということです（図 4.5 参照）．対して，$n \to \infty$ での極限 α が存在しない場合，「$\{z_n\}$ は $n \to \infty$ で発散する」といいます．

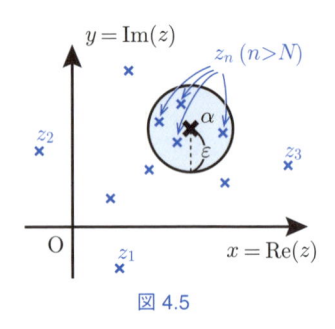

図 4.5

複素数列 $\{z_n\}$ が収束するかどうかの判定法として，次の定理があります．

コーシーの定理：数列 $\{z_n\}$ が収束するための必要十分条件は，任意の実数 $\varepsilon > 0$ に対して，$p > N$ かつ $q > N$ ならば $|z_p - z_q| < \varepsilon$ となるような N が存在することである．

証明は略しますが，上で述べた，$\{z_n\}$ が収束するときに複素平面上で起こっていることと，$|z_p - z_q|$ が点 z_p, z_q の間の距離であることを考えれば，納得できると思います．

次に「無限級数の収束」を定義します．

無限級数の収束：無限級数 $\sum_{n=1}^{\infty} u_n$ の最初の m 項からなる部分和 $s_m = \sum_{n=1}^{m} u_n$ を考える．数列 $\{s_m\}$ が $m \to \infty$ で収束するとき，級数 $\sum_{n=1}^{\infty} u_n$ は収束するという．

これは級数の収束という概念を定義しているだけなので，覚えてしまいましょう．

さらに一歩進んで，次節の複素関数の定義において重要になる，**絶対収束**の概念を導入しておきます．

無限級数の絶対収束：無限級数 $\sum_{n=1}^{\infty} u_n$ に対して，各項の絶対値をとった級数 $\sum_{n=1}^{\infty} |u_n|$ を考え，最初の m 項からなる部分和を $s'_m = \sum_{n=1}^{m} |u_n|$ とする．数列 $\{s'_m\}$ が $m \to \infty$ で収束するとき，級数 $\sum_{n=1}^{\infty} u_n$ は絶対収束するという．

4.1 基礎知識

「絶対収束」とただの「収束」の違いは次のように理解できます．まず，無限級数が収束するということは，図 4.6 のように級数中の項 u_n を $u_1, u_2, u_3, \ldots$ と順に足し上げていったときに，その和 s_m がある複素定数に収束するという意味です．対して，絶対収束では，級数中の各項の絶対値 $|u_n|$ を順に足し上げるわけですから，各項の"向き"を実軸正の向きにそろえて足し上げても，その行きつく先がある定数に収束するということに対応します．つまり，絶対収束の方が，より強い制限を掛けていることになります．(実際，「ある無限級数が絶対収束するならば，その級数は収束する」ことは，前述のコーシーの定理を利用して直ちに証明することができます．)

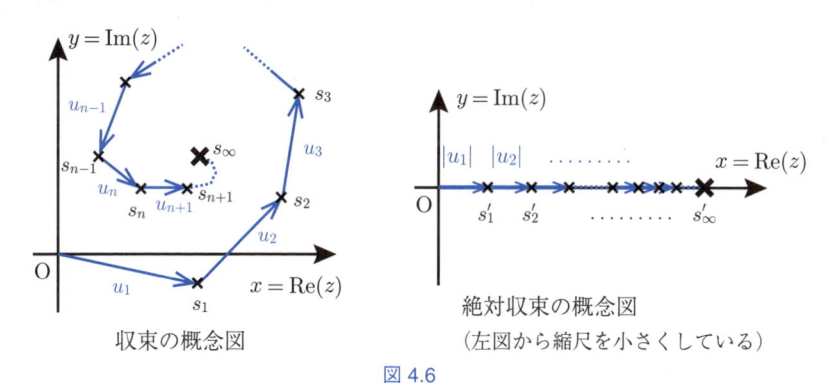

収束の概念図

絶対収束の概念図
（左図から縮尺を小さくしている）

図 4.6

● **絶対収束の重要性** ● さて，ではなぜ複素関数を扱うのに，絶対収束などという概念をわざわざ導入するのでしょうか？ 実は，「収束はするが絶対収束はしない」無限級数が存在し，そのような級数は<u>条件収束</u>するといいます．この<u>条件収束する無限級数は，項の並べ方を変えると，級数の極限値が変わったり，発散したりする</u>という非常に扱いにくい性質を持っています[†]．この本では次節以降，無限級数を用いて複素関数を定義しますが，級数の足し算の順番を変えるだけで値がころころ変わってしまうようでは，関数を定義するのに困ります．対して，<u>絶対収束する無限級数は，項の順序を変えても，絶対収束性が保たれ，かつ，級数和の値が不変である</u>という，関数の定義に適した性質を持っています．そのため複素関数論では，級数が「絶対収束するかしないか」が重要な

[†] 条件収束する無限級数の例としては，$1 - \frac{1}{2} + \frac{1}{3} - \frac{1}{4} + \cdots = \sum_{n=1}^{\infty} \frac{(-1)^{n+1}}{n}$ があります．この級数は，$s_m = 1 - \left(\frac{1}{2} - \frac{1}{3}\right) - \left(\frac{1}{4} - \frac{1}{5}\right) - \cdots - \left(\frac{1}{2m} - \frac{1}{2m+1}\right)$ のような部分和を考えると，$(\cdots)$ でくくった項がそれぞれ正になることから，s_m は $m \to \infty$ で 1 より小さくなることがわかります．（実際は $\ln 2$ に収束する．）対して，項の並べ方を変えた部分和 $S_m = 1 + \left\{\left(\frac{1}{3} + \frac{1}{5}\right) - \frac{1}{2}\right\} + \left\{\left(\frac{1}{7} + \frac{1}{9}\right) - \frac{1}{4}\right\} + \cdots + \left\{\left(\frac{1}{4m-1} + \frac{1}{4m+1}\right) - \frac{1}{2m}\right\}$ を考えると，$\{\cdots\}$ でくくった項がそれぞれ正になることから，S_m は $m \to \infty$ で 1 より大きくなります．（実際は $\frac{3}{2} \ln 2$ に収束．）このように，条件収束級数は，項の順序を変えることで極限値を任意の値に変えたり，発散させたりすることができます．

意味を持ちます．この節でも，無限級数の収束性については，絶対収束に話を絞って考えることにします．

絶対収束の重要性を理解したところで，次は，無限級数が絶対収束するかどうかの判定法について考えます．無限級数 $\sum_{n=1}^{\infty} u_n$ が絶対収束するかどうかは，各項の絶対値をとった級数 $\sum_{n=1}^{\infty} |u_n|$ が収束するかどうかと等価です．このように，全ての項が正の実数である級数を**正項級数**と呼び[†]，その収束判定法として，以下のものが知られています．

無限級数の絶対収束判定法：無限級数 $\sum_{n=1}^{\infty} u_n$ から作った正項級数 $\sum_{n=1}^{\infty} |u_n|$ の収束性は，以下のように判定することができる．
(1) **コーシーの判定法**：$\lim_{n \to \infty} (|u_n|)^{1/n} = \alpha$ に対して，$\alpha < 1$ なら収束，$\alpha > 1$ なら発散，$\alpha = 1$ は不定．
(2) **ダランベールの判定法**：$\lim_{n \to \infty} \frac{|u_{n+1}|}{|u_n|} = \alpha$ に対して，$\alpha < 1$ なら収束，$\alpha > 1$ なら発散，$\alpha = 1$ は不定．
(3) **コーシーの積分判定法**：$f(n) = |u_n|$ を満たす関数 $f(x)$ が正の単調減少関数であるとき，$\int_1^{\infty} f(x)dx$ が有限なら級数は収束，発散なら級数も発散．

これらの判定法の証明については，演習問題 4.1.4 を見てください．

● **収束円・収束半径** ●　最後に，べき級数が収束する領域の判定法について述べます．次節で詳しく扱いますが，初等複素関数の多くは，べき級数

$$P(z) = \sum_{n=0}^{\infty} c_n z^n = c_0 + c_1 z + c_2 z^2 + \cdots$$

の形で定義されます．このため与えられたべき級数が絶対収束するかどうかが判定できれば，その関数が定義できる複素数 z の範囲がわかります．べき級数が絶対収束する領域は，次のように収束円という形で求めることができます．

収束円，収束半径：べき級数 $P(z) = \sum_{n=0}^{\infty} c_n z^n = c_0 + c_1 z + c_2 z^2 + \cdots$ に対して，

$$|z| < R \text{ で } P(z) \text{ が絶対収束}, \quad |z| > R \text{ で } P(z) \text{ が発散}$$

となる非負の実数 R が存在する．この R を**収束半径**といい，$|z| = R$ に対応する円を**収束円**という．

【証明】　(i)　$z = z_0 \, (\neq 0)$ で $P(z)$ が収束する場合：$P(z_0)$ の各項 $c_n z_0^n$ は有限であり，

[†] $\{u_n\}$ が $u_n = 0$ となる項を含む場合は，その項をとばして考えることで正項級数を作ることとします．

$|c_n z_0^n| < A_n$ となる有限の実数 A_n が存在する．ゆえに，

$$|c_n z^n| = |c_n z_0^n| \left|\frac{z}{z_0}\right|^n < A_n \left|\frac{z}{z_0}\right|^n.$$

ここで $\{A_n\}$ のうちの最大値を A とすると，

$$\sum_{n=0}^{\infty} |c_n z^n| < \sum_{n=0}^{\infty} A_n \left|\frac{z}{z_0}\right|^n \leq A \sum_{n=0}^{\infty} \left|\frac{z}{z_0}\right|^n.$$

右辺の A は正の有限値．また，級数 $\sum_{n=0}^{\infty} \left|\frac{z}{z_0}\right|^n$ は公比 $r = \left|\frac{z}{z_0}\right|$ の等比級数であり，$r < 1$ すなわち $|z| < |z_0|$ で有限値に収束．ゆえに $|z| < |z_0|$ で右辺は有限であり，左辺 $\sum_{n=0}^{\infty} |c_n z^n|$ も有限値に収束．すなわち $|z| < |z_0|$ で $P(z)$ は絶対収束．

(ii) $z = z_1$ で $P(z)$ が発散する場合：このとき $|z| > |z_1|$ となる z で $P(z)$ が収束すると仮定すると，(i) で示した結果と矛盾．ゆえに仮定は間違いであり，$|z| > |z_1|$ で $P(z)$ は発散する．

(i), (ii) の結果を合わせれば，$|z_0|$ の最大値と $|z_1|$ の最小値が一致して，収束半径 R を与えることがわかる．□

こうして，収束円の存在が証明できました．後は収束半径がわかれば，べき級数が絶対収束する領域を決めることができます．収束半径は次のように求めることができます．

基本問題 4.4　　　　　　　　　　　　　　　　　　　　　　　　　　　**重要**

べき級数 $P(z) = \sum_{n=0}^{\infty} c_n z^n = c_0 + c_1 z + c_2 z^2 + \cdots$ の収束半径を求めよ．

方針　$P(z)$ の各項の絶対値をとった正項級数に対して，ダランベールの収束判定法を用いる．

【答案】正項級数 $\sum_{n=0}^{\infty} |c_n z^n|$ の収束性を考える．ダランベールの判定法を適用すると，

$$\lim_{n \to \infty} \frac{|c_{n+1} z^{n+1}|}{|c_n z^n|} = \left(\lim_{n \to \infty} \frac{|c_{n+1}|}{|c_n|}\right) |z| < 1$$

すなわち

$$|z| < \lim_{n \to \infty} \frac{|c_n|}{|c_{n+1}|}$$

で $P(z)$ は絶対収束．同様に，$|z| > \lim_{n \to \infty} \frac{|c_n|}{|c_{n+1}|}$ で $P(z)$ は発散．ゆえに収束半径は

$$R = \lim_{n \to \infty} \frac{|c_n|}{|c_{n+1}|}. \blacksquare$$

この収束半径の概念とその求め方は，次節以降で用いますので，きちんと理解しておきましょう．以上で，べき級数を用いて複素関数を定義する準備が整いました．

演習問題

4.1.1 $z_1 = x_1 + iy_1, z_2 = x_2 + iy_2$ (x_1, y_1, x_2, y_2 は実数) に対して，以下の関係式を示せ．
  (1) $\overline{\left(\dfrac{z_1}{z_2}\right)} = \dfrac{\overline{z_1}}{\overline{z_2}}$　　(2) $\left|\dfrac{z_1}{z_2}\right| = \dfrac{|z_1|}{|z_2|}$

4.1.2 複素平面上で以下の式が表す曲線，領域を図示せよ．
  (1) $|z - 2i| + |z + 2i| = 6$
  (2) $\mathrm{Im}(z^2) > 2$

4.1.3 式 $\dfrac{|z - z_0|}{|z - \overline{z_0}|} = a$ ($a \geq 0$ は実定数，z_0 は複素定数) が複素平面上で表す図形を考える．a を 0 から ∞ まで動かしたとき，図形がどう変化するか，概略を示せ．

4.1.4 正項級数 $\sum_{n=1}^{\infty} a_n$ (a_n は正の実数) の収束性の判定法について，以下の問いに答えよ．
  (1) コーシーの判定法を証明せよ．
  (2) ダランベールの判定法を証明せよ．
  (3) コーシーの積分判定法を証明せよ．

4.1.5 次の級数の収束性を判定せよ ($\alpha > 0$ は実定数)．
  (1) $\displaystyle\sum_{n=1}^{\infty} \dfrac{1}{n^\alpha}$　　(2) $\displaystyle\sum_{n=1}^{\infty} \dfrac{1}{n\alpha^n}$

4.1.6 級数 (1) の収束半径を求めよ．また，級数 (2) が収束する z の領域を求め，図示せよ．
  (1) $\displaystyle\sum_{n=0}^{\infty} \dfrac{f_n(\alpha) f_n(\beta)}{n! f_n(\gamma)} z^n$　　$[f_0(t) = 1,\ f_n(t) = t(t+1)\cdots(t+n-1)\ (n \geq 1),$
  　　　　　　　　　　　　　　　　　　α, β, γ は定数$]$
  　この級数は**ガウスの超幾何級数**と呼ばれる．
  (2) $\displaystyle\sum_{n=1}^{\infty} \dfrac{z}{(1-z)^n}$

4.2 初等関数
――四則演算から関数の世界へ

> **Contents**
> Subsection ❶ 指数関数・三角関数・双曲関数
> Subsection ❷ 逆関数　　Subsection ❸ 多価関数・リーマン面

> **キーポイント**
> 級数を用いて，四則演算から関数へ世界を広げよう．

　前節で私たちは，複素数の基本演算―四則演算と複素共役，絶対値など―を計算できるようになりました．ですが，当然ながら，複素関数論を論ずるには，これだけでは全然足りません．次のステップに進むには，もう一段複雑な演算―関数―を計算できるようになる必要があります．では，これまでに定義した基本演算だけを使って，関数を定義するにはどうすればよいでしょうか．一つの方策としては，べき級数

$$P(z) = \sum_{n=0}^{\infty} c_n z^n = c_0 + c_1 z + c_2 z^2 + \cdots$$

を用いることが考えられます．式を見ればわかるように，べき級数は掛け算と足し算だけで計算することができますし，複素係数 $\{c_n\}$ を調節することで，入力 z に対する出力 $P(z)$ ―それが関数そのものになるわけですが―をコントロールすることができます．

　この節ではまず，べき級数を用いて，指数関数，三角関数などの初等関数を定義した後，逆関数のアイデアを通じて，さらにいくつかの関数を定義します．これにより扱うことのできる関数の世界が大きく広がります．またその過程で，オイラーの関係式や指数関数の加法定理など，複素関数論において重要な定理についても紹介します．そして，節の最後には，複素関数でしばしば登場する多価関数に関する注意と，多価関数を扱う際に用いられるリーマン面について考えます．

❶ 指数関数・三角関数・双曲関数

　まずは，最も基本的な初等関数の一つである，指数関数を定義しましょう．

> **指数関数：** 指数関数 $e^z = \exp(z)$ は，以下のべき級数で定義される．
> $$e^z = \sum_{n=0}^{\infty} \frac{1}{n!} z^n = 1 + z + \frac{1}{2!} z^2 + \cdots. \tag{4.10}$$

　式を見ると，この定義は，実数の指数関数 e^x の （$x = 0$ 周りでの）テイラー展開の式で，実変数 x を複素変数 z に置き換えたものと等価であることがわかります．その意味で，この定義は，実関数のときの定義を複素数に自然に拡張したものといえます．

第4章 複素関数論

指数関数の性質として，収束半径を押さえておきましょう．

基本問題 4.5 【重要】

指数関数 e^z の収束半径を求めよ．

方針 基本問題 4.4 の結果を用いる．

【答案】指数関数をべき級数表示したときの係数を $\{c_n\}$ とすると，

$$e^z = \sum_{n=0}^{\infty} \frac{1}{n!} z^n = \sum_{n=0}^{\infty} c_n z^n$$

より，$c_n = \frac{1}{n!}$．ゆえに，基本問題 4.4 より，収束半径 R は，

$$R = \lim_{n\to\infty} \frac{|c_n|}{|c_{n+1}|} = \lim_{n\to\infty} \frac{(n+1)!}{n!} = \lim_{n\to\infty} (n+1) = \infty. \blacksquare$$

ポイント 収束半径が $R = \infty$ ですので，指数関数 e^z は $|z| \to \infty$ を除く複素平面上の全ての領域で絶対収束する，すなわち，定義できることになります．この意味で，指数関数は発散などの問題をあまり注意しなくてよい，"扱いやすい"関数といえます．

もう一つ，指数関数に関する重要な定理である，加法定理を示します．

基本問題 4.6 【重要】

指数関数の定義を用いて，以下の式（**加法定理**）を示せ．

$$e^{z_1} e^{z_2} = e^{z_1+z_2} \tag{4.11}$$

方針 $e^{z_1+z_2}$ を級数で表した上で，$(z_1+z_2)^n$ を二項定理で展開する．

【答案】
$$e^{z_1+z_2} = \sum_{n=0}^{\infty} \frac{1}{n!} (z_1+z_2)^n$$
$$= \sum_{n=0}^{\infty} \frac{1}{n!} \sum_{m=0}^{n} \frac{n!}{m!(n-m)!} z_1^m z_2^{n-m}$$
$$= \sum_{n=0}^{\infty} \sum_{m=0}^{n} \frac{1}{m!} \frac{1}{(n-m)!} z_1^m z_2^{n-m}.$$

ここで，$n_1 = m, n_2 = n - m$ を導入すると，図 4.7 のように，$\sum_{n=0}^{\infty} \sum_{m=0}^{n}$ で足し上げられる点が，n_1, n_2 を独立に 0 から ∞ まで変化させた場合に足し上げられる点と等価になる．ゆえに，$\sum_{n=0}^{\infty} \sum_{m=0}^{n}$ を $\sum_{n_1=0}^{\infty} \sum_{n_2=0}^{\infty}$ で置き換えて，

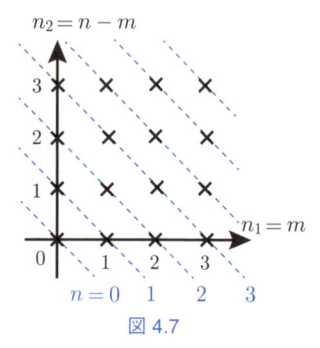

図 4.7

$$e^{z_1+z_2} = \sum_{n_1=0}^{\infty} \sum_{n_2=0}^{\infty} \frac{1}{n_1!} \frac{1}{n_2!} z_1^{n_1} z_2^{n_2} = \left(\sum_{n_1=0}^{\infty} \frac{1}{n_1!} z_1^{n_1} \right) \left(\sum_{n_2=0}^{\infty} \frac{1}{n_2!} z_2^{n_2} \right) = e^{z_1} e^{z_2}. \blacksquare$$

ポイント 指数関数の加法定理は，実関数のときには当たり前のものとして使っていたと思いますが，複素関数に拡張した指数関数においても同様の式が成り立ちます．この式は，この後述べるオイラーの関係式や複素数の極座標表示などと関連して，複素関数論の非常に多くの計算で使うことになります．

次に，三角関数の定義に進みましょう．

三角関数： 三角関数は，以下のように定義される．

$$\cos z = \sum_{n=0}^{\infty} \frac{(-1)^n}{(2n)!} z^{2n} = 1 - \frac{1}{2!}z^2 + \frac{1}{4!}z^4 - \cdots, \tag{4.12}$$

$$\sin z = \sum_{n=0}^{\infty} \frac{(-1)^n}{(2n+1)!} z^{2n+1} = z - \frac{1}{3!}z^3 + \frac{1}{5!}z^5 - \cdots, \tag{4.13}$$

$$\tan z = \frac{\sin z}{\cos z}. \tag{4.14}$$

これらの定義も，実関数のときのテイラー展開を拡張したものになっています．$\cos z, \sin z$ の収束半径は $R = \infty$ であり（演習問題 4.2.1 参照），これらの関数は $|z| \to \infty$ を除く任意の z に対して絶対収束する，振舞いの良い関数であることがわかります．なお，$\tan z$ は $\cos z = 0$ の点で発散します．

●**オイラーの関係式●** 以上で，指数関数と三角関数が定義できました．これらを使って，物理数学における最重要関係式の一つである，オイラーの関係式を示すことができます．

オイラーの関係式：
$$e^{iz} = \cos z + i \sin z. \tag{4.15}$$

基本問題 4.7 ────── **重要**

オイラーの関係式 $e^{iz} = \cos z + i \sin z$ を示せ．

方針 e^{iz} を級数で表した上で，z の偶数次の項と奇数次の項に分ける．（e^{iz} は任意の z ($|z| < \infty$) で絶対収束するので，項の順序を入れかえてよい．）

【答案】 指数関数の定義より，

$$e^{iz} = \sum_{n=0}^{\infty} \frac{1}{n!}(iz)^n = 1 + (iz) + \frac{1}{2!}(iz)^2 + \frac{1}{3!}(iz)^3 + \frac{1}{4!}(iz)^4 + \frac{1}{5!}(iz)^5 + \cdots.$$

$i^2 = -1$ に注意して，偶数次の項と奇数次の項にまとめ直すと

$$e^{iz} = 1 - \frac{1}{2!}z^2 + \frac{1}{4!}z^4 - \cdots + i\left(z - \frac{1}{3!}z^3 + \frac{1}{5!}z^5 - \cdots\right)$$

$$= \sum_{n=0}^{\infty} \frac{(-1)^n}{(2n)!} z^{2n} + i \sum_{n=0}^{\infty} \frac{(-1)^n}{(2n+1)!} z^{2n+1}.$$

$\cos z, \sin z$ の定義を用いると，$e^{iz} = \cos z + i \sin z$. ∎

ポイント 繰返しになりますが，オイラーの関係式は，複素関数論にとどまらず，物理数学全般において最も重要な関係式の一つです．実際，微分方程式論など，物理数学の様々な場面における指数関数，三角関数の重要性を考えれば，それらの関数を自由に変換できるオイラーの関係式が非常に有益であることは想像できるでしょう．上記の【答案】を一度は確かめた上で，オイラーの関係式は完全に記憶してしまいましょう．

なお，オイラーの関係式を使って，三角関数を指数関数で表すこともできます．

三角関数の指数関数表示：
$$\cos z = \frac{e^{iz} + e^{-iz}}{2}, \quad \sin z = \frac{e^{iz} - e^{-iz}}{2i}, \quad \tan z = \frac{1}{i}\frac{e^{iz} - e^{-iz}}{e^{iz} + e^{-iz}}.$$

これらの関係式も非常にしばしば用いられます．
また，オイラーの関係式から，以下のような複素数の極座標表示が与えられます．

複素数の極座標表示： 図 4.8 のように，複素平面上で複素数 z を考え，z の絶対値を r $(= |z|)$，z と実軸の成す角を $\theta = \arg z$ (z の偏角) とする．このとき z は
$$z = r\cos\theta + ir\sin\theta = re^{i\theta} \qquad (4.16)$$
と表される．

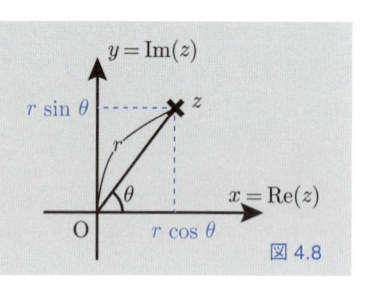

図 4.8

この指数関数を用いた複素数の表記は，標準的な表記法として用いられます．

基本問題 4.8

以下の関係式を示せ．
(1) $\sin^2 z + \cos^2 z = 1$
(2) $\sin(z_1 \pm z_2) = \sin z_1 \cos z_2 \pm \cos z_1 \sin z_2$,
$\cos(z_1 \pm z_2) = \cos z_1 \cos z_2 \mp \sin z_1 \sin z_2$

方針 オイラーの関係式を用いて，指数関数表示で考える．

【答案】(1) $\sin^2 z + \cos^2 z = \left(\dfrac{e^{iz} - e^{-iz}}{2i}\right)^2 + \left(\dfrac{e^{iz} + e^{-iz}}{2}\right)^2$
$= -\dfrac{1}{4}(e^{i2z} + e^{-i2z} - 2) + \dfrac{1}{4}(e^{i2z} + e^{-i2z} + 2) = \dfrac{1}{4} \cdot 4 = 1.$

(2) 指数関数の加法定理より，$e^{z_1 \pm z_2} = e^{z_1} e^{\pm z_2}$．ゆえに，

$\sin z_1 \cos z_2 \pm \cos z_1 \sin z_2$

$= \left(\dfrac{e^{iz_1} - e^{-iz_1}}{2i}\right)\left(\dfrac{e^{iz_2} + e^{-iz_2}}{2}\right) \pm \left(\dfrac{e^{iz_1} + e^{-iz_1}}{2}\right)\left(\dfrac{e^{iz_2} - e^{-iz_2}}{2i}\right)$

$= \dfrac{1}{4i}\Big[\{e^{i(z_1+z_2)} - e^{-i(z_1+z_2)}\} + \{e^{i(z_1-z_2)} - e^{-i(z_1-z_2)}\}$

$\quad \pm \{e^{i(z_1+z_2)} - e^{-i(z_1+z_2)}\} \mp \{e^{i(z_1-z_2)} - e^{-i(z_1-z_2)}\}\Big]$

$= \dfrac{1}{4i} \cdot 2\left\{e^{i(z_1 \pm z_2)} - e^{-i(z_1 \pm z_2)}\right\} = \sin(z_1 \pm z_2),$

$\cos z_1 \cos z_2 \mp \sin z_1 \sin z_2$

$= \left(\dfrac{e^{iz_1} + e^{-iz_1}}{2}\right)\left(\dfrac{e^{iz_2} + e^{-iz_2}}{2}\right) \mp \left(\dfrac{e^{iz_1} - e^{-iz_1}}{2i}\right)\left(\dfrac{e^{iz_2} - e^{-iz_2}}{2i}\right)$

$= \dfrac{1}{4}\Big[\{e^{i(z_1+z_2)} + e^{-i(z_1+z_2)}\} + \{e^{i(z_1-z_2)} + e^{-i(z_1-z_2)}\}$

$\quad \pm \{e^{i(z_1+z_2)} + e^{-i(z_1+z_2)}\} \mp \{e^{i(z_1-z_2)} + e^{-i(z_1-z_2)}\}\Big]$

$= \dfrac{1}{4} \cdot 2\left\{e^{i(z_1 \pm z_2)} + e^{-i(z_1 \pm z_2)}\right\} = \cos(z_1 \pm z_2).$ ∎

ポイント このように複素数の三角関数に対しても，$\sin^2 z + \cos^2 z = 1$ や加法定理は，実数のときと同じ式が成り立ちます．ただし，ここで注意が必要なのは，複素数の三角関数に対して，実数の三角関数と同じ性質が常に成り立つわけではないという点です．例えば，実数 θ に対しては $|\cos\theta| \leq 1$ が成り立ちますが，複素数 $z = x + iy$ に対しては，

$\cos z = \dfrac{e^{i(x+iy)} + e^{-i(x+iy)}}{2} = \dfrac{e^{-y}e^{ix} + e^{y}e^{-ix}}{2}$

$= \dfrac{e^{-y}(\cos x + i\sin x) + e^{y}(\cos x - i\sin x)}{2} = \dfrac{1}{2}(e^{-y} + e^{y})\cos x + i\dfrac{1}{2}(e^{-y} - e^{y})\sin x$

であり，x, y の値によっては $|\cos z| > 1$ となることもあります．$\sin z$ も同様です．このため，どの性質が実数，複素数共通で，どれが異なるかは，1つずつ確かめる必要があります．

最後に双曲関数の定義も挙げておきます．

双曲関数：双曲関数は，以下のように定義される．

$\cosh z = \displaystyle\sum_{n=0}^{\infty} \dfrac{1}{(2n)!} z^{2n} = 1 + \dfrac{1}{2!}z^2 + \dfrac{1}{4!}z^4 + \cdots = \dfrac{e^z + e^{-z}}{2},$ (4.17)

$\sinh z = \displaystyle\sum_{n=0}^{\infty} \dfrac{1}{(2n+1)!} z^{2n+1} = z + \dfrac{1}{3!}z^3 + \dfrac{1}{5!}z^5 + \cdots = \dfrac{e^z - e^{-z}}{2},$ (4.18)

$\tanh z = \dfrac{\sinh z}{\cosh z} = \dfrac{e^z - e^{-z}}{e^z + e^{-z}}.$ (4.19)

定義式を見比べると，双曲関数は三角関数と

$$\cosh z = \cos(iz), \quad \sinh z = -i\sin(iz), \quad \tanh z = -i\tan(iz)$$

の関係にあることがわかります．$\cos z, \sin z$ の収束半径が $R = \infty$ であったことから，$\cosh z, \sinh z$ の収束半径も $R = \infty$ であることは自明です．

❷ 逆関数

複素数 z, ω の間に関数 f を通して $z = f(\omega)$ の関係があるとき，

$$\omega = f^{-1}(z) \tag{4.20}$$

を f の**逆関数**と呼びます．逆関数を用いることで，さらに複素関数を定義することができます．まずは指数関数の逆関数である，対数関数を定義します．

> **対数関数**：$z = e^\omega$ に対して，$\omega = \ln z$ を対数関数と定義する．

これだけだと具体的な計算がよくわかりませんので，次の問題を見てみましょう．

基本問題 4.9 〔重要〕

$\ln z$ の実部と虚部を求めよ．

方針 $\omega = \ln z$ とすると $z = e^\omega$．ここで $z = re^{i\theta}, \omega = u + iv$ として，u, v を r, θ で表す．

【答案】 $z = re^{i\theta}, \omega = \ln z = u + iv$（$r, \theta, u, v$ は実数）として，u, v を r, θ の関数で表す．
z の実部と虚部を r, θ で表すと，

$$z = re^{i\theta} = r\cos\theta + ir\sin\theta.$$

また，$z = e^\omega$ より，$z = e^{u+iv} = e^u \cos v + ie^u \sin v$．これらの式の実部，虚部がそれぞれ等しいことから，

$$r\cos\theta = e^u \cos v, \quad r\sin\theta = e^u \sin v \quad \longrightarrow \quad \begin{cases} r = e^u \longrightarrow u = \ln r \\ v = \theta + 2\pi m \end{cases}$$

（m は整数）が成り立つ．ゆえに，

$$\ln z = u + iv = \ln r + i(\theta + 2\pi m) = \ln|z| + i(\arg z + 2\pi m). \blacksquare$$

ポイント この【答案】で気になるのは，$\ln z$ の虚部 v に，$2\pi m$ の任意性が生じている点です．これは次のように解釈できます．まず，z の偏角 θ を $2\pi m$ 増やすという操作は，複素平面で原点の周りを m 回まわって元の z に戻る操作に対応します．一方，$\ln z$ の値は，z の偏角が $2\pi m$ 増加すると，虚部が $2\pi m$ だけ大きくなります（図 4.9 参照）．つまり同じ z でも，それが "何周目の z か" によって，$\ln z$ の値が変わってくるわけです．このように，1 つの z に対

して複数の値をとるような関数を**多価関数**といい，その扱いについては，次項で詳しく述べます．

べき関数 z^α は，α が整数でない場合については，まだ定義していませんでした．これについては，対数関数を用いて次のように定義されます．

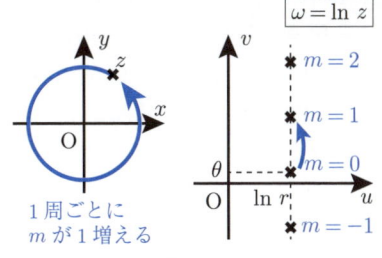

図 4.9

> **べき関数**：べき関数は対数関数を用いて $z^\alpha = e^{\alpha \ln z}$ と定義される．

■基本問題 4.10
$i^{1/3}$ がとる値を全て求めよ．

方針 定義に従って計算する．

【答案】$|i| = 1$, $\arg i = \frac{\pi}{2}$ より，$\ln i = i\left(\frac{\pi}{2} + 2\pi m\right)$（$m$ は整数）．ゆえに，
$$i^{1/3} = e^{(1/3)i(\pi/2 + 2\pi m)} = e^{i\{\pi/6 + (2/3)\pi m\}}.$$

ゆえに，$i^{1/3}$ は 3 つの異なる値をとり，
$$i^{1/3} = \begin{cases} e^{i(\pi/6)} = \frac{\sqrt{3}}{2} + i\frac{1}{2} & (m = 3n) \\ e^{i(5\pi/6)} = -\frac{\sqrt{3}}{2} + i\frac{1}{2} & (m = 3n+1) \\ e^{i(3\pi/2)} = -i & (m = 3n+2) \end{cases} \quad (n \text{ は整数}). \blacksquare$$

ポイント このようにべき関数 z^α も，α が整数でない場合は，一般に多価関数になります．

対数関数の他にも，関数の数だけ逆関数は存在します．演習問題 4.2.6 にいくつか例を挙げておきます．

❸ 多価関数・リーマン面

ここまで見たように，対数関数やべき関数は，同じ z に対して複数の値を取り得る関数，すなわち多価関数でした．多価関数の定義は次の通りです．

> **多価関数**：$\omega = f(z)$ に対して，
> - 1 つの z に 1 つの ω が対応 $\Longrightarrow$ $f(z)$ は 1 価関数
> - 1 つの z に複数の ω が対応 $\Longrightarrow$ $f(z)$ は多価関数

多価関数を扱うときに特に問題となるのは，z を決めただけでは，$\omega = f(z)$ の値が複数ある値のうちのどれになるのかわからないという点です．すると，例えば多価関数を積分するとき，どの値を使って計算したかで，積分の値が変わってしまいます．そのような不定性をなくすためには，$f(z)$ が取り得る複数の値のうち，どの値を考えているのかがはっきりわかるような表現の方法があると便利です．複素関数論ではそのような方法として，**リーマン面**というものを導入します．以下，そもそも多価関数が複数の値をとるのはなぜかを考えることで，リーマン面が自然に導入されることを見てみましょう．

最も単純な多価関数の例として，

$$\omega = z^{1/2}$$

を考えます．$z = re^{i\theta}$ とすると，べき関数の定義より，

$$\omega = z^{1/2} = e^{(1/2)\{\ln r + i(\theta + 2\pi m)\}} = \sqrt{r}\, e^{i(\theta/2 + \pi m)}$$

となります．ここで，z の偏角を $\theta + 2\pi m$（m は整数）に一般化しています（基本問題 4.9, 4.10 参照）．この ω は，同じ z（すなわち同じ r, θ）に対して，

$$\omega_1 = \sqrt{r}\, e^{i(\theta/2)} \quad (m = 2n),$$
$$\omega_2 = \sqrt{r}\, e^{i(\theta/2 + \pi)} \quad (m = 2n+1)$$

の 2 つの値をとります．すなわち $z^{1/2}$ は 2 価関数です．

ここで，$\omega = z^{1/2}$ の値が z の偏角 $\theta + 2\pi m$ とともにどのように変化するか見てみましょう（図 4.10 参照）．まず $m = 0$ として，θ を 0 から 2π まで増加させます．z は複素

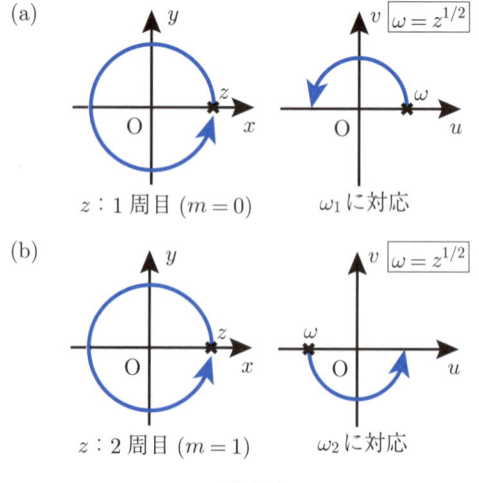

図 4.10

平面を原点周りに 1 周します．このとき，ω の偏角は 0 から π まで変化し，この値が ω_1 に対応します．次に $m=1$ としてもう一度 θ を 0 から 2π まで（すなわち z の偏角を 2π から 4π まで）増加させます．原点周りの 2 周目です．すると，ω の偏角は π から 2π まで変化し，これが ω_2 に対応します．そして，3 周目（$m=2$）に入ると ω は ω_1 の値に対応し，その後，原点周りを 1 周する（m を 1 増やす）ごとに，ω_1 と ω_2 の間を移り変わることになります．

以上を理解すれば，ω_1, ω_2 の値を区別する方法が自然と導かれます．ω_1, ω_2 はそれぞれ奇数周目，偶数周目の z から計算した $z^{1/2}$ の値に対応するわけですから，奇数周目，偶数周目の z を，あたかも別の複素数のように区別できれば，z と ω の値を 1 対 1 対応させることができます．そのような z の区別は，次のような方法で実現可能です．

(1) 2 枚の複素平面を重ねる．
(2) 原点（分岐点）から無限遠へ，半無限の切り込み（分岐線）を入れる．
(3) 分岐線をまたぐごとに，2 枚の複素平面を移り変わる．

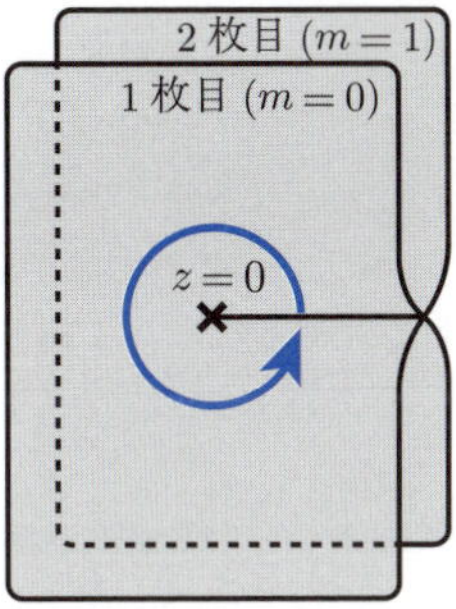

図 4.11 $\omega = z^{1/2}$ のリーマン面：$z=0$ 周りを 1 周するごとに，2 枚の複素平面間を移り変わる．

こうすれば，1 枚目，2 枚目の複素平面上の z から求めた $z^{1/2}$ が，それぞれ ω_1, ω_2 に対応することになります．このように作った複素平面を（関数 $f(z) = z^{1/2}$ の）リーマン面と呼びます．この例からもわかるように，リーマン面は考える関数 $f(z)$ によって異なり，n 価関数のリーマン面は，n 枚の複素平面からなります．また，分岐点（その周りを 1 周すると次の複素平面へ移る点）は上記の $f(z) = z^{1/2}$ の場合は原点でしたが，一般には原点とは限りません．さらに，分岐線は分岐点から無限遠まで走る場合もあれば，複数ある分岐点をつなぐように入る場合もあります．これらについては，以下の基本問題 4.11，演習問題 4.2.7 などを参考にしてください．

基本問題 4.11 【重要】

$f(z) = \ln z$ のリーマン面を求めよ.

方針 $\ln z$ は無限多価関数なので,無限枚の複素平面が必要になる.

【答案】 $z = re^{i\theta}$ とすると, $\omega = f(z) = \ln z = \ln r + i(\theta + 2\pi m)$ (m は整数)であり,1つの z に対して, ω は m に対応した無限個の値を取り得る.ゆえに,リーマン面としては,図 4.2.3 のように, $2\pi m \leq \arg z < 2\pi(m+1)$ を m 枚目として,無限枚の複素平面を重ね,原点の周りを1周するごとに, $\cdots \to m$ 枚目 $\to (m+1)$ 枚目 $\to \cdots$ と移り変わるようにすればよい. ∎

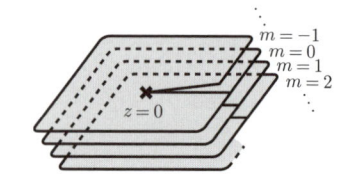

図 4.12 $\omega = \ln z$ のリーマン面: $z = 0$ 周りを1周するごとに,無限枚の複素平面間をらせん状に移動する.

演習問題

4.2.1 $\cos z, \sin z$ の収束半径を求めよ.

4.2.2 $z = x + iy$ (x, y は実数)として,以下の関係式を示せ.
  (1) $\sin z = \sin x \cosh y + i \cos x \sinh y$, $\cos z = \cos x \cosh y - i \sin x \sinh y$
  (2) $|\sinh y| \leq |\sin z| \leq \cosh y$ (3) $|\sinh y| \leq |\cos z| \leq \cosh y$

4.2.3 以下の関係式を示せ(θ は実数とする).
  (1) $(\cos \theta + i \sin \theta)^n = \cos(n\theta) + i \sin(n\theta)$ (ド・モアブルの公式)
  (2) $\cos(4\theta) = \cos^4 \theta - 6 \cos^2 \theta \sin^2 \theta + \sin^4 \theta$,
  $\sin(4\theta) = 4 \cos^3 \theta \sin \theta - 4 \cos \theta \sin^3 \theta$

4.2.4 以下の関係式を示せ(θ は実数とする).
  (1) $\sum_{k=0}^{n} z^k = 1 + z + z^2 + \cdots + z^n = \dfrac{1 - z^{n+1}}{1 - z}$ ($z \neq 1$)
  (2) $1 + \cos\theta + \cos(2\theta) + \cdots + \cos(n\theta) = \dfrac{1}{2} + \dfrac{\sin\left(\left(n + \frac{1}{2}\right)\theta\right)}{2\sin\left(\frac{\theta}{2}\right)}$ ($0 < \theta < 2\pi$)
  (3) $\sin\theta + \sin(2\theta) + \cdots + \sin(n\theta) = \dfrac{1}{2\tan\left(\frac{\theta}{2}\right)} - \dfrac{\cos\left(\left(n + \frac{1}{2}\right)\theta\right)}{2\sin\left(\frac{\theta}{2}\right)}$ ($0 < \theta < 2\pi$)

4.2.5 次の式がとる値を全て求めよ. (1) $\ln(\sqrt{3} - i)$ (2) $(1+i)^i$ (3) $(-1)^{1/i}$

4.2.6 三角関数,双曲関数の逆関数について,以下の関係式を示せ.
  (1) $\cos^{-1} z = -i \ln(z \pm \sqrt{z^2 - 1})$ (2) $\tanh^{-1} z = \frac{1}{2} \ln\left(\frac{1+z}{1-z}\right)$ ($z \neq 1$)

4.2.7 以下の関数のリーマン面を求めよ. (1) $f(z) = z^{1/3}$ (2) $f(z) = (z^2 + 1)^{1/2}$

4.3 複素関数の微分
―― 正則か否かはとても大事

> **Contents**
> Subsection ❶ 正則関数   Subsection ❷ コーシー-リーマンの定理

> **キーポイント**
> 複素関数が正則（微分可能）であることは大きな意味を持つ．
> 複素関数が正則かどうかはコーシー-リーマンの関係式で判定できる．

前節までで様々な関数を計算できるようになりましたので，次は関数の微分に進みましょう．微分可能な複素関数のことを正則関数と呼びますが，複素関数論では，関数が正則であることが，微分可能であるということを越えて，非常に大きな意味を持ちます．そのため複素関数論においては，関数が正則であるかどうかを判定できること，および，正則関数の満たす性質を知っておくことが重要になります．この節ではまず，複素関数の微分を定義し，その定義に基づいて前節で導入した初等関数の微分を計算します．その後，より一般の複素関数に対する正則性の判定法―コーシー-リーマンの関係式―について学習します．

❶ 正則関数

複素関数の微分の定義は以下の通りです．

> **複素関数の微分：** 関数 $f(z)$ に対して，極限値
> $$\frac{df(z)}{dz} = f'(z) = \lim_{h \to 0} \frac{f(z+h) - f(z)}{h} \tag{4.21}$$
> が存在するとき，$f(z)$ は点 z で微分可能であり，その極限値を $f(z)$ の微分係数（導関数）と呼ぶ[†]．（ここで，「$h \to 0$ での極限値が存在する」というのは，$h = |h|e^{i\varphi}$ として，任意の φ に対して，$|h| \to 0$ で同じ値に収束するという意味である．）

定義式 (4.21) をみると，実関数のときと全く同じ形であることがわかります．つまり，微分係数 $f'(z)$ は点 z における $f(z)$ の変化率（z から $z+h$ への変化に際しての $f(z)$ の変化分を h で割ったもの）を与える，という微分の意味はこれまでと同じです．では複素関数になって変わった点はどこかというと，z, h が複素数になったということです．違いは基本的にこれだけですが，実はそれが大きな違いを与えます．

[†] 実関数のときと同様に，ある点 z での式 (4.21) をその点 z での微分係数と呼び，それを z の関数として考えたものを $f(z)$ の導関数と呼びます．

この点をもう少し詳しく見てみましょう．まず，実関数の微分係数は $f'(x) = \lim_{h \to 0} \frac{f(x+h)-f(x)}{h}$（$x, h$ は実数）ですが，この極限 $h \to 0$ のとり方は，点 x に正の側から近づいた場合（$h \to +0$）と負の側から近づいた場合（$h \to -0$）の 2 種類があります（図 4.13 参照）．この 2 つの極限で，$\frac{f(x+h)-f(x)}{h}$ が同じ値に収束すれば，極限値が存在する，すなわち微分可能となります．対して，複素関数の微分の場合，h が複素数ですので，$h \to 0$ の極限のとり方に，h の偏角（上の定義の φ）の任意性があります．つまり，複素関数 $f(z)$ が微分可能であるためには，複素平面上の点 z にどの方向から近づいても $\frac{f(z+h)-f(z)}{h}$ が同じ値に収束する必要があるわけです．この微分可能性の条件は複素関数に，実関数のときよりも強い制約を課すことになります．このため複素関数は微分可能であるというだけで，様々な性質を満たすことになります．この点については，次項「❷ コーシー-リーマンの定理」のところで改めて論じます．

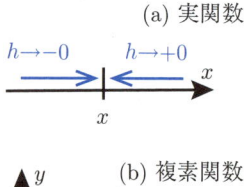

図 4.13

最後に用語についてまとめておきます．複素平面のある点 z_0 近傍（またはある領域 D）で $f(z)$ が微分可能なとき，$f(z)$ は点 z_0（領域 D）で**正則**であるといいます．また，ある点 z_1 で $f(z)$ が正則でないとき，点 z_1 をその関数の**特異点**と呼びます．以下では，この「正則」「特異点」という用語を頻繁に用いますので，これらの意味は覚えておいてください．

さて，微分の定義を押さえたところで，具体的な関数の微分計算に進みましょう．

基本問題 4.12 　　　　　　　　　　　　　　　　　　　　　　　　　　　[重要]

べき関数 z^n（n は整数）の導関数が以下の式で与えられることを示せ．

$$\frac{d}{dz} z^n = n z^{n-1} \tag{4.22}$$

方針 微分の定義 (4.21) に従って計算する．

【答案】　(i) $n \geq 1$ のとき：

$$\frac{d}{dz} z^n = \lim_{h \to 0} \frac{(z+h)^n - z^n}{h}$$
$$= \lim_{h \to 0} \frac{z^n + n z^{n-1} h + O(h^2) - z^n}{h} = \lim_{h \to 0} \{ n z^{n-1} + O(h) \}.$$

この極限値は，$h = |h| e^{i\varphi}$ の偏角 φ によらず，$|h| \to 0$ で同じ値に収束して，

$$\frac{d}{dz} z^n = n z^{n-1}.$$

(ii) $n=0$ のとき：
$$\frac{d}{dz}z^0 = \lim_{h\to 0}\frac{(z+h)^0 - z^0}{h} = \lim_{h\to 0}\frac{1-1}{h} = 0.$$

(iii) $n \leq -1$ のとき：$m = -n$ として，
$$\frac{d}{dz}z^n = \frac{d}{dz}\frac{1}{z^m} = \lim_{h\to 0}\frac{1}{h}\left\{\frac{1}{(z+h)^m} - \frac{1}{z^m}\right\} = \lim_{h\to 0}\frac{1}{h}\frac{z^m - (z+h)^m}{z^m(z+h)^m}$$
$$= \lim_{h\to 0}\frac{1}{h}\frac{z^m - \{z^m + mz^{m-1}h + O(h^2)\}}{z^{2m} + O(h)}$$
$$= \lim_{h\to 0}\frac{-mz^{m-1} + O(h)}{z^{2m} + O(h)}.$$

この極限値は $z \neq 0$ のとき，$h = |h|e^{i\varphi}$ の偏角 φ によらず，$|h| \to 0$ で同じ値に収束して，
$$\frac{d}{dz}z^n = \frac{-mz^{m-1}}{z^{2m}} = -mz^{-m-1} = nz^{n-1}.$$

(i), (ii), (iii) より，$\frac{d}{dz}z^n = nz^{n-1}$ が成り立つ．■

ポイント このように，z^n の微分については，実関数 x^n の場合と同じ式が成り立ちます．なお z^n は，$n \geq 0$ の場合は複素平面全体（$|z| < \infty$）で正則ですが，$n \leq -1$（すなわち $z^n = \frac{1}{z^{|n|}}$）の場合は微分係数が $z=0$ で発散しますので，$z=0$ が特異点になります．

基本問題 4.13 【重要】

指数関数 e^z の導関数が以下の式で与えられることを示せ．
$$\frac{d}{dz}e^z = e^z \tag{4.23}$$

方針 e^z をべき級数で表し，各項を微分する．

【答案】 指数関数 e^z をべき級数表示して，べき関数の微分（基本問題 4.12）の結果を用いると[†]，
$$\frac{d}{dz}e^z = \frac{d}{dz}\sum_{n=0}^{\infty}\frac{1}{n!}z^n = \sum_{n=0}^{\infty}\frac{1}{n!}nz^{n-1}.$$

$n=0$ の項は 0 なので，$\sum$ の範囲を $n=1$ から ∞ までに置き換えて，
$$\frac{d}{dz}e^z = \sum_{n=1}^{\infty}\frac{1}{(n-1)!}z^{n-1} = \sum_{m=0}^{\infty}\frac{1}{m!}z^m = e^z.$$

（$m = n-1$ とおいた．）■

ポイント こうして「指数関数は微分しても指数関数」という，指数関数の非常に便利な性質が，複素関数になっても成り立つことが示されます．

[†] 正確にいうと，ここで「べき級数は収束円内で項別微分可能」という性質を用いています．

微分演算について，以下の関係式が成り立ちます．

微分演算の公式： $f(z), g(z)$ が正則であるとき，以下の式が成り立つ．

(1) $\dfrac{d}{dz}\{f(z) + g(z)\} = \dfrac{df(z)}{dz} + \dfrac{dg(z)}{dz}$

(2) $\dfrac{d}{dz}\{f(z)g(z)\} = \dfrac{df(z)}{dz}g(z) + f(z)\dfrac{dg(z)}{dz}$

(3) $\dfrac{d}{dz}\left\{\dfrac{f(z)}{g(z)}\right\} = \dfrac{\frac{df(z)}{dz}g(z) - f(z)\frac{dg(z)}{dz}}{\{g(z)\}^2}$

(4) $\dfrac{d}{dz}f(g(z)) = \dfrac{df(g)}{dg}\dfrac{dg(z)}{dz}$

証明は演習問題 4.3.1 を見てください．これらの公式も，実関数に対するもの（4 ページ参照）と同じ形になっています．この結果を用いて，以下の関数の微分を求めることができます．

基本問題 4.14

三角関数の導関数が以下の式で与えられることを示せ．

(1) $\dfrac{d}{dz}\cos z = -\sin z$ (4.24)

(2) $\dfrac{d}{dz}\sin z = \cos z$ (4.25)

(3) $\dfrac{d}{dz}\tan z = \dfrac{1}{\cos^2 z}$ (4.26)

方針 三角関数を指数関数で表した上で，微分演算の公式を用いる．

【答案】$e^{\alpha z}$（α は定数）の微分は，$s = \alpha z$ として，
$$\frac{d}{dz}e^{\alpha z} = \left(\frac{d}{ds}e^s\right)\frac{ds}{dz} = e^s \alpha = \alpha e^{\alpha z}.$$

(1), (2) $\cos z, \sin z$ を指数関数で表して，
$$\frac{d}{dz}\cos z = \frac{d}{dz}\left(\frac{e^{iz} + e^{-iz}}{2}\right) = \frac{ie^{iz} - ie^{-iz}}{2} = -\frac{e^{iz} - e^{-iz}}{2i} = -\sin z,$$
$$\frac{d}{dz}\sin z = \frac{d}{dz}\left(\frac{e^{iz} - e^{-iz}}{2i}\right) = \frac{ie^{iz} + ie^{-iz}}{2i} = \frac{e^{iz} + e^{-iz}}{2} = \cos z.$$

(3)
$$\frac{d}{dz}\tan z = \frac{d}{dz}\left(\frac{1}{i}\frac{e^{iz} - e^{-iz}}{e^{iz} + e^{-iz}}\right)$$

$$= \frac{1}{i} \frac{\left\{\frac{d}{dz}(e^{iz} - e^{-iz})\right\}(e^{iz} + e^{-iz}) - (e^{iz} - e^{-iz})\left\{\frac{d}{dz}(e^{iz} + e^{-iz})\right\}}{(e^{iz} + e^{-iz})^2}$$

$$= \frac{1}{i} \frac{i(e^{iz} + e^{-iz})(e^{iz} + e^{-iz}) - (e^{iz} - e^{-iz})i(e^{iz} - e^{-iz})}{(e^{iz} + e^{-iz})^2}$$

$$= \frac{(e^{2iz} + e^{-2iz} + 2) - (e^{2iz} + e^{-2iz} - 2)}{(e^{iz} + e^{-iz})^2} = \frac{4}{(e^{iz} + e^{-iz})^2} = \frac{1}{\cos^2 z}. \blacksquare$$

ポイント (3) については,$\tan z = \frac{\sin z}{\cos z}$ を,この基本問題の (1), (2) の結果と,微分演算の公式の (3) を利用して微分した上で,前節(基本問題 4.8)で示した $\sin^2 z + \cos^2 z = 1$ を用いても,同じ結果が得られます.

基本問題 4.15

対数関数 $\ln z$ の導関数が以下の式で与えられることを示せ.
$$\frac{d}{dz} \ln z = \frac{1}{z} \quad (z \neq 0) \tag{4.27}$$

方針 $\omega = \ln z$ として,$z = e^{\omega}$ の両辺を z で微分する.

【答案】 $\omega = \ln z$ とすると $z = e^{\omega}$. 両辺を z で微分すると,左辺は 1 となり,右辺は公式を用いて,
$$1 = \frac{d}{dz} e^{\omega} = \frac{d\omega}{dz} \frac{d}{d\omega} e^{\omega} = \frac{d\omega}{dz} e^{\omega} \longrightarrow \frac{d\omega}{dz} = \frac{1}{e^{\omega}} \longrightarrow \frac{d}{dz} \ln z = \frac{1}{z}. \blacksquare$$

基本問題 4.16

一般のべき関数 z^{α}($\alpha \neq$ 整数)の導関数が以下の式で与えられることを示せ.
$$\frac{d}{dz} z^{\alpha} = \alpha z^{\alpha - 1} \tag{4.28}$$

方針 前問(基本問題 4.15)の結果と公式を用いる.

【答案】 べき関数の定義 $z^{\alpha} = e^{\alpha \ln z}$ より,
$$\frac{d}{dz} z^{\alpha} = \frac{d}{dz} e^{\alpha \ln z} = e^{\alpha \ln z} \frac{d}{dz} (\alpha \ln z) = z^{\alpha} \alpha \frac{1}{z} = \alpha z^{\alpha - 1}. \blacksquare$$

❷ コーシー-リーマンの定理

前項で述べたように,ある複素関数が正則(微分可能)であるということは,その関数に強い条件を課します.その条件を数式で示したのが,コーシー-リーマンの定理です.

コーシー-リーマンの定理:

$f(z) = u(x,y) + iv(x,y)$ (u,v は実関数) が複素平面上の領域 D で正則
$\iff$ D 内の任意の z で,u,v の偏導関数が存在し,連続で,かつ,コーシー-リーマンの関係式

$$\frac{\partial u}{\partial x} = \frac{\partial v}{\partial y}, \quad \frac{\partial u}{\partial y} = -\frac{\partial v}{\partial x} \tag{4.29}$$

を満たす.

関数が正則であるための必要十分条件が,コーシー-リーマンの関係式 (4.29) という形で与えられています.コーシー-リーマンの関係式は,複素関数論の中で最も重要な関係式の一つといえます.

基本問題 4.17 【重要】

コーシー-リーマンの定理を証明せよ.(ただし,「$f(z)$ が正則ならば,u,v の偏導関数が存在し,連続」は成り立つと仮定してよい.)

方針 極限値 $\lim_{h \to 0} \frac{f(z+h)-f(z)}{h}$ が,$h \to 0$ の近づく方向によらないことを示す.

【答案】 $f(z)$ が正則であることは,極限値 $\lim_{h \to 0} \frac{f(z+h)-f(z)}{h}$ が,$h = \varepsilon + i\delta$ (ε, δ は実数) としたときの ε, δ の比によらないことと同値であることに注意して,以下を証明する.

$\impliedby$ の証明:$u(x,y), v(x,y)$ の偏導関数が存在し,かつ,連続であることから,

$$u(x+\varepsilon, y+\delta) = u(x,y) + \frac{\partial u}{\partial x}\varepsilon + \frac{\partial u}{\partial y}\delta + o(|h|)$$

と書くことができる(v も同様).ゆえに,

$$\lim_{h \to 0} \frac{f(z+h)-f(z)}{h} = \lim_{\varepsilon, \delta \to 0} \frac{u(x+\varepsilon, y+\delta) - u(x,y) + i\{v(x+\varepsilon, y+\delta) - v(x,y)\}}{\varepsilon + i\delta}$$

$$= \lim_{\varepsilon, \delta \to 0} \frac{\frac{\partial u}{\partial x}\varepsilon + \frac{\partial u}{\partial y}\delta + i\left(\frac{\partial v}{\partial x}\varepsilon + \frac{\partial v}{\partial y}\delta\right) + o(|h|)}{\varepsilon + i\delta}$$

$$= \lim_{\varepsilon, \delta \to 0} \frac{\varepsilon\left(\frac{\partial u}{\partial x} + i\frac{\partial v}{\partial x}\right) + i\delta\left(-i\frac{\partial u}{\partial y} + \frac{\partial v}{\partial y}\right) + o(|h|)}{\varepsilon + i\delta}. \quad \text{①}$$

ここでコーシー-リーマンの関係式が成り立つとすると,

$$\frac{\partial u}{\partial x} = \frac{\partial v}{\partial y}, \quad \frac{\partial u}{\partial y} = -\frac{\partial v}{\partial x} \quad \longrightarrow \quad \frac{\partial u}{\partial x} + i\frac{\partial v}{\partial x} = -i\frac{\partial u}{\partial y} + \frac{\partial v}{\partial y}.$$

ゆえに,①の分子の $\varepsilon, i\delta$ の係数が等しくなり,

$$\lim_{h \to 0} \frac{f(z+h)-f(z)}{h} = \lim_{\varepsilon, \delta \to 0} \frac{(\varepsilon + i\delta)\left(\frac{\partial u}{\partial x} + i\frac{\partial v}{\partial x}\right) + o(|h|)}{\varepsilon + i\delta} = \lim_{\varepsilon, \delta \to 0} \left\{\frac{\partial u}{\partial x} + i\frac{\partial v}{\partial x} + \frac{o(|h|)}{h}\right\}$$

となるので,この極限値は ε, δ の比によらない.すなわち,$f(z)$ は正則.

$\implies$ の証明:仮定より,$u(x,y), v(x,y)$ の偏導関数が存在し,かつ,連続.ゆえに極限値 $\lim_{h \to 0} \frac{f(z+h)-f(z)}{h}$ は①のように書くことができる.その①が ε, δ の比によらないことは,分子の

$\varepsilon, i\delta$ の係数が等しいことと同値．ゆえに，

$$\frac{\partial u}{\partial x} + i\frac{\partial v}{\partial x} = -i\frac{\partial u}{\partial y} + \frac{\partial v}{\partial y} \longrightarrow \frac{\partial u}{\partial x} = \frac{\partial v}{\partial y}, \quad \frac{\partial u}{\partial y} = -\frac{\partial v}{\partial x}$$

となり，コーシー-リーマンの関係式が成り立つ．■

ポイント　コーシー-リーマンの関係式は，ある関数が正則かどうかの判定や，正則関数が持つ性質の導出など，様々な場面で用いられます．なお，問題文で加えた「$f(z)$ が正則ならば，u, v の偏導関数が存在し，連続」という仮定は，「$f(z)$ が正則ならば $\frac{df(z)}{dz}$ も正則」という正則関数の性質（証明略）により，常に成り立ちます．

基本問題 4.18

以下の関数を $u(x,y) + iv(x,y)$（u, v は実関数）の形に表し，その $u(x,y), v(x,y)$ がコーシー-リーマンの関係式を満たすことを示せ．

(1) e^z 　　(2) $\dfrac{1}{z-\alpha}$ 　（$z \neq \alpha$, α は定数）

方針　題意に従って計算する．

【答案】 (1)　$e^z = e^{x+iy} = e^x(\cos y + i\sin y) \longrightarrow u(x,y) = e^x \cos y, \ v(x,y) = e^x \sin y$.
$u(x,y), v(x,y)$ をそれぞれ x, y で偏微分して，

$$\frac{\partial u}{\partial x} = e^x \cos y, \quad \frac{\partial v}{\partial y} = e^x \cos y \longrightarrow \frac{\partial u}{\partial x} = \frac{\partial v}{\partial y},$$

$$\frac{\partial u}{\partial y} = -e^x \sin y, \quad \frac{\partial v}{\partial x} = e^x \sin y \longrightarrow \frac{\partial u}{\partial y} = -\frac{\partial v}{\partial x}.$$

ゆえに $f(z) = e^z$ はコーシー-リーマンの関係式を満たす．

(2)　$\alpha = a + ib$（a, b は実数）として，

$$\frac{1}{z - \alpha} = \frac{1}{x - a + i(y - b)} = \frac{x - a - i(y - b)}{(x-a)^2 + (y-b)^2}$$

$$\longrightarrow u(x, y) = \frac{x - a}{(x-a)^2 + (y-b)^2}, \quad v(x, y) = -\frac{y - b}{(x-a)^2 + (y-b)^2}.$$

$u(x, y), v(x, y)$ をそれぞれ x, y で偏微分して，

$$\begin{cases} \dfrac{\partial u}{\partial x} = \dfrac{(x-a)^2 + (y-b)^2 - 2(x-a)(x-a)}{\{(x-a)^2 + (y-b)^2\}^2} = \dfrac{-(x-a)^2 + (y-b)^2}{\{(x-a)^2 + (y-b)^2\}^2}, \\ \dfrac{\partial v}{\partial y} = -\dfrac{(x-a)^2 + (y-b)^2 - 2(y-b)(y-b)}{\{(x-a)^2 + (y-b)^2\}^2} = \dfrac{-(x-a)^2 + (y-b)^2}{\{(x-a)^2 + (y-b)^2\}^2} \end{cases}$$

$$\longrightarrow \frac{\partial u}{\partial x} = \frac{\partial v}{\partial y},$$

$$\frac{\partial u}{\partial y} = \frac{-2(x-a)(y-b)}{\{(x-a)^2 + (y-b)^2\}^2}, \quad \frac{\partial v}{\partial x} = -\frac{-2(x-a)(y-b)}{\{(x-a)^2 + (y-b)^2\}^2} \longrightarrow \frac{\partial u}{\partial y} = -\frac{\partial v}{\partial x}.$$

ゆえに $f(z) = \frac{1}{z - \alpha}$（$z \neq \alpha$）はコーシー-リーマンの関係式を満たす．■

● **正則関数の性質** ● 複素関数が正則であるためには，コーシー-リーマンの定理で示されるような制約が課されるため，正則関数は正則というだけで，様々な性質を満たします．そのうちの代表的な性質を以下にまとめます．

> 複素関数 $f(z) = u(x,y) + iv(x,y)$（u, v は実関数）が正則であるとき，以下が成り立つ．
> - $u(x,y), v(x,y)$ の片方が与えられれば，もう片方は（定数項の任意性を除いて）一意に求まる（演習問題 4.3.4 参照）．
> - $\frac{df(z)}{dz}$ も正則である．ゆえに $f(z)$ は何回でも微分可能である（証明略）．
> - $u(x,y), v(x,y)$ はそれぞれ，2次元ラプラス方程式
> $$\left(\frac{\partial^2}{\partial x^2} + \frac{\partial^2}{\partial y^2}\right)\phi(x,y) = 0 \quad [\phi(x,y) = u(x,y) \text{ または } v(x,y)]$$
> を満たす．また $u(x,y) = c_1, v(x,y) = c_2$（$c_1, c_2$ は定数）で表される曲線は，$f'(z) \neq 0$ の領域において，互いに直交する（演習問題 4.3.5 および 4.6 節参照）．
> - コーシーの積分定理，コーシーの積分公式を満たす（4.4 節で詳述）．
> - テイラー展開して，べき級数の形で表すことができる（4.4 節で詳述）．

この節の最後に，コーシー-リーマンの関係式の極座標表示を導出しておきましょう．

基本問題 4.19 ―――――――――――――――――― **重要**

コーシー-リーマンの関係式が，極座標表示 $z = re^{i\theta}$ を用いて
$$\frac{\partial u}{\partial r} = \frac{1}{r}\frac{\partial v}{\partial \theta}, \quad \frac{1}{r}\frac{\partial u}{\partial \theta} = -\frac{\partial v}{\partial r} \tag{4.30}$$
と書けることを示せ．

方針 $\frac{\partial u}{\partial x}, \frac{\partial u}{\partial y}$ を $\frac{\partial u}{\partial r}, \frac{\partial u}{\partial \theta}$ で表す（v も同様）．

【**答案**】以下，偏導関数を $\frac{\partial u}{\partial r} = u_r$ のように略記する．

偏微分の連鎖公式を用いると，$x = r\cos\theta, y = r\sin\theta$ に注意して，
$$u_r = \frac{\partial x}{\partial r}u_x + \frac{\partial y}{\partial r}u_y = u_x\cos\theta + u_y\sin\theta,$$
$$u_\theta = \frac{\partial x}{\partial \theta}u_x + \frac{\partial y}{\partial \theta}u_y = -u_x r\sin\theta + u_y r\cos\theta.$$

u_x, u_y について解くと，
$$u_x = u_r\cos\theta - \frac{1}{r}u_\theta\sin\theta, \quad u_y = u_r\sin\theta + \frac{1}{r}u_\theta\cos\theta.$$

v についても全く同様の式が成り立つ．

ここでコーシー-リーマンの関係式を用いると

$$u_x = v_y \longrightarrow u_r \cos\theta - \frac{1}{r}u_\theta \sin\theta = v_r \sin\theta + \frac{1}{r}v_\theta \cos\theta,$$
$$u_y = -v_x \longrightarrow u_r \sin\theta + \frac{1}{r}u_\theta \cos\theta = -v_r \cos\theta + \frac{1}{r}v_\theta \sin\theta.$$

これらを u_r, v_r について解くと，
$$u_r = \frac{1}{r}v_\theta, \quad v_r = -\frac{1}{r}u_\theta. \blacksquare$$

ポイント 複素関数が極座標表示で与えられることはよくあるので，コーシー-リーマンの関係式の極座標表示も知っておくと大変便利です．

演習問題

4.3.1 $f(z), g(z)$ が正則であるとき，以下が成り立つことを示せ．

(1) $\dfrac{d}{dz}\{f(z) + g(z)\} = \dfrac{df(z)}{dz} + \dfrac{dg(z)}{dz}$

(2) $\dfrac{d}{dz}\{f(z)g(z)\} = \dfrac{df(z)}{dz}g(z) + f(z)\dfrac{dg(z)}{dz}$

(3) $\dfrac{d}{dz}\left\{\dfrac{f(z)}{g(z)}\right\} = \dfrac{\frac{df(z)}{dz}g(z) - f(z)\frac{dg(z)}{dz}}{\{g(z)\}^2}$

(4) $\dfrac{d}{dz}f(g(z)) = \dfrac{df(g)}{dg}\dfrac{dg(z)}{dz}$

4.3.2 以下の導関数を計算せよ（α は定数）．

(1) $\dfrac{d}{dz}\cosh z$ (2) $\dfrac{d}{dz}\sinh z$ (3) $\dfrac{d}{dz}\alpha^z$ (4) $\dfrac{d}{dz}z^z$

4.3.3 以下の関数を $u + iv$（u, v は実関数）の形に表し，その u, v がコーシー-リーマンの関係式を満たすことを示せ．

(1) z^3 (2) $\ln z$ （$z \neq 0$）

4.3.4 $f(z)$ が正則であるとする．$f(z)$ の実部 $u(x, y)$ が以下のように与えられるとき，虚部 $v(x, y)$ を求めよ．また，$f(z)$ を z の式で表せ．

(1) $u(x, y) = x^2 - y^2 - x$ (2) $u(x, y) = e^{-y}\cos x$

4.3.5 以下の問いに答えよ．

(1) $f(z) = u(x, y) + iv(x, y)$（$u, v$ は実関数）が正則であるとき，$u(x, y), v(x, y)$ は2次元ラプラス方程式 $\left(\dfrac{\partial^2}{\partial x^2} + \dfrac{\partial^2}{\partial y^2}\right)\phi(x, y) = 0$（$\phi = u, v$）を満たすことを示せ．

(2) $f(z) = u(x, y) + iv(x, y)$ が正則であるとき，複素平面上での曲線 $u(x, y) = c_1, v(x, y) = c_2$（$c_1, c_2$ は定数）は，$f'(z) \neq 0$ の領域において，互いに直交することを示せ．

4.4 複素関数(正則)の積分
――正則関数の周回積分は0 !!

Contents
- Subsection ❶ 複素積分
- Subsection ❷ コーシーの積分定理
- Subsection ❸ コーシーの積分公式・テイラー展開

> **キーポイント**
> コーシーの積分定理は最重要.
> 複素積分の計算もしっかりマスターしておこう.

前節までで,複素関数について,基本演算,関数の定義,微分まで進んできました.後は積分をマスターすれば,複素関数論の大筋を一通り押さえたことになります.複素関数の積分は,数学理論として面白いだけでなく,応用範囲も広いトピックですので,積分の学習は2つに分けて,この節ではまず,正則関数の積分を考えることにします.

❶複素積分

まずはともかく,積分の定義から始めましょう.

> **複素積分**:複素平面上の経路 C を,微小線素 $dz_n = dx_n + i\,dy_n$(位置 z_n)に分割する.$|dz_n| \to 0$ の極限をとり,$f(z_n)dz_n$ を経路 C 上の全微小線素について足し上げたものを
> $$\lim_{|dz_n| \to 0} \sum_{z_n \in C} f(z_n)dz_n \equiv \int_C f(z)dz \tag{4.31}$$
> と書き,経路 C での $f(z)$ の複素積分と呼ぶ.

ベクトル解析を学習した人は,この複素積分が,ベクトル解析で導入したベクトル場の線積分と類似していることに気付いたと思います.実際,以下で述べる複素積分の性質・定理には,ベクトル場の線積分の性質・定理と類似したものが多くあります.

上記の定義に加えて,複素積分の計算における約束事をまとめておきます.

- 考える関数 $f(z)$ は1価関数であるとする.$f(z)$ が多価関数の場合は,リーマン面のうちのどの面での積分であるか($f(z)$ が取り得る値のうちのどれに対する積分であるか)が決まっているとする.
- 経路 C が閉曲線である場合,(断らない限り)C 上の周回積分は反時計回りとする.

4.4 複素関数（正則）の積分

複素積分の実際の計算ですが，複素積分はこの節の後半で述べる「$f(z)$ が正則な領域内では経路を自由に変形することができる」という性質を持つため，積分経路を計算しやすい経路に変更した上で，次のようなパラメータ表示を利用することが多くなります．

経路のパラメータ表示：経路 C がパラメータ t（実数）を用いて $z(t)$ $(t : t_1 \to t_2)$ と表されるとき，
$$\int_C f(z)dz = \int_{t_1}^{t_2} f(z(t)) \left(\frac{dz}{dt}\right) dt. \tag{4.32}$$

具体的には，
(1) C が実軸上 $x : a \to b$ の場合，$z = x$ とおくと $dz = dx$．ゆえに，
$$\int_C f(z)dz = \int_a^b f(x)dx$$
(2) C が虚軸上 $y : a \to b$ の場合，$z = iy$ とおくと $dz = i\,dy$．ゆえに，
$$\int_C f(z)dz = \int_a^b f(y)i\,dy$$
(3) C が半径 R，$\theta : \theta_1 \to \theta_2$ の円弧の場合，$z = Re^{i\theta}$ とおくと $dz = iRe^{i\theta}\,d\theta$．ゆえに，
$$\int_C f(z)dz = \int_{\theta_1}^{\theta_2} f(Re^{i\theta})iRe^{i\theta}\,d\theta$$

などがよく用いられます．

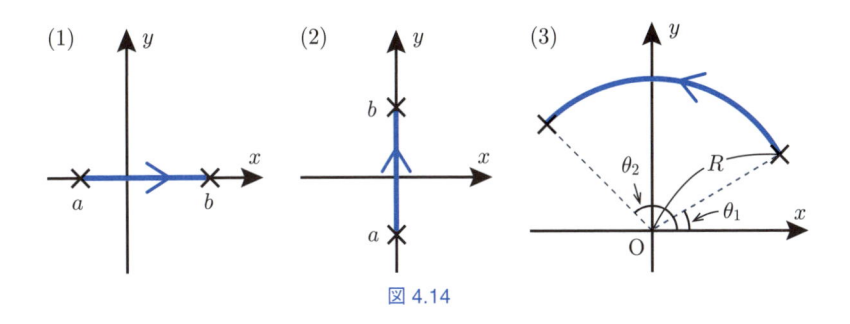

図 4.14

基本問題 4.20

以下の複素積分を計算せよ．
$$\int_C \frac{z+3}{z} dz \quad (C \text{ は原点中心, 半径 } 3, \theta: 0 \to \pi \text{ の半円})$$

方針 経路 C を，円の中心周りの極座標を用いてパラメータ表示する．

【答案】経路 C は，$z = 3e^{i\theta}$ ($\theta: 0 \to \pi$) と表すことができる．ゆえに，
$$\frac{dz}{d\theta} = 3ie^{i\theta} \quad \longrightarrow \quad dz = 3ie^{i\theta}\, d\theta$$

に注意して，

$$\int_C \frac{z+3}{z} dz = \int_0^\pi \frac{3e^{i\theta}+3}{3e^{i\theta}} 3ie^{i\theta}\, d\theta = 3i \int_0^\pi (e^{i\theta}+1) d\theta$$
$$= 3i \left[\frac{1}{i} e^{i\theta} + \theta \right]_0^\pi = 3i \left\{ \frac{1}{i}(-1) + \pi - \left(\frac{1}{i} \cdot 1 + 0 \right) \right\}$$
$$= 3i(2i+\pi) = -6 + 3\pi i. \quad \blacksquare$$

基本問題 4.21　　　　　　　　　　　　　　　　　　　　　　　　**重要**

以下を示せ．[ただし，経路 C がパラメータ t (実数) を用いて $z(t)$ ($t: t_1 \to t_2$, $t_1 < t_2$) と表されるとき，$\displaystyle \int_C f(z)|dz| \equiv \int_{t_1}^{t_2} f(z(t)) \left| \frac{dz}{dt} \right| dt$ と定義する．]

(1) $\displaystyle \left| \int_{t_1}^{t_2} \omega(t) dt \right| \leq \int_{t_1}^{t_2} |\omega(t)|\, dt$

($t_1 < t_2$, $\omega(t)$ は実数 t を変数とする複素関数)

(2) $\displaystyle \left| \int_C f(z) dz \right| \leq \int_C |f(z)|\, |dz|$

(3) 半径 ρ の円 C 上で，$\displaystyle \oint_C |dz| = 2\pi\rho$

方針 (1) は，$\displaystyle \int_{t_1}^{t_2} \omega(t) dt = r_0 e^{i\theta_0}$ とおくと，$\displaystyle \left| \int_{t_1}^{t_2} \omega(t) dt \right| = r_0$ (実数) となることを利用する．(2) は (1) を利用．(3) は定義通りに計算する．

【答案】(1) 定積分 $\displaystyle \int_{t_1}^{t_2} \omega(t) dt$ は定数なので，$\displaystyle \int_{t_1}^{t_2} \omega(t) dt = r_0 e^{i\theta_0}$ (r_0, θ_0 は実定数) とおくと，

$$\left|\int_{t_1}^{t_2}\omega(t)dt\right| = r_0 = e^{-i\theta_0}\int_{t_1}^{t_2}\omega(t)dt = \int_{t_1}^{t_2}e^{-i\theta_0}\omega(t)dt.$$

r_0 は実数なので，右辺の積分も実数．ゆえに，t が実数であることに注意して，

$$\left|\int_{t_1}^{t_2}\omega(t)dt\right| = \mathrm{Re}\left(\int_{t_1}^{t_2}e^{-i\theta_0}\omega(t)dt\right) = \int_{t_1}^{t_2}\mathrm{Re}\left(e^{-i\theta_0}\omega(t)\right)dt$$

$$\leq \int_{t_1}^{t_2}\left|e^{-i\theta_0}\omega(t)\right|dt$$

$$= \int_{t_1}^{t_2}|\omega(t)|\,dt.$$

(2) 経路 C を $z(t)$ ($t : t_1 \to t_2$, $t_1 < t_2$, t は実数) とパラメータ表示すると，(1) の結果を用いて，

$$\left|\int_C f(z)dz\right| = \left|\int_{t_1}^{t_2}f(z(t))\frac{dz(t)}{dt}dt\right|$$

$$\leq \int_{t_1}^{t_2}\left|f(z(t))\frac{dz(t)}{dt}\right|dt$$

$$= \int_{t_1}^{t_2}|f(z(t))|\left|\frac{dz(t)}{dt}\right|dt = \int_C |f(z)|\,|dz|.$$

(3) 経路 C を $z = \rho e^{i\theta}$ ($\theta : 0 \to 2\pi$) とパラメータ表示すると，$\frac{dz}{d\theta} = i\rho e^{i\theta}$ に注意して，

$$\oint_C |dz| = \int_0^{2\pi}\left|\frac{dz}{d\theta}\right|d\theta = \int_0^{2\pi}\left|i\rho e^{i\theta}\right|d\theta$$

$$= \int_0^{2\pi}\rho\,d\theta = \rho\int_0^{2\pi}d\theta$$

$$= 2\pi\rho.\ \blacksquare$$

ポイント これらの結果は，積分計算や定理の証明で，積分の絶対値を不等式で抑えて，積分が 0 に収束することを示すときなどに，よく用いられます．

❷ コーシーの積分定理

正則関数の積分が満たす最も重要な性質が，コーシーの積分定理です．

> **コーシーの積分定理**：ある閉曲線 C 上とその内部で $f(z)$ が正則であるとき，
> $$\oint_C f(z)dz = 0 \tag{4.33}$$
> が成り立つ．

この定理そのものの証明は本書では省略しますが，定理の意味をつかむために，条件を増やした場合の導出を紹介します．

【導出】 ある閉曲線 C 上とその内部で $f(z)$ が正則，かつ，$f'(z)$ が連続であるとする．微小ループ $(x,y) \to (x+dx,y) \to (x+dx,y+dy) \to (x,y+dy) \to (x,y)$ で囲まれる微小面素に着目し，面素の周上での $f(z) = u(x,y) + iv(x,y)$ の周回積分を考える．dx, dy を十分小さくとると，ループの各辺上での $f(z)$ は各辺の中点での値で一定，としてよい．すると，周回積分は，積分の正の向き（反時計周り）に注意して，

$$f\left(x+\frac{dx}{2}, y\right)dx + f\left(x+dx, y+\frac{dy}{2}\right)i\,dy$$
$$\qquad - f\left(x+\frac{dx}{2}, y+dy\right)dx - f\left(x, y+\frac{dy}{2}\right)i\,dy$$
$$= -\left\{f\left(x+\frac{dx}{2}, y+dy\right) - f\left(x+\frac{dx}{2}, y\right)\right\}dx$$
$$\qquad + i\left\{f\left(x+dx, y+\frac{dy}{2}\right) - f\left(x, y+\frac{dy}{2}\right)\right\}dy$$
$$\to \left\{-\frac{\partial f(x,y)}{\partial y} + i\frac{\partial f(x,y)}{\partial x}\right\}dxdy \quad (dx, dy \to 0)$$

と表される．

経路 C で囲まれる領域を微小面素に分割し，各面素の周上での積分の和をとると，隣り合った面素が共有する辺での積分は打ち消しあうので，C 上での積分のみが残る（図 4.15 参照）[†]．ゆえに，C が囲む領域を S とすると，

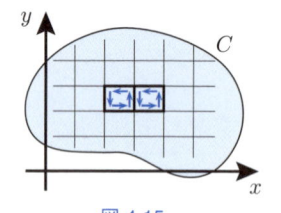

図 4.15

$$\oint_C f(z)dz \to \sum_{(x,y)\in S}\left\{-\frac{\partial f(x,y)}{\partial y} + i\frac{\partial f(x,y)}{\partial x}\right\}dxdy \quad (dx, dy \to 0)$$
$$= \sum_{(x,y)\in S}\left\{-\left(\frac{\partial u(x,y)}{\partial y} + i\frac{\partial v(x,y)}{\partial y}\right) + i\left(\frac{\partial u(x,y)}{\partial x} + i\frac{\partial v(x,y)}{\partial x}\right)\right\}dxdy$$
$$= \sum_{(x,y)\in S}\left\{-\left(\frac{\partial u(x,y)}{\partial y} + \frac{\partial v(x,y)}{\partial x}\right) + i\left(\frac{\partial u(x,y)}{\partial x} - \frac{\partial v(x,y)}{\partial y}\right)\right\}dxdy.$$

今，領域 S で $f(z)$ は正則なので，コーシー-リーマンの関係式より，

$$\frac{\partial u(x,y)}{\partial y} + \frac{\partial v(x,y)}{\partial x} = \frac{\partial u(x,y)}{\partial x} - \frac{\partial v(x,y)}{\partial y} = 0.$$

ゆえに，$\oint_C f(z)dz = 0$. □

[†] 経路 C で囲まれる領域 S を微小長方形に分割すると，一般に，C に接する部分で長方形でない微小面素ができますが，ここでの議論は同様に成り立ちます．これは，「任意の多角形が長方形と直角三角形で構成できること」と，「微小直角三角形（例えば $(x,y) \to (x+dx,y) \to (x,y+dy) \to (x,y)$ のループ）での $f(z)$ の周回積分も，微小長方形の場合と同様，$\left(-\frac{\partial f}{\partial y} + i\frac{\partial f}{\partial x}\right)$ に比例すること」により，説明できます．

この【導出】を見ると，コーシーの積分定理が，ベクトル解析におけるストークスの定理（3.3 節参照）と類似していることがわかると思います．正則関数の性質であるコーシー-リーマンの関係式が，微小面素の周回積分が 0 であることを与え，ストークスの定理と同様の考察から，閉曲線上の積分が 0 であることが導かれるわけです．ここでも，複素平面を用いた幾何学的考察の有効性がわかります．

なお，上記の【導出】では，経路 C で囲まれた領域 S を微小面素に分割して，$\oint_C f(z)dz = 0$ を示しましたが，$\oint_C f(z)dz$ に含まれる各項（$\oint_C u(x,y)dx$ など）を直接計算して領域 S での面積分に書き直すことで（平面におけるグリーンの定理），上記の【導出】と同じ結果を示すこともできます．また，上記の【導出】では「$f'(z)$ が連続である」ことを仮定しましたが，この仮定がなくても，別の方法でコーシーの積分定理を証明することができます（グルサによる証明）．

コーシーの積分定理は，複素積分における最も重要な定理であり，この後学習する定理・計算のほとんど全ての基礎になっています．まずはここで，コーシーの積分定理から直ちに導かれる重要な結果を見ておきましょう．

基本問題 4.22 　　　　　　　　　　　　　　　　　　　　　　　　　重要

ある閉曲線で囲まれた領域 D 内で $f(z)$ が正則ならば，$\int_{z_0}^{z_1} f(z)dz$ は，経路が D 内にある限り，z_0, z_1 のみに依存し，途中の経路によらないことを示せ．

方針 　z_0 から z_1 へ至る（D 内の）任意の経路で積分値が不変であることを示す．

【答案】 D 内で，z_0 から z_1 へ至る任意の経路 C_1, C_2 を考える．C_1 上を z_0 から z_1 へ移動し，C_2 を逆にたどって z_1 から z_0 に戻る周回経路を C_{1-2} とする（図 4.16 参照）．すると，C_{1-2} 上とその内部で $f(z)$ は正則であるので，コーシーの積分定理より，

$$\oint_{C_{1-2}} f(z)dz = \int_{C_1} f(z)dz - \int_{C_2} f(z)dz = 0$$
$$\longrightarrow \int_{C_1} f(z)dz = \int_{C_2} f(z)dz.$$

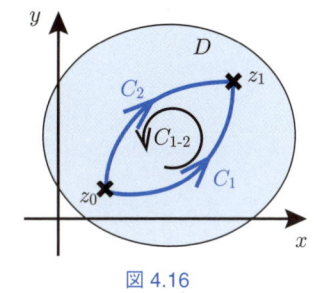

ゆえに，問題の積分は，端点 z_0, z_1 が定まれば，途中の経路によらない．■

図 4.16

ポイント 　この結果は，$f(z)$ が正則な領域では，$\int_{z_0}^{z_1} f(z)dz = F(z_1) - F(z_0)$，$F'(z) = f(z)$ となるような，$f(z)$ の不定積分 $F(z)$ が定義できることを示しています[†]．

[†]ベクトル解析との関連で見ると，この結果は「回転が 0 のベクトル場 $\boldsymbol{F}(\boldsymbol{r})$ に対しては，スカラーポテンシャル $\phi(\boldsymbol{r})$ が定義できる」ことに対応します．3.4 節のスカラーポテンシャルの項を見て，両者の対応を比較してみると面白いでしょう．

> **基本問題 4.23**　　　　　　　　　　　　　　　　　　　　　　　　　**重要**
>
> 閉曲線 C_1 の内部に閉曲線 C_2 があるとする．C_1, C_2 上とその間で $f(z)$ が正則であるとき，
> $$\oint_{C_1} f(z)dz = \oint_{C_2} f(z)dz \tag{4.34}$$
> が成り立つことを示せ．

方針　C_1 と C_2 をつないだ閉曲線 C を考える．

【答案】図 4.17 のように C_1, C_2 をつないで閉曲線 C を作ると，C 上と C 内で $f(z)$ は正則なので，コーシーの積分定理より C での積分は 0．また，接続部の経路を十分近づければ，行き帰りで打ち消しあうので，接続部の積分は合わせて 0 になる．

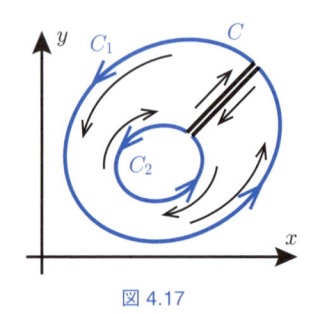

図 4.17

ゆえに，C_1, C_2 での積分は互いに逆回りであることに注意して，
$$\begin{aligned}&\oint_C f(z)dz \\ =& \oint_{C_1} f(z)dz - \oint_{C_2} f(z)dz = 0 \\ \longrightarrow\quad & \oint_{C_1} f(z)dz = \oint_{C_2} f(z)dz. \quad\blacksquare\end{aligned}$$

ポイント　この結果は，複素積分は，被積分関数の特異点（正則でない点）をまたがない限り，積分経路を連続的に変形しても積分の値が変わらないことを示しています．つまり，(変形が連続的で，かつ，特異点をまたがないという条件のもとで) 積分が計算しやすいように経路を自由に変形してよい，ということです．この性質は，複素積分の計算に際して極めて強力なものであり，実際，様々な計算において利用されます．「なぜ」，「どのような条件の元で」，そのような経路の変更をしてよいのかを，この問題でしっかりと理解しておいてください．

4.4 複素関数（正則）の積分

コラム　多価関数の積分経路

ここまでで、コーシーの積分定理から、関数が正則な領域では積分経路を自由に変形できることを学習しましたが、関数が多価関数の場合は少し注意が必要です。

例として
$$f(z) = z^{1/2}$$
を考えます。4.2 節で見たように、$f(z) = z^{1/2}$ は 2 価関数で、リーマン面は 2 枚の複素平面を、原点から無限遠へと走る分岐線でつないだものになります。以下、分岐線は実軸上、$x \geq 0$ にあるとしましょう。

まず一つ目の注意は、図 4.18 の曲線は閉曲線ではないということです。つまり、点 A から点 B へと原点周りを 1 周した後、点 B から（分岐線を越えて）上へ移動すると、点 A へは戻らず 2 枚目のリーマン面へと移動するため、この経路 C は閉じていません。

また同様に、図 4.19 のような経路 C_1, C_2 を考えると、C_1, C_2 上および"その間"で $f(z)$ が正則のように見えますので、基本問題 4.23 と同じように考えると、積分経路を C_1 から C_2 に変えても $f(z)$ の積分値は変わらないように思えるかもしれません。しかし、これも間違いです。実際、経路をよく見ると、A→B の経路上での $f(z) = z^{1/2}$ の値と、D→E 上の対応する点での値は、(A→B, D→E を実軸に近付けた極限においても) 一致しないことがわかります。こうして図 4.19 の経路 C 上および C 内では $f(z)$ は正則なので、C での積分はコーシーの積分定理より 0 ですが、A→B、D→E の積分が打ち消しあわないため、経路 C_1, C_2 の積分は等しくなりません。なお、上で述べたように、C_1, C_2 はそもそも閉曲線ではありませんので、この結果は基本問題 4.23 の結果と矛盾しません。

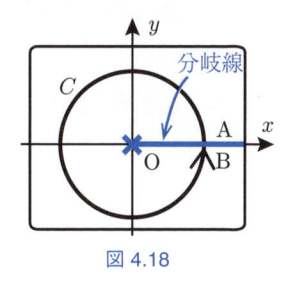

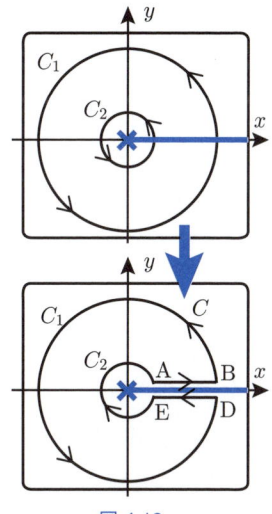

図 4.18

図 4.19

このように、多価関数の積分を考えるときは、以下の点に注意する必要があります。

(1) 経路が分岐線と交差する場合、リーマン面の 1 枚だけで見ると、経路は交差点で切れている（別のリーマン面につながっている）。
(2) 分岐線をはさんだ両側にある経路では（同じ線に収束しているように見えても）、積分値が一般には異なる。

((2) の例は、6.3 節の基本問題 6.8 などで出てきます。) リーマン面を正しく理解していれば間違わないことですので、4.2 節の内容をよく読んでおきましょう。

❸ コーシーの積分公式・テイラー展開

この節の最後に，正則関数に対して成り立つ公式をいくつか紹介します．まずは「コーシーの積分公式」と呼ばれる公式についてです．

> **コーシーの積分公式：**
> 点 $z = a$ を囲む閉曲線 C 内と C 上で $f(z)$ が正則
> $$\implies f(a) = \frac{1}{2\pi i} \oint_C \frac{f(z)}{z-a} dz$$

証明は演習問題 4.4.3 を見てください．いま一つ意味のわかりにくい公式ですが，要するにこの公式は，関数 $f(z)$ が正則な領域では，ある点 $z = a$ での関数の値 $f(a)$ と，点 $z = a$ を囲む閉曲線 C 上での $\frac{f(z)}{z-a}$ の積分という，一見何の関係もない量が等式で結ばれるということを示しています（図 4.20 参照）．つまり，$f(a)$ の値が，点 $z = a$ 周辺での $f(z)$ の値によって決まってしまう，ということです．複素関数が正則であるためには，その振舞いに強い制約が掛かることを示す一例といえます．コーシーの積分公式は，以下に述べるテイラーの定理など，複素積分に関する定理を証明するのによく用いられます．

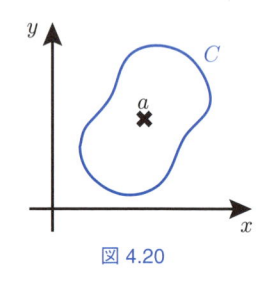

図 4.20

また，正則関数の導関数に対しても，以下に示す「グルサの公式」が成り立ちます．

> **グルサの公式：**
> 点 $z = a$ を囲む閉曲線 C 内と C 上で $f(z)$ が正則
> $$\implies f^{(n)}(a) = \left.\frac{d^n f(z)}{dz^n}\right|_{z=a} = \frac{n!}{2\pi i} \oint_C \frac{f(z)}{(z-a)^{n+1}} dz$$

証明は演習問題 4.4.4 を参照してください．グルサの公式は，コーシーの積分公式を正則関数の導関数に一般化したものといえます．

最後に，正則関数が満たす定理の中でも実用性の高い「テイラーの定理」を紹介します．

> **テイラーの定理（テイラー展開）：**
> 点 $z = a$ を中心とする円 C 内と C 上で $f(z)$ が正則
> $\implies C$ 内の任意の z に対して，$f(z)$ は
> $$f(z) = \sum_{n=0}^{\infty} A_n (z-a)^n, \quad A_n = \frac{1}{2\pi i} \oint_C \frac{f(\zeta)}{(\zeta-a)^{n+1}} d\zeta = \frac{1}{n!} f^{(n)}(a) \quad (4.35)$$
> と展開できる

この証明も演習問題 4.4.5 にまわして，ここではこの定理の意味を考えます．この定理が示すのは，定理の条件を満たす a, z に対して正則関数 $f(z)$ を $(z-a)$ のべき級数（非負のべきのみ）で表すことができる，すなわち，$f(z)$ を $z = a$ 周りでテイラー展開できる，ということです．展開式 (4.35) を見ると，実関数のテイラー展開の式 (1.16) と同じ形であり，実関数の式の自然な拡張になっていることがわかります．点 $z = a$ 周りのテイラー級数（テイラー展開で求めたべき級数）の収束半径は，点 $z = a$ と，そこから最も近い $f(z)$ の特異点（正則でない点）までの距離になります．

基本問題 4.24

$\dfrac{1}{a+z}, \dfrac{1}{a-z}$（$a$ は定数）を $z = 0$ 周り，$|z| < |a|$ でテイラー展開せよ．

方針 テイラーの定理に従い，展開式を計算する．

【答案】$f(z) = \dfrac{1}{a+z} = (a+z)^{-1}$ とすると，

$$f'(z) = (-1)(a+z)^{-2} = -(a+z)^{-2},$$
$$f^{(2)}(z) = -(-2)(a+z)^{-3} = 2(a+z)^{-3}, \cdots$$
$$f^{(n)}(z) = (-1)^n n!\,(a+z)^{-(n+1)} = \dfrac{(-1)^n n!}{(a+z)^{n+1}}.$$

ゆえに，

$$\dfrac{1}{a+z} = \sum_{n=0}^{\infty} \dfrac{1}{n!} f^{(n)}(0) z^n = \sum_{n=0}^{\infty} \dfrac{(-1)^n}{a^{n+1}} z^n.$$

同様に，$f(z) = \dfrac{1}{a-z} = (a-z)^{-1}$ とすると，

$$f'(z) = (-1)(a-z)^{-2}(-1) = (a-z)^{-2},$$
$$f^{(2)}(z) = (-2)(a-z)^{-3}(-1) = 2(a-z)^{-3}, \cdots$$
$$f^{(n)}(z) = n!\,(a-z)^{-(n+1)} = \dfrac{n!}{(a-z)^{n+1}}.$$

ゆえに，

$$\dfrac{1}{a-z} = \sum_{n=0}^{\infty} \dfrac{1}{n!} f^{(n)}(0) z^n = \sum_{n=0}^{\infty} \dfrac{1}{a^{n+1}} z^n. \blacksquare$$

ポイント 問題文にある z の領域が，テイラーの定理のところで述べたテイラー級数の収束円に対応していることに注意してください．テイラー展開は物理の学習・研究において頻繁に使われるテクニックですので，実際に計算できるよう，訓練しておくことが大事です．

演習問題

4.4.1 複素積分 $\int_C z^2 dz$ を以下の経路 C について計算せよ．
  (1) $z=-1 \to z=0 \to z=2i$ と移動する折れ線
  (2) $z=-1 \to z=2i$ への直線

4.4.2 以下の複素積分を計算せよ．
$$\oint_C (z-z_0)^n dz \quad (C \text{ は，点 } z_0 \text{ 中心，半径 } \rho,\ \theta:0 \to 2\pi \text{ の円周．} n \text{ は整数．})$$

4.4.3 コーシーの積分公式を証明せよ．

4.4.4 グルサの公式を証明せよ．

4.4.5 以下の手順で，テイラーの定理を証明せよ．
  (1) $c \neq 1$ に対して，
  $$\frac{1}{1-c} = 1 + c + c^2 + \cdots + c^{n-1} + \frac{c^n}{1-c} \quad (n=1,2,\ldots)$$
  を示せ．
  (2) $\dfrac{1}{\zeta - z} = \sum_{k=0}^{n-1} \dfrac{(z-a)^k}{(\zeta-a)^{k+1}} + \dfrac{(z-a)^n}{(\zeta-z)(\zeta-a)^n}$ を示せ．($\zeta \neq z, a$ とする．)
  (3) (2) とコーシーの積分公式より，テイラーの定理を証明せよ．

4.5 複素関数（特異点あり）の積分
——定積分への応用が強力

> **Contents**
> Subsection ❶ ローラン展開   Subsection ❷ 留数定理
> Subsection ❸ 定積分への応用

> **キーポイント**
> 留数定理を理解した上で，定積分への応用を練習しよう．

　前節で扱った複素積分は，関数が正則である領域での積分でした．この節では，特異点（関数が正則でない点）を含む領域における複素積分について考えます．ここで出てくる定理はローランの定理（ローラン展開）と留数定理ですが，特に留数定理は，定積分の計算に応用されるもので，複素関数論の中でも利用価値の高い定理の一つです．この定積分の計算については，本節の後半で様々なタイプの問題を紹介します．

❶ローラン展開
　まずは，複素関数を特異点周りでべき級数に展開する定理である，ローランの定理を紹介します．

> **ローランの定理（ローラン展開）：**
> 点 $z=a$ を中心とする同心円 C_1, C_2 上と，C_1, C_2 にはさまれた円環状の領域 D で $f(z)$ が正則
> $\Longrightarrow$ 領域 D 内の任意の z に対して，$f(z)$ は
> $$f(z) = \sum_{n=-\infty}^{\infty} A_n(z-a)^n,$$
> $$A_n = \frac{1}{2\pi i} \oint_C \frac{f(\zeta)}{(\zeta-a)^{n+1}} d\zeta \quad (4.36)$$
> と展開できる．（C は $z=a$ を囲む D 内の閉曲線．）

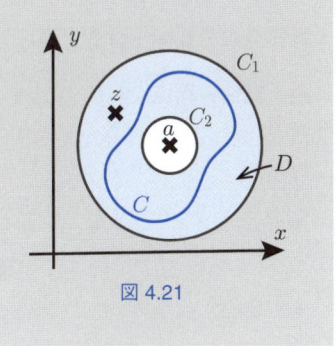

図 4.21

　定理の証明は演習問題 4.5.1 にまわして，ここでは定理の意味を考えましょう．前節で考えたテイラーの定理は，複素平面上のある円内全域で $f(z)$ が正則であるとき，円の中心 $z=a$ 周りで $f(z)$ を，非負のべきの項のみからなるべき級数に展開できる，というものでした．ローランの定理では，円 C_1 の内部に同心円 C_2 を考えて，C_2 の内部では $f(z)$ が正則でなくてもよい（特異点を持ってもよい）というように条件を緩和していて，その条件下でも，負のべきの項も級数に含めることを許せば，円の中心周りで $f(z)$ をべき

級数に展開できる，ということを示しています．

ここで，展開の中心点 $z=a$ を特異点直上にとります．そして，内側の円 C_2 の半径を無限小にとり，C_2 内に存在する特異点は $z=a$ のみになるようにし[†]，また，外側の円 C_1 の半径は $z=a$ から最も近い特異点までの距離にとることにします（図 4.22 参照）．そうすると，まず，ローランの定理から，係数 A_n の計算に用いる閉曲線 C は，$z=a$ を囲み，かつ，C_1 内に収まる任意の閉曲線にとることができます．さらに，コーシーの積分定理を用いると，$f(z)$ が正則な領域では積分経路を自由に変形できますので，係数 A_n を計算する経路 C は，「特異点 $z=a$ を囲み，それ以外の特異点を内部に含まない任意の閉曲線」にとることができます．（変形が連続的で，かつ，特異点をまたがない限り，C_1 から出るように変形しても構いません．）このことが留数定理で非常に重要になってきますので，ここでの議論をきちんと理解しておいてください．

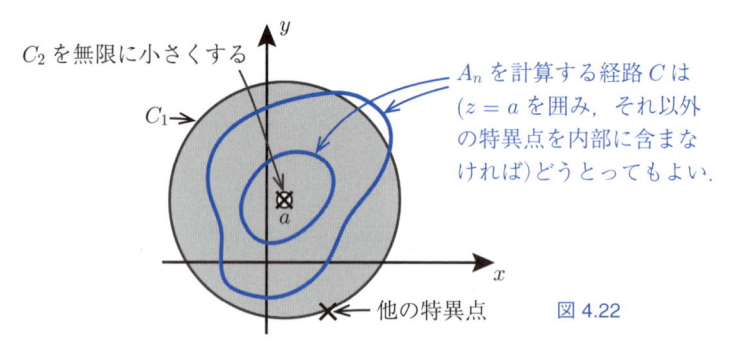

図 4.22

●**特異点の分類**● 留数定理に進む前に，複素関数の特異点の性質を整理しておきます．

極・真性特異点：関数 $f(z)$ を特異点 $z=a$ 周りでローラン展開して得られたべき級数 (4.36) の負のべき（$n<0$）の項の部分を $f(z)$ の**主要部**と呼ぶ．特異点 $z=a$ に対して

- 主要部が $-k$ 次まで，すなわち，$f(z) = \sum_{n=-k}^{\infty} A_n(z-a)^n$ （$A_{-k} \neq 0$）
  $\implies$ $z=a$ は k 位の極
- 主要部が $-\infty$ 次まで $\implies$ $z=a$ は真性特異点

[†] このような C_2 をとることができる特異点を，**孤立特異点**と呼びます．複素関数の特異点は多くの場合孤立特異点ですが，例外もあります．例えば $f(z) = \frac{1}{\sin(\frac{\pi}{z})}$ は $z=0$ と $z=\frac{1}{n}$ （n は整数）を特異点に持ちますが，$z=0$ 周りには無限小の距離に特異点があるので，$z=0$ を中心とした円 C_2 には，どれだけ小さい半径をとっても，$z=0$ 以外の特異点が含まれてしまいます．このような点を，特異点の集積点と呼びます．ただし，そのような特異点の集積点が物理の問題に出てくることはまれですので，この本では孤立特異点のみを考え，特異点の集積点の性質は，他の文献に任せることにします．（それでも物理数学の基礎をマスターするというこの本の目的には十分です．）

4.5 複素関数（特異点あり）の積分

また，留数定理を応用した積分計算を行うときには，特異点が何位の極かを知っておく必要があります．特異点が何位の極かを判定する方法は以下の通りです．

> **極の位数の判定方法**：関数 $f(z)$ の極 $z = a$ に対して，
> $$\lim_{z \to a}(z-a)^k f(z) \text{ が 0 でない有限値をとる}$$
> $$\iff \quad z = a \text{ は } k \text{ 位の極}$$

【証明】今，$z = a$ は極（孤立特異点）なので，$f(z)$ は $z = a$ 周りでローラン級数に展開できる．$z = a$ が k 位の極であるとすると，

$$f(z) = \frac{A_{-k}}{(z-a)^k} + \cdots + \frac{A_{-1}}{z-a} + A_0 + A_1(z-a) + \cdots. \quad (A_{-k} \neq 0)$$

すると，

$$\lim_{z \to a}(z-a)^k f(z) = \lim_{z \to a}\{A_{-k} + A_{-k+1}(z-a) + \cdots\}$$
$$= A_{-k}.$$

また，$m < k, n > k$ に対して，

$$\lim_{z \to a}(z-a)^m f(z) = \lim_{z \to a}\left\{\frac{A_{-k}}{(z-a)^{k-m}} + \cdots\right\} = \infty,$$
$$\lim_{z \to a}(z-a)^n f(z) = \lim_{z \to a}\left\{A_{-k}(z-a)^{n-k} + \cdots\right\} = 0.$$

ゆえに，$\lim_{z \to a}(z-a)^k f(z)$ が 0 でない有限値（A_{-k}）をとることと，$z = a$ が k 位の極であることは同値である．□

> [!NOTE] コラム 真性特異点について

「特異点の分類」の項で述べたように,関数 $f(z)$ を $z=a$ 周りでローラン展開したときに,主要部が $-\infty$ 次まで必要な場合,$z=a$ を**真性特異点**といいますが,この真性特異点は,次のような不思議な性質を持ちます.

> **ワイエルシュトラスの定理**:$z=a$ が真性特異点のとき,任意の定数 α に対して,適当な数列 $\{z_n\}$($\lim_{n\to\infty} z_n = a$)を選ぶことで,$\lim_{n\to\infty} f(z_n) = \alpha$ とすることができる.また,$f(z_n)$ を $n\to\infty$ で発散させることもできる.すなわち,極限値 $\lim_{z\to a} f(z)$ は不定.

ここでは証明はしませんが,例として,関数 $f(z) = e^{1/z}$ を考えてみましょう.指数関数 e^ω は定義より,$e^\omega = \sum_{n=0}^{\infty} \frac{1}{n!} \omega^n$ ですので,$\omega = \frac{1}{z}$ とすると

$$e^{1/z} = \sum_{n=0}^{\infty} \frac{1}{n!} \frac{1}{z^n}$$

となり,$z=0$ は真性特異点です.ここで $e^{1/z} = \alpha = re^{i(\theta+2\pi n)}$ としましょう.すると,

$$e^{1/z} = re^{i(\theta+2\pi n)} = e^{\ln r + i(\theta+2\pi n)} \quad \longrightarrow \quad \frac{1}{z} = \ln r + i(\theta+2\pi n)$$

ですので,

$$z_n = \frac{1}{\ln r + i(\theta+2\pi n)} = \frac{\ln r - i(\theta+2\pi n)}{(\ln r)^2 + (\theta+2\pi n)^2} \qquad ①$$

として,$n\to\infty$ とすると,$e^{1/z_n} = \alpha$ を保ったまま,$z_n \to 0$ とすることができます.すなわち,①で与えられる数列 $\{z_n\}$ に従って,n を大きくすることで $z\to 0$ の極限をとると,極限値 $\lim_{z\to 0} e^{1/z}$ を,任意の値 α にすることができます.また,①の r を r_n におきかえて,r_n を n とともに大きくすれば,$f(z_n)$ を $n\to\infty$ で発散させることもできます.これがワイエルシュトラスの定理の意味になります.

"通常の"特異点(極)の場合,z が特異点に近づく極限では $f(z)$ は発散するのが普通ですから,この「極限値をどんな値にでもとれる」という真性特異点の性質は,かなり"異常な"ものであるといえるでしょう.この真性特異点の性質を突き詰めることは,数学的に興味深い問題ですが,物理数学としては,このような,物理にはほとんど出てこない問題にこだわるのはやめておくのが賢明ですので,この本では真性特異点については,これ以上考えないことにします.

4.5 複素関数（特異点あり）の積分

❷ 留数定理

留数定理に進みましょう．まず，留数とは何でしょうか．

> **留数**：特異点 $z=a$ 周りで $f(z)$ をローラン展開したときの -1 次の係数 A_{-1} を，特異点 $z=a$ における $f(z)$ の留数と呼び，$\text{Res}(a)$ と表す．

この留数の値は，比較的簡単に求めることができます．

> **留数の計算**：$z=a$ が $f(z)$ の k 位の極であるとき，$z=a$ での留数は以下の式で与えられる．
> $$\text{Res}(a) = \lim_{z \to a} \frac{1}{(k-1)!} \frac{d^{k-1}}{dz^{k-1}} \left\{ (z-a)^k f(z) \right\}. \tag{4.37}$$

基本問題 4.25 　【重要】

$z=a$ が $f(z)$ の k 位の極であるとき，以下が成り立つことを示せ．
$$\text{Res}(a) = \lim_{z \to a} \frac{1}{(k-1)!} \frac{d^{k-1}}{dz^{k-1}} \left\{ (z-a)^k f(z) \right\}$$

方針　ローラン展開の式を $\frac{d^{k-1}}{dz^{k-1}}\left\{(z-a)^k f(z)\right\}$ に代入する．

【答案】$z=a$ 周りで $f(z)$ をローラン展開すると，$z=a$ は k 位の極なので，

$$f(z) = \frac{A_{-k}}{(z-a)^k} + \frac{A_{-k+1}}{(z-a)^{k-1}} + \cdots + \frac{A_{-1}}{z-a} + \sum_{n=0}^{\infty} A_n (z-a)^n$$

$\longrightarrow \quad (z-a)^k f(z)$
$$= A_{-k} + A_{-k+1}(z-a) + \cdots + A_{-1}(z-a)^{k-1} + \sum_{n=0}^{\infty} A_n (z-a)^{n+k}$$

$\longrightarrow \quad \dfrac{d^{k-1}}{dz^{k-1}} \left\{ (z-a)^k f(z) \right\}$
$$= (k-1)!\, A_{-1} + \sum_{n=0}^{\infty} (n+k)(n+k-1)\cdots(n+2) A_n (z-a)^{n+1}.$$

$z \to a$ で $(z-a)^{n+1} \to 0 \ (n \geq 0)$ より，
$$\lim_{z \to a} \frac{d^{k-1}}{dz^{k-1}} \left\{ (z-a)^k f(z) \right\} = (k-1)!\, A_{-1}$$

$\longrightarrow \quad A_{-1} = \dfrac{1}{(k-1)!} \lim_{z \to a} \dfrac{d^{k-1}}{dz^{k-1}} \left\{ (z-a)^k f(z) \right\}.$ ■

ポイント　特に 1 位の極の留数は，$\text{Res}(a) = \lim\limits_{z \to a} (z-a) f(z)$ という簡単な式になります．

さて，ここで疑問が出てくると思います．なぜ，ローラン展開の係数 $\{A_n\}$ のうち，-1 次の係数 A_{-1} だけを，留数などという名前まで付けて，特別扱いするのでしょうか？　これはローランの定理を見ればわかります．ローラン展開の式 (4.36) を見直すと，-1 次の係数は

$$A_{-1} = \frac{1}{2\pi i} \oint_C f(z) dz$$

となり，右辺は $f(z)$ そのものの周回積分（を $2\pi i$ で割ったもの）になっています．これは非常に使い勝手のある式です．ローランの定理で見た通り，閉曲線 C は，特異点 $z = a$ を囲み，それ以外に内部に特異点を含まない<u>任意</u>の閉曲線です．つまり，任意の閉曲線に対して，その内部に関数 $f(z)$ の特異点が $z = a$ しかなければ，その閉曲線上での $f(z)$ の積分は，（その特異点の留数が分かれば）何も計算しなくても値が求まる，ということになります．この結果を，閉曲線内に複数の特異点がある場合に拡張したのが，留数定理になります．

留数定理：$f(z)$ が，閉曲線 C 内にある $N\ (<\infty)$ 個の特異点 $a_n\ (n = 1, 2, \ldots, N)$ を除いて，C 上および C 内で正則

$\implies \oint_C f(z) dz = 2\pi i \sum_{n=1}^{N} \mathrm{Res}(a_n)$　（$\mathrm{Res}(a_n)$ は特異点 $z = a_n$ での留数）

【証明】それぞれの特異点 $z = a_n$ に対して，内部に $z = a_n$ のみを含む閉曲線を C_n とし，それらと閉曲線 C を図 4.23 のようにつないだ閉曲線を C_{all} とする．すると，C_{all} 上と内部で $f(z)$ は正則である（特異点を持たない）ので，コーシーの積分定理より，C_{all} 上での $f(z)$ の周回積分は 0．さらに，C_n での積分は逆回り（時計回り）であることと，C と C_n をつなぐ経路での積分は行き帰りで打ち消しあうことに注意すると，

$$\oint_{C_{\mathrm{all}}} f(z) dz = \oint_C f(z) dz - \sum_{n=1}^{N} \oint_{C_n} f(z) dz = 0.$$

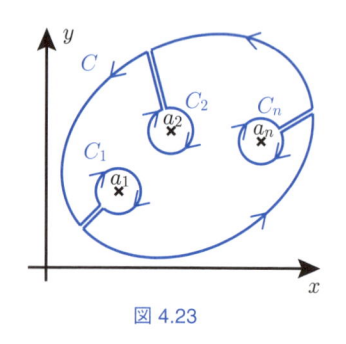

図 4.23

この式と，$z = a_n$ 周りの周回積分 $\oint_{C_n} f(z) dz$ が，特異点 $z = a_n$ での留数の $2\pi i$ 倍で表されることから，

$$\oint_C f(z) dz = \sum_{n=1}^{N} \oint_{C_n} f(z) dz = 2\pi i \sum_{n=1}^{N} \mathrm{Res}(a_n).\ \square$$

4.5 複素関数（特異点あり）の積分

こうして任意の閉曲線 C に対して，C 内部に含まれる特異点の留数がわかれば，C 上の周回積分は，積分を直接計算せずとも求まるということが示されました．留数の値は，上で述べたように比較的簡単な方法で求めることができますので，留数定理は，複素積分の値を求める新しい手法を与えてくれることになります．これは積分の値がほしいときに，まともに積分計算をすることなく，全く別のところからひょいと答えを持ってくるようなものですので，上手に利用すれば，絶大な威力を発揮します．具体的な応用方法については，以下の問題で見ることにします．

❸ 定積分への応用

以下では，ここまでに学習した複素積分の定理の，実際の積分計算への応用を考えます．特に留数定理を用いた計算は，複素関数論の応用の中で最も強力なものの一つであり，是非マスターしておくべきものです．具体的な応用の方法は様々ですが，典型的な例としては，以下のような手順で定積分の値を求めることがあります．

問題：ある経路 A 上の積分 $\int_A f(z)dz$ の値を求める．

手順 1：経路 A を含む適当な閉曲線 C をとる．

手順 2：C 内にある $f(z)$ の特異点を求め，その留数を計算する．
　　$\Longrightarrow$ 留数定理より C 上の周回積分の値が求まる．
　　（C 内に特異点がない場合は，コーシーの積分定理より周回積分は 0 になる．）

手順 3：閉曲線 C の，A 以外の部分の積分を計算する．
　　（C と A が一致する場合は省略可．）

手順 4：手順 2 で求めた周回積分の値から，手順 3 で求めた A 以外の部分の積分値を差し引けば，問題の積分が求まる．

この解法における一番のポイントは，手順 1 の"適当な"閉曲線 C を決めるところです．そこで，手順 3 の積分が計算できるような経路を見つけることができれば，問題は解けたも同然になります．この適当な C の見つけ方については，残念ながら全ての場合に当てはまる指針というものがないため，多くの問題を解いてセンスを磨くしかありません．以下，典型的な問題を選んで並べてありますので，それらを解くことで，様々な問題に対するセンスを身につけてください．

基本問題 4.26 【重要】

$\int_0^{2\pi} \cos^{2n}\theta\, d\theta, \int_0^{2\pi} \sin^{2n}\theta\, d\theta$ （θ は実数，n は自然数）の値を求めよ．

方針 $z = e^{i\theta}$ として，原点中心，半径 1 の円上を周回積分する．

【答案】$z = e^{i\theta}$ とすると，$dz = ie^{i\theta}\, d\theta = iz\, d\theta$ より $d\theta = -\frac{i}{z} dz$. また，

$$\cos\theta = \frac{e^{i\theta} + e^{-i\theta}}{2} = \frac{1}{2}\left(z + \frac{1}{z}\right).$$

今，C を原点中心，半径 1 の円とすると，z は $\theta : 0 \to 2\pi$ で C 上を 1 周する．ゆえに，

$$\int_0^{2\pi} \cos^{2n}\theta\, d\theta = \oint_C \frac{1}{2^{2n}}\left(z + \frac{1}{z}\right)^{2n}\left(-\frac{i}{z}\right) dz$$
$$= -\frac{i}{2^{2n}}\oint_C \frac{(z^2+1)^{2n}}{z^{2n+1}} dz.$$

$f(z) = \frac{(z^2+1)^{2n}}{z^{2n+1}}$ とすると，$f(z)$ は $z = 0$ に $(2n+1)$ 位の極を持ち，留数は，

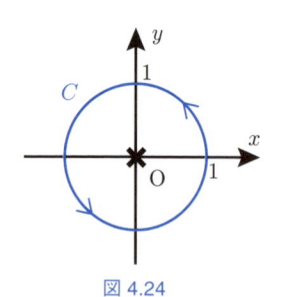

図 4.24

$$\text{Res}(0) = \lim_{z \to 0}\left\{\frac{1}{(2n)!}\frac{d^{2n}}{dz^{2n}}(z^2+1)^{2n}\right\}$$
$$= \lim_{z \to 0}\left\{\frac{1}{(2n)!}\frac{d^{2n}}{dz^{2n}}\left(1 + 2nz^2 + \cdots + \frac{(2n)!}{n!\, n!}z^{2n} + \cdots + z^{4n}\right)\right\}$$
$$= \lim_{z \to 0}\left\{\frac{1}{(2n)!}\left(\frac{(2n)!}{n!\, n!}(2n)! + O(z^2)\right)\right\} = \frac{(2n)!}{(n!)^2}.$$

ゆえに，$\int_0^{2\pi} \cos^{2n}\theta\, d\theta = -\frac{i}{2^{2n}}2\pi i \frac{(2n)!}{(n!)^2} = \frac{\pi}{2^{2n-1}}\frac{(2n)!}{(n!)^2}.$

同様に，$\sin\theta = \frac{e^{i\theta} - e^{-i\theta}}{2i} = \frac{1}{2i}\left(z - \frac{1}{z}\right)$ より，

$$\int_0^{2\pi} \sin^{2n}\theta\, d\theta = \oint_C \frac{1}{(2i)^{2n}}\left(z - \frac{1}{z}\right)^{2n}\left(-\frac{i}{z}\right) dz = -\frac{i(-1)^n}{2^{2n}}\oint_C \frac{(z^2-1)^{2n}}{z^{2n+1}} dz.$$

$f(z) = \frac{(z^2-1)^{2n}}{z^{2n+1}}$ とすると，$f(z)$ は $z = 0$ に $(2n+1)$ 位の極を持ち，留数は，

$$\text{Res}(0) = \lim_{z \to 0}\left\{\frac{1}{(2n)!}\frac{d^{2n}}{dz^{2n}}(z^2-1)^{2n}\right\}$$
$$= \lim_{z \to 0}\left\{\frac{1}{(2n)!}\frac{d^{2n}}{dz^{2n}}\left(1 - 2nz^2 + \cdots + (-1)^n\frac{(2n)!}{n!\, n!}z^{2n} + \cdots + z^{4n}\right)\right\}$$
$$= \lim_{z \to 0}\left\{\frac{1}{(2n)!}\left((-1)^n\frac{(2n)!}{n!\, n!}(2n)! + O(z^2)\right)\right\} = (-1)^n\frac{(2n)!}{(n!)^2}.$$

ゆえに，$\int_0^{2\pi} \sin^{2n}\theta\, d\theta = -\frac{i(-1)^n}{2^{2n}}2\pi i(-1)^n\frac{(2n)!}{(n!)^2} = \frac{\pi}{2^{2n-1}}\frac{(2n)!}{(n!)^2}.$ ∎

4.5 複素関数（特異点あり）の積分

基本問題 4.27

$\int_{-\infty}^{\infty} \dfrac{e^{ax}}{1+e^x} dx$ （a, x は実数，$0 < a < 1$）の値を求めよ．

方針 $f(z) = \dfrac{e^{az}}{1+e^z}$ を複素積分する．

【答案】 $f(z) = \dfrac{e^{az}}{1+e^z}$ を図 4.25 の経路 C で積分する．C の各部分の積分は，

(I) $z = x, dz = dx$ より，
$$\int_{\mathrm{I}} f(z) dz = \int_{-x_0}^{x_0} \frac{e^{ax}}{1+e^x} dx.$$

(II) $z = x_0 + iy, dz = i\, dy$ より，
$$\int_{\mathrm{II}} f(z) dz = \int_0^{2\pi} \frac{e^{a(x_0+iy)}}{1+e^{x_0+iy}} i\, dy.$$

(III) $z = x + i2\pi, dz = dx$ より，
$$\int_{\mathrm{III}} f(z) dz = \int_{x_0}^{-x_0} \frac{e^{a(x+i2\pi)}}{1+e^{x+i2\pi}} dx = -e^{i2\pi a} \int_{-x_0}^{x_0} \frac{e^{ax}}{1+e^x} dx.$$

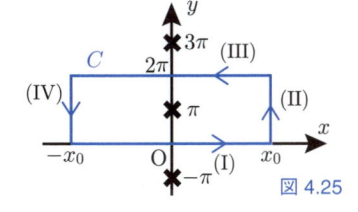

(IV) $z = -x_0 + iy, dz = i\, dy$ より，$\int_{\mathrm{IV}} f(z) dz = \int_{2\pi}^0 \dfrac{e^{a(-x_0+iy)}}{1+e^{-x_0+iy}} i\, dy.$

$x_0 \to \infty$ とすると，(II) の被積分関数は，
$$i\frac{e^{a(x_0+iy)}}{1+e^{x_0+iy}} \to i\frac{e^{a(x_0+iy)}}{e^{x_0+iy}} = ie^{(a-1)(x_0+iy)} \to 0. \quad (a < 1)$$

この関数を有限区間で積分するので，(II) の積分は 0．同様に (IV) の被積分関数も $x_0 \to \infty$ で
$$i\frac{e^{a(-x_0+iy)}}{1+e^{-x_0+iy}} \to i\frac{e^{a(-x_0+iy)}}{1} = ie^{a(-x_0+iy)} \to 0 \quad (a > 0)$$

となるので，(IV) の積分も 0 になる．ゆえに経路 C での周回積分は，$x_0 \to \infty$ で
$$\oint_C f(z) dz \to \int_{-\infty}^{\infty} \frac{e^{ax}}{1+e^x} dx - e^{i2\pi a} \int_{-\infty}^{\infty} \frac{e^{ax}}{1+e^x} dx = (1 - e^{i2\pi a}) \int_{-\infty}^{\infty} \frac{e^{ax}}{1+e^x} dx.$$

$f(z) = \dfrac{e^{az}}{1+e^z}$ の特異点は $1 + e^z = 0$，すなわち，$e^z = -1$ より $z = i\pi + i2n\pi$（n は整数）．
このうち C 内に含まれるのは $z = i\pi$．また，$1 + e^z$ を $z = i\pi$ 周りでテイラー展開すると
$$1 + e^z = 0 + (-1)(z - i\pi) + \frac{1}{2!}(-1)(z - i\pi)^2 + \frac{1}{3!}(-1)(z - i\pi)^3 + \cdots$$
$$= -(z - i\pi)\left\{1 + \frac{1}{2!}(z - i\pi) + \frac{1}{3!}(z - i\pi)^2 + \cdots\right\}$$

であることから，極限値
$$\lim_{z \to i\pi} (z - i\pi) f(z) = \lim_{z \to i\pi} (z - i\pi) \frac{e^{az}}{-(z-i\pi)\left\{1 + \frac{1}{2!}(z-i\pi) + \frac{1}{3!}(z-i\pi)^2 + \cdots\right\}}$$
$$= \lim_{z \to i\pi} \frac{-e^{az}}{1 + \frac{1}{2!}(z-i\pi) + \frac{1}{3!}(z-i\pi)^2 + \cdots} = -e^{i\pi a}$$

が 0 でない有限値に収束．ゆえに $z = i\pi$ は $f(z)$ の 1 位の極であり，留数は $-e^{i\pi a}$．以上より，
$$\oint_C f(z) dz = (1 - e^{i2\pi a}) \int_{-\infty}^{\infty} \frac{e^{ax}}{1+e^x} dx = 2\pi i (-e^{i\pi a}).$$

整理して，$\int_{-\infty}^{\infty} \dfrac{e^{ax}}{1+e^x} dx = \dfrac{-2\pi i e^{i\pi a}}{1 - e^{i2\pi a}} = \dfrac{\pi}{\frac{e^{i\pi a} - e^{-i\pi a}}{2i}} = \dfrac{\pi}{\sin(a\pi)}.$ ∎

図 4.25

基本問題 4.28　　　　　　　　　　　　　　　　　　　　　　　　重要

以下の定理（ジョルダンの補助定理）を示せ．

$0 \le \theta_1 \le \theta \le \theta_2 \le \pi$（すなわち $\mathrm{Im}\,(z) \ge 0$），$|z| \to \infty$ で一様に†$f(z) \to 0$
$\implies$ 半径 R，$\theta : \theta_1 \to \theta_2$ の円弧 C に対して
$$\int_C f(z) e^{iaz} dz \to 0 \quad (R \to \infty) \quad (a > 0 \text{ は実数})$$

方針　問題の積分の絶対値の上限を不等式で抑える．

【答案】円弧 C 上では $z = Re^{i\theta}$，$dz = iRe^{i\theta}\, d\theta$ より，

$$\left| \int_C f(z) e^{iaz} dz \right|$$
$$= \left| \int_{\theta_1}^{\theta_2} f(Re^{i\theta}) e^{iaR(\cos\theta + i\sin\theta)} iRe^{i\theta}\, d\theta \right|$$
$$\le \int_{\theta_1}^{\theta_2} |f(Re^{i\theta})|\, |e^{iaR\cos\theta}|\, |e^{-aR\sin\theta}|\, |iRe^{i\theta}|\, d\theta$$
$$= R \int_{\theta_1}^{\theta_2} |f(Re^{i\theta})|\, e^{-aR\sin\theta}\, d\theta.$$

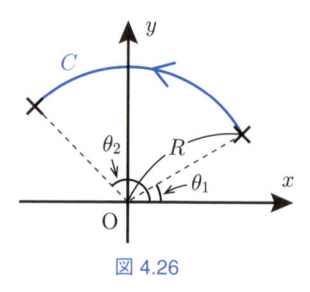

図 4.26

（途中，基本問題 4.21(1) の結果を用いた．）ここで $|z| \to \infty$ で一様に $f(z) \to 0$ より，任意の $\varepsilon > 0$ に対して，$R > R_0$ で $|f(Re^{i\theta})| < \varepsilon$ となる R_0 が存在．ゆえに $R > R_0$ で，

$$R \int_{\theta_1}^{\theta_2} |f(Re^{i\theta})|\, e^{-aR\sin\theta}\, d\theta < \varepsilon R \int_{\theta_1}^{\theta_2} e^{-aR\sin\theta}\, d\theta.$$

また，$0 \le \theta_1 \le \theta_2 \le \pi$ かつ $e^{-aR\sin\theta} > 0$ より，

$$\int_{\theta_1}^{\theta_2} e^{-aR\sin\theta}\, d\theta \le \int_0^{\pi} e^{-aR\sin\theta}\, d\theta = 2 \int_0^{\pi/2} e^{-aR\sin\theta}\, d\theta.$$

（$\int_{\pi/2}^{\pi} e^{-aR\sin\theta}\, d\theta = \int_0^{\pi/2} e^{-aR\sin\theta}\, d\theta$ を用いた．）
さらに，$0 \le \theta \le \frac{\pi}{2}$ では $\sin\theta \ge \frac{2}{\pi}\theta$（図 4.27 参照）より，

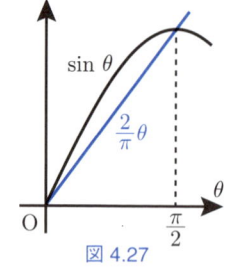

$$\int_0^{\pi/2} e^{-aR\sin\theta}\, d\theta \le \int_0^{\pi/2} e^{-aR(2/\pi)\theta}\, d\theta = \left[-\frac{\pi}{2aR} e^{-aR(2/\pi)\theta} \right]_0^{\pi/2} = \frac{\pi}{2aR}(1 - e^{-aR}).$$

図 4.27

以上をまとめると，

$$\left| \int_C f(z) e^{iaz} dz \right| < \varepsilon R \cdot 2 \cdot \frac{\pi}{2aR}(1 - e^{-aR}) = \varepsilon \frac{\pi}{a}(1 - e^{-aR}) \le \varepsilon \frac{\pi}{a}.$$

$R \to \infty$ で ε は無限小にとれるので，

$$\left| \int_C f(z) e^{iaz} dz \right| \to 0. \quad (R \to \infty) \quad \blacksquare$$

---

†ここで「$|z| \to \infty$ で一様に $f(z) \to 0$」とは，「任意の $\varepsilon > 0$ に対して，z によらない十分大きな R_0 をとれば，$|z| > R_0$ で $|f(z)| < \varepsilon$ とできる」ことを意味します．

4.5 複素関数（特異点あり）の積分

ポイント ジョルダンの補助定理は，留数定理の応用問題でしばしば用いられる，使い勝手のよい定理です．この定理に関して1つ注意すべき点は，円弧 C の範囲が，複素上半面 ($0 \leq \theta \leq \pi$) に限られている点です．これは，e^{iaz} ($a > 0$) に円弧のパラメータ表示 $z = Re^{i\theta}$ を代入したときに出てくる因子 $e^{-aR\sin\theta}$ が $R \to \infty$ で 0 になるためには，$\sin\theta > 0$ である必要があることからきています[†]．逆に，$a < 0$ の場合は，円弧 C は，複素下半面 ($\pi \leq \theta \leq 2\pi$) にとる必要があります．このように，留数定理の応用問題では，円弧（半円）形の積分経路を，複素上半面，下半面のいずれにとるかが問題となる場合がありますが，そのときは，被積分関数が $R \to \infty$ で発散するか，0 に収束するかを見れば，どちらにすべきかがわかります．（基本問題 4.29 や，5.2 節の基本問題 5.5 などで，そのような問題が出てきます．）上記の証明を見て，ジョルダンの補助定理がどのような条件で成り立つかを理解しておきましょう．

基本問題 4.29 **重要**

$\int_0^\infty \dfrac{\sin x}{x} dx$ （x は実数）の値を求めよ．

方針 $f(z) = \dfrac{e^{iz}}{z}$ を複素積分する．

【答案】 $f(z) = \dfrac{e^{iz}}{z}$ を図 4.28 の経路 C で積分する．C の各部分の積分は，

(I) $z = x$, $dz = dx$ より，
$$\int_{\mathrm{I}} f(z)dz = \int_\varepsilon^R \frac{e^{ix}}{x} dx.$$

(II) ジョルダンの補助定理より，
$$\int_{\mathrm{II}} f(z)dz = \int_{\mathrm{II}} \frac{e^{iz}}{z} dz \to 0. \quad (R \to \infty)$$

(III) $z = x$, $dz = dx$ より，
$$\int_{\mathrm{III}} f(z)dz = \int_{-R}^{-\varepsilon} \frac{e^{ix}}{x} dx = -\int_\varepsilon^R \frac{e^{-ix}}{x} dx.$$

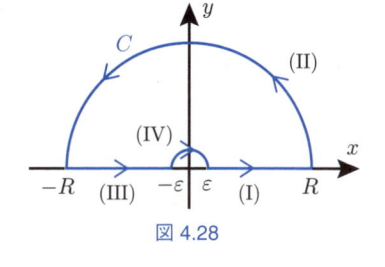

(IV) $z = \varepsilon e^{i\theta}$, $dz = i\varepsilon e^{i\theta} d\theta$ より，
$$\int_{\mathrm{IV}} f(z)dz = \int_\pi^0 \frac{e^{i\varepsilon(\cos\theta + i\sin\theta)}}{\varepsilon e^{i\theta}} i\varepsilon e^{i\theta} d\theta = -i\int_0^\pi e^{i\varepsilon\cos\theta} e^{-\varepsilon\sin\theta} d\theta$$
$$\to -i\int_0^\pi d\theta. = -i\pi. \quad (\varepsilon \to 0)$$

図 4.28

また，$f(z)$ は C 上，C 内で正則．ゆえに $R \to \infty, \varepsilon \to 0$ で
$$0 = \oint_C f(z)dz \to \int_0^\infty \frac{e^{ix}}{x} dx - \int_0^\infty \frac{e^{-ix}}{x} dx - i\pi$$
$$= \int_0^\infty \frac{e^{ix} - e^{-ix}}{x} dx - i\pi = 2i\int_0^\infty \frac{\sin x}{x} dx - i\pi.$$

整理して，$\int_0^\infty \dfrac{\sin x}{x} dx = \dfrac{i\pi}{2i} = \dfrac{\pi}{2}$． ■

[†] 積分範囲の端が，$\theta = 0, \pi$ ($\sin\theta = 0$) になる場合は，この因子だけ見ると微妙な問題になりますが，ジョルダンの補助定理は，その場合も $\int_C f(z)e^{iaz} dz \to 0$ ($R \to \infty$) となることを示しています．

基本問題 4.30 【重要】

フレネル積分 $\int_0^\infty \sin x^2\, dx, \int_0^\infty \cos x^2\, dx$ (x は実数) の値を求めよ.

方針 $f(z) = e^{-z^2}$ を複素積分する.

【答案】 $f(z) = e^{-z^2}$ を図 4.29 の経路 C で積分する. C の各部分の積分は,
(I) $z = x, dz = dx$ より,

$$\int_\mathrm{I} f(z)dz = \int_0^R e^{-x^2} dx \to \frac{\sqrt{\pi}}{2}. \quad (R \to \infty)$$

(1.1 節の基本問題 1.3 で求めたガウス積分を用いた.)
(II) $z = Re^{i\theta}, dz = iRe^{i\theta}\, d\theta$ より,

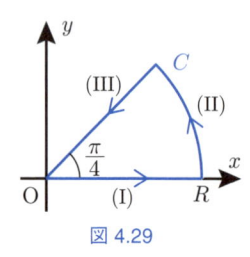

$$\int_\mathrm{II} f(z)dz = \int_0^{\pi/4} e^{-R^2 e^{i2\theta}} iRe^{i\theta}\, d\theta$$
$$= iR \int_0^{\pi/4} e^{-R^2 \cos(2\theta)} e^{-iR^2 \sin(2\theta)} e^{i\theta}\, d\theta.$$

ゆえに,

$$\left|\int_\mathrm{II} f(z)dz\right| \leq |iR| \int_0^{\pi/4} \left|e^{-R^2 \cos(2\theta)}\right| \left|e^{-iR^2 \sin(2\theta)}\right| \left|e^{i\theta}\right| d\theta$$
$$= R \int_0^{\pi/4} e^{-R^2 \cos(2\theta)}\, d\theta$$
$$\leq R \int_0^{\pi/4} e^{-R^2 \{1-(4/\pi)\theta\}}\, d\theta$$
$$= Re^{-R^2} \int_0^{\pi/4} e^{(4R^2/\pi)\theta}\, d\theta = Re^{-R^2} \left[\frac{\pi}{4R^2} e^{(4R^2/\pi)\theta}\right]_0^{\pi/4}$$
$$= \frac{\pi}{4R}(1 - e^{-R^2}) \to 0. \quad (R \to \infty)$$

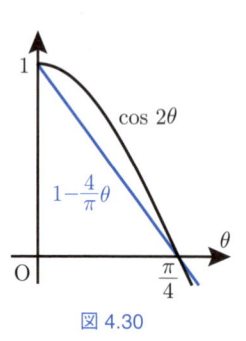

(途中, $0 \leq \theta \leq \frac{\pi}{4}$ で $\cos(2\theta) \geq 1 - \frac{4}{\pi}\theta$ を用いた (図 4.30 参照).)
(III) $z = e^{i(\pi/4)} t = \frac{1+i}{\sqrt{2}} t, dz = \frac{1+i}{\sqrt{2}} dt$ より, $z^2 = e^{i(\pi/2)} t^2 = it^2$ に注意して,

$$\int_\mathrm{III} f(z)dz = \int_R^0 e^{-it^2} \frac{1+i}{\sqrt{2}} dt = -\frac{1+i}{\sqrt{2}} \int_0^R e^{-it^2} dt.$$

また, $f(z)$ は C 上, C 内で正則. ゆえに $R \to \infty$ で

$$\oint_C f(z)dz \to \frac{\sqrt{\pi}}{2} - \frac{1+i}{\sqrt{2}} \int_0^\infty e^{-it^2} dt = 0.$$

整理して,

$$\int_0^\infty e^{-it^2} dt = \int_0^\infty (\cos t^2 - i \sin t^2) dt = \frac{\sqrt{\pi}}{2} \frac{\sqrt{2}}{1+i} = \frac{\sqrt{\pi}}{2\sqrt{2}} (1 - i).$$

実部, 虚部を比較して, t を x と書き換えると,

$$\int_0^\infty \cos x^2\, dx = \int_0^\infty \sin x^2\, dx = \frac{\sqrt{\pi}}{2\sqrt{2}}. \blacksquare$$

図 4.29

図 4.30

基本問題 4.31

$\int_0^\infty \dfrac{dx}{(x^2+a^2)^2}$ （a, x は実数，$a > 0$）の値を求めよ．

方針　$f(z) = \dfrac{1}{(z^2+a^2)^2}$ を複素積分する．

【答案】$f(z) = \dfrac{1}{(z^2+a^2)^2}$ を図 4.31 の経路 C で積分する．C の各部分の積分は，

(I)　$z = x, dz = dx$ より，

$$\int_\mathrm{I} f(z) dz \to \int_{-\infty}^\infty \dfrac{1}{(x^2+a^2)^2} dx. \quad (R \to \infty)$$

(II)　$z = Re^{i\theta}, dz = iRe^{i\theta} d\theta$ より，

$$\begin{aligned}\int_\mathrm{II} f(z) dz &= \int_0^\pi \dfrac{1}{(R^2 e^{i2\theta} + a^2)^2} iRe^{i\theta} d\theta \\ &= iR \int_0^\pi \dfrac{e^{i\theta}}{R^4 e^{i4\theta} + 2a^2 R^2 e^{i2\theta} + a^4} d\theta \\ &= \dfrac{i}{R^3} \int_0^\pi \dfrac{e^{i\theta}}{e^{i4\theta} + 2\frac{a^2}{R^2} e^{i2\theta} + \frac{a^4}{R^4}} d\theta \to 0. \quad (R \to \infty)\end{aligned}$$

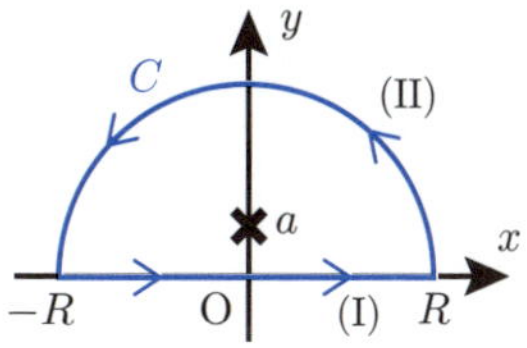

図 4.31

また，$f(z) = \dfrac{1}{(z+ia)^2(z-ia)^2}$ より，$f(z)$ は $z = \pm ia$ に 2 位の極を持つ．そのうち C 内の極は $z = ia$ で，留数は

$$\mathrm{Res}(ia) = \lim_{z \to ia} \dfrac{d}{dz} \dfrac{1}{(z+ia)^2} = \lim_{z \to ia} \dfrac{-2}{(z+ia)^3} = \dfrac{-2}{(i2a)^3} = -\dfrac{i}{4a^3}.$$

ゆえに，$R \to \infty$ で，

$$\oint_C f(z) dz \to \int_{-\infty}^\infty \dfrac{1}{(x^2+a^2)^2} dx = 2\pi i \left(-\dfrac{i}{4a^3}\right) = \dfrac{\pi}{2a^3}.$$

$\dfrac{1}{(x^2+a^2)^2}$ は偶関数であることに注意して，

$$\int_0^\infty \dfrac{dx}{(x^2+a^2)^2} = \dfrac{1}{2} \int_{-\infty}^\infty \dfrac{dx}{(x^2+a^2)^2} = \dfrac{\pi}{4a^3}. \quad \blacksquare$$

演習問題

4.5.1 ローランの定理を証明せよ．

4.5.2 $\int_0^{2\pi} \dfrac{d\theta}{(a+\cos\theta)^2}$ $(a,\theta$ は実数, $a>1)$ の値を求めよ．

4.5.3 $\int_{-\infty}^{\infty} e^{-x^2}\cos(2\alpha x)dx = \sqrt{\pi}\,e^{-\alpha^2}$ $(x,\alpha$ は実数) を示せ．

4.5.4 $\int_0^{\infty} \dfrac{\sin^2 ax}{x^2}dx$ $(a,x$ は実数, $a\neq 0)$ の値を求めよ．

4.5.5 $\int_0^{\infty} \dfrac{x^2}{(x^2+a^2)^2}dx$ $(a,x$ は実数, $a>0)$ の値を求めよ．

4.5.6 $\int_0^{\infty} \dfrac{\ln x}{(x^2+1)^2}dx$ $(x$ は実数) の値を求めよ．

[ヒント：$\dfrac{\ln z}{(z^2+1)^2}$ は多価関数であることに注意．$\arg z$ の範囲を決めて，どのリーマン面で積分しているかを明らかにせよ．基本問題 4.31 の結果より，$\int_0^{\infty} \dfrac{dx}{(x^2+1)^2} = \dfrac{\pi}{4}$ であることを使ってよい．]

4.5.7 以下の問いに答えよ $(n\geq 2$ は整数とする)．

(1) $f(z) = \dfrac{1}{g(z)}$ が $z=a$ で 1 位の極を持ち，$g'(a) = \left.\dfrac{dg(z)}{dz}\right|_{z=a} \neq 0$ のとき，$z=a$ での留数は $\mathrm{Res}(a) = \dfrac{1}{g'(a)}$ となることを示せ．

(2) $f(z) = \dfrac{1}{z^n+1}$ は，$z = e^{i(\pi/n)}, e^{i(3/n)\pi}, \cdots, e^{\{(2n-1)/n\}\pi}$ に，1 位の極を持つことを示せ．

(3) $\int_0^{\infty} \dfrac{dx}{x^n+1} = \dfrac{\frac{\pi}{n}}{\sin\left(\frac{\pi}{n}\right)}$ を示せ．

4.6 複素写像
──関数は入力を出力へ移す写像

Contents
Subsection ❶ 様々な写像
Subsection ❷ 等角写像の応用

キーポイント
複素関数 $\omega = f(z)$ を，複素平面上の点 z を点 ω へ移す写像と考える．
等角写像の応用は強力．

　この節では，複素関数論の一風変わった応用について考えます．ここで基礎となるアイデアは，「複素関数は複素平面上の図形変換（写像）を与える」というものです．このアイデア自体は一般的なものですので，複素写像の基本的な性質について理解しておきましょう．また，具体的な応用としては，2 次元ラプラス方程式の問題を紹介します．この応用は，それほど汎用性は高くありませんが，電磁気学などで出てくる特定の問題を解くときに非常に強力ですので，どのような問題に使えるかを知っておくと，いざというときに役に立ちます．

❶ 様々な写像

　さて，そもそも関数とはなんでしょうか？　いきなり大仰な質問ですが，一言で答えるとすると，「ある数 z を入力すると，それに対応する数 $\omega = f(z)$ を出力するもの」ということができるでしょう．すると今，z が複素数，$f(z)$ が複素関数であるとすると，z と $\omega = f(z)$ はそれぞれ複素平面上の点で表されますので，$f(z)$ は，複素平面上の点 z を点 ω に移すものと解釈できます．このような操作は，z 平面上の点を ω 平面に投影するものと考えられることから，**写像**と呼ばれます．複素平面上の図形や領域は，点の集合ですから，z 平面上の図形・領域は，複素関数により，ω 平面上の図形・領域に写像されることになります．なお，以下では，基本的に $f(z)$ が 1 価関数の場合を考えます．[多価関数を用いる場合は，$f(z)$ が取り得る値のうち，どの値を使うかを指定する（すなわち z がどのリーマン面にいるかを特定する）ことになります．]

　複素写像の種類は複素関数の数だけありますから，それこそ無数にあることになりますが，以下，典型的な例をいくつか見てみましょう．

基本問題 4.32

以下の複素写像によって，z 平面上で原点を中心とする半径 R の円は，どのような図形に写像されるか．図形の式を求め，その図形を図示せよ．
(1) $\omega = z + \alpha$ （$\alpha = a + ib$，a, b は実数）
(2) $\omega = az$ （$a > 0$ は実数）

方針 $z = x + iy, \omega = u + iv$ として，u, v を x, y で表した上で，u, v の間の関係式を求める．

【答案】 $z = x + iy$ とすると，z 平面上，原点中心，半径 R の円は $x^2 + y^2 = R^2$ で表される．（図 4.32．）以下，$\omega = u + iv$ とする．

(1) 複素写像は

$$\omega = u + iv = (x + a) + i(y + b) \longrightarrow u = x + a, v = y + b.$$

ゆえに，$x = u - a, y = v - b$ を元の図形の式に代入すると，

$$(u - a)^2 + (v - b)^2 = R^2. \qquad ①$$

これは中心 (a, b)，半径 R の円であり，z が元の円上を 1 周するとき，ω が円①上を 1 周することは自明．ゆえに問題の図形は，ω 平面上で，中心 (a, b)，半径 R の円に写像される（図 4.33）．

(2) 複素写像は

$$\omega = u + iv = a(x + iy) \longrightarrow u = ax, v = ay.$$

ゆえに $x = \frac{u}{a}, y = \frac{v}{a}$ を元の図形の式に代入すると，

$$\left(\frac{u}{a}\right)^2 + \left(\frac{v}{a}\right)^2 = R^2 \longrightarrow u^2 + v^2 = (aR)^2. \qquad ②$$

これは原点中心，半径 aR の円であり，z が元の円上を 1 周するとき，ω が円②上を 1 周することは自明．ゆえに問題の図形は，ω 平面上で，原点中心，半径 aR の円に写像される（図 4.34）．

【別解】 z 平面上，原点中心，半径 R の円は $|z| = R$ で表される．
(1) 複素写像 $\omega = z + \alpha$ より，$z = \omega - \alpha$．元の図形の式に代入すると，

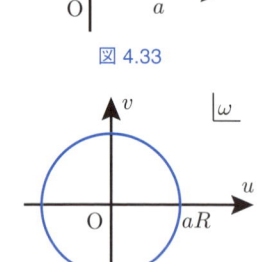

$$|\omega - \alpha| = R. \qquad ③$$

これは中心 $\omega = \alpha$，半径 R の円であり，z が元の円上を 1 周するとき，ω が円③上を 1 周することは自明．ゆえに問題の図形は，ω 平面上で，中心 $\omega = \alpha$，すなわち点 (a, b) で，半径 R の円に写像される．
(2) 複素写像 $\omega = az$ より，$z = \frac{\omega}{a}$．元の図形の式に代入すると，

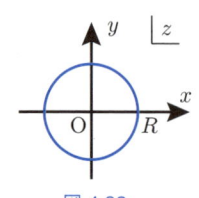

4.6 複素写像   191

$$\left|\frac{\omega}{a}\right| = R \quad \longrightarrow \quad |\omega| = aR. \qquad ④$$

これは原点中心, 半径 aR の円であり, z が元の円上を 1 周するとき, ω が円④上を 1 周することは自明. ゆえに問題の図形は, ω 平面上で, 原点中心, 半径 aR の円に写像される. ∎

ポイント　このように $f(z) = z + \alpha$ は図形の並進, $f(z) = az$ ($a > 0$ は実数) は原点を中心とした図形の拡大・縮小に対応していることがわかります.

基本問題 4.33

z 平面上の直線 $x = a$, および, $y = b$ ($z = x + iy$, a, b は実数) は, 複素写像

$$\omega = e^{i\theta} z$$

(θ は実数) によってどのような図形に写像されるか. 図形の式を求め, その図形を図示せよ.

方針　前問同様, $\omega = u + iv$ として, u, v を x, y で表し, u, v の間の関係式を求める.

【答案】元の図形は図 4.35. 複素写像は

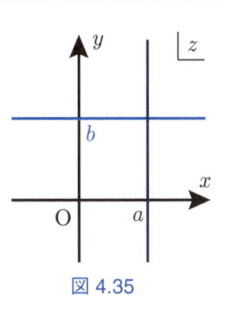

$$\omega = u + iv$$
$$= e^{i\theta} z = (\cos\theta + i\sin\theta)(x + iy)$$
$$= x\cos\theta - y\sin\theta + i(x\sin\theta + y\cos\theta)$$
$$\longrightarrow \quad u = x\cos\theta - y\sin\theta, \ v = x\sin\theta + y\cos\theta. \quad ①$$

x, y について解くと,

$$x = u\cos\theta + v\sin\theta, \quad y = -u\sin\theta + v\cos\theta.$$

これらを元の図形の式に代入すると, 式 $x = a, y = b$ はそれぞれ,

$$u\cos\theta + v\sin\theta = a \quad \longrightarrow \quad v = -(\cot\theta)u + \frac{a}{\sin\theta}, \quad ②$$
$$-u\sin\theta + v\cos\theta = b \quad \longrightarrow \quad v = (\tan\theta)u + \frac{b}{\cos\theta} \quad ③$$

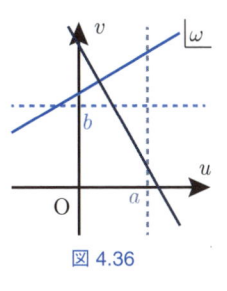

となる. [ただし, $\theta = n\pi$ のとき②は $u = (-1)^n a$, $\theta = (n + \frac{1}{2})\pi$ のとき③は $u = (-1)^{n+1} b$ となる.] これらは元の直線を原点周りに角度 θ だけ回転した直線の式である. また, z が元の直線上を端から端まで (例えば $x = a$ だと $y = -\infty$ から ∞ まで) 移動するとき, ω が得られた直線上の全ての点を通ることは, ①より自明. ゆえに, 写像された図形は, 図 4.36 のような, 元の直線を原点周りに角度 θ だけ回転した直線になる. ∎

図 4.35

図 4.36

ポイント　$f(z) = e^{i\theta} z$ (θ は実数) は, z の絶対値はそのままに, 偏角を θ だけ増やす関数ですので, その写像は原点を中心とした図形の回転に対応します.

基本問題 4.34

複素関数 $\omega = e^z$ によって，z 平面上の直線 $x=a, y=b$（a,b は実数）はそれぞれどのような図形に写像されるか求めよ．

方針 これも前問同様，$\omega = u + iv$ として，u, v の間の関係式を求める．

【答案】 $\omega = u + iv$ とすると，

$$\omega = u + iv = e^z = e^{x+iy} = e^x(\cos y + i\sin y) \longrightarrow u = e^x \cos y, \ v = e^x \sin y.$$

ここで $x = a$ とすると，

$$u = e^a \cos y, \ v = e^a \sin y \longrightarrow ue^{-a} = \cos y, \ ve^{-a} = \sin y \qquad ①$$

より，

$$(ue^{-a})^2 + (ve^{-a})^2 = (u^2+v^2)e^{-2a} = \cos^2 y + \sin^2 y = 1 \longrightarrow u^2 + v^2 = (e^a)^2.$$

これは原点中心，半径 e^a の円であり，z が直線 $x=a$ 上を $y = -\infty$ から ∞ まで移動するとき，ω がこの円上の全ての点をとることは，①より自明．ゆえに，直線 $x=a$ は，原点中心，半径 e^a の円に写像される．

次に $y = b$ とすると，

$$u = e^x \cos b, \ v = e^x \sin b \longrightarrow \frac{u}{\cos b} = \frac{v}{\sin b} = e^x \longrightarrow v = (\tan b)u.$$

これは，原点を通る傾き $\tan b$ の直線の式である．さらに，x が $-\infty$ から ∞ まで変化するとき，e^x は 0 から ∞ まで変化することに注意して，結局，直線 $y = b$ は，原点から $(\cos b, \sin b)$ の向きに無限遠へとのびる，傾き $\tan b$ の半直線に写像される．■

●**等角写像**● 複素写像のうちで，次に述べる性質を満たすものを等角写像と呼びます．

> **等角写像**：z 平面上で交差する任意の曲線 C_1, C_2（交点 $z = z_0$）が，$\omega = f(z)$ により，ω 平面上で交差する曲線 Γ_1, Γ_2（交点 $\omega_0 = f(z_0)$）に写像されるとき，
> - C_1, C_2 の成す角と，Γ_1, Γ_2 の成す角が等しい
> $\implies$ 写像 $\omega = f(z)$ は $z = z_0$ で等角
> - 領域 D 内の任意の点 z で $\omega = f(z)$ が等角
> $\implies$ $\omega = f(z)$ は（領域 D において）等角写像

つまり，等角写像では，互いに交差する曲線を写像したとき，交差する角度が変化しないということです．この性質は，電磁気学における等電位線と電気力線のように，互いに直交する曲線群を求める問題などで利用されます．

等角写像に関して，次の定理が成り立ちます．

正則関数と等角写像：

複素平面内のある領域 D において，関数 $f(z)$ が正則かつ $f'(z) \neq 0$
$\implies \omega = f(z)$ は領域 D において等角写像

【証明】 z 平面上の任意の曲線 C_1, C_2 が点 z_0 で交差しているとする．C_1 上に点 z_1 を，C_2 上に点 z_2 をとり，z_1, z_2 がそれぞれ z_0 に近づく極限を考える．交点 z_0 において C_1 と C_2 がなす角を θ とすると，

$$\theta \to \arg(z_2 - z_0) - \arg(z_1 - z_0) = \arg\left(\frac{z_2 - z_0}{z_1 - z_0}\right). \quad (z_1, z_2 \to z_0)$$

また，関数 $f(z)$ により曲線 C_1, C_2 が ω 平面上の曲線 Γ_1, Γ_2 へ，点 z_n ($n = 0, 1, 2$) が点 $\omega_n = f(z_n)$ へ，それぞれ写像されるとする．交点 ω_0 において Γ_1, Γ_2 がなす角を ϕ とすると，

$$\phi \to \arg\left(\frac{\omega_2 - \omega_0}{\omega_1 - \omega_0}\right) = \arg\left(\frac{f(z_2) - f(z_0)}{f(z_1) - f(z_0)}\right).$$
$$(z_1, z_2 \to z_0)$$

ここで今，$f(z)$ が正則なので，

$$f'(z_0) = \lim_{z_1 \to z_0} \frac{f(z_1) - f(z_0)}{z_1 - z_0}$$
$$= \lim_{z_2 \to z_0} \frac{f(z_2) - f(z_0)}{z_2 - z_0} \equiv \alpha.$$

（極限値が，z が z_0 に近づく向きによらない．）ゆえに z_1, z_2 が z_0 に十分近い極限において，

$$f(z_1) - f(z_0) = \alpha(z_1 - z_0),$$
$$f(z_2) - f(z_0) = \alpha(z_2 - z_0).$$

仮定より $\alpha \neq 0$ であるので，これらの式の割り算をとることができ，

$$\frac{z_2 - z_0}{z_1 - z_0} = \frac{f(z_2) - f(z_0)}{f(z_1) - f(z_0)},$$

すなわち，$\theta = \phi$ が導かれる．□

図 4.37

ここでも，関数が正則であるということが，大きな役割を果たしています．やはり，関数の正則性というのは，複素関数論において重大な意味を持つことがわかります．

❷ 等角写像の応用

ここでは，等角写像の電磁気学への応用を考えます．扱う問題は次のようなものです．
真空中におかれた平衡状態にある導体を考えます．導体は 3 次元空間のある一方向にのびた柱の形をしており，導体の周りの電場，電位は，導体柱に垂直な 2 次元座標，すなわち (x, y) のみの関数であるとします．また，導体は接地されており，導体内部およ

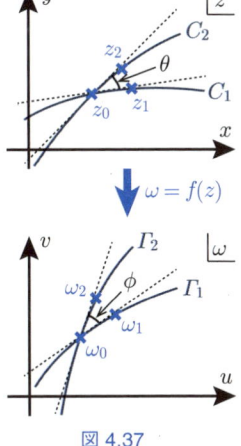

び表面の電位は 0 であるとします†．このときの電位 $\phi(x,y)$ と電気力線を求めよ，というのが考える問題です．この問題は，数学的には，

- 2 次元ラプラス方程式 $\frac{\partial^2 \phi(x,y)}{\partial x^2} + \frac{\partial^2 \phi(x,y)}{\partial y^2} = 0$ を満たす
- 導体表面を表す閉曲線 C 上で，境界条件 $\phi(x,y) = 0$ を満たす

ような関数 $\phi(x,y)$（電位）と，等電位線と直交する曲線（電気力線）を求める問題に帰着します．実はこの問題は，次の条件を満たす等角写像を見つけることで，一気に解けてしまいます．

> **等角写像と電位・電気力線：** 真空中におかれた導体表面（曲線 C 上）で $\phi(x,y) = 0$ であるような電位関数 $\phi(x,y)$ と電気力線について，以下が成り立つ．
> $f(z) = u(x,y) + iv(x,y)$ が正則であり，かつ，$\omega = f(z)$ が z 平面上の曲線 C を ω 平面上の直線 $u = 0$（または $u = 0$ 上の線分）へ移す等角写像である
> $\implies$ $u(x,y)$ が電位 $\phi(x,y)$ を与え，$v(x,y) = c_1$（c_1 は定数）が電気力線の式を与える．

【証明】 まず $f(z)$ が正則であることから，$u(x,y)$ はラプラス方程式を自動的に満たす（4.3 節演習問題 4.3.5 参照）．また，$f(z)$ は曲線 C を $u = 0$ に写像するので，C 上の任意の点 (x,y) において，$f(z)$ の実部 $u(x,y) = 0$．すなわち $u(x,y)$ は C 上での電位の境界条件を満たす．以上より，$u(x,y)$ は求める電位関数 $\phi(x,y)$ を与える．

次に，$\omega = f(z)$ は等角写像であり，かつ，ω 平面で直線 $v = c_1, u = c_2$（c_1, c_2 は任意の定数）は互いに直交することから，z 平面で $v(x,y) = c_1$ の曲線と $u(x,y) = c_2$ の曲線は直交する．ゆえに，式 $v(x,y) = c_1$ は，等電位線（$u(x,y)$ が一定の曲線）と直交する曲線，すなわち，電気力線を与える．□

一見するとだまされたような気分になるかもしれません．一つひとつの論理をきちんと理解して，この解法が成り立つことを納得しておきましょう．なお，ここでは $u(x,y)$ を電位関数，$v(x,y)$ が一定の曲線を電気力線としましたが，$u(x,y)$ と $v(x,y)$ の役割を入れ替えて問題を解くことも可能です．

基本問題 4.35 【重要】

xy 平面で，中心 $(x,y) = (0,a)$，半径 R の円内部を導体が占めている．導体外に電荷はなく，電位 $\phi(x,y)$ はラプラス方程式 $\frac{\partial^2 \phi(x,y)}{\partial x^2} + \frac{\partial^2 \phi(x,y)}{\partial y^2} = 0$ を満たす．
(1) 導体表面で $\phi(x,y) = 0$ であるとき，導体外での電位 $\phi(x,y)$ を求めよ．
(2) 導体外での電気力線の式を求め，等電位線と電気力線を図示せよ．

---

†ここでは簡単のため，導体が接地されているとしますが，導体が接地されていなくても，導体表面の電位を定数 V_0 として，同じテクニックで問題を解くことができます．

> **方針** z 平面の導体表面を ω 平面の直線 $u=0$ 上に移す等角写像を探す．

【答案】 (1) 導体表面は，z 平面で中心 $(0,a)$，半径 R の円 $x^2+(y-a)^2=R^2$ で与えられる．この円を，ω 平面の虚軸 $u=0$ 上に写像する関数を求める．まず，関数 $\omega=e^z$ を考えると，

$$\omega = u+iv = e^z = e^{x+iy} = e^x(\cos y + i \sin y) \quad \longrightarrow \quad u=e^x\cos y,\ v=e^x\sin y.$$

ここで $x=0$ とすると，

$$u=\cos y,\ v=\sin y \quad \longrightarrow \quad u^2+v^2 = \cos^2 y + \sin^2 y = 1$$

となり，$\omega = e^z$ は直線 $x=0$ を，原点中心，半径 1 の円に写像する．ゆえに，逆関数

$$\omega = \ln z \equiv h(z) \quad (0 \le \arg z < 2\pi)$$

は，z 平面上の原点中心，半径 1 の円を，ω 平面の虚軸 $u=0$（上の線分）に写像する．ゆえに，題意の写像を実現するには，まず問題の円の中心を $(0,a)$ から原点にずらし $[f(z)=z-ia]$，半径を R から 1 に拡大・縮小 $[g(z)=\frac{z}{R}]$ した後，$h(z)=\ln z$ で $u=0$ 上に写像すればよい．つまり，求める関数は

$$F(z) \equiv h(g(f(z))) = \ln\left(\frac{z-ia}{R}\right) = \ln(z-ia) - \ln R.$$

この $F(z)$ は導体外 $x^2+(y-a)^2>R^2$ で正則．ゆえに $F(z)=u(x,y)+iv(x,y)$ として，求める電位の式は $F(z)$ の実部

$$\phi(x,y) = u(x,y) = \ln|z-ia| - \ln R = \frac{1}{2}\ln\left\{x^2+(y-a)^2\right\} - \ln R$$

で与えられる．

(2) 等電位線は $\phi(x,y)=\ln|z-ia|-\ln R = c_1$ (c_1 は定数) で与えられる．この式は

$$\ln|z-ia| = c_1 + \ln R \quad \longrightarrow \quad |z-ia| = Re^{c_1}$$

より，点 $(0,a)$ を中心とした同心円を表す．また，$F(z)$ は導体外 $x^2+(y-a)^2>R^2$ で正則かつ $F'(z)\ne 0$ なので，$\omega=F(z)$ は導体外で等角写像．ゆえに電気力線の式は，$F(z)$ の虚部 $v(x,y)$ を用いて，

$$v(x,y) = \arg(z-ia) = c_2$$

(c_2 は定数) で与えられる．この式は，$z-ia$ の偏角が一定，すなわち，点 $(0,a)$ から放射線状にのびる半直線を表す．ゆえに等電位線と電気力線は図 4.38 のようになる．■

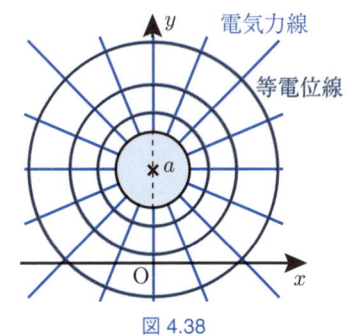

図 4.38

> **ポイント** 導体表面を表す曲線 C を直線 $u=0$ 上に移す写像をどうやって見つけるかについては，残念ながら，一般の場合に適用できる万能の方法はありません．典型的な複素写像を頭に入れた上で，問題に合わせて，それらを組み合わせるセンスが必要になります．

━━━━━━━━━━━━━━━━━━━ **演 習 問 題** ━━━━━━━━━━━━━━━━━━━

4.6.1 以下の複素関数によって，z 平面上の直線 $x=a, y=b$（$a, b \neq 0$ は実数）はそれぞれどのような図形に写像されるか求めよ．

(1) $\omega = z^2$

(2) $\omega = \cos z$

(3) $\omega = \dfrac{1}{z}$

4.6.2 以下の問いに答えよ．

(1) $\omega = \dfrac{z - z_0}{z - \overline{z_0}}$（$\mathrm{Im}(z_0) \neq 0$）は，$z$ 平面の実軸（$\mathrm{Im}(z) = 0$）を，ω 平面上，原点中心の単位円へ写像することを示せ．

(2) z 平面の虚軸（$\mathrm{Re}(z) = 0$）を，ω 平面上，原点中心の単位円へ写像する関数を求めよ．

4.6.3 xy 平面の第 $2, 3, 4$ 象限（$\frac{\pi}{2} \leq \arg z \leq 2\pi$）を導体が占めている．導体外に電荷はなく，電位 $\phi(x, y)$ はラプラス方程式

$$\frac{\partial^2 \phi(x, y)}{\partial x^2} + \frac{\partial^2 \phi(x, y)}{\partial y^2} = 0$$

を満たす．

(1) 導体表面で $\phi(x, y) = 0$ であるとき，導体外での電位 $\phi(x, y)$ を求めよ．

(2) 導体外での電気力線の式を求め，等電位線と電気力線を図示せよ．

第5章
フーリエ・ラプラス解析

　この章で扱うトピックは，フーリエ級数，フーリエ変換，ラプラス変換の3つです．
　フーリエ級数・フーリエ変換とは何かを一言でいうと，「与えられた関数を，三角関数 $\cos(kx), \sin(kx)$，または振動の指数関数 e^{ikx} の重ね合わせで表すための手法」ということになります．三角関数・指数関数は，物理数学のほぼ全ての分野において重要な役割を果たす関数ですので，フーリエ級数・フーリエ変換も，物理数学全般において本質的な役割を果たします．さらに，フーリエ級数・フーリエ変換は，「空間座標と波数（運動量）」，「時間と振動数（エネルギー）」を橋渡しする変数変換という物理的意味を持っており，実験データなどの標準的な解析方法として，物理研究において広く用いられています．このためフーリエ級数・フーリエ変換は，物理を数学的に扱うための必須項目といえます．
　ラプラス変換は，与えられた関数を減衰の指数関数 e^{-sx} の重ね合わせで表す積分変換です．このラプラス変換も物理の理論構築において重要な役割を果たしますが，特に大学学部レベルの物理においては，初期条件が与えられた微分方程式を解くときに，強力な解法を与えるものとして用いられます．
　この章の内容のうち，5.1節のフーリエ級数，5.2節のフーリエ変換は，密接に関係している上，先に述べたように物理の学習において大変重要ですので，これらの節は通して学習することを勧めます．5.3節のラプラス変換については独立して学習することができますので，必要に応じて取り組んでください．

5.1 フーリエ級数
―― 全ては波の重ね合わせ

> Contents
> Subsection ❶ フーリエ級数の定義・基本的性質
> Subsection ❷ フーリエ級数の応用

> キーポイント
> フーリエ級数の意味を理解し,計算できるようになることが重要.
> 振動・波動現象の理解に必須.

　フーリエ級数とは周期関数(またはある区間で定義された関数)を三角関数の和で表すためのテクニックです.この節では,まずフーリエ級数の物理的意味を理解した上で,実際の級数展開の計算を演習し,最後に応用について述べます.

❶ フーリエ級数の定義・基本的性質
　フーリエ級数とは,次のように定義される級数展開のことです.

> **フーリエ級数**:周期 $2L$ の周期関数 $f(x)$ を,以下のように表したものを,フーリエ級数と呼ぶ.
>
> $$f(x) = A_0 + \sum_{n=1}^{\infty} \left\{ A_n \cos\left(\frac{n\pi}{L}x\right) + B_n \sin\left(\frac{n\pi}{L}x\right) \right\}. \tag{5.1}$$
>
> このとき展開係数は,以下の式で与えられる.
>
> $$\begin{aligned} A_0 &= \frac{1}{2L}\int_{-L}^{L} f(x)\,dx, \\ A_n &= \frac{1}{L}\int_{-L}^{L} f(x)\cos\left(\frac{n\pi}{L}x\right)dx, \quad B_n = \frac{1}{L}\int_{-L}^{L} f(x)\sin\left(\frac{n\pi}{L}x\right)dx. \end{aligned} \tag{5.2}$$

　なお,<u>関数 $f(x)$ が有限の区間(長さ $2L$)でのみ定義されている場合は,$f(x)$ を $2L$ずつずらして周期 $2L$ の周期関数を作ること</u>で,以下の議論に含めることにします.
　フーリエ級数展開の意味するところをまとめると以下のようになります.

(1) フーリエ級数とは,周期関数 $f(x)$ を,三角関数の和の形で展開したものである.
(2) 関数 $f(x)$ を三角関数の和で表したときの展開係数(どの項をどのような重みで足し上げればよいか)は,$f(x)$ が与えられれば計算することができる.
(3) 関数 $f(x)$ を三角関数の和で表すのに必要な波数 k は,$\frac{\pi}{L}$ の整数倍のみになる.

5.1 フーリエ級数

まず一番大事なのが (1) で，これこそがフーリエ級数の意味そのものです．三角関数は単振動・平面波を表す関数ですので，フーリエ級数は，物理量 $f(x)$ を単振動・平面波の重ね合わせで表すことに対応します．実際，多くの物理現象において，単振動・平面波は重要な役割を果たしますので，その意味でも，フーリエ級数は物理の解析において大きな意義を持ちます．そして，フーリエ展開の強力な点は，(2) のように，$f(x)$ を再現するような展開係数 A_0, A_n, B_n が，具体的に計算できるということです．これにより，与えられた関数 $f(x)$ に，波数 k の波がどれだけの重みで含まれているかを定量的に求めることができます．最後の (3) については，$f(x)$ が周期 $2L$ の周期関数であるため，x が $2L$ だけ進んだときに，元の値に戻らないような三角関数は $f(x)$ に含まれない，ということからきています．

なお，フーリエ級数（式 (5.1) の右辺）が $f(x)$ を正しく再現するかどうかについては，「周期 $2L$ の周期関数 $f(x)$ およびその導関数 $f'(x)$ が，$-L \leq x < L$ で区分的に連続である（有限個の不連続点を除いて連続で，不連続点の両側で極限値が存在する）とき，フーリエ級数は $f(x)$ に収束する（不連続点 x_i では，$\frac{1}{2}\{f(x_i - 0) + f(x_i + 0)\}$ に収束する）」ことが知られています．ここで $f(x)$ に要請されている条件は非常に緩いものですので，$f(x)$ が発散を含まない周期関数であれば，基礎的な物理数学の範囲でこの条件が問題になることはほとんどないでしょう[†]．

●**フーリエ展開係数の導出**● フーリエ級数の問題を解くには，三角関数を含んだ積分計算になじんでおく必要があります．まず押さえておくべきことは，三角関数の直交性です．

三角関数の直交性：整数 $n, m \geq 1$ に対して，

$$\int_{-L}^{L} \cos\left(\frac{n\pi}{L}x\right) \cos\left(\frac{m\pi}{L}x\right) dx = L\delta_{nm},$$

$$\int_{-L}^{L} \sin\left(\frac{n\pi}{L}x\right) \sin\left(\frac{m\pi}{L}x\right) dx = L\delta_{nm}, \quad (5.3)$$

$$\int_{-L}^{L} \cos\left(\frac{n\pi}{L}x\right) \sin\left(\frac{m\pi}{L}x\right) dx = 0.$$

計算は演習問題 5.1.1 にまわします．積分範囲が三角関数の波長の整数倍になっている（積分範囲に整数個の波が含まれる）ことに注意してください．

[†] ただし，$f(x)$ が不連続点を持つとき，フーリエ級数は不連続点近傍で「ギブスの現象」と呼ばれる"悪い"収束性を示すことがあります．ギブスの現象については，専門書を参照してください．

三角関数の直交性を用いると，フーリエ級数の展開係数の式が導出できます．

基本問題 5.1 【重要】

三角関数の直交性 (5.3) を利用して，フーリエ級数の展開係数の式 (5.2) を導け．

方針 フーリエ級数の式 (5.1) を，そのまま，または，$\cos\left(\frac{m\pi}{L}x\right), \sin\left(\frac{m\pi}{L}x\right)$ を掛けて，$x = -L$ から L まで積分する．

【答案】 フーリエ級数の式 (5.1) の両辺を，$x = -L$ から L まで積分すると，

$$\int_{-L}^{L} f(x)dx = A_0 \int_{-L}^{L} 1\,dx + \sum_{n=1}^{\infty} \left\{ A_n \int_{-L}^{L} \cos\left(\frac{n\pi}{L}x\right)dx + B_n \int_{-L}^{L} \sin\left(\frac{n\pi}{L}x\right)dx \right\}.$$

ここで $n \geq 1$ に対して，$\int_{-L}^{L} \cos\left(\frac{n\pi}{L}x\right)dx = \int_{-L}^{L} \sin\left(\frac{n\pi}{L}x\right)dx = 0$ より，

$$\int_{-L}^{L} f(x)dx = A_0 2L \quad \longrightarrow \quad A_0 = \frac{1}{2L}\int_{-L}^{L} f(x)dx.$$

式 (5.1) の両辺に $\cos\left(\frac{m\pi}{L}x\right)$ $(m \geq 1)$ を掛けて $x = -L$ から L まで積分すると，

$$\int_{-L}^{L} f(x)\cos\left(\frac{m\pi}{L}x\right)dx$$
$$= A_0 \int_{-L}^{L} \cos\left(\frac{m\pi}{L}x\right)dx$$
$$+ \sum_{n=1}^{\infty} \left\{ A_n \int_{-L}^{L} \cos\left(\frac{n\pi}{L}x\right)\cos\left(\frac{m\pi}{L}x\right)dx + B_n \int_{-L}^{L} \sin\left(\frac{n\pi}{L}x\right)\cos\left(\frac{m\pi}{L}x\right)dx \right\}.$$

右辺の積分で 0 でないのは，$\int_{-L}^{L} \cos\left(\frac{n\pi}{L}x\right)\cos\left(\frac{m\pi}{L}x\right)dx = L\delta_{nm}$ のみ．ゆえに，

$$\int_{-L}^{L} f(x)\cos\left(\frac{m\pi}{L}x\right)dx = \sum_{n=1}^{\infty} A_n L \delta_{nm} = A_m L.$$

改めて m を n と書き換えて，$A_n = \frac{1}{L}\int_{-L}^{L} f(x)\cos\left(\frac{n\pi}{L}x\right)dx.$

同様に，式 (5.1) の両辺に $\sin\left(\frac{m\pi}{L}x\right)$ $(m \geq 1)$ を掛けて $x = -L$ から L まで積分すると，

$$\int_{-L}^{L} f(x)\sin\left(\frac{m\pi}{L}x\right)dx$$
$$= A_0 \int_{-L}^{L} \sin\left(\frac{m\pi}{L}x\right)dx$$
$$+ \sum_{n=1}^{\infty} \left\{ A_n \int_{-L}^{L} \cos\left(\frac{n\pi}{L}x\right)\sin\left(\frac{m\pi}{L}x\right)dx + B_n \int_{-L}^{L} \sin\left(\frac{n\pi}{L}x\right)\sin\left(\frac{m\pi}{L}x\right)dx \right\}$$
$$= \sum_{n=1}^{\infty} B_n L \delta_{nm} = B_m L.$$

m を n と書き換えて，$B_n = \frac{1}{L}\int_{-L}^{L} f(x)\sin\left(\frac{n\pi}{L}x\right)dx.$ ∎

フーリエ級数の問題で典型的なものは与えられた $f(x)$ のフーリエ展開係数の計算です.

基本問題 5.2 【重要】

次の周期関数 $f(x)$（周期 $2L$）をフーリエ級数に展開せよ.

$$f(x) = \begin{cases} h & (0 \leq x < L) \\ -h & (-L \leq x < 0) \end{cases}$$

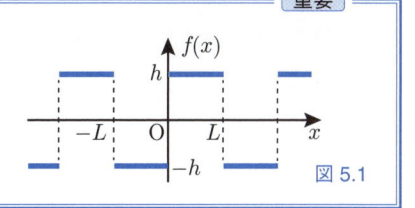

図 5.1

方針 フーリエ級数の式 (5.1), (5.2) に従って計算する.

【答案】
$$A_0 = \frac{1}{2L}\left\{\int_{-L}^{0}(-h)dx + \int_{0}^{L}h\,dx\right\} = \frac{1}{2L}(-hL + hL) = 0,$$

$$A_n = \frac{1}{L}\left\{\int_{-L}^{0}(-h)\cos\left(\frac{n\pi}{L}x\right)dx + \int_{0}^{L}h\cos\left(\frac{n\pi}{L}x\right)dx\right\}$$

$$= \frac{1}{L}\left\{-h\left[\frac{L}{n\pi}\sin\left(\frac{n\pi}{L}x\right)\right]_{-L}^{0} + h\left[\frac{L}{n\pi}\sin\left(\frac{n\pi}{L}x\right)\right]_{0}^{L}\right\}$$

$$= \frac{1}{L}(-h\cdot 0 + h\cdot 0) = 0,$$

$$B_n = \frac{1}{L}\left\{\int_{-L}^{0}(-h)\sin\left(\frac{n\pi}{L}x\right)dx + \int_{0}^{L}h\sin\left(\frac{n\pi}{L}x\right)dx\right\}$$

$$= \frac{1}{L}\left\{-h\left[-\frac{L}{n\pi}\cos\left(\frac{n\pi}{L}x\right)\right]_{-L}^{0} + h\left[-\frac{L}{n\pi}\cos\left(\frac{n\pi}{L}x\right)\right]_{0}^{L}\right\}$$

$$= \frac{1}{L}\left[-h\left(-\frac{L}{n\pi}\right)\{\cos 0 - \cos(-n\pi)\} + h\left(-\frac{L}{n\pi}\right)\{\cos(n\pi) - \cos 0\}\right]$$

$$= \frac{2h}{n\pi}\{1 - (-1)^n\} = \begin{cases} \dfrac{4h}{n\pi} & (n = 2l+1) \\ 0 & (n = 2l) \end{cases}$$

（l は整数）. 以上をまとめると,

$$f(x) = \sum_{l=0}^{\infty}\frac{4h}{(2l+1)\pi}\sin\left(\frac{(2l+1)\pi}{L}x\right) = \frac{4h}{\pi}\sin\left(\frac{\pi}{L}x\right) + \frac{4h}{3\pi}\sin\left(\frac{3\pi}{L}x\right) + \cdots.$$

【A_0, A_n に関する別解】 $f(x)$ は奇関数であるので，$-L$ から L まで積分すると 0 になる. ゆえに，$A_0 = 0$. 同様に，$f(x)\cos\left(\frac{n\pi}{L}x\right)$ も奇関数なので，$A_n = 0$ となる. ■

ポイント 【答案】では, 全ての係数を丁寧に計算しましたが,【別解】で述べたように, この問題の $f(x)$ は奇関数であり, それに $\cos\left(\frac{n\pi}{L}x\right)$（偶関数）を掛けたものも奇関数ですので, それらを $-L$ から L まで積分したものは, 計算しなくても 0 であることがわかります. このようにフーリエ級数展開では, 考える関数が偶関数か奇関数の場合には, 計算を簡略化することができます. 解答が楽になるだけでなく, 計算間違いを防ぐためにも有効ですので, そのような対称性の考察は, 常に頭に置いておくとよいでしょう.

● **フーリエ級数の指数関数表示** ● フーリエ級数展開の式は，指数関数を用いて表すこともできます．

> **フーリエ級数（指数関数表示）**：周期 $2L$ の周期関数 $f(x)$ のフーリエ級数は，以下のように表すことができる．
> $$f(x) = \frac{1}{\sqrt{2L}} \sum_{n=-\infty}^{\infty} c_n e^{i(n\pi/L)x}. \tag{5.4}$$
> このとき展開係数は以下の式で与えられる．
> $$c_n = \frac{1}{\sqrt{2L}} \int_{-L}^{L} f(x) e^{-i(n\pi/L)x} dx. \tag{5.5}$$

4.2 節で述べたオイラーの関係式を知っていれば，三角関数の式が指数関数を用いて表されることは納得できると思います．数学的には指数関数の方が三角関数よりも様々な意味で扱いやすいため，この指数関数表示もよく用いられます．

基本問題 5.3

三角関数を用いたフーリエ級数の式 (5.1), (5.2) から，フーリエ級数の指数関数表示 (5.4), (5.5) を導け．

方針 オイラーの関係式を用いて，三角関数を指数関数になおす．

【答案】 オイラーの関係式より，
$$\cos\left(\frac{n\pi}{L}x\right) = \frac{e^{i(n\pi/L)x} + e^{-i(n\pi/L)x}}{2}, \quad \sin\left(\frac{n\pi}{L}x\right) = \frac{e^{i(n\pi/L)x} - e^{-i(n\pi/L)x}}{2i}.$$
これらを式 (5.1) に代入して，
$$f(x) = A_0 + \sum_{n=1}^{\infty} \left\{ A_n \frac{e^{i(n\pi/L)x} + e^{-i(n\pi/L)x}}{2} + B_n \frac{e^{i(n\pi/L)x} - e^{-i(n\pi/L)x}}{2i} \right\}$$
$$= A_0 e^0 + \sum_{n=1}^{\infty} \left\{ \frac{A_n - iB_n}{2} e^{i(n\pi/L)x} + \frac{A_n + iB_n}{2} e^{-i(n\pi/L)x} \right\}.$$
ゆえに，$\frac{1}{\sqrt{2L}} c_0 = A_0$, $\frac{1}{\sqrt{2L}} c_n = \frac{A_n - iB_n}{2}$, $\frac{1}{\sqrt{2L}} c_{-n} = \frac{A_n + iB_n}{2}$ $(n \geq 1)$ とすれば，
$$f(x) = \frac{1}{\sqrt{2L}} \sum_{n=-\infty}^{\infty} c_n e^{i(n\pi/L)x}$$
と表すことができる．展開係数 c_n は，A_0, A_n, B_n の式 (5.2) を代入して，
$$c_0 = \sqrt{2L} A_0 = \frac{1}{\sqrt{2L}} \int_{-L}^{L} f(x) dx,$$
$$c_{\pm n} = \sqrt{2L} \frac{A_n \mp iB_n}{2} = \frac{1}{\sqrt{2L}} \int_{-L}^{L} f(x) \left\{ \cos\left(\frac{n\pi}{L}x\right) \mp i \sin\left(\frac{n\pi}{L}x\right) \right\} dx$$
$$= \frac{1}{\sqrt{2L}} \int_{-L}^{L} f(x) e^{\mp i(n\pi/L)x} dx. \quad (n \geq 1)$$

5.1 フーリエ級数

これらをまとめると、
$$c_n = \frac{1}{\sqrt{2L}} \int_{-L}^{L} f(x) e^{-i(n\pi/L)x} dx \quad (n \text{ は任意の整数})$$
となる。■

ポイント フーリエ級数の指数関数表示 (5.4) における展開係数の式 (5.5) は、指数関数の直交性から、直接導出することもできます（演習問題 5.1.3 参照）。

❷ フーリエ級数の応用

フーリエ級数は物理の様々な分野で用いられますが、関数を三角関数・指数関数で展開するという性質からもわかるように、特に振動・波動現象を扱う場面で大きな力を発揮します。ここでは典型的な応用例である、弦の振動の問題について見てみましょう。

基本問題 5.4　　　　　　　　　　　　　　　　　　　　　　　　　　**重要**

$x = -L, L$ にある壁の間に水平に張られた弦の振動を考える。弦の変位 $u(x,t)$ が微小であるとき、$u(x,t)$ は波動方程式
$$\frac{\partial^2 u(x,t)}{\partial t^2} = v^2 \frac{\partial^2 u(x,t)}{\partial x^2}$$
（v は定数）に従う。

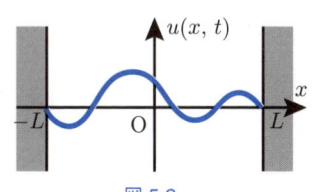

図 5.2

(1) $u(x,t) = A_0 + \sum_{n=1}^{\infty} \{A_n \cos(k_n x) + B_n \sin(k_n x)\} \cos(\omega_n t + \phi_n)$

（$k_n = \frac{n\pi}{L}$, A_0, A_n, B_n, ϕ_n は任意定数）は、波動方程式の解であり得ることを示せ。また、そのとき k_n と ω_n の間に成り立つべき関係式を求めよ。

(2) 時刻 $t=0$ で、弦を
$$u(x,0) = u_0(x) = \begin{cases} a(x+L) & (-L \leq x \leq 0) \\ -a(x-L) & (0 \leq x \leq L) \end{cases}$$
（a は定数）から、静かに（$\left.\frac{\partial u(x,t)}{\partial t}\right|_{t=0} = 0$ で）はなした。このときの任意定数 A_0, A_n, B_n, ϕ_n を求めよ。

方針 (1) は式を微分方程式に代入。(2) は $u_0(x)$ とフーリエ級数の式を関係付ける。

【答案】 (1) 与式を波動方程式の左辺、右辺に代入すると、
$$\frac{\partial^2 u(x,t)}{\partial t^2} = \sum_{n=1}^{\infty} \{A_n \cos(k_n x) + B_n \sin(k_n x)\}(-\omega_n^2) \cos(\omega_n t + \phi_n),$$
$$v^2 \frac{\partial^2 u(x,t)}{\partial x^2} = v^2 \sum_{n=1}^{\infty} (-k_n^2) \{A_n \cos(k_n x) + B_n \sin(k_n x)\} \cos(\omega_n t + \phi_n).$$
ゆえに、$\omega_n^2 = v^2 k_n^2 \longrightarrow \omega_n = v k_n$ であれば、与式は波動方程式を満たす。（$\omega_n = -v k_n$ でも

よいが，その場合も，任意定数を適当に定義しなおせば，等価な解が得られる．)

(2) まず,
$$\left.\frac{\partial u(x,t)}{\partial t}\right|_{t=0} = \sum_{n=1}^{\infty} \{A_n \cos(k_n x) + B_n \sin(k_n x)\}(-\omega_n)\sin(\phi_n) = 0. \quad \text{①}$$

今，$\omega_n = v k_n \neq 0 \ (n \geq 1)$ より，$A_n = B_n = 0$ または $\sin(\phi_n) = 0$．ただし，$A_n = B_n = 0$ の場合は，波数 k_n の振動モードが存在しないことになるため，ϕ_n を自由にとってよい．ゆえに，①を満たすために，任意の $n \geq 1$ に対して，$\sin(\phi_n) = 0 \longrightarrow \phi_n = 0$ としてよい．($\phi_n = \pi$ でもよいが，その場合は $\cos(\omega_n t + \pi) = -\cos(\omega_n t)$ であるため，任意定数 A_n, B_n を符号反転すれば $\phi_n = 0$ としたときの解と等価になる．ゆえに $\phi_n = 0$ としても一般性は失われない．)

さらに，$u(x,t)$ に関する初期条件より，
$$u(x,0) = A_0 + \sum_{n=1}^{\infty} \{A_n \cos(k_n x) + B_n \sin(k_n x)\} = u_0(x).$$

($\phi_n = 0$ より $\cos(\omega_n \cdot 0 + 0) = 1$ を用いた．) これは $u_0(x)$ をフーリエ級数展開した式に対応するので，展開係数の式 (5.2) より，

$$A_0 = \frac{1}{2L}\int_{-L}^{L} u_0(x)dx = \frac{1}{L}\int_{0}^{L} u_0(x)dx = \frac{1}{L}\int_{0}^{L}(-a)(x-L)dx$$
$$= \frac{1}{L}(-a)\left[\frac{1}{2}x^2 - Lx\right]_0^L = \frac{aL}{2}.$$

($u_0(x)$ が偶関数であることを用いた．) 同様に，
$$A_n = \frac{1}{L}\int_{-L}^{L} u_0(x)\cos\left(\frac{n\pi}{L}x\right)dx = \frac{2}{L}\int_0^L u_0(x)\cos\left(\frac{n\pi}{L}x\right)dx$$
$$= \frac{2}{L}\int_0^L (-a)(x-L)\cos\left(\frac{n\pi}{L}x\right)dx.$$

ここで,
$$\int_0^L x\cos\left(\frac{n\pi}{L}x\right)dx = \left[\frac{L}{n\pi}x\sin\left(\frac{n\pi}{L}x\right)\right]_0^L - \frac{L}{n\pi}\int_0^L \sin\left(\frac{n\pi}{L}x\right)dx$$
$$= 0 - \frac{L}{n\pi}\left[-\frac{L}{n\pi}\cos\left(\frac{n\pi}{L}x\right)\right]_0^L = \left(\frac{L}{n\pi}\right)^2\{\cos(n\pi)-1\},$$
$$\int_0^L \cos\left(\frac{n\pi}{L}x\right)dx = \left[\frac{L}{n\pi}\sin\left(\frac{n\pi}{L}x\right)\right]_0^L = 0$$

より,
$$A_n = \frac{2}{L}(-a)\left(\frac{L}{n\pi}\right)^2\{\cos(n\pi)-1\} = \frac{2aL}{n^2\pi^2}\{1-(-1)^n\} = \begin{cases} \frac{4aL}{n^2\pi^2} & (n=2l+1) \\ 0 & (n=2l) \end{cases}$$

(l は整数). 最後に，$u_0(x)$ は偶関数なので，$u_0(x)\sin\left(\frac{n\pi}{L}x\right)$ は奇関数．ゆえに，
$$B_n = \frac{1}{L}\int_{-L}^{L} u_0(x)\sin\left(\frac{n\pi}{L}x\right)dx = 0. \quad \blacksquare$$

┃ポイント┃ 振動・波動の分野における最頻出問題です．(1) が波動方程式の一般解を求める部分，(2) が与えられた初期条件に合った特解を求める部分（初期値問題）になります．(1) に

ついては，この問題では，与えられた解の式が波動方程式を満たすことを確認していますが，この式は以下の手順で求めることができます．

(i) 解を $u(x,t) = X(x)T(t)$ と仮定して波動方程式に代入することで，$X(x), T(t)$ それぞれが従う常微分方程式を導出する（2.6 節「❷偏微分方程式の変数分離」参照）．
(ii) 常微分方程式を解いて得られた $X(x), T(t)$ から，$u(x,t) = X(x)T(t)$ を得る．
(iii) 波動方程式は線形なので，(ii) で求めた解の重ね合わせも解であることを利用して，一般解の式を得る．

そうして得られた波動方程式の解は，三角関数（または指数関数）の重ね合わせで書かれますので，その初期値問題（この基本問題の (2)）にはフーリエ級数が自然と出てくることになります．

■ 演 習 問 題 ■

5.1.1 以下の式が成り立つことを示せ．（$n, m \geq 1$ は整数．）

$$\int_{-L}^{L} \cos\left(\frac{n\pi}{L}x\right) \cos\left(\frac{m\pi}{L}x\right) dx = L\delta_{nm},$$

$$\int_{-L}^{L} \sin\left(\frac{n\pi}{L}x\right) \sin\left(\frac{m\pi}{L}x\right) dx = L\delta_{nm},$$

$$\int_{-L}^{L} \cos\left(\frac{n\pi}{L}x\right) \sin\left(\frac{m\pi}{L}x\right) dx = 0.$$

5.1.2 以下の周期関数 $f(x)$（周期 $2L$）をフーリエ級数に展開せよ．

(1) $f(x) = x \ (-L \leq x < L)$ (2) $f(x) = \left|\sin\left(\frac{\pi}{L}x\right)\right| \ (-L \leq x < L)$

5.1.3 (1) 以下の式が成り立つことを示せ（**指数関数の直交性**）．

$$\int_{-L}^{L} e^{i(n\pi/L)x} e^{-i(m\pi/L)x} dx = 2L\delta_{nm} \quad (n, m は整数)$$

(2) (1) の結果を用いて，フーリエ級数（指数関数表示）の展開係数の式 (5.5) を導け．

5.1.4 周期 2π の周期関数 $f(x) = x^2 \ (-\pi \leq x < \pi)$ について，以下の問いに答えよ．
(1) $f(x)$ をフーリエ級数に展開せよ．
(2) (1) の結果を用いて，$\sum_{n=1}^{\infty} \frac{1}{n^2}, \sum_{n=1}^{\infty} \frac{(-1)^{n+1}}{n^2}$ の値を求めよ．

5.1.5 周期 2π の周期関数 $f(x) = \begin{cases} x & (0 \leq x < \pi) \\ -x & (-\pi \leq x < 0) \end{cases}$ について，以下の問いに答えよ．

(1) $f(x)$ をフーリエ級数に展開せよ．
(2) (1) の結果を用いて，$\sum_{n=1}^{\infty} \frac{1}{(2n-1)^2}$ の値を求めよ．

5.2 フーリエ変換
——最も重要な積分変換．振動・波動，量子力学などで大活躍!!

Subsection ❶ フーリエ変換の定義・基本的性質
Subsection ❷ フーリエ変換の応用

―― キーポイント ――
フーリエ級数と同様，まずは意味を理解することと計算できることが大事．
応用も重要なので，1つずつマスターしよう．

　フーリエ変換は，数学的には積分変換の一種として定義されるものであり，またフーリエ級数を一般の関数へ拡張したものということもできます．フーリエ変換は，実空間と波数空間，時間と振動数を関係付ける変換として，振動・波動，量子力学を筆頭に，物理の全分野において頻繁に用いられます．

❶ フーリエ変換の定義・基本的性質
　フーリエ変換は，以下のように定義されます．

> **フーリエ変換**：$-\infty < x < \infty$ で定義された関数 $f(x)$ が $\int_{-\infty}^{\infty} |f(x)|\,dx < \infty$ を満たすとする．この $f(x)$ を
> $$f(x) = \frac{1}{\sqrt{2\pi}} \int_{-\infty}^{\infty} \widehat{f}(k) e^{ikx} dk, \quad \widehat{f}(k) = \frac{1}{\sqrt{2\pi}} \int_{-\infty}^{\infty} f(x) e^{-ikx} dx \quad (5.6)$$
> と表したとき，$\widehat{f}(k) = \mathcal{F}[f(x)]$ を $f(x)$ のフーリエ変換，$f(x) = \mathcal{F}^{-1}[\widehat{f}(k)]$ を $\widehat{f}(k)$ の（逆）フーリエ変換と呼ぶ．

　なお，フーリエ変換は，三角関数 $\cos(kx), \sin(kx)$ を用いて表すこともできますが，この本では，指数関数 e^{ikx} を用いた表記を考えることにします．
　フーリエ変換の意味は，5.1節で扱ったフーリエ級数と基本的に同じです．すなわち

(1) フーリエ変換とは，関数 $f(x)$ を指数関数 e^{ikx} の重ね合わせで表したものである．
(2) 関数 $f(x)$ を指数関数 e^{ikx} の重ね合わせで表したときの係数（どの項をどのような重みで足し上げればよいか）は，$f(x)$ が与えられれば計算することができる．

　フーリエ級数と異なる点は，フーリエ級数のときに必要だった「関数 $f(x)$ は周期関数（または有限の区間でのみ定義された関数）である」という条件がなくなったことと，198ページの項目 (3) の「波数 k が $\frac{\pi}{L}$ の整数倍に限られる」という性質がなくなったことです．これらはフーリエ変換 (5.6) がフーリエ級数 (5.4), (5.5) を以下のように拡張して得

られることを考えれば，理解することができます．

　まず，フーリエ級数は「周期 $2L$ の周期関数（または区間 $-L \leq x < L$ で定義された関数）$f(x)$」が対象でした．ここで $L \to \infty$ の極限をとると，関数の周期が ∞ になるので，全空間が 1 周期に収まる，すなわち，$f(x)$ の周期性はなくてもよいことになります．（ただし，$x = -\infty$ から ∞ までの積分が発散しないように，$\int_{-\infty}^{\infty} |f(x)|\,dx < \infty$ の条件が付きます．）さらに，フーリエ級数では，波数 k_n が $\frac{\pi}{L}$ の整数倍になっていましたが，$L \to \infty$ ではこの波数の単位 $\frac{\pi}{L}$ が無限小になるので，k_n はどんな値でもとれるようになります．後は，フーリエ級数の式中の k_n についての和 $\sum_{n=-\infty}^{\infty}$ を k についての積分に置き換えればフーリエ変換のできあがりですが，ここで 1 つ注意が必要です．というのは，フーリエ級数では $k_n = \frac{n\pi}{L}$ でしたので，k 軸上の単位長さに含まれる k_n の数は $\frac{L}{\pi}$ 個になります．すると，k_n の和 $\sum_{n=-\infty}^{\infty}$ を単純に k 積分 $\int_{-\infty}^{\infty} dk$ に置き換えてしまうと，同じ $k_n = k$ の範囲における和と積分の値が合わなくなってしまいます．この整合性をとるために，k_n についての和を，k についての積分に "状態密度" $\frac{L}{\pi}$ を掛けたもので置き換える，すなわち，

$$\sum_{n=-\infty}^{\infty} \longrightarrow \frac{L}{\pi}\int_{-\infty}^{\infty} dk$$

と置き換えることにします．以上の操作により，フーリエ級数の式から，フーリエ変換の式が導出されることになります[†]．

　フーリエ変換は次のような性質を持ちます．

フーリエ変換の基本的性質：

(1) $f(x)$ が実数 $\iff \overline{\widehat{f}(k)} = \widehat{f}(-k)$

(2) $f(x)$ が純虚数 $\iff \overline{\widehat{f}(k)} = -\widehat{f}(-k)$

(3) $\mathcal{F}[af(x) + bg(x)] = a\widehat{f}(k) + b\widehat{g}(k)$

(4) $\mathcal{F}[f(x+a)] = e^{ika}\widehat{f}(k)$

　証明は演習問題 5.2.1 でトライしてください．

　フーリエ変換を物理の問題に用いるには，まずなにより，フーリエ変換が計算できなければなりません．式を見ればわかるように，フーリエ変換の計算は，一般に複素積分の問題になります．以下の問題では，必要に応じて，4.4 節，4.5 節（特に 4.5 節の留数定理）を参照してください．

[†] 正確には，この本の定義 (5.6) の導出においては，フーリエ級数の式 (5.4)，(5.5) 中の c_n を $\sqrt{\frac{\pi}{L}}\widehat{f}(k)$ と等しいとすることで，$\sqrt{\frac{L}{\pi}}$ の因子を x 積分の方へ移して，$f(x)$，$\widehat{f}(k)$ の式をきれいな（対称的な）形にしています．この操作については，211 ページのコラムも参考にしてください．

基本問題 5.5 【重要】

以下の関数のフーリエ変換を求めよ．（$a > 0$ は実数とする．）
(1) $f(x) = e^{-ax^2}$ (2) $f(x) = \dfrac{1}{x^2 + a^2}$

方針 図の経路に沿って複素積分を行う．

【答案】(1) 与式のフーリエ変換は，

$$\widehat{f}(k) = \frac{1}{\sqrt{2\pi}} \int_{-\infty}^{\infty} e^{-ax^2} e^{-ikx} dx$$

$$= \frac{1}{\sqrt{2\pi}} \int_{-\infty}^{\infty} e^{-a\{x^2 + i(k/a)x\}} dx$$

$$= \frac{1}{\sqrt{2\pi}} e^{-k^2/4a} \int_{-\infty}^{\infty} e^{-a\{x + i(k/2a)\}^2} dx.$$

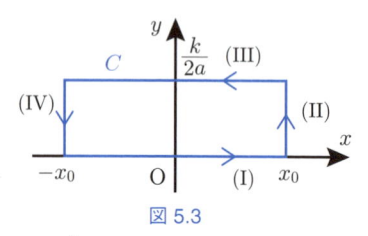

図 5.3

ここで図 5.3 の経路 C での e^{-az^2} の複素積分を考える．e^{-az^2} は全複素平面で正則なので，C での周回積分は 0．また，経路 (II), (IV) では $z = \pm x_0 + iy$ なので，$x_0 \to \infty$ とすると，被積分関数 $e^{-a(\pm x_0 + iy)^2}$ は指数関数的に 0 となり，(II), (IV) での積分は 0．さらに，(I) では $z = x$，(III) では $z = x + i\frac{k}{2a}$ であり，ともに $dz = dx$ であることに注意して，$x_0 \to \infty$ で

$$0 = \oint_C e^{-az^2} dz \to \int_{\text{I}} e^{-az^2} dz + \int_{\text{III}} e^{-az^2} dz$$

$$= \int_{-\infty}^{\infty} e^{-ax^2} dx + \int_{\infty}^{-\infty} e^{-a\{x + i(k/2a)\}^2} dx = \int_{-\infty}^{\infty} e^{-ax^2} dx - \int_{-\infty}^{\infty} e^{-a\{x + i(k/2a)\}^2} dx.$$

ゆえに，$\displaystyle\int_{-\infty}^{\infty} e^{-a\{x + i(k/2a)\}^2} dx = \int_{-\infty}^{\infty} e^{-ax^2} dx = \sqrt{\frac{\pi}{a}}$．（最後にガウス積分を用いた．）以上より，求めるフーリエ変換は

$$\widehat{f}(k) = \frac{1}{\sqrt{2\pi}} e^{-k^2/4a} \sqrt{\frac{\pi}{a}} = \frac{1}{\sqrt{2a}} e^{-k^2/4a}.$$

(2) 与式のフーリエ変換は，$\widehat{f}(k) = \dfrac{1}{\sqrt{2\pi}} \displaystyle\int_{-\infty}^{\infty} \dfrac{1}{x^2 + a^2} e^{-ikx} dx$，

ここで，$g(z) = \dfrac{e^{-ikz}}{z^2 + a^2} = \dfrac{e^{-ikz}}{(z + ia)(z - ia)}$ の複素積分を考える．$g(z)$ は $z = \pm ia$ に 1 位の極を持ち，留数はそれぞれ

$$\text{Res}(ia) = \lim_{z \to ia} \frac{e^{-ikz}}{z + ia} = \frac{e^{ak}}{2ia}, \quad \text{Res}(-ia) = \lim_{z \to -ia} \frac{e^{-ikz}}{z - ia} = -\frac{e^{-ak}}{2ia}.$$

(i) $k > 0$ の場合：図 5.4 の経路 C で積分すると，
(I) $z = x, dz = dx$ より，

$$\int_{\text{I}} g(z) dz \to \int_{\infty}^{-\infty} \frac{e^{-ikx}}{x^2 + a^2} dx. \quad (R \to \infty)$$

(II) ジョルダンの補助定理より，

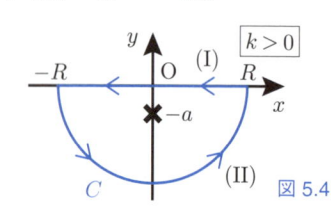

図 5.4

5.2 フーリエ変換

$$\int_{\mathrm{II}} g(z)dz = \int_{\mathrm{II}} \frac{1}{z^2+a^2} e^{-ikz} dz \to 0. \quad (R \to \infty)$$

($e^{-ikRe^{i\theta}} = e^{-ikR\cos\theta} e^{kR\sin\theta}$ であり，$k\sin\theta \leq 0$ となるよう経路 C をとっていることに注意.)

以上の結果と，経路 C に含まれる極は $z = -ia$ であることから，留数定理より，

$$\oint_C g(z)dz = \int_\infty^{-\infty} \frac{e^{-ikx}}{x^2+a^2} dx = 2\pi i \left(-\frac{e^{-ak}}{2ia}\right).$$

整理して，

$$\int_{-\infty}^\infty \frac{e^{-ikx}}{x^2+a^2} dx = \frac{\pi}{a} e^{-ak}.$$

(ii) $k < 0$ の場合：図 5.5 の経路 C で積分すると，

(I) $z = x$, $dz = dx$ より，

$$\int_\mathrm{I} g(z)dz \to \int_{-\infty}^\infty \frac{e^{-ikx}}{x^2+a^2} dx. \quad (R \to \infty)$$

(II) ジョルダンの補助定理より，

$$\int_{\mathrm{II}} g(z)dz = \int_{\mathrm{II}} \frac{1}{z^2+a^2} e^{-ikz} dz \to 0. \quad (R \to \infty)$$

(ここでも $k\sin\theta \leq 0$ となるよう経路 C をとっていることに注意.)

以上の結果と，経路 C に含まれる極は $z = ia$ であることから，留数定理より，

$$\oint_C g(z)dz = \int_{-\infty}^\infty \frac{e^{-ikx}}{x^2+a^2} dx = 2\pi i \left(\frac{e^{ak}}{2ia}\right) = \frac{\pi}{a} e^{ak}.$$

(iii) $k = 0$ の場合：図 5.5 の経路 C で積分すると，

(I) $z = x$, $dz = dx$ より，$\int_\mathrm{I} g(z)dz \to \int_{-\infty}^\infty \frac{1}{x^2+a^2} dx. \quad (R \to \infty)$

(II) $z = Re^{i\theta}$, $dz = iRe^{i\theta} d\theta$ より，$\int_{\mathrm{II}} g(z)dz = \int_0^\pi \frac{1}{R^2 e^{i2\theta}+a^2} iRe^{i\theta} d\theta \to 0. \quad (R \to \infty)$

以上の結果と，経路 C に含まれる極は $z = ia$ であることから，留数定理より，

$$\oint_C g(z)dz = \int_{-\infty}^\infty \frac{1}{x^2+a^2} dx = 2\pi i \left(\frac{1}{2ia}\right) = \frac{\pi}{a}.$$

(i), (ii), (iii) をまとめると $\int_{-\infty}^\infty \frac{e^{-ikx}}{x^2+a^2} dx = \frac{\pi}{a} e^{-a|k|}$. ゆえに求めるフーリエ変換は

$$\hat{f}(k) = \frac{1}{\sqrt{2\pi}} \frac{\pi}{a} e^{-a|k|} = \sqrt{\frac{\pi}{2}} \frac{1}{a} e^{-a|k|}. \quad \blacksquare$$

ポイント この問題で扱っている関数 $f(x)$ は，(1) がガウス関数（ガウシアン），(2) がローレンツ関数（ローレンチアン）と呼ばれるもので，実験データや統計データの解析など，物理の様々な場面で用いられる重要な関数です．ガウス関数のフーリエ変換はガウス関数に，ローレンツ関数のフーリエ変換は指数関数（の変数 k を絶対値にしたもの）になるという結果は，知っておいて損はない性質です．

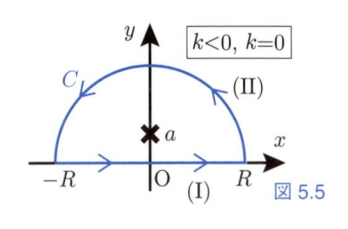

● **たたみ込み積分** ● フーリエ変換の面白い性質として，たたみ込み積分を紹介します．たたみ込み積分とは，次のような積分のことです．例として，1次元系に密度 $\rho(x)$ で電荷が分布している場合の静電ポテンシャルを考えましょう．区間 $x' \sim x' + dx'$ に着目すると，この区間に存在する電荷は $\rho(x')dx'$ であり，この電荷が位置 x に与える静電ポテンシャルは $\phi(x-x')\rho(x')dx'$ となります．（$\phi(x-x')$ は単位電荷が $x-x'$ だけ離れた場所に作るポテンシャル．）この $x' \sim x' + dx'$ からの寄与を，全ての位置 x' の電荷について足し上げれば，位置 x にできる静電ポテンシャル $V(x)$ が求まります．すなわち，

$$V(x) = \int_{-\infty}^{\infty} \phi(x-x')\rho(x')dx'$$

が，求める静電ポテンシャルになります．このように，ある位置 x' にある物理量が別の位置 x に及ぼす影響を考えるとき[†]，その影響の総和として，

$$F(x) = \int_{-\infty}^{\infty} f(x-x')g(x')dx' \tag{5.7}$$

のような形の積分がしばしば出てきます．この積分をたたみ込み積分といいます．

このたたみ込み積分に関して，フーリエ変換は便利な性質を持っています．

基本問題 5.6

たたみ込み積分 $F(x) = \int_{-\infty}^{\infty} f(x-x')g(x')dx'$ のフーリエ変換は

$$\widehat{F}(k) = \sqrt{2\pi}\,\widehat{f}(k)\widehat{g}(k)$$

で与えられることを示せ．

方針 デルタ関数のフーリエ積分表示（6.1節，式(6.12)）を用いる．

【答案】

$$\widehat{F}(k) = \frac{1}{\sqrt{2\pi}} \int_{-\infty}^{\infty} F(x) e^{-ikx} dx$$

$$= \frac{1}{\sqrt{2\pi}} \int_{-\infty}^{\infty} dx \int_{-\infty}^{\infty} dx'\, f(x-x')g(x') e^{-ikx}$$

$$= \frac{1}{\sqrt{2\pi}} \int_{-\infty}^{\infty} dx \int_{-\infty}^{\infty} dx' \left\{ \frac{1}{\sqrt{2\pi}} \int_{-\infty}^{\infty} dk'\, \widehat{f}(k') e^{ik'(x-x')} \right\} \left\{ \frac{1}{\sqrt{2\pi}} \int_{-\infty}^{\infty} dk''\, \widehat{g}(k'') e^{ik''x'} \right\} e^{-ikx}$$

$$= \frac{1}{(2\pi)^{3/2}} \int_{-\infty}^{\infty} dk' \int_{-\infty}^{\infty} dk''\, \widehat{f}(k')\widehat{g}(k'') \int_{-\infty}^{\infty} dx\, e^{i(k'-k)x} \int_{-\infty}^{\infty} dx'\, e^{i(k''-k')x'}$$

$$= \frac{1}{(2\pi)^{3/2}} \int_{-\infty}^{\infty} dk' \int_{-\infty}^{\infty} dk''\, \widehat{f}(k')\widehat{g}(k'')\, 2\pi\delta(k'-k)\, 2\pi\delta(k''-k')$$

$$= \sqrt{2\pi}\,\widehat{f}(k)\widehat{g}(k). \blacksquare$$

[†] x, x' は単なる変数ですので，位置である必要はなく，別の物理量でもかまいません．

■ **ポイント** ■ このように，関数 $f(x), g(x)$ から作ったたたみ込み積分のフーリエ変換は，それぞれの関数のフーリエ変換 $\widehat{f}(k), \widehat{g}(k)$ の積（に $\sqrt{2\pi}$ を掛けたもの）になります．たたみ込み積分では，$f(x), g(x)$ の変数が絡み合っていますので，一般に f, g の部分に分離することは不可能ですが，フーリエ変換後の表示（k 空間）に移ってしまえば，両者を簡単に分離できることになります．また，フーリエ変換は逆変換もフーリエ変換と同形（変換時にかける指数関数 $e^{\pm ikx}$ の肩の符号が変わるだけ）ですので，2 つの関数を持ってきて，その積をフーリエ（逆）変換すれば，たたみ込み積分が自然と出てくることになります．

コラム フーリエ変換の係数

講義でフーリエ変換の話をすると，しばしば学生さんから「私の持っている本の定義と違うのですが・・・」という質問を受けます．本を見ると，次のような定義が書いてあります．

$$f(x) = \frac{1}{2\pi}\int_{-\infty}^{\infty} \widehat{f}(k)e^{ikx}dk, \quad \widehat{f}(k) = \int_{-\infty}^{\infty} f(x)e^{-ikx}dx.$$

また，本によっては，フーリエ変換・逆変換の積分中の e^{ikx}, e^{-ikx} が入れ替わっている場合もあります．この質問に対する答えは「どれでも O.K.」です．実際，この本の式 (5.6) で定義した $\widehat{f}(k)$ に $\sqrt{2\pi}$ を掛けたものを改めて $\widehat{f}(k)$ と定義しなおせば，式 (5.6) が学生さんの本の式と一致しますので，この違いは $\sqrt{2\pi}$ 倍だけ異なる $\widehat{f}(k)$ のどちらをフーリエ変換と呼ぶかだけの違いであり，本質的なものではありません．同様に，指数関数の肩の符号の違いは，$f(x) \to \widehat{f}(k)$ と $\widehat{f}(k) \to f(x)$ のどちらの変換をフーリエ変換・逆変換と呼ぶかだけの違いです．

ここで守るべきことは，「フーリエ変換の定義が整合性のとれたものであるためには，ある関数のフーリエ変換の逆変換が自分自身に戻らなければならない」という点です．そのためには

- フーリエ変換・逆変換の積分の前の係数の積が $\frac{1}{2\pi}$ になること
- フーリエ変換・逆変換の積分中の指数関数の肩の符号が，互いに逆になっていること

が満たされている必要があり，これらが満たされていれば O.K. です．極端な話，フーリエ変換の積分の前の係数を 100 にして，逆変換の係数を $\frac{1}{200\pi}$ にしても，数学的には問題ありません．(さすがにそうしている本はないでしょうが・・・．) この本では，フーリエ変換・逆変換の対称性を強調するために，両方の係数を等しく $\frac{1}{\sqrt{2\pi}}$ にしています．この方が美しい，と著者は思いますが，これは好みの問題ですね．

❷ フーリエ変換の応用

ここではフーリエ変換の応用として，微分方程式への適用と，パーセバルの等式について扱います．

● 微分方程式への適用 ● まずは，微分方程式に取り掛かる準備として，導関数のフーリエ変換について見てみましょう．

基本問題 5.7　　　　　　　　　　　　　　　　　　　　　　　　重要

$f(x)$ およびその導関数 $\frac{d^n f(x)}{dx^n}$ が無限遠で十分速やかに 0 に収束する（$\frac{d^n f(x)}{dx^n} \to 0$ （$|x| \to \infty, n \geq 0$））とき，導関数のフーリエ変換が，次の式で与えられることを示せ．

$$\frac{1}{\sqrt{2\pi}} \int_{-\infty}^{\infty} \frac{d^n f(x)}{dx^n} e^{-ikx} dx = (ik)^n \widehat{f}(k). \tag{5.8}$$

方針　部分積分を繰り返せば，帰納法で証明できる．

【答案】(i) $n=0$ のとき，$\frac{1}{\sqrt{2\pi}} \int_{-\infty}^{\infty} f(x) e^{-ikx} dx = \widehat{f}(k)$．ゆえに，与式は成り立つ．

(ii) ある $n \geq 0$ で

$$\frac{1}{\sqrt{2\pi}} \int_{-\infty}^{\infty} \frac{d^n f(x)}{dx^n} e^{-ikx} dx = (ik)^n \widehat{f}(k)$$

が成り立つと仮定すると，

$$\frac{1}{\sqrt{2\pi}} \int_{-\infty}^{\infty} \frac{d^{n+1} f(x)}{dx^{n+1}} e^{-ikx} dx$$
$$= \frac{1}{\sqrt{2\pi}} \left[\frac{d^n f(x)}{dx^n} e^{-ikx} \right]_{-\infty}^{\infty} - \frac{1}{\sqrt{2\pi}} \int_{-\infty}^{\infty} \frac{d^n f(x)}{dx^n} (-ik) e^{-ikx} dx.$$

ここで，$\frac{d^n f(x)}{dx^n} \to 0$ （$|x| \to \infty$）より，右辺第 1 項は 0．ゆえに，

$$\frac{1}{\sqrt{2\pi}} \int_{-\infty}^{\infty} \frac{d^{n+1} f(x)}{dx^{n+1}} e^{-ikx} dx = -(-ik) \frac{1}{\sqrt{2\pi}} \int_{-\infty}^{\infty} \frac{d^n f(x)}{dx^n} e^{-ikx} dx = (ik)^{n+1} \widehat{f}(k).$$

(i), (ii) より，任意の $n \geq 0$ に対して与式は成り立つ．■

ポイント　このように $f(x)$ の導関数 $\frac{d^n f(x)}{dx^n}$ をフーリエ変換すれば，$f(x)$ のフーリエ変換（に $(ik)^n$ を掛けたもの）が得られ，微分演算を"消す"ことができます．この性質を利用して，偏微分方程式で微分にかかわる変数の数を減らしたり，常微分方程式を単なる代数方程式に落としたりすることができます．

5.2 フーリエ変換

基本問題 5.8 　　　　　　　　　　　　　　　　　　　　　　重要

フーリエ変換を用いて，1次元拡散方程式 $\frac{\partial u(x,t)}{\partial t} = D\frac{\partial^2 u(x,t)}{\partial x^2}$ $(D > 0)$ を解く．初期条件 $u(x,0) = f(x)$ に対応する解を $f(x)$ の式で表せ．また，$f(x) = Ae^{-x^2/a}$ の場合の解を求めよ．ただし，$\frac{\partial^n u(x,t)}{\partial x^n} \to 0$ $(|x| \to \infty, n \geq 0)$ が成り立つとする．

方針　偏微分方程式をフーリエ変換する．

【答案】　拡散方程式の両辺を x についてフーリエ変換すると，式 (5.8) を用いて右辺の x についての 2 階偏導関数を $(ik)^2 \hat{u}(k,t)$ になおすことができ，

$$\frac{\partial}{\partial t}\hat{u}(k,t) = D(ik)^2 \hat{u}(k,t) = -Dk^2 \hat{u}(k,t).$$

これは t についての 1 階偏微分方程式であり，解くことができて，$\hat{u}(k,t) = A(k)e^{-Dk^2 t}$．ここで $t = 0$ とおくと $\hat{u}(k,0) = A(k)$ より，係数 $A(k)$ は初期条件から求めることができ，

$$A(k) = \frac{1}{\sqrt{2\pi}} \int_{-\infty}^{\infty} u(x,0) e^{-ikx} dx = \frac{1}{\sqrt{2\pi}} \int_{-\infty}^{\infty} f(x) e^{-ikx} dx = \hat{f}(k).$$

ゆえに $\hat{u}(k,t) = \hat{f}(k)e^{-Dk^2 t}$．この解を逆フーリエ変換すれば，求める解 $u(x,t)$ が

$$u(x,t) = \frac{1}{\sqrt{2\pi}} \int_{-\infty}^{\infty} \hat{f}(k) e^{-Dk^2 t} e^{ikx} dk = \frac{1}{\sqrt{2\pi}} \int_{-\infty}^{\infty} dk\, e^{-Dk^2 t} e^{ikx} \frac{1}{\sqrt{2\pi}} \int_{-\infty}^{\infty} dx' f(x') e^{-ikx'}$$

$$= \frac{1}{2\pi} \int_{-\infty}^{\infty} dk \int_{-\infty}^{\infty} dx' f(x') e^{-Dk^2 t} e^{ik(x-x')}$$

のように，$f(x)$ の式として得られる．

初期条件が $u(x,0) = f(x) = Ae^{-x^2/a}$ の場合の解は，上式より，

$$u(x,t) = \frac{1}{2\pi} \int_{-\infty}^{\infty} dk \int_{-\infty}^{\infty} dx' Ae^{-x'^2/a} e^{-Dk^2 t} e^{ik(x-x')}$$

$$= \frac{1}{2\pi} A \int_{-\infty}^{\infty} dk\, e^{-Dk^2 t} e^{ikx} \int_{-\infty}^{\infty} dx'\, e^{-(1/a)(x'^2 + iakx')}$$

$$= \frac{1}{2\pi} A \int_{-\infty}^{\infty} dk\, e^{-Dk^2 t} e^{ikx} e^{-ak^2/4} \int_{-\infty}^{\infty} dx'\, e^{-(1/a)\{x' + i(ak/2)\}^2}$$

$$= \frac{1}{2\pi} A \int_{-\infty}^{\infty} dk\, e^{-Dk^2 t} e^{ikx} e^{-ak^2/4} \sqrt{\pi a} = \frac{1}{2}\sqrt{\frac{a}{\pi}} A \int_{-\infty}^{\infty} dk\, e^{-(a/4 + Dt)(k^2 - \frac{ix}{a/4 + Dt} k)}$$

$$= \frac{1}{2}\sqrt{\frac{a}{\pi}} Ae^{-\frac{x^2}{4(a/4 + Dt)}} \int_{-\infty}^{\infty} dk\, e^{-(a/4 + Dt)\{k - \frac{ix}{2(a/4 + Dt)}\}^2}$$

$$= \frac{1}{2}\sqrt{\frac{a}{\pi}} Ae^{-x^2/(a + 4Dt)} \sqrt{\frac{\pi}{\frac{a}{4} + Dt}} = A\sqrt{\frac{a}{a + 4Dt}} e^{-x^2/(a + 4Dt)}$$

となる．（途中 2 度，ガウス積分を用いた．）■

ポイント　この【答案】のように，2 変数関数の片方の変数についてフーリエ変換することで，偏微分方程式を実質的に 1 変数に対する微分方程式に変形できることがあります．変数の数が 3 つ以上の場合も基本的に同様です．

基本問題 5.9

フーリエ変換を用いて，次の常微分方程式の解を求めよ．
$$-\frac{d^2y(x)}{dx^2} + a^2 y(x) = b\delta(x).$$
(a, b は実定数，$a > 0$，$\delta(x)$ はディラックのデルタ関数（6.1 節参照）．）

方針 微分方程式をフーリエ変換すれば，代数方程式になおせる．

【答案】 微分方程式をフーリエ変換すると，左辺は導関数のフーリエ変換の式 (5.8) を用いて
$$-(ik)^2 \widehat{y}(k) + a^2 \widehat{y}(k) = (a^2 + k^2)\widehat{y}(k).$$
また，右辺のフーリエ変換は
$$\frac{1}{\sqrt{2\pi}} \int_{-\infty}^{\infty} b\delta(x) e^{-ikx} dx = \frac{1}{\sqrt{2\pi}} b e^0 = \frac{b}{\sqrt{2\pi}}.$$
ゆえに，$\widehat{y}(k)$ は
$$(a^2 + k^2)\widehat{y}(k) = \frac{b}{\sqrt{2\pi}} \quad \longrightarrow \quad \widehat{y}(k) = \frac{b}{\sqrt{2\pi}} \frac{1}{a^2 + k^2}.$$
これはローレンツ関数であり，逆フーリエ変換すると，
$$\begin{aligned} y(x) &= \frac{1}{\sqrt{2\pi}} \int_{-\infty}^{\infty} \widehat{y}(k) e^{ikx} dk \\ &= \frac{b}{\sqrt{2\pi}} \frac{1}{\sqrt{2\pi}} \int_{-\infty}^{\infty} \frac{1}{a^2 + k^2} e^{ikx} dk \\ &= \frac{b}{\sqrt{2\pi}} \sqrt{\frac{\pi}{2}} \frac{1}{a} e^{-a|x|} = \frac{b}{2a} e^{-a|x|} \end{aligned}$$
が得られる．■

ポイント 最後の逆フーリエ変換の計算は，基本問題 5.5(2) を参照してください．（k を符号反転した後，k と x を入れ替えれば，結果をそのまま使うことができます．）

この解法のように，常微分方程式をフーリエ変換すると，微分演算が消えて，単なる代数方程式が得られることがあります．そして，得られた代数方程式が $\widehat{f}(k) = \cdots$ の形になおせるものであれば，その $\widehat{f}(k)$ を逆フーリエ変換することで，元の微分方程式の解 $f(x)$ を求めることができます．

5.2 フーリエ変換

● パーセバルの等式 ● もう一つ，フーリエ変換の応用として，パーセバルの等式を紹介します．

基本問題 5.10

$f(x), g(x)$ のフーリエ変換を $\widehat{f}(k), \widehat{g}(k)$ としたとき，パーセバルの等式
$$\int_{-\infty}^{\infty} \widehat{f}(k)\,\overline{\widehat{g}(k)}\,dk = \int_{-\infty}^{\infty} f(x)\,\overline{g(x)}\,dx \tag{5.9}$$
が成り立つことを示せ．

方針 デルタ関数のフーリエ積分表示（6.1 節，式 (6.2)）を利用する．

【答案】
$$\int_{-\infty}^{\infty} \widehat{f}(k)\,\overline{\widehat{g}(k)}\,dk = \int_{-\infty}^{\infty} dk \left\{ \frac{1}{\sqrt{2\pi}} \int_{-\infty}^{\infty} dx\, f(x) e^{-ikx} \right\} \left\{ \frac{1}{\sqrt{2\pi}} \int_{-\infty}^{\infty} dx'\, \overline{g(x')}\, e^{ikx'} \right\}$$
$$= \frac{1}{2\pi} \int_{-\infty}^{\infty} dx \int_{-\infty}^{\infty} dx'\, f(x)\,\overline{g(x')} \int_{-\infty}^{\infty} dk\, e^{-ik(x-x')}$$
$$= \frac{1}{2\pi} \int_{-\infty}^{\infty} dx \int_{-\infty}^{\infty} dx'\, f(x)\,\overline{g(x')}\, 2\pi \delta(x-x')$$
$$= \int_{-\infty}^{\infty} dx\, f(x)\,\overline{g(x)}. \blacksquare$$

ポイント 特に $f(x) = g(x)$ の場合は，
$$\int_{-\infty}^{\infty} |\widehat{f}(k)|^2 dk = \int_{-\infty}^{\infty} |f(x)|^2 dx$$
となり，この式は，ある関数の絶対値の 2 乗の全空間積分の値は，フーリエ変換しても変わらないことを示しています．この結果は，例えば量子力学において，「規格化された波動関数は，フーリエ変換しても規格化されたままである」という便利な性質を与えるものとして用いられます．

また，パーセバルの等式は，演習問題 5.2.6, 5.2.7 のように，ある種の積分計算に利用することもできます．

演習問題

5.2.1 フーリエ変換に関して，以下を示せ．

(1) $f(x)$ が実数 $\iff \overline{\hat{f}(k)} = \hat{f}(-k)$

(2) $f(x)$ が純虚数 $\iff \overline{\hat{f}(k)} = -\hat{f}(-k)$

(3) $\mathcal{F}[af(x) + bg(x)] = a\hat{f}(k) + b\hat{g}(k)$

(4) $\mathcal{F}[f(x+a)] = e^{ika}\hat{f}(k)$

5.2.2 減衰振動の式は，$f(t) = Ae^{-\gamma t}e^{i\omega_0 t}$ (A, γ, ω_0 は定数，$\gamma > 0$) で与えられる．$t < 0$ で $f(t) = 0$ として，フーリエ変換 $\hat{f}(\omega) = \dfrac{1}{\sqrt{2\pi}}\displaystyle\int_{-\infty}^{\infty} f(t)e^{-i\omega t}dt$ を求めよ．また，$|\hat{f}(\omega)|^2$ を求めよ．

5.2.3 (1) $f(x) = e^{-a|x|}$ ($a > 0$) をフーリエ変換せよ．

(2) (1) の結果を用いて，$\displaystyle\int_0^\infty \dfrac{\cos(kx)}{k^2 + a^2}dk = \dfrac{\pi}{2a}e^{-ax}$ ($x > 0$) を示せ．

5.2.4 (1) $f(x) = \begin{cases} e^{-ax} & (x > 0) \\ -e^{ax} & (x < 0) \end{cases}$ をフーリエ変換せよ．($a > 0$ とする．)

(2) (1) の結果を用いて，$\displaystyle\int_0^\infty \dfrac{k\sin(kx)}{k^2 + a^2}dk = \dfrac{\pi}{2}e^{-ax}$ ($x > 0$) を示せ．

5.2.5 フーリエ変換を用いて，1次元波動方程式
$$\frac{\partial^2 u(x,t)}{\partial t^2} = v^2 \frac{\partial^2 u(x,t)}{\partial x^2}$$
を解く．初期条件 $u(x,0) = f(x)$, $\left.\dfrac{\partial u(x,t)}{\partial t}\right|_{t=0} = 0$ に対応する解を $f(x)$ の式で表せ．ただし，波は無限遠には届いていない，すなわち，$\dfrac{\partial^n u(x,t)}{\partial x^n} \to 0$ ($|x| \to \infty, n \geq 0$) が成り立つとする．

5.2.6 (1) $f(x) = \begin{cases} 1 & (|x| \leq a) \\ 0 & (|x| > a) \end{cases}$ をフーリエ変換せよ．

(2) パーセバルの等式を用いて，$\displaystyle\int_{-\infty}^{\infty} \left(\dfrac{\sin t}{t}\right)^2 dt$ の値を求めよ．

5.2.7 パーセバルの等式を用いて，$\displaystyle\int_0^\infty \dfrac{dx}{(x^2 + a^2)^2}$ ($a > 0$) の値を求めよ．

5.3 ラプラス変換
――微分方程式への応用が強力

> Contents
> Subsection ❶ ラプラス変換の定義・基本的性質
> Subsection ❷ ラプラス変換の応用

> キーポイント
> ラプラス変換・逆変換の計算をマスターして，微分方程式に応用しよう．

ラプラス変換は，フーリエ変換に次いでポピュラーな積分変換であり，応用面においては，初期条件が与えられた微分方程式を解く際に大きな力を発揮します．ここでは，その微分方程式への適用を目標に，ラプラス変換・逆変換の計算をマスターできるよう，演習を進めます．

❶ ラプラス変換の定義・基本的性質

ラプラス変換の定義は次の通りです．

> **ラプラス変換**：$0 \leq x < \infty$ で定義された関数 $f(x)$ に対して，
> $$\widetilde{f}(s) = \mathcal{L}[f(x)] = \int_0^\infty f(x)e^{-sx}dx \tag{5.10}$$
> を $f(x)$ のラプラス変換と呼ぶ．
> - 一般に $f(x), \widetilde{f}(s)$ は複素関数，s は複素数だが，実数にとることも多い（x は実数）．
> - ラプラス変換が存在するためには，s の実部に $\mathrm{Re}(s) > s_0$ という形の制限が付く．この実数 s_0 を**収束座標**と呼ぶ．

注意すべき点は積分の下限が 0 になっていることです．このことが微分方程式への応用のところで重要になってきます．また，積分中で $f(x)$ に e^{-sx} がかかっているので，s の実部が小さいと積分が発散してしまいます．それを避けるため，$\mathrm{Re}(s) > s_0$ という条件が付きます．収束座標 s_0 の値は，関数 $f(x)$ に依存します．

ラプラス変換は，以下のような性質を持ちます．

> **ラプラス変換の基本的性質**：
> (1) $\mathcal{L}[af(x) + bg(x)] = a\widetilde{f}(s) + b\widetilde{g}(s)$
> (2) $\mathcal{L}[f(x-a)] = e^{-sa}\widetilde{f}(s)$ （$a > 0$ は実定数．また $x < 0$ で $f(x) = 0$ とする）
> (3) $\mathcal{L}[e^{\alpha x}f(x)] = \widetilde{f}(s-\alpha)$ （α は複素定数．$\mathrm{Re}(s-\alpha) > s_0$）

証明は演習問題 5.3.1 にまわします．

以下，代表的なラプラス変換を練習しておきましょう．

基本問題 5.11 　　　　　　　　　　　　　　　　　　　　　　　　重要

以下の関数のラプラス変換と，s にかかる制限を求めよ．（α は複素定数，a は実定数とする．）

(1) $e^{\alpha x}$ 　　(2) $\cos(ax)$ 　　(3) $\sin(ax)$

方針 　定義に従って計算すれば O.K.．積分が発散しない条件から収束座標を求める．

【答案】 (1)
$$\mathcal{L}\left(e^{\alpha x}\right) = \int_0^\infty e^{\alpha x} e^{-sx} dx = \int_0^\infty e^{-(s-\alpha)x} dx = \left[-\frac{1}{s-\alpha} e^{-(s-\alpha)x}\right]_0^\infty.$$

この積分が発散しないためには，$\mathrm{Re}(s) > \mathrm{Re}(\alpha)$ でなければならず，このとき，
$$\mathcal{L}\left(e^{\alpha x}\right) = \frac{1}{s-\alpha}.$$

(2), (3) 　(1) の結果で $\alpha = \pm ia$ とおくと，
$$\mathcal{L}(e^{\pm iax}) = \frac{1}{s \mp ia}.$$

ゆえに，
$$\mathcal{L}[\cos(ax)] = \frac{1}{2}\left\{\mathcal{L}(e^{iax}) + \mathcal{L}(e^{-iax})\right\} = \frac{1}{2}\left(\frac{1}{s-ia} + \frac{1}{s+ia}\right) = \frac{s}{s^2+a^2},$$

$$\mathcal{L}[\sin(ax)] = \frac{1}{2i}\left\{\mathcal{L}(e^{iax}) - \mathcal{L}(e^{-iax})\right\} = \frac{1}{2i}\left(\frac{1}{s-ia} - \frac{1}{s+ia}\right) = \frac{a}{s^2+a^2}.$$

s にかかる制限は，$\mathrm{Re}(s) > \mathrm{Re}(ia)$ かつ $\mathrm{Re}(s) > \mathrm{Re}(-ia)$，すなわち，$\mathrm{Re}(s) > 0$. ∎

5.3 ラプラス変換

基本問題 5.12

x^n (n は非負の整数）のラプラス変換と，s にかかる制限を求めよ．

方針 定義に従って計算する．部分積分を繰り返す．

【答案】$n \geq 1$ に対して，

$$\mathcal{L}[x^n] = \int_0^\infty x^n e^{-sx} dx = \left[-\frac{1}{s} x^n e^{-sx} \right]_0^\infty - \left(-\frac{1}{s} \right) \int_0^\infty n x^{n-1} e^{-sx} dx.$$

（部分積分した．）右辺が発散しないためには $\mathrm{Re}(s) > 0$ でなければならず，そのとき第 1 項は 0．ゆえに，

$$\mathcal{L}[x^n] = \frac{n}{s} \int_0^\infty x^{n-1} e^{-sx} dx = \frac{n}{s} \mathcal{L}[x^{n-1}].$$

同じ計算を繰り返して，

$$\mathcal{L}[x^n] = \frac{n}{s} \mathcal{L}[x^{n-1}] = \cdots = \frac{n!}{s^n} \mathcal{L}[x^0].$$

ここで，

$$\mathcal{L}[x^0] = \mathcal{L}[1] = \int_0^\infty e^{-sx} dx = \left[-\frac{1}{s} e^{-sx} \right]_0^\infty = \frac{1}{s}. \quad (\mathrm{Re}(s) > 0)$$

ゆえに，$n = 0$ も含めて，$n \geq 0$ に対して，

$$\mathcal{L}[x^n] = \frac{n!}{s^{n+1}}. \quad (\mathrm{Re}(s) > 0) \quad \blacksquare$$

● **たたみ込み積分** ● フーリエ変換と同様に，ラプラス変換についても，たたみ込み積分に関する面白い性質があります．ラプラス変換のときに考えるたたみ込み積分は，次のようなものです．

$$F(x) = \int_0^x f(x - x') g(x') dx'. \tag{5.11}$$

積分の下限が 0，上限が x になっていることに注意してください．たたみ込み積分は，パラメータ x における物理量が，パラメータ x' ($0 \leq x' \leq x$) で起きたある事象 $g(x') dx'$ から $f(x - x') g(x') dx'$ の影響を受けており，その総和が $F(x)$ となるような状況に対応します．

たたみ込み積分に対して，ラプラス変換は次のような性質を持ちます．

基本問題 5.13

たたみ込み積分 $F(x) = \int_0^x f(x - x')g(x')dx'\ (x \geq 0)$ のラプラス変換は
$$\widetilde{F}(s) = \widetilde{f}(s)\widetilde{g}(s)$$
で与えられることを示せ．（ただし，s の実部は，$\widetilde{f}(s), \widetilde{g}(s)$ それぞれの収束座標より大きいとする．）

方針 定義から出てくる二重積分に対して変数変換する．積分範囲の変換に注意．

【答案】 ラプラス変換の定義に，与式の $F(x)$ を代入して，
$$\widetilde{F}(s) = \int_0^\infty F(x)e^{-sx}dx = \int_0^\infty dx \int_0^x dx'\, f(x - x')g(x')e^{-sx}.$$

後の議論のため，x の積分の上限を a として，$a \to \infty$ の極限をとることにする．すなわち，
$$\widetilde{F}(s) = \lim_{a \to \infty} \int_0^a dx \int_0^x dx' f(x - x')g(x')e^{-sx}.$$

ここで $t = x - x', u = x'$ と変数変換すると，$x = t + u, x' = u$ に注意して，
$$dx dx' = \begin{vmatrix} \frac{\partial x}{\partial t} & \frac{\partial x}{\partial u} \\ \frac{\partial x'}{\partial t} & \frac{\partial x'}{\partial u} \end{vmatrix} dt du = \begin{vmatrix} 1 & 1 \\ 0 & 1 \end{vmatrix} dt du = dt du.$$

また，積分範囲は図 5.6 の領域 A に対応し，
$$\widetilde{F}(s) = \lim_{a \to \infty} \iint_A dt du\, f(t)g(u)e^{-s(t+u)}.$$

さらに，$\mathrm{Re}(s)$ が $\widetilde{f}(s), \widetilde{g}(s)$ の収束座標より大きいことから，被積分関数 $f(t)g(u)e^{-s(t+u)}$ は，$a \to \infty$ で，図 5.6 の領域 B において十分速く 0 になる．そのため，t, u の積分範囲に領域 B を加え，範囲を領域 A と B を合わせた正方形に変更してよい．ゆえに，

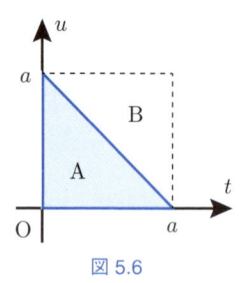

図 5.6

$$\widetilde{F}(s) = \lim_{a \to \infty} \int_0^a dt \int_0^a du\, f(t)g(u)e^{-st}e^{-su}$$
$$= \left(\int_0^\infty f(t)e^{-st}dt\right)\left(\int_0^\infty g(u)e^{-su}du\right) = \widetilde{f}(s)\widetilde{g}(s).\ \blacksquare$$

|ポイント| ここで扱っている（積分範囲が $0 \leq x' \leq x$ の）たたみ込み積分も，物理の問題によく出てくるものですので，そのラプラス変換が，たたみ込み積分中のそれぞれの関数のラプラス変換の積で書ける，というのは，利用価値の高い結果です．また，後で述べるように，たたみ込み積分は逆ラプラス変換の計算にも利用することができます．

● **逆ラプラス変換** ● ラプラス変換を物理の問題に応用するとき，非常にしばしば，「ある $\widetilde{f}(s)$ を与える元の関数 $f(x)$ を求める」こと，すなわち，逆ラプラス変換が必要になります．逆ラプラス変換の計算には，（複素）積分を用いた方法がありますが，それは一般には面倒な計算になります．そこで，この本ではもう少し直接的な方法を考えます．その方法は，「できるだけたくさんの関数 $f(x)$ のラプラス変換 $\widetilde{f}(s)$ を計算して，その対応表を作っておく」というものです．その表に問題の $\widetilde{f}(s)$ が載っていれば，表を逆引きすることで，その $\widetilde{f}(s)$ を与える $f(x)$ を見つけることができます．（身も蓋もない方法ですね….）もちろん，任意の $f(x)$ に対する表を準備しておくことは不可能なので，そんなやり方ではごく一部の関数しか逆ラプラス変換できない，と思うかもしれません．しかし，代表的な $f(x)$ についての表を作成し，変数変換や，後述の部分分数分解，たたみ込み積分などのテクニックを用いれば，物理に必要な逆ラプラス変換のかなりの部分をカバーできるようになります．表 5.1 に代表的な関数のラプラス変換をまとめます．この節の基本問題・演習問題を参考に，一度は自分で確認しておきましょう．

表 5.1 関数 $f(x)$ のラプラス変換 $\widetilde{f}(s)$ とその収束座標 s_0. (α は複素定数，a は実定数，$n \geq 0$ は整数.)

$f(x)$	$\widetilde{f}(s)$	s_0	$f(x)$	$\widetilde{f}(s)$	s_0
$e^{\alpha x}$	$\dfrac{1}{s-\alpha}$	$\mathrm{Re}(\alpha)$	$xe^{\alpha x}$	$\dfrac{1}{(s-\alpha)^2}$	$\mathrm{Re}(\alpha)$
$\cos(ax)$	$\dfrac{s}{s^2+a^2}$	0	$x\cos(ax)$	$\dfrac{s^2-a^2}{(s^2+a^2)^2}$	0
$\sin(ax)$	$\dfrac{a}{s^2+a^2}$	0	$x\sin(ax)$	$\dfrac{2as}{(s^2+a^2)^2}$	0
$\cosh(ax)$	$\dfrac{s}{s^2-a^2}$	$|a|$	x^n	$\dfrac{n!}{s^{n+1}}$	0
$\sinh(ax)$	$\dfrac{a}{s^2-a^2}$	$|a|$	$x^n e^{\alpha x}$	$\dfrac{n!}{(s-\alpha)^{n+1}}$	$\mathrm{Re}(\alpha)$

基本問題 5.14 【重要】

$\widetilde{F}(s) = \dfrac{1}{(s+\alpha)(s+\beta)}$ (α, β は複素定数,$\alpha \neq 0, \beta \neq 0, \alpha \neq \beta$) を逆ラプラス変換せよ.

方針 分数の和に分解する方法と,たたみ込み積分を使う方法がある.

【答案】 $\widetilde{F}(s)$ を部分分数分解して(分数の和になおして),

$$\widetilde{F}(s) = \frac{1}{\alpha - \beta}\left(\frac{1}{s+\beta} - \frac{1}{s+\alpha}\right).$$

ここで表 5.1 より,$\frac{1}{s+\alpha}$ の逆ラプラス変換は,$\mathcal{L}^{-1}\left(\frac{1}{s+\alpha}\right) = e^{-\alpha x}$.($\frac{1}{s+\beta}$ も同様.) ゆえに,

$$F(x) = \mathcal{L}^{-1}\left[\widetilde{F}(s)\right] = \frac{1}{\alpha - \beta}\left\{\mathcal{L}^{-1}\left(\frac{1}{s+\beta}\right) - \mathcal{L}^{-1}\left(\frac{1}{s+\alpha}\right)\right\}$$

$$= \frac{1}{\alpha - \beta}\left(e^{-\beta x} - e^{-\alpha x}\right).$$

【別解】 $\widetilde{f}(s) = \frac{1}{s+\alpha}, \widetilde{g}(s) = \frac{1}{s+\beta}$ とすると,$\widetilde{F}(s) = \widetilde{f}(s)\widetilde{g}(s)$. ゆえに $\widetilde{F}(s)$ の逆ラプラス変換は,たたみ込み積分の形で書くことができ,

$$F(x) = \int_0^x f(x - x')g(x')dx'.$$

ここで,$\widetilde{f}(s), \widetilde{g}(s)$ の逆ラプラス変換は,表 5.1 より $f(x) = e^{-\alpha x}, g(x) = e^{-\beta x}$. ゆえに,

$$F(x) = \int_0^x e^{-\alpha(x-x')}e^{-\beta x'}dx' = e^{-\alpha x}\int_0^x e^{(\alpha - \beta)x'}dx'$$

$$= e^{-\alpha x}\left[\frac{1}{\alpha - \beta}e^{(\alpha - \beta)x'}\right]_0^x = e^{-\alpha x}\frac{1}{\alpha - \beta}\left\{e^{(\alpha - \beta)x} - 1\right\}$$

$$= \frac{1}{\alpha - \beta}\left(e^{-\beta x} - e^{-\alpha x}\right). \blacksquare$$

ポイント このように,表にない関数 $\widetilde{F}(s)$ の逆ラプラス変換を行うには,
 (1) $\widetilde{F}(s)$ を部分分数分解して,変換表にある関数の和(差)になおしてから逆変換する
 (2) $\widetilde{F}(s)$ を変換表にある関数の積になおして,たたみ込み積分を行う
などの方法があります.

❷ ラプラス変換の応用

　ラプラス変換の応用として重要なものに,常微分方程式への適用があります.その準備として,まず導関数のラプラス変換を計算してみましょう.

基本問題 5.15　　　　　　　　　　　　　　　　　　　　　　重要

$f(x)$ およびその導関数 $\frac{d^n f(x)}{dx^n}$ のラプラス変換が存在するとき，導関数のラプラス変換が，次の式で与えられることを示せ．
$$\int_0^\infty \frac{df(x)}{dx} e^{-sx} dx = s\widetilde{f}(s) - f(0),$$
$$\vdots$$
$$\int_0^\infty \frac{d^n f(x)}{dx^n} e^{-sx} dx = s^n \widetilde{f}(s) - s^{n-1} f(0) - s^{n-2} f'(0) - \cdots - f^{(n-1)}(0). \quad (5.12)$$

方針　フーリエ変換のときと同様に，部分積分と数学的帰納法を用いる．

【答案】　(i)　$n = 1$ のとき，
$$\int_0^\infty \frac{df(x)}{dx} e^{-sx} dx = \left[f(x) e^{-sx} \right]_0^\infty - \int_0^\infty f(x)(-s) e^{-sx} dx.$$
ここで $f(x)$ のラプラス変換が存在するので，$f(x) e^{-sx} \to 0 \ (x \to \infty)$．ゆえに，
$$\int_0^\infty \frac{df(x)}{dx} e^{-sx} dx = -f(0) + s \int_0^\infty f(x) e^{-sx} dx = s\widetilde{f}(s) - f(0).$$

(ii)　ある $n \geq 1$ で
$$\int_0^\infty \frac{d^n f(x)}{dx^n} e^{-sx} dx = s^n \widetilde{f}(s) - s^{n-1} f(0) - s^{n-2} f'(0) - \cdots - f^{(n-1)}(0)$$
が成り立つと仮定する．今，
$$\int_0^\infty \frac{d^{n+1} f(x)}{dx^{n+1}} e^{-sx} dx = \left[\frac{d^n f(x)}{dx^n} e^{-sx} \right]_0^\infty - \int_0^\infty \frac{d^n f(x)}{dx^n} (-s) e^{-sx} dx.$$
ここで $\frac{d^n f(x)}{dx^n}$ のラプラス変換が存在するので，$\frac{d^n f(x)}{dx^n} e^{-sx} \to 0 \ (x \to \infty)$．ゆえに，
$$\int_0^\infty \frac{d^{n+1} f(x)}{dx^{n+1}} e^{-sx} dx = -\frac{d^n f(0)}{dx^n} + s \int_0^\infty \frac{d^n f(x)}{dx^n} e^{-sx} dx$$
$$= s \left\{ s^n \widetilde{f}(s) - s^{n-1} f(0) - s^{n-2} f'(0) - \cdots - f^{(n-1)}(0) \right\} - f^{(n)}(0)$$
$$= s^{n+1} \widetilde{f}(s) - s^n f(0) - s^{n-1} f'(0) - \cdots - s f^{(n-1)}(0) - f^{(n)}(0).$$

(i)，(ii) より，任意の $n \geq 1$ に対して与式は成り立つ．■

ポイント　このように導関数 $\frac{d^n f(x)}{dx^n}$ をラプラス変換すると，$f(x)$ のラプラス変換に s^n を掛けたものから，s の $(n-1)$ 次式をひいたものが得られ，微分演算をなくすことができます．この式を用いて微分方程式を代数方程式になおし，それを解いて求めた $\widetilde{f}(s)$ を逆ラプラス変換することで，元の微分方程式の解 $f(x)$ を求めることができるわけです．ここで興味深いのは，導関数 $\frac{d^n f(x)}{dx^n}$ のラプラス変換の式 (5.12) に含まれる定数が，$x = 0$ における関数およびその微分係数 $f(0), f'(0), \ldots, f^{(n-1)}(0)$ で与えられることです．このためラプラス変換を用いた解法は，$x = 0$ での関数と微分係数，すなわち，初期条件が与えられた場合に威力を発揮します．

では，実際に問題を解いてみましょう．

基本問題 5.16　　　　　　　　　　　　　　　　　　　　　　　　　　　　　　　　**重要**

ラプラス変換を用いて，常微分方程式
$$m\frac{d^2x(t)}{dt^2} + \Gamma\frac{dx(t)}{dt} + Kx(t) = 0 \quad \left(初期条件：x(0) = x_0 \neq 0, \frac{dx(0)}{dt} = 0\right)$$
の解を求めよ．

方針　微分方程式をラプラス変換して代数方程式になおした上で，求めた $\widetilde{x}(s)$ を逆ラプラス変換する．

【答案】 常微分方程式を m で割って
$$\frac{d^2x(t)}{dt^2} + \gamma\frac{dx(t)}{dt} + kx(t) = 0 \quad \left(\gamma = \frac{\Gamma}{m}, k = \frac{K}{m}\right)$$

としておく．この式をラプラス変換すると，式 (5.12) を用いて，

$$\left\{s^2\widetilde{x}(s) - sx(0) - \frac{dx(0)}{dt}\right\} + \gamma\left\{s\widetilde{x}(s) - x(0)\right\} + k\widetilde{x}(s) = 0.$$

($\widetilde{x}(s)$ は $x(t)$ のラプラス変換．) 初期条件を代入して，

$$(s^2 + \gamma s + k)\widetilde{x}(s) - (s + \gamma)x_0 = 0$$
$$\longrightarrow \quad \widetilde{x}(s) = x_0\frac{s + \gamma}{s^2 + \gamma s + k} = x_0\frac{s + \gamma}{(s + \frac{\gamma}{2})^2 + k - \frac{\gamma^2}{4}}.$$

以下，k, γ の値によって場合分けする．

(i) $k - \frac{\gamma^2}{4} = \frac{K}{m} - \frac{\Gamma^2}{4m^2} > 0$ の場合：$\omega = \sqrt{k - \frac{\gamma^2}{4}}$ として，

$$\widetilde{x}(s) = x_0\frac{s + \gamma}{(s + \frac{\gamma}{2})^2 + \omega^2} = x_0\left\{\frac{s + \frac{\gamma}{2}}{(s + \frac{\gamma}{2})^2 + \omega^2} + \frac{\frac{\gamma}{2}}{(s + \frac{\gamma}{2})^2 + \omega^2}\right\}$$
$$= x_0\left\{\frac{s + \frac{\gamma}{2}}{(s + \frac{\gamma}{2})^2 + \omega^2} + \frac{\gamma}{2\omega}\frac{\omega}{(s + \frac{\gamma}{2})^2 + \omega^2}\right\}.$$

ラプラス変換の表 5.1 と，$\mathcal{L}[e^{\alpha t}x(t)] = \widetilde{x}(s - \alpha)$ より，

$$\mathcal{L}^{-1}\left[\frac{s - \alpha}{(s - \alpha)^2 + a^2}\right] = e^{\alpha t}\cos(at), \quad \mathcal{L}^{-1}\left[\frac{a}{(s - \alpha)^2 + a^2}\right] = e^{\alpha t}\sin(at).$$

ゆえに上式の $\widetilde{x}(s)$ を逆ラプラス変換すると，

$$x(t) = x_0\left\{e^{-(\gamma/2)t}\cos(\omega t) + \frac{\gamma}{2\omega}e^{-(\gamma/2)t}\sin(\omega t)\right\}$$
$$= x_0 e^{-(\gamma/2)t}\left\{\cos(\omega t) + \frac{\gamma}{2\omega}\sin(\omega t)\right\}.$$

5.3 ラプラス変換

(ii) $k - \frac{\gamma^2}{4} = 0$ の場合：

$$\widetilde{x}(s) = x_0 \frac{s+\gamma}{(s+\frac{\gamma}{2})^2} = x_0 \left\{ \frac{s+\frac{\gamma}{2}}{(s+\frac{\gamma}{2})^2} + \frac{\frac{\gamma}{2}}{(s+\frac{\gamma}{2})^2} \right\} = x_0 \left\{ \frac{1}{s+\frac{\gamma}{2}} + \frac{\frac{\gamma}{2}}{(s+\frac{\gamma}{2})^2} \right\}.$$

ラプラス変換の表 5.1 より

$$\mathcal{L}^{-1}\left[\frac{1}{s-\alpha}\right] = e^{\alpha t}, \quad \mathcal{L}^{-1}\left[\frac{1}{(s-\alpha)^2}\right] = te^{\alpha t}.$$

ゆえに $\widetilde{x}(s)$ を逆ラプラス変換すると，

$$x(t) = x_0 \left(e^{-(\gamma/2)t} + \frac{\gamma}{2} t e^{-(\gamma/2)t}\right) = x_0 e^{-(\gamma/2)t} \left(1 + \frac{\gamma}{2} t\right).$$

(iii) $k - \frac{\gamma^2}{4} < 0$ の場合： $\lambda = \sqrt{\frac{\gamma^2}{4} - k}$ として，

$$\widetilde{x}(s) = x_0 \frac{s+\gamma}{(s+\frac{\gamma}{2})^2 - \lambda^2} = x_0 \left\{ \frac{s+\frac{\gamma}{2}}{(s+\frac{\gamma}{2})^2 - \lambda^2} + \frac{\gamma}{2\lambda} \frac{\lambda}{(s+\frac{\gamma}{2})^2 - \lambda^2} \right\}.$$

ラプラス変換の表 5.1 と，$\mathcal{L}[e^{\alpha t} x(t)] = \widetilde{x}(s-\alpha)$ より，

$$\mathcal{L}^{-1}\left[\frac{s-\alpha}{(s-\alpha)^2 - a^2}\right] = e^{\alpha t} \cosh(at), \quad \mathcal{L}^{-1}\left[\frac{a}{(s-\alpha)^2 - a^2}\right] = e^{\alpha t} \sinh(at).$$

ゆえに $\widetilde{x}(s)$ を逆ラプラス変換すると，

$$\begin{aligned}x(t) &= x_0 \left\{ e^{-(\gamma/2)t} \cosh(\lambda t) + \frac{\gamma}{2\lambda} e^{-(\gamma/2)t} \sinh(\lambda t) \right\} \\ &= x_0 e^{-(\gamma/2)t} \left\{ \cosh(\lambda t) + \frac{\gamma}{2\lambda} \sinh(\lambda t) \right\}.\end{aligned}$$

さらに式変形すると，

$$\begin{aligned}x(t) &= x_0 e^{-(\gamma/2)t} \left(\frac{e^{\lambda t} + e^{-\lambda t}}{2} + \frac{\gamma}{2\lambda} \frac{e^{\lambda t} - e^{-\lambda t}}{2} \right) \\ &= \frac{x_0}{2} \left\{ \left(1 + \frac{\gamma}{2\lambda}\right) e^{-\lambda_1 t} + \left(1 - \frac{\gamma}{2\lambda}\right) e^{-\lambda_2 t} \right\}\end{aligned}$$

($\lambda_1 = \frac{\gamma}{2} - \lambda, \lambda_2 = \frac{\gamma}{2} + \lambda$) と書くこともできる．■

┃ポイント┃ この問題は，ばねからの力と速度に比例する抵抗力を受けるおもりの運動，もしくは，LCR 直列回路の問題（2.3 節の基本問題 2.8）に対応します．解答の (i), (ii), (iii) がそれぞれ，減衰振動，臨界減衰，過減衰の解です．この常微分方程式は，2.3 節で解いたように，指数関数解と特性方程式を用いて解くこともできますが，その方法では一般解を求めてから初期条件に合わせて任意定数を決める必要があります．対して，ラプラス変換を用いた解法では，初期条件を自然に取り込むことができますが，逆ラプラス変換の計算が必要になります．

基本問題 5.17

ばねにつながれたおもりがつりあいの位置に静止している．時刻 $t = \varepsilon$ ($\varepsilon \to +0$) に瞬間的に力積 P を加える．このとき，おもりの変位 $x(t)$ は運動方程式

$$m\frac{d^2x(t)}{dt^2} + kx(t) = P\delta(t-\varepsilon) \quad \left(初期条件：x(0) = \frac{dx(0)}{dt} = 0\right)$$

に従う．($\delta(t)$ はディラックのデルタ関数（6.1 節参照）．）$x(t)$ を求めよ．

方針 前問と同様，微分方程式をラプラス変換し，得られた $\widetilde{x}(s)$ を逆ラプラス変換する．

【答案】 運動方程式の両辺をラプラス変換すると，

$$m\int_0^\infty \frac{d^2x(t)}{dt^2} e^{-st} dt + k\int_0^\infty x(t) e^{-st} dt = P\int_0^\infty \delta(t-\varepsilon) e^{-st} dt$$

より，

$$m\left\{s^2\widetilde{x}(s) - sx(0) - \frac{dx(0)}{dt}\right\} + k\widetilde{x}(s) = Pe^{-s\varepsilon} \to P. \quad (\varepsilon \to +0)$$

初期条件を代入して，

$$(ms^2 + k)\widetilde{x}(s) = P$$

$$\longrightarrow \quad \widetilde{x}(s) = \frac{P}{ms^2 + k} = \frac{P}{m\omega}\frac{\omega}{s^2 + \omega^2}. \quad \left(\omega = \sqrt{\frac{k}{m}}\right)$$

ここで両辺を逆ラプラス変換すると，

$$\mathcal{L}^{-1}\left(\frac{\omega}{s^2 + \omega^2}\right) = \sin(\omega t)$$

より，

$$x(t) = \frac{P}{m\omega}\sin(\omega t) \quad (t > \varepsilon \to +0)$$

が求まる．■

ポイント このデルタ関数を含んだ常微分方程式は，そのままでは 2.3 節で述べた方法で解くことはできませんが，ラプラス変換を用いれば簡単に解くことができます．そして，その解は，初期条件を $x(0) = 0, \frac{dx(0)}{dt} = \frac{P}{m}$ とした上で，右辺の $P\delta(t-\varepsilon)$ を消した常微分方程式の解と一致します．これは時刻 $t = \varepsilon \to +0$ に，静止しているおもりに瞬間的に力積 P を加えると，おもりが初速度 $v(0) = \frac{P}{m}$ を得ることを考えれば当然の結果といえます．

演習問題

5.3.1 ラプラス変換に関して，以下を示せ．

(1) $\mathcal{L}[af(x)+bg(x)] = a\widetilde{f}(s)+b\widetilde{g}(s)$

(2) $\mathcal{L}[f(x-a)] = e^{-sa}\widetilde{f}(s)$ （$a>0$ は実定数．また $x<0$ で $f(x)=0$ とする）

(3) $\mathcal{L}[e^{\alpha x}f(x)] = \widetilde{f}(s-\alpha)$ （α は複素定数．$\mathrm{Re}(s-\alpha) > s_0$）

5.3.2 以下の関数のラプラス変換と，s にかかる制限を求めよ．（a は実定数，α は複素定数．）

(1) $\cosh(ax)$ (2) $\sinh(ax)$

(3) $e^{\alpha x}\cos(ax)$ (4) $e^{\alpha x}\sin(ax)$

(5) $x\cos(ax)$ (6) $x\sin(ax)$

5.3.3 以下の関数を，(i) 部分分数分解（分数の和になおす）を用いて，また，(ii) たたみ込み積分を用いて，逆ラプラス変換せよ．（a,b は実定数．途中でラプラス変換の表 5.1 を用いてよい．）

(1) $\dfrac{1}{s(s^2+a^2)}$ $(a \neq 0)$

(2) $\dfrac{s^2}{(s^2+a^2)(s^2+b^2)}$ $(a \neq 0, b \neq 0, a^2 \neq b^2)$

5.3.4 ラプラス変換を用いて，常微分方程式

$$m\frac{d^2x(t)}{dt^2} + \Gamma\frac{dx(t)}{dt} + Kx(t) = F(t) \quad \left(\text{初期条件}: x(0)=0, \frac{dx(0)}{dt}=0\right)$$

の解を求めよ．（解を $F(t)$ の式で表せ．）ただし，$K > \frac{\Gamma^2}{4m}$ とする．

第6章 デルタ・ガンマ・ベータ関数

　この章では，物理数学の問題にしばしば顔を出す特殊な関数—デルタ関数・ガンマ関数・ベータ関数—について学習します．デルタ関数は，無限小の時間・空間に有限の物理量が存在する状況を表すための関数（正確には超関数と呼ばれる通常の関数とは異なるもの）で，例えば質点の質量，点電荷，撃力などを表すのに用いられます．ガンマ関数，ベータ関数は，複素積分で定義される関数で，様々な定積分の計算や，統計力学で出てくるスターリングの公式の導出などに応用されます．この章の内容については基本的に，「解きたい問題にこれらの関数が出てきて，必要になったら読む」というスタンスで構いません．ただし，デルタ関数については，物理の様々な場面で頻繁に登場しますので，6.1 節は一度，目を通しておくことを勧めます．また，この章の内容は，第 4 章の複素関数論，および，第 5 章のフーリエ・ラプラス変換と密接に関係していますので，必要に応じてそれらの章を参照してください．

6.1 デルタ関数
―― 最もポピュラーな"超"関数

Subsection ❶ 定義・基本的性質
Subsection ❷ デルタ関数の表現

キーポイント
「点」「瞬間」を表すのに用いる"超"関数.
基本的性質・様々な表現方法を知っておくことが大事.

デルタ関数（ディラックのデルタ関数ともいいます）は物理現象を数学的に表すときに欠かせない要素の一つで，物理数学において重要な位置を占めるものです．この節では，デルタ関数の基本的性質について述べた後，デルタ関数の様々な表現について学習します．

❶ 定義・基本的性質

デルタ関数は，次のように定義されます．

デルタ関数：任意のなめらかな関数 $f(x)$ に対して
$$\int_a^b f(x)\delta(x)dx = f(0) \tag{6.1}$$
(a, b は $a < 0, b > 0$ を満たす任意の定数) を満たす超関数 $\delta(x)$ を（ディラックの）デルタ関数と呼ぶ．

この定義からただちに，次の式が成り立つこともわかります．

$$\int_a^b f(x)\delta(x)dx = 0 \tag{6.2}$$
(a, b は $0 < a < b$ または $a < b < 0$ を満たす任意の定数)

デルタ関数は，式 (6.1) のように，積分を通して定義されるという，通常の関数とは性質の異なるものであり，「超関数」と呼ばれます．なお，変数が（d 次元の）ベクトル $\boldsymbol{r}$ の場合は，デルタ関数 $\delta(\boldsymbol{r})$ を定義する積分が
$$\int_V f(\boldsymbol{r})\delta(\boldsymbol{r})dv = f(\boldsymbol{0})$$
(V は $\boldsymbol{r} = \boldsymbol{0}$ を含む領域) のように，体積積分（d 次元多重積分）に拡張されます．

6.1 デルタ関数

さて，デルタ関数とは，どのような"関数"でしょうか．大雑把にいうと，デルタ関数は図 6.1 のように，

- $x \neq 0$ で 0 の値をとり，$x = 0$ で発散している
- その発散の度合いが，$f(x)\delta(x)$ を $x = 0$ をまたいで積分したときに $f(0)$ を与えるようになっている

ような状況を表すのに用いられます[†]．具体的には，以下のような状況に対応します．

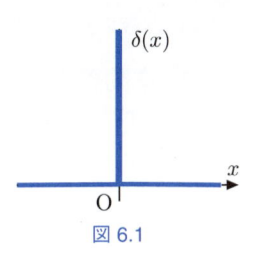

図 6.1

（例 1）撃力：時刻 $t = t_0$ の瞬間（無限小の時間）に，物体に有限の力積 P を与える力 $F(t)$ を撃力と呼び，

$$F(t) = P\delta(t - t_0)$$

と表す．

（例 2）質点・点電荷：位置 $\boldsymbol{r} = \boldsymbol{r}_0$ の点（無限小の体積）に有限の質量 M，または，電荷 Q が存在するとき，質量密度分布 $\rho_M(\boldsymbol{r})$，電荷密度分布 $\rho_Q(\boldsymbol{r})$ は

$$\rho_M(\boldsymbol{r}) = M\delta(\boldsymbol{r} - \boldsymbol{r}_0),$$
$$\rho_Q(\boldsymbol{r}) = Q\delta(\boldsymbol{r} - \boldsymbol{r}_0)$$

と表される．

いずれの場合も，<u>デルタ関数の変数が 0（または $\boldsymbol{0}$）になる点を含んだ範囲で積分すれば，有限の力積 P，質量 M，電荷 Q を与える</u>ことに注意してください．

[†] 厳密には，デルタ関数は式 (6.1), (6.2) のように，積分を通して定義される超関数ですので，通常の関数のように，各位置 x におけるデルタ関数そのものの値が定まっている（ここで考えた例でいうと，$\delta(x) = 0$ $(x \neq 0)$ となっている）必要はありません．超関数の理論は，この本の範囲を超えますので，興味のある人は，専門書を参照してください．

デルタ関数の持つ基本的な性質を示します.

基本問題 6.1 　　　　　　　　　　　　　　　　　　　　　　　　　　重要

デルタ関数について，以下を示せ．(x, α, a, b は全て実数．)

(1) $\delta(-x) = \delta(x)$ 　　　　　　　　　　　　　　　　　　　　　　　　　(6.3)

(2) $\delta(\alpha x) = \dfrac{1}{|\alpha|}\delta(x)$ 　　　$(\alpha \neq 0)$ 　　　　　　　　　　　　　　(6.4)

(3) $\displaystyle\int_a^b f(x)\delta'(x)dx = -f'(0)$ 　　　$(a < 0, b > 0)$ 　　　　　　　(6.5)

方針 任意の関数 $f(x)$ を掛けて積分したときに得られる値が同じになることを示す．

【答案】 以下，$f(x)$ は任意のなめらかな関数であるとし，また，$a < 0, b > 0$ とする．

(1)
$$\int_a^b f(x)\delta(-x)dx = \int_{-a}^{-b} f(-x')\delta(x')(-dx') \quad (x' = -x)$$
$$= \int_{-b}^{-a} f(-x')\delta(x')dx' = f(0).$$

ゆえに，$\delta(-x) = \delta(x)$．

(2) $\alpha > 0$ のとき，
$$\int_a^b f(x)\delta(\alpha x)dx = \int_{\alpha a}^{\alpha b} f\left(\frac{y}{\alpha}\right)\delta(y)\frac{dy}{\alpha} \quad (y = \alpha x)$$
$$= \frac{1}{\alpha}\int_{\alpha a}^{\alpha b} f\left(\frac{y}{\alpha}\right)\delta(y)dy = \frac{1}{\alpha}f(0).$$

$\alpha < 0$ のとき，$\alpha a > 0, \alpha b < 0$ に注意して，
$$\int_a^b f(x)\delta(\alpha x)dx = \int_{\alpha a}^{\alpha b} f\left(\frac{y}{\alpha}\right)\delta(y)\frac{dy}{\alpha} \quad (y = \alpha x)$$
$$= -\frac{1}{\alpha}\int_{\alpha b}^{\alpha a} f\left(\frac{y}{\alpha}\right)\delta(y)dy = -\frac{1}{\alpha}f(0).$$

ゆえに，$\delta(\alpha x) = \dfrac{1}{|\alpha|}\delta(x)$．

(3) $a < y < b$ に対して，
$$\int_a^b f(x)\delta(x-y)dx = f(y).$$

両辺を y で微分して，
$$\int_a^b f(x)\left\{\frac{d}{dy}\delta(x-y)\right\}dx = \int_a^b f(x)\left\{-\frac{d}{dx}\delta(x-y)\right\}dx = \frac{df(y)}{dy}.$$

$y = 0$ を代入すると，$\left.\dfrac{df(y)}{dy}\right|_{y=0} = \left.\dfrac{df(x)}{dx}\right|_{x=0}$ に注意して，
$$-\int_a^b f(x)\left\{\frac{d}{dx}\delta(x)\right\}dx = \left.\frac{df(x)}{dx}\right|_{x=0} \quad \longrightarrow \quad \int_a^b f(x)\delta'(x)dx = -f'(0).$$

(x についての微分を $'$ で略記した.) ■

ポイント デルタ関数はこの他に，演習問題 6.1.1 にあるような性質も満たします．これらの性質は，デルタ関数を含んだ積分計算などでしばしば用いられます．

❷ デルタ関数の表現

デルタ関数を含んだ問題を解くとき，デルタ関数を通常の関数を用いて表現すると便利であることがしばしばあります．デルタ関数は発散を含む「超関数」ですので，通常の関数でデルタ関数を表すには，なんらかの仕掛けを導入する必要があります．そこで用いられる方法は，関数にパラメータを取り込んでおいて，そのパラメータが ∞ または 0 へ向かう極限をとることです．具体的には，以下のようになります．

> **関数列によるデルタ関数の表現：** パラメータ n または ε を含む関数列 $\{\delta_n(x)\}, \{\delta_\varepsilon(x)\}$ が $n \to \infty, \varepsilon \to +0$ の極限で
> $$\lim_{n\to\infty} \int_a^b f(x)\delta_n(x)dx = f(0) \tag{6.6}$$
> $$\lim_{\varepsilon\to+0} \int_a^b f(x)\delta_\varepsilon(x)dx = f(0) \tag{6.7}$$
> ($a < 0, b > 0$) を満たすとき，$\{\delta_n(x)\}, \{\delta_\varepsilon(x)\}$ を**デルタ関数列**と呼ぶ．

このように，デルタ関数を含んだ積分が，デルタ関数列を用いた積分の極限として与えられます．なお，ときどき，$\lim_{n\to\infty}\delta_n(x) = \delta(x)$, $\lim_{\varepsilon\to+0}\delta_\varepsilon(x) = \delta(x)$ のように略記されることがありますが，デルタ関数列はあくまで，式 (6.6), (6.7) のように，積分に対する極限を用いて定義されていることに注意してください．デルタ関数は，積分して初めて定義される「超関数」です．

デルタ関数列の例としては，以下のようなものが知られています．

(1) $\quad \delta_n(x) = \begin{cases} n & \left(|x| < \dfrac{1}{2n}\right) \\ 0 & \left(|x| > \dfrac{1}{2n}\right) \end{cases}$ \hfill (6.8)

(2) $\quad \delta_n(x) = \dfrac{\sin(nx)}{\pi x} \left(= \int_{-n}^{n} \dfrac{dk}{2\pi} e^{ikx}\right)$ \hfill (6.9)

(3) $\quad \delta_\varepsilon(x) = \dfrac{1}{\pi}\dfrac{\varepsilon}{x^2+\varepsilon^2} \left(= \int_{-\infty}^{\infty} \dfrac{dk}{2\pi} e^{ikx-\varepsilon|k|}\right) \quad (\varepsilon > 0)$ \hfill (6.10)

(4) $\quad \delta_\varepsilon(x) = \dfrac{1}{\sqrt{4\pi\varepsilon}} e^{-x^2/4\varepsilon} \left(= \int_{-\infty}^{\infty} \dfrac{dk}{2\pi} e^{ikx-\varepsilon k^2}\right) \quad (\varepsilon > 0)$ \hfill (6.11)

ここで興味深いのは，(2)～(4) を積分で表した式が，$n \to \infty, \varepsilon \to +0$ の極限で一致することです．実は，この極限における積分の式が，デルタ関数の重要な表現を与えます．

デルタ関数のフーリエ積分表示：

$$\delta(x) = \frac{1}{2\pi}\int_{-\infty}^{\infty} e^{ikx}\,dk = \frac{1}{2\pi}\int_{-\infty}^{\infty} e^{-ikx}\,dk \tag{6.12}$$

"標語的"に言うと，定数 $\widehat{f}(k) = \frac{1}{\sqrt{2\pi}}$ のフーリエ変換がデルタ関数を与えることになります．(逆変換も同じです．) "標語的"と書いた意味は，関数 $\widehat{f}(k) = \frac{1}{\sqrt{2\pi}}$ はフーリエ変換の条件 $\int_{-\infty}^{\infty} |\widehat{f}(k)|\,dk < \infty$ を満たしていないからです．式 (6.12) はあくまで，式 (6.9)〜(6.11) のように，n または ε の因子を導入して $\int_{-\infty}^{\infty} |\widehat{f}(k)|\,dk$ の発散を抑えた上でフーリエ変換し，その後 $n \to \infty, \varepsilon \to +0$ の極限をとったものであることを理解しておきましょう．このフーリエ積分を用いたデルタ関数の表現は，フーリエ変換を用いた問題を解くときなどに，しばしば利用されます．

基本問題 6.2

デルタ関数のフーリエ積分表示を用いて，関数 $f(x)$ のフーリエ変換の逆変換が $f(x)$ 自身に戻ることを示せ．

方針 $f(x)$ をフーリエ変換して，さらに逆変換すると，デルタ関数が出てくる．

【答案】フーリエ変換 $\widehat{f}(k) = \frac{1}{\sqrt{2\pi}}\int_{-\infty}^{\infty} f(x)e^{-ikx}\,dx$ を，逆変換の式 $\frac{1}{\sqrt{2\pi}}\int_{-\infty}^{\infty} \widehat{f}(k)e^{ikx}\,dk$ に代入すると，

$$\frac{1}{\sqrt{2\pi}}\int_{-\infty}^{\infty} \widehat{f}(k)e^{ikx}\,dk = \frac{1}{\sqrt{2\pi}}\int_{-\infty}^{\infty} dk \left\{ \frac{1}{\sqrt{2\pi}}\int_{-\infty}^{\infty} dx'\,f(x')e^{-ikx'} \right\} e^{ikx}$$

$$= \frac{1}{2\pi}\int_{-\infty}^{\infty} dx'\,f(x')\int_{-\infty}^{\infty} dk\,e^{ik(x-x')}.$$

ここでデルタ関数のフーリエ積分表示 (6.12) より，

$$\int_{-\infty}^{\infty} dk\,e^{ik(x-x')} = 2\pi\delta(x-x').$$

ゆえに，

$$\frac{1}{\sqrt{2\pi}}\int_{-\infty}^{\infty} \widehat{f}(k)e^{ikx}\,dk = \frac{1}{2\pi}\int_{-\infty}^{\infty} dx'\,f(x')2\pi\delta(x-x') = f(x). \blacksquare$$

演習問題

6.1.1 デルタ関数について，以下を示せ．

(1) $\delta(g(x)) = \sum_n \dfrac{1}{|g'(\alpha_n)|} \delta(x - \alpha_n)$

［α_n は $g(x) = 0$ の解であり，互いに孤立しているとする．また，$g(x)$ は微分可能な関数で，$g'(\alpha_n) \neq 0$ とする．］

(2) $\delta(x) = \dfrac{d}{dx} H(x)$

$\left[H(x) = \begin{cases} 0 & (x < 0) \\ 1 & (x > 0) \end{cases} : ヘヴィサイドの階段関数 \right]$

(3) $x \delta'(x) = -\delta(x)$

6.1.2 次の関数列 $\{\delta_n(x)\}$ は $n \to \infty$ でデルタ関数を与えるデルタ関数列であることを示せ．

$$\delta_n(x) = \begin{cases} n & \left(|x| < \dfrac{1}{2n}\right) \\ 0 & \left(|x| > \dfrac{1}{2n}\right) \end{cases}$$

6.1.3 関数列 $\{\delta_\varepsilon(x)\}$ が，以下の条件を満たすとき，$\{\delta_\varepsilon(x)\}$ はデルタ関数列であることを示せ．

(i) $x = 0$ のとき，$\varepsilon \to +0$ で単調に $\delta_\varepsilon(x) \to \infty$

(ii) $x \neq 0$ のとき，$\varepsilon \to +0$ で単調に $\delta_\varepsilon(x) \to 0$

(iii) 任意の $\varepsilon > 0$ に対して $\displaystyle\int_{-\infty}^{\infty} \delta_\varepsilon(x) dx = 1$

6.1.4 以下の関数列 $\{\delta_\varepsilon(x)\}$ は，前問 6.1.3 で示した条件を満たしていることを示せ．

(1) $\delta_\varepsilon(x) = \dfrac{1}{\pi} \dfrac{\varepsilon}{x^2 + \varepsilon^2}$ $\quad \left(= \displaystyle\int_{-\infty}^{\infty} \dfrac{dk}{2\pi} e^{ikx - \varepsilon |k|} \right) \quad (\varepsilon > 0)$

(2) $\delta_\varepsilon(x) = \dfrac{1}{\sqrt{4\pi\varepsilon}} e^{-\frac{x^2}{4\varepsilon}}$ $\quad \left(= \displaystyle\int_{-\infty}^{\infty} \dfrac{dk}{2\pi} e^{ikx - \varepsilon k^2} \right) \quad (\varepsilon > 0)$

6.2 ガンマ関数
──様々な場面で出会う（複素）関数

Contents
Subsection ❶ 定義・基本的性質
Subsection ❷ スターリングの公式

キーポイント
階乗関数（$n!$）の複素関数版．
積分計算，スターリングの公式などに応用される．

この節ではガンマ関数について学習します．ガンマ関数は，数学的にいうと，階乗関数 $n!$ を複素関数に拡張したものです．ガンマ関数は一見複雑な関数ですが，6.3 節で扱うベータ関数などの様々な積分と密接に関係しており，ガンマ関数の振舞いを知っておくと，それらの積分の振舞いがわかるという利点があります．また，統計物理学で重要な役割を果たすスターリングの公式も，ガンマ関数を用いた計算から導かれます．

❶ 定義・基本的性質

ガンマ関数には定義の仕方がいくつかあります．まず最初に，積分の形で与えられる定義を紹介します．

ガンマ関数（定義その1）：$\mathrm{Re}(z) > 0$ を満たす複素数 z に対して，ガンマ関数 $\Gamma(z)$ は次の式で定義される．

$$\Gamma(z) = \int_0^\infty e^{-t} t^{z-1} \, dt \tag{6.13}$$

この定義は，複素平面の $\mathrm{Re}(z) > 0$ の領域でのみ有効であることに注意してください．（$\mathrm{Re}(z) \leq 0$ では積分が発散する．）複素平面全体で有効な定義は後で紹介することにして，ここでは，この定義から導かれるガンマ関数の性質を見ておきましょう．

基本問題 6.3 　**重要**

ガンマ関数について，以下を示せ．
(1) 　$\Gamma(1) = 1$ 　　(2) 　$\Gamma(z+1) = z\Gamma(z)$ 　（$\mathrm{Re}(z) > 0$）
(3) 　自然数 n に対して $\Gamma(n) = (n-1)!$

方針 　(1) は単純に計算．(2) は部分積分．(3) は (1) と (2) から自然に導かれる．

【答案】 (1) $\Gamma(1) = \int_0^\infty e^{-t} dt = \left[-e^{-t}\right]_0^\infty = 0 - (-1) = 1.$

(2) $\Gamma(z+1) = \int_0^\infty e^{-t} t^z dt = \left[-e^{-t} t^z\right]_0^\infty - \int_0^\infty \left(-e^{-t} z t^{z-1}\right) dt$
$= 0 + z \int_0^\infty e^{-t} t^{z-1} dt = z\Gamma(z).$

(3) (2) より,
$$\Gamma(n) = (n-1)\Gamma(n-1) = (n-1) \cdot (n-2)\Gamma(n-2)$$
$$= \cdots = (n-1) \cdot (n-2) \cdots 2 \cdot 1 \Gamma(1) = (n-1)!.$$

(最後に (1) より $\Gamma(1) = 1$ を用いた.) ∎

ポイント (2) がガンマ関数の最も特徴的な性質といえます. また, (3) の結果より, <u>ガンマ関数は階乗関数を複素関数に拡張したものである</u>という解釈が成り立ちます.

次に, 定義域を $\mathrm{Re}(z) \leq 0$ まで広げたガンマ関数の定義に移りましょう. ガンマ関数は, 無限乗積を用いて, 次のように定義されます.

> **ガンマ関数（定義その 2）：** ガンマ関数 $\Gamma(z)$ は次の式で定義される.
> $$\Gamma(z) = \lim_{n \to \infty} \frac{n!}{z(z+1)(z+2)\cdots(z+n)} n^z \tag{6.14}$$

この無限乗積の式 (6.14) で定義されるガンマ関数は,
(1) $\mathrm{Re}(z) > 0$ で, 積分を用いた定義 (6.13) と一致する
(2) $z = 0, -1, -2, \ldots$ に 1 位の極を持つ
(3) 極を除く複素平面全域で, 漸化式 $\Gamma(z+1) = z\Gamma(z)$ を満たす

という性質を持ちます（演習問題 6.2.1 参照）. つまり, 式 (6.14) は, 積分の式 (6.13) で $\mathrm{Re}(z) > 0$ において定義されたガンマ関数から出発し, 漸化式

$$\Gamma(z) = \frac{1}{z} \Gamma(z+1)$$

に従って, $\Gamma(z)$ の定義域を $\mathrm{Re}(z) \leq 0$ の範囲に順次拡大したものということができます（図 6.2 参照）[†]. こうして, 複素平面全体でガンマ関数を定義することができます. また, 複素平面全体で漸化式が成り立つことから, ガンマ関数は $0 < \mathrm{Re}(z) \leq 1$ での値がわかっていれば,（極を除く）任意の z での値がわかる, ということになります.

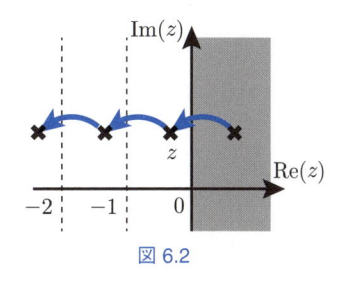

図 6.2

[†] このように複素関数の定義域を広げる操作は, 複素関数論における解析接続という操作に対応します.

図 6.3 実数 x に対するガンマ関数 $\Gamma(x)$

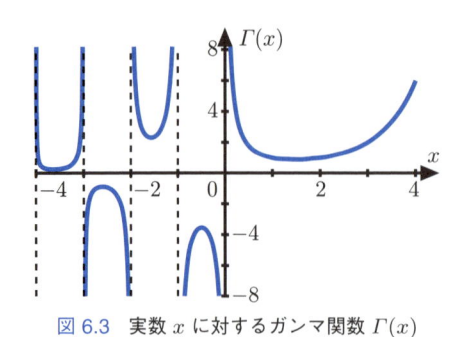

表 6.1 いくつかの x に対する $\Gamma(x)$ の値

x	$\Gamma(x)$
1/4	3.62561
1/3	2.67894
1/2	$1.77245 = \sqrt{\pi}$
2/3	1.35412
3/4	1.22542
1	1
3/2	$0.886227 = \frac{\sqrt{\pi}}{2}$
2	1
3	2

ガンマ関数については,数値計算や漸化式を利用した解析から,複素平面全体における値が得られています.図 6.3,表 6.1 に実軸上における値を示しておきます.

❷ スターリングの公式

ガンマ関数の応用で重要なものとして,スターリングの公式があります.スターリングの公式とは,十分大きな実数 $x \gg 1$ に対する $\Gamma(x+1)$ の近似式のことで,以下のように与えられます.

スターリングの公式:

$$\Gamma(x+1) \simeq x^x e^{-x} \sqrt{2\pi x} \qquad (x \gg 1) \tag{6.15}$$

【証明】 ある実数 $x \gg 1$ に対する $\Gamma(x+1)$ は,定義式 (6.13) より,

$$\Gamma(x+1) = \int_0^\infty e^{-t} t^x \, dt.$$

ここで,$t = xs$ として,t から s へ変数変換すると,

$$\Gamma(x+1) = \int_0^\infty e^{-xs}(xs)^x x \, ds = x^{x+1} \int_0^\infty e^{-x(s-\ln s)} \, ds. \qquad ①$$

($s^x = e^{x \ln s}$ に注意.)ここで被積分関数に含まれる $s - \ln s$ は積分範囲 $0 < s < \infty$ において,$s = 1$ で最小値をとり,$s = 1$ から離れるにつれて単調に増加.ゆえに,被積分関数 $e^{-x(s-\ln s)}$ ($x \gg 1$) は,$s = 1$ で最大値をとり,$s = 1$ から離れるにつれて単調かつ急激に減少する.ゆえに,$s - \ln s$ を,「$s = 1$ 周り ($e^{-x(s-\ln s)}$ が無視できない大きさを持つ範囲) で $s - \ln s$ によく一致し,$s = 1$ から離れたところで $e^{f(s)}$ が十分小さくなるような関数 $f(s)$」で置き換えても,積分値はほとんど変わらない.ゆえに,$s - \ln s$ を $s = 1$ 周りでテイラー展開して,2 次の項までで近似,すなわち,

$$s - \ln s = 1 + \frac{1}{2}(s-1)^2 - \frac{1}{3}(s-1)^3 + \cdots \simeq 1 + \frac{1}{2}(s-1)^2$$

として,①に代入すると,

6.2 ガンマ関数

$$\Gamma(x+1) \simeq x^{x+1}\int_0^\infty e^{-x\{1+(1/2)(s-1)^2\}}\,ds = x^{x+1}e^{-x}\int_0^\infty e^{-(x/2)(s-1)^2}\,ds.$$

さらにここで，被積分関数 $e^{-(x/2)(s-1)^2}$ は $s<0$ の領域で無視できるほど小さいので，積分の下限を 0 から $-\infty$ に変えても積分値はほとんど変わらない．ゆえに，

$$\Gamma(x+1) \simeq x^{x+1}e^{-x}\int_{-\infty}^\infty e^{-(x/2)(s-1)^2}\,ds = x^{x+1}e^{-x}\sqrt{\frac{2\pi}{x}} = x^x e^{-x}\sqrt{2\pi x}.$$

(途中，ガウス積分を用いた.) □

ここで，「ある関数 $F(s)$ が $s=1$ 周りでのみ重要なとき，その範囲で $F(s)$ に十分よく似ている関数 $f(s)$ で $F(s)$ を置き換える」という近似を行っていますが，そのような近似を鞍点法と呼びます．ガンマ関数は変数が自然数のとき階乗関数と一致しますので，スターリングの公式は，十分大きな自然数 n に対して，$n!$ の近似式を与えます．

基本問題 6.4 【重要】

スターリングの公式を用いて，十分大きな自然数 n に対して，次の近似式が成り立つことを示せ．

$$\ln(n!) \simeq n\ln n - n \qquad (n \gg 1) \tag{6.16}$$

方針 $\Gamma(n+1) = n!$ を用いて，スターリングの公式の対数をとる．

【答案】スターリングの公式で，$x=n$ とすると，$\Gamma(n+1) = n!$ に注意して，

$$\Gamma(n+1) = n! \simeq n^n e^{-n}\sqrt{2\pi n} = n^{n+(1/2)}e^{-n}\sqrt{2\pi}.$$

ゆえに，

$$\ln(n!) \simeq \ln\left(n^{n+(1/2)}e^{-n}\sqrt{2\pi}\right)$$
$$= \left(n+\frac{1}{2}\right)\ln n - n\ln e + \ln\sqrt{2\pi} \simeq n\ln n - n.$$

($n \gg 1$ より，$n\ln n \gg n \gg \frac{1}{2}\ln n \gg \ln\sqrt{2\pi}$ であり，n の項までで近似した.) ∎

ポイント 階乗関数 $n!$ は，場合の数を数えるときに出てくる関数で，特に統計力学の問題に頻繁に現れますが，実際の計算では扱いが難しい関数です．しかし，幸いなことに，統計力学では基本的に膨大な数（アボガドロ数程度）の粒子からなる系を扱いますので，問題に出てくる n も，多くの場合，非常に大きな自然数となり，スターリングの公式が使えます．そのため，統計力学では非常にしばしば，上記の結果を用いて，$\ln(n!)$ を $n\ln n - n$ で置き換えるという近似を行います．このスターリングの公式は，統計力学の計算を基礎から支えるものとして重要です．

演習問題

6.2.1 無限乗積を用いたガンマ関数の定義式 (6.14) が，以下の (1)〜(3) を満たすことを示せ．
- (1) $\operatorname{Re}(z) > 0$ で，積分を用いた定義 (6.13) と一致する．
- (2) $z = 0, -1, -2, \ldots$ に 1 位の極を持つ．
- (3) 極を除く複素平面全域で，漸化式 $\Gamma(z+1) = z\Gamma(z)$ を満たす．

[ヒント：(1) については，指数関数の定義 $e^{-t} = \lim_{n\to\infty}\left(1 - \dfrac{t}{n}\right)^n$ より，ガンマ関数が $\Gamma(z) = \lim_{n\to\infty} \int_0^n \left(1 - \dfrac{t}{n}\right)^n t^{z-1} dt$ と書けることを用いよ．]

6.2.2 半径 R の n 次元球の体積をガンマ関数を用いて表せ．

[ヒント：半径 R の n 次元球の体積は，n 次元空間 $(x_1, x_2, \ldots, x_n)$ において，原点からの距離 $r = \sqrt{x_1^2 + x_2^2 + \cdots + x_n^2} \leq R$ の領域の体積で与えられる．]

6.2.3 ガンマ関数の無限乗積表示 (6.14) から，
$$\Gamma(z) = \frac{1}{z} \prod_{n=1}^{\infty} \left\{ \left(1 + \frac{1}{n}\right)^z \frac{1}{1 + \frac{z}{n}} \right\} \tag{6.17}$$
を導け．

6.3 ベータ関数
──積分計算に応用しよう

> **Contents**
> Subsection ❶ 定義・基本的性質
> Subsection ❷ ベータ関数の応用

> **キーポイント**
> ガンマ関数と密接にかかわる複素関数．
> 積分計算への応用に威力を発揮．

　ベータ関数は複素積分の形で与えられる関数で，6.2 節で学習したガンマ関数と密接な関係を持ちます．さらに，ベータ関数は物理数学に出てくる様々な積分と関連付けられるので，そのような積分を扱う問題で，ベータ関数の知識がしばしば利用されます．

❶ 定義・基本的性質
　ベータ関数の定義は次の通りです．

> **ベータ関数：** ベータ関数は次の式で定義される．
> $$B(p,q) = \int_0^1 t^{p-1}(1-t)^{q-1}\,dt \qquad (\mathrm{Re}(p)>0,\ \mathrm{Re}(q)>0) \tag{6.18}$$

　ここで p, q は一般に複素数で，$\mathrm{Re}(p) > 0,\ \mathrm{Re}(q) > 0$ の条件は，積分が発散しないようにという要請からきています．

ベータ関数の定義は，次のような積分で表されることもあります．

基本問題 6.5

ベータ関数の定義は，次のように変形できることを示せ．
$$B(p,q) = \int_0^\infty \frac{s^{p-1}}{(1+s)^{p+q}} ds \qquad (\text{Re}(p) > 0, \text{Re}(q) > 0) \tag{6.19}$$

方針 $s = \frac{t}{1-t}$ と変数変換する．

【答案】 元の定義式 (6.18) に対して，$s = \frac{t}{1-t}$ と変数変換する．$t = \frac{s}{1+s}$, $1-t = \frac{1}{1+s}$, $dt = (1-t)^2 ds = \frac{ds}{(1+s)^2}$ に注意して，

$$B(p,q) = \int_0^1 t^{p-1}(1-t)^{q-1} dt = \int_0^\infty \left(\frac{s}{1+s}\right)^{p-1}\left(\frac{1}{1+s}\right)^{q-1} \frac{ds}{(1+s)^2}$$
$$= \int_0^\infty \frac{s^{p-1}}{(1+s)^{p-1+q-1+2}} ds = \int_0^\infty \frac{s^{p-1}}{(1+s)^{p+q}} ds. \blacksquare$$

ベータ関数の基本的性質としては，以下のようなものが挙げられます．

基本問題 6.6 　　　　　　　　　　　　　　　　　　　　　　　　　　重要

ベータ関数について以下を示せ．（$\text{Re}(p) > 0, \text{Re}(q) > 0$ とする．）

(1) $B(q,p) = B(p,q)$ 　　　　　　　　　　　　　　　　　　　　　(6.20)

(2) $B(p,q) = \frac{\Gamma(p)\Gamma(q)}{\Gamma(p+q)}$ 　　　　　　　　　　　　　　　　　　　　　(6.21)

(3) $B(p,q+1) = \frac{q}{p+q} B(p,q)$ 　　　　　　　　　　　　　　　　　(6.22)

方針 (1) は変数変換．(2) はガンマ関数の定義式を変形．(3) は (2) を利用する．

【答案】 (1) $B(q,p) = \int_0^1 t^{q-1}(1-t)^{p-1} dt$ に対して，$s = 1-t$ と変数変換すると，$t = 1-s$, $dt = -ds$ より，$B(q,p) = \int_1^0 (1-s)^{q-1} s^{p-1}(-ds) = \int_0^1 s^{p-1}(1-s)^{q-1} ds = B(p,q)$.

(2) ガンマ関数の定義 $\Gamma(z) = \int_0^\infty e^{-t} t^{z-1} dt$ （$\text{Re}(z) > 0$）において，$t = st'$ （$s > 0$ は実数）として t から t' に変数変換すると，

$$\Gamma(z) = \int_0^\infty e^{-st'}(st')^{z-1} s\, dt' = s^z \int_0^\infty e^{-st'}(t')^{z-1} dt'$$
$$\longrightarrow \quad \frac{1}{s^z}\Gamma(z) = \int_0^\infty e^{-st} t^{z-1} dt. \qquad\qquad ①$$

（最後に t' を t に書き直した．）ここで，$s = 1+u$ （$u > -1$），$z = p+q$ とすると，

$$\frac{1}{(1+u)^{p+q}}\Gamma(p+q) = \int_0^\infty e^{-(1+u)t} t^{p+q-1} dt.$$

この両辺に u^{q-1} を掛けて，$u : 0 \to \infty$ で積分すると，

$$\Gamma(p+q)\int_0^\infty \frac{u^{q-1}}{(1+u)^{p+q}}du = \int_0^\infty du\, u^{q-1}\int_0^\infty dt\, e^{-(1+u)t}t^{p+q-1}$$
$$= \int_0^\infty dt\, e^{-t}t^{p-1}t^q\int_0^\infty du\, e^{-ut}u^{q-1}.$$

ここで①より，$t\,(>0)$ の値によらず，$\int_0^\infty du\, e^{-ut}u^{q-1} = \frac{1}{t^q}\Gamma(q)$ となるので，右辺の被積分関数の一部を $\Gamma(q)$ と書くことができ，結局，

$$\Gamma(p+q)\int_0^\infty \frac{u^{q-1}}{(1+u)^{p+q}}du = \Gamma(q)\int_0^\infty dt\, e^{-t}t^{p-1} = \Gamma(q)\Gamma(p).$$

左辺の積分は式 (6.19) より $B(q,p)$ であり，それと (1) より，

$$\Gamma(p+q)B(p,q) = \Gamma(q)\Gamma(p) \quad \longrightarrow \quad B(p,q) = \frac{\Gamma(p)\Gamma(q)}{\Gamma(p+q)}.$$

(3) (2) と漸化式 $\Gamma(z+1) = z\Gamma(z)$ より，

$$B(p,q+1) = \frac{\Gamma(p)\Gamma(q+1)}{\Gamma(p+q+1)} = \frac{q}{p+q}\frac{\Gamma(p)\Gamma(q)}{\Gamma(p+q)} = \frac{q}{p+q}B(p,q). \blacksquare$$

ポイント 特に (2) は，ベータ関数とガンマ関数を関係付ける式として重要なものです．

❷ ベータ関数の応用

ベータ関数の重要な応用は，積分計算への適用です．様々な積分がベータ関数を用いて表され，かつ，ベータ関数の値は（ガンマ関数を通して）わかっていますので，その値を利用すれば，積分の値を決めることができます．

基本問題 6.7

積分 $\int_0^{\pi/2} \sin^p\theta\cos^q\theta\, d\theta$ をベータ関数を用いて表せ．

方針 $\sin\theta = t$，さらに，$t^2 = s$ と変数変換する．

【答案】 $\sin\theta = t$ とおくと，$\cos\theta = (1-t^2)^{1/2}$ ($0 \leq \theta \leq \frac{\pi}{2}$ より，$\cos\theta \geq 0$ に注意)，$dt = \cos\theta\, d\theta = (1-t^2)^{1/2}\, d\theta$. ゆえに，

$$\int_0^{\pi/2}\sin^p\theta\cos^q\theta\, d\theta = \int_0^1 t^p(1-t^2)^{q/2}(1-t^2)^{-1/2}\, dt = \int_0^1 t^p(1-t^2)^{(q-1)/2}\, dt.$$

さらに $t^2 = s$ と変数変換すると，$dt = \frac{1}{2\sqrt{s}}ds$ に注意して，

$$\int_0^{\pi/2}\sin^p\theta\cos^q\theta\, d\theta = \int_0^1 s^{p/2}(1-s)^{(q-1)/2}\frac{1}{2\sqrt{s}}ds$$
$$= \frac{1}{2}\int_0^1 s^{\{(p+1)/2\}-1}(1-s)^{\{(q+1)/2\}-1}\, ds = \frac{1}{2}B\left(\frac{p+1}{2}, \frac{q+1}{2}\right). \blacksquare$$

基本問題 6.8

ベータ関数について，次の式が成り立つことを示せ．
$$B(p, 1-p) = \Gamma(p)\Gamma(1-p) = \frac{\pi}{\sin p\pi} \qquad (0 < \mathrm{Re}(p) < 1) \tag{6.23}$$

方針 $B(p, 1-p)$ の積分を，複素積分（留数定理）を用いて計算する．

【答案】 式 (6.21) と $\Gamma(1) = 1$ より，$B(p, 1-p) = \Gamma(p)\Gamma(1-p)$ は既知．ベータ関数の式 (6.19) より，
$$B(p, 1-p) = \int_0^\infty \frac{x^{p-1}}{(1+x)^{p+1-p}} dx = \int_0^\infty \frac{x^{p-1}}{1+x} dx.$$

ここで $f(z) = \dfrac{z^{p-1}}{1+z}$ を図 6.4 の経路 C で積分する．ただし $f(z)$ は一般に多価関数なので，分岐線を $x > 0$ の実軸上にとり，$0 \le \arg z < 2\pi$ の面上での $f(z)$ を用いて積分を実行する．(I), (III) の偏角をそれぞれ $\arg z = \delta, 2\pi - \delta$ とすると，C の各部分の積分は，次のようになる．

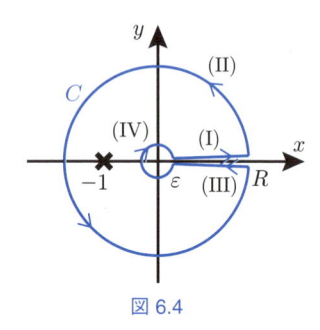

図 6.4

(I) $z = xe^{i\delta}$ $(\delta \to +0)$ とすると，$dz = e^{i\delta} dx$ より，
$$\int_\mathrm{I} f(z) dz = \int_\varepsilon^R \frac{x^{p-1} e^{i\delta(p-1)}}{1 + xe^{i\delta}} e^{i\delta} dx \to \int_0^\infty \frac{x^{p-1}}{1+x} dx. \qquad (\delta \to +0, \varepsilon \to 0, R \to \infty)$$

(II) $z = Re^{i\theta}$, $dz = iRe^{i\theta} d\theta$ より，
$$\int_\mathrm{II} f(z) dz = \int_\delta^{2\pi - \delta} \frac{R^{p-1} e^{i(p-1)\theta}}{1 + Re^{i\theta}} iRe^{i\theta} d\theta = i \int_\delta^{2\pi - \delta} \frac{R^p e^{ip\theta}}{1 + Re^{i\theta}} d\theta \to 0. \qquad (R \to \infty)$$
($\mathrm{Re}(p) < 1$ に注意．)

(III) $z = xe^{i(2\pi - \delta)}$ $(\delta \to +0)$ とすると，$dz = e^{i(2\pi - \delta)} dx$ より，
$$\int_\mathrm{III} f(z) dz = \int_R^\varepsilon \frac{x^{p-1} e^{i(2\pi - \delta)(p-1)}}{1 + xe^{i(2\pi - \delta)}} e^{i(2\pi - \delta)} dx$$
$$\to -e^{i2p\pi} \int_0^\infty \frac{x^{p-1}}{1+x} dx. \qquad (\delta \to +0, \varepsilon \to 0, R \to \infty)$$

(IV) $z = \varepsilon e^{i\theta}$, $dz = i\varepsilon e^{i\theta} d\theta$ より，
$$\int_\mathrm{IV} f(z) dz = \int_{2\pi - \delta}^\delta \frac{\varepsilon^{p-1} e^{i(p-1)\theta}}{1 + \varepsilon e^{i\theta}} i\varepsilon e^{i\theta} d\theta = -i \int_\delta^{2\pi - \delta} \frac{\varepsilon^p e^{ip\theta}}{1 + \varepsilon e^{i\theta}} d\theta \to 0. \qquad (\varepsilon \to 0)$$
($\mathrm{Re}(p) > 0$ に注意．)

また，$f(z) = \dfrac{z^{p-1}}{1+z}$ は $z = -1$ に 1 位の極を持ち，留数は
$$\mathrm{Res}(-1) = \lim_{z \to -1} (z+1) f(z) = \lim_{z \to -1} z^{p-1} = (-1)^{p-1} = (e^{i\pi})^{p-1} = -e^{ip\pi}.$$
この極 $z = -1$ は経路 C 内部に含まれる．

以上をまとめると，留数定理より，

$$-2\pi i e^{ip\pi} = \oint_C f(z)dz = \int_0^\infty \frac{x^{p-1}}{1+x}dx - e^{i2p\pi}\int_0^\infty \frac{x^{p-1}}{1+x}dx = \left(1 - e^{i2p\pi}\right)\int_0^\infty \frac{x^{p-1}}{1+x}dx.$$

ゆえに，
$$B(p, 1-p) = \int_0^\infty \frac{x^{p-1}}{1+x}dx = \frac{-2\pi i e^{ip\pi}}{1 - e^{i2p\pi}} = \frac{2\pi i}{e^{ip\pi} - e^{-ip\pi}} = \frac{\pi}{\sin(p\pi)}. \blacksquare$$

▌ポイント▐ この関係式 (6.23) は，ベータ関数の性質として重要であるだけでなく，ガンマ関数の性質を求めるのにも有効です．例えば，$p = \frac{1}{2}$ とすると，

$$\left\{\Gamma\left(\frac{1}{2}\right)\right\}^2 = \frac{\pi}{\sin(\pi/2)} = \pi \quad \longrightarrow \quad \Gamma\left(\frac{1}{2}\right) = \sqrt{\pi}$$

となり，$\Gamma\left(\frac{1}{2}\right)$ の値が得られます．

また，ガンマ関数については，「$0 < \mathrm{Re}(z) \leq 1$ での値がわかれば，漸化式を用いて全複素平面での値がわかる」ということを 6.2 節で示しましたが，関係式 (6.23) を用いると

$$\Gamma(1-z) = \frac{\pi}{\Gamma(z)\sin \pi z}$$

という関係が成り立ちます．ここで，$\frac{1}{2} \leq \mathrm{Re}(z) \leq 1$ とすると，$0 \leq \mathrm{Re}(1-z) \leq \frac{1}{2}$ ですので，$\frac{1}{2} \leq \mathrm{Re}(z) \leq 1$ での $\Gamma(z)$ の値がわかれば，$0 \leq \mathrm{Re}(z) \leq 1$ での $\Gamma(z)$ の値がわかり，ひいては，全複素平面での $\Gamma(z)$ の値がわかることになります．こうして，ベータ関数の結果を用いて，ガンマ関数に関する理解を深めることができました．

━━━━━━━━━━━ 演 習 問 題 ━━━━━━━━━━━

6.3.1 以下の積分をベータ関数，および，ガンマ関数を用いて表せ．($p, q > 0$ は実数．)

(1) $\int_0^1 \frac{t^{p-1}}{\sqrt{1-t^q}} dt$

(2) $\int_a^b (t-a)^{p-1}(b-t)^{q-1} dt$

6.3.2 $\int_0^{\pi/2} \sin^n \theta \, d\theta$（$n$ は自然数）を n の式で表せ．（基本問題 6.7 の結果を用いてよい．）

演習問題解答

第 2 章

2.2.1 (1) $y \neq 0$ として，微分方程式を式変形すると

$$y' = \frac{dy}{dx} = -2y \longrightarrow \frac{1}{y}\frac{dy}{dx} = -2.$$

両辺を x で積分して

$$\int \frac{1}{y}\frac{dy}{dx}dx = \int(-2)dx$$
$$\longrightarrow \int \frac{1}{y}dy = -2\int dx$$
$$\longrightarrow \ln|y| = -2x + c \longrightarrow |y| = e^c e^{-2x}$$

(c は定数)．ゆえに一般解は

$$y = Ce^{-2x}$$

($C = \pm e^c$ は任意定数)．

ある $x = x_0$ で $y(x_0) = 0$ となる場合は，$y'(x_0) = 0$ より，$y(x)$ は 0 であり続ける．ゆえに $y(x) = 0$ も解であり，これは $C = 0$ として，一般解に含むことができる．

(2) $y \neq 0$ として，微分方程式を式変形すると

$$y' = \frac{dy}{dx} = -3x^2 y \longrightarrow \frac{1}{y}\frac{dy}{dx} = -3x^2.$$

両辺を x で積分して

$$\int \frac{1}{y}\frac{dy}{dx}dx = \int \frac{1}{y}dy = \int(-3x^2)dx$$
$$\longrightarrow \ln|y| = -x^3 + c \longrightarrow |y| = e^c e^{-x^3}$$

(c は定数)．ゆえに一般解は

$$y = Ce^{-x^3}$$

($C = \pm e^c$ は任意定数)．

ある $x = x_0$ で $y(x_0) = 0$ となる場合は，$y'(x_0) = 0$ より，$y(x)$ は 0 であり続ける．ゆえに $y(x) = 0$ も解であり，これは $C = 0$ として，一般解に含むことができる．

┃ポイント┃ 斉次の線形 1 階常微分方程式 $y'(x) + p(x)y(x) = 0$ の解法は，変数分離後の，$p(x)$ の x 積分のところが変わるだけで，後は基本的に同じになります．

2.2.2 斉次の方程式 $y' + y = 0$ の一般解は，変数分離法で求めることができ，$y(x) = Ce^{-x}$．以下，非斉次の解を $y(x) = C(x)e^{-x}$ と仮定する．

(1) $y(x) = C(x)e^{-x}$ を $y' + y = x^2 + 2x$ に代入して，

$$C'(x)e^{-x} - C(x)e^{-x} + C(x)e^{-x}$$
$$= x^2 + 2x$$
$$\longrightarrow C'(x) = (x^2 + 2x)e^x.$$

両辺を積分して，

$$C(x) = \int C'(x)dx = \int (x^2 + 2x)e^x\,dx.$$

右辺は部分積分を繰り返せば，積分が実行でき，結局，

$$C(x) = (x^2 + 2x)e^x - \int (2x + 2)e^x\,dx$$
$$= (x^2 + 2x)e^x$$
$$\quad - \left\{(2x + 2)e^x - \int 2e^x\,dx\right\}$$
$$= (x^2 + 2x)e^x - (2x + 2)e^x + 2e^x + c$$
$$= x^2 e^x + c$$

(c は任意定数)．ゆえに求める一般解は

$$y(x) = (x^2 e^x + c)e^{-x} = ce^{-x} + x^2.$$

(2) $y(x) = C(x)e^{-x}$ を $y' + y = e^{\lambda x}$ に代入して，

$$C'(x)e^{-x} - C(x)e^{-x} + C(x)e^{-x} = e^{\lambda x}$$
$$\longrightarrow C'(x) = e^{(\lambda+1)x}.$$

両辺を積分して，

$$C(x) = \int C'(x)dx = \int e^{(\lambda+1)x}\,dx$$

$$= \begin{cases} \dfrac{1}{\lambda+1} e^{(\lambda+1)x} + c & (\lambda \neq -1) \\ \int 1\, dx = x + c & (\lambda = -1) \end{cases}$$

(c は任意定数). ゆえに求める一般解は

$$y(x) = \begin{cases} \left(\dfrac{1}{\lambda+1} e^{(\lambda+1)x} + c\right) e^{-x} \\ \quad = ce^{-x} + \dfrac{1}{\lambda+1} e^{\lambda x}, \quad (\lambda \neq -1) \\ (x+c)e^{-x} = ce^{-x} + xe^{-x}. \\ \hspace{4cm} (\lambda = -1) \end{cases}$$

2.3.1 (1)

$$\det \widehat{W} = \begin{vmatrix} e^{\lambda_1 x} & e^{\lambda_2 x} \\ \lambda_1 e^{\lambda_1 x} & \lambda_2 e^{\lambda_2 x} \end{vmatrix}$$
$$= (\lambda_2 - \lambda_1) e^{(\lambda_1 + \lambda_2)x} \neq 0.$$

(2)

$$\det \widehat{W} = \begin{vmatrix} e^{\lambda x} & xe^{\lambda x} \\ \lambda e^{\lambda x} & (1+\lambda x)e^{\lambda x} \end{vmatrix}$$
$$= (1+\lambda x)e^{2\lambda x} - \lambda x e^{2\lambda x} = e^{2\lambda x} \neq 0.$$

(3)

$$\det \widehat{W}$$
$$= \begin{vmatrix} \cos(\omega x) & \sin(\omega x) & e^{i\omega x} \\ -\omega \sin(\omega x) & \omega \cos(\omega x) & i\omega e^{i\omega x} \\ -\omega^2 \cos(\omega x) & -\omega^2 \sin(\omega x) & -\omega^2 e^{i\omega x} \end{vmatrix}$$
$$= -\omega^3 \cos^2(\omega x) e^{i\omega x}$$
$$\quad - (-i\omega^3) \cos(\omega x) \sin(\omega x) e^{i\omega x}$$
$$\quad + (-i\omega^3) \cos(\omega x) \sin(\omega x) e^{i\omega x}$$
$$\quad - \omega^3 \sin^2(\omega x) e^{i\omega x}$$
$$\quad + \omega^3 \sin^2(\omega x) e^{i\omega x}$$
$$\quad - (-\omega^3) \cos^2(\omega x) e^{i\omega x}$$
$$= 0.$$

ポイント 解答の結果より, (1), (2) の関数列は, それぞれ互いに一次独立です. (3) については, オイラーの関係式から $e^{i\omega x} = \cos(\omega x) + i\sin(\omega x)$ であり, $e^{i\omega x}$ は $\cos(\omega x), \sin(\omega x)$ の線形結合で書けますので, $\{\cos(\omega x), \sin(\omega x), e^{i\omega x}\}$ は互いに一次従属です. この結果は, ロンスキー行列式が 0 であることと整合しています.

2.3.2 (1) 斉次の方程式 $y'' + 5y' + 4y = 0$ の解を $e^{\lambda x}$ と仮定すると, 特性方程式は

$$\lambda^2 + 5\lambda + 4 = (\lambda+1)(\lambda+4) = 0$$
$$\longrightarrow \quad \lambda = -1, -4.$$

ゆえに斉次の場合の一般解は

$$y_0(x) = c_1 e^{-x} + c_2 e^{-4x}.$$

非斉次の特解を $Y_0(x) = A\cos(x) + B\sin(x)$ と仮定して, 微分方程式に代入すると,

$$-A\cos(x) - B\sin(x)$$
$$\quad + 5\{-A\sin(x) + B\cos(x)\}$$
$$\quad + 4\{A\cos(x) + B\sin(x)\}$$
$$= (3A+5B)\cos(x) + (-5A+3B)\sin(x)$$
$$= \cos(x) - \sin(x)$$

より,

$$3A + 5B = 1, \quad -5A + 3B = -1$$
$$\longrightarrow \quad A = \frac{4}{17}, \quad B = \frac{1}{17}.$$

ゆえに求める一般解は,

$$y(x) = c_1 e^{-x} + c_2 e^{-4x}$$
$$\quad + \frac{4}{17}\cos(x) + \frac{1}{17}\sin(x).$$

(2) 斉次の方程式 $y'' + 4y' + 4y = 0$ の解を $e^{\lambda x}$ と仮定すると, 特性方程式は

$$\lambda^2 + 4\lambda + 4 = (\lambda+2)^2 = 0.$$

特性方程式は重解 $\lambda = -2$ を持ち, 基本解は

$$y_1(x) = e^{-2x}, \quad y_2(x) = xe^{-2x}.$$

ゆえに斉次の場合の一般解は

$$y_0(x) = c_1 e^{-2x} + c_2 x e^{-2x}.$$

非斉次の特解を $Y_0(x) = Ae^{-3x}$ と仮定して, 微分方程式に代入すると,

$$9Ae^{-3x} + 4(-3)Ae^{-3x} + 4Ae^{-3x}$$
$$= Ae^{-3x} = 4e^{-3x}$$
$$\longrightarrow \quad A = 4.$$

ゆえに求める一般解は，
$$y(x) = c_1 e^{-2x} + c_2 x e^{-2x} + 4e^{-3x}.$$

2.3.3 (1) 斉次の場合 ($y''(x) + py'(x) + qy(x) = 0$) の基本解を $y_1(x), y_2(x)$ とすると，斉次の場合の一般解は
$$y_0(x) = c_1 y_1(x) + c_2 y_2(x).$$

非斉次の場合の一般解を
$$y(x) = c_1(x) y_1(x) + c_2(x) y_2(x)$$

と仮定する．また，$c_1(x), c_2(x)$ は条件式
$$c_1'(x) y_1(x) + c_2'(x) y_2(x) = 0 \qquad ①$$

を満たすとする．このとき，
$$\begin{aligned}
y'(x) &= c_1'(x) y_1(x) + c_1(x) y_1'(x) \\
&\quad + c_2'(x) y_2(x) + c_2(x) y_2'(x) \\
&= c_1(x) y_1'(x) + c_2(x) y_2'(x), \\
y''(x) &= c_1'(x) y_1'(x) + c_1(x) y_1''(x) \\
&\quad + c_2'(x) y_2'(x) + c_2(x) y_2''(x).
\end{aligned}$$

これらを微分方程式に代入すると，
$$\begin{aligned}
&y''(x) + py'(x) + qy(x) \\
&= c_1'(x) y_1'(x) + c_1(x) y_1''(x) \\
&\quad + c_2'(x) y_2'(x) + c_2(x) y_2''(x) \\
&\quad + p\{c_1(x) y_1'(x) + c_2(x) y_2'(x)\} \\
&\quad + q\{c_1(x) y_1(x) + c_2(x) y_2(x)\} \\
&= c_1'(x) y_1'(x) + c_2'(x) y_2'(x) \\
&\quad + c_1(x) \{y_1''(x) + py_1'(x) + qy_1(x)\} \\
&\quad + c_2(x) \{y_2''(x) + py_2'(x) + qy_2(x)\} \\
&= c_1'(x) y_1'(x) + c_2'(x) y_2'(x) = r(x)
\end{aligned}$$

($y_1(x), y_2(x)$ が斉次の解，すなわち $y_i''(x) + py_i'(x) + qy_i(x) = 0$ であることを用いた)．この式と条件式①を連立させて $c_1'(x), c_2'(x)$ を求めると，
$$\begin{aligned}
c_1'(x) &= \frac{r(x) y_2(x)}{y_1'(x) y_2(x) - y_1(x) y_2'(x)}, \\
c_2'(x) &= -\frac{r(x) y_1(x)}{y_1'(x) y_2(x) - y_1(x) y_2'(x)}.
\end{aligned} \qquad ②$$

両式とも右辺は既知の関数なので，これらを積分して
$$\begin{aligned}
&c_1(x) \\
&= \int \frac{r(x) y_2(x)}{y_1'(x) y_2(x) - y_1(x) y_2'(x)} dx + C_1, \\
&c_2(x) \\
&= -\int \frac{r(x) y_1(x)}{y_1'(x) y_2(x) - y_1(x) y_2'(x)} dx + C_2
\end{aligned}$$

(C_1, C_2 は任意定数．右辺の不定積分も積分定数を出すが，それも C_1, C_2 に含めるとする)．

(2) 斉次の方程式 $y'' + 3y' + 2y = 0$ の解を $e^{\lambda x}$ と仮定すると，特性方程式は
$$\lambda^2 + 3\lambda + 2 = (\lambda + 1)(\lambda + 2) = 0$$
$$\longrightarrow \quad \lambda = -1, -2.$$

ゆえに基本解は $y_1(x) = e^{-x}, y_2(x) = e^{-2x}$．

非斉次の一般解を $y(x) = c_1(x) y_1(x) + c_2(x) y_2(x)$ と仮定する．非斉次項 $r(x) = 5$ に注意して，(1) の式②より，
$$\begin{aligned}
\frac{dc_1(x)}{dx} &= \frac{5e^{-2x}}{-e^{-x} e^{-2x} - e^{-x}(-2) e^{-2x}} \\
&= 5e^x
\end{aligned}$$
$$\longrightarrow \quad c_1(x) = \int 5e^x \, dx = 5e^x + C_1,$$
$$\begin{aligned}
\frac{dc_2(x)}{dx} &= -\frac{5e^{-x}}{-e^{-x} e^{-2x} - e^{-x}(-2) e^{-2x}} \\
&= -5e^{2x}
\end{aligned}$$
$$\longrightarrow \quad c_2(x) = \int (-5) e^{2x} \, dx = -\frac{5}{2} e^{2x} + C_2$$

(C_1, C_2 は任意定数)．ゆえに求める一般解は，
$$\begin{aligned}
y(x) &= (5e^x + C_1) e^{-x} + \left(-\frac{5}{2} e^{2x} + C_2\right) e^{-2x} \\
&= C_1 e^{-x} + C_2 e^{-2x} + \frac{5}{2}.
\end{aligned}$$

▌**ポイント** ▐ 「斉次の一般解の任意定数 c_1, c_2 を x の関数 $c_1(x), c_2(x)$ として，非斉次の微分方程式を満たすように $c_1(x), c_2(x)$ を決める」という考え方は，1 階微分方程式の場合と同じです．ポイントは条件式①を導入しているところ

です．これは微分方程式を満たすという条件だけでは，2 つの未知関数 $c_1(x), c_2(x)$ に対して条件式が 1 つしか出てこないため，さらに式①を加えて，$c_1(x), c_2(x)$ を決定していることに対応しています．階数が n 階の場合には，条件式①が，

$$c_1'(x)y_1(x) + c_2'(x)y_2(x) + \cdots + c_n'(x)y_n(x) = 0,$$
$$c_1'(x)y_1'(x) + c_2'(x)y_2'(x) + \cdots + c_n'(x)y_n'(x) = 0,$$
$$\vdots$$
$$c_1'(x)y_1^{(n-2)}(x) + c_2'(x)y_2^{(n-2)}(x) + \cdots + c_n'(x)y_n^{(n-2)}(x) = 0$$

のように一般化されます．

2.3.4 (1) 解を $e^{\lambda x}$ と仮定すると，特性方程式は

$$\lambda^3 - 3\lambda^2 - \lambda + 3$$
$$= (\lambda+1)(\lambda-1)(\lambda-3) = 0$$
$$\longrightarrow \quad \lambda = -1, 1, 3.$$

ゆえに一般解は

$$y(x) = c_1 e^{-x} + c_2 e^x + c_3 e^{3x}$$

(c_1, c_2, c_3 は任意定数)．

(2) 解を $e^{\lambda x}$ と仮定すると，特性方程式は

$$\lambda^4 - 8\lambda^2 + 16 = (\lambda^2 - 4)^2$$
$$= (\lambda+2)^2(\lambda-2)^2 = 0.$$

ゆえに λ は 2 つの重解 $\lambda = -2, 2$ を持ち，基本解は $e^{-2x}, xe^{-2x}, e^{2x}, xe^{2x}$ の 4 つ．ゆえに一般解は，

$$y(x) = (c_1 + c_2 x)e^{-2x} + (c_3 + c_4 x)e^{2x}$$

(c_1, c_2, c_3, c_4 は任意定数)．

2.4.1 (1) 微分方程式を行列とベクトルで書くと

$$\frac{d}{dx}\boldsymbol{Y}(x) = \widehat{A}\boldsymbol{Y}(x), \quad \widehat{A} = \begin{pmatrix} 0 & 1 \\ 1 & 0 \end{pmatrix}.$$

$\widehat{A}$ の特性方程式は

$$\begin{vmatrix} -\lambda & 1 \\ 1 & -\lambda \end{vmatrix} = \lambda^2 - 1 = (\lambda+1)(\lambda-1) = 0.$$

ゆえに固有値は $\lambda_1 = -1, \lambda_2 = 1$ で，対応する固有ベクトルは $\boldsymbol{v}_1 = \begin{pmatrix} 1 \\ -1 \end{pmatrix}, \boldsymbol{v}_2 = \begin{pmatrix} 1 \\ 1 \end{pmatrix}$．ここで，$\widehat{V} = \begin{pmatrix} 1 & 1 \\ -1 & 1 \end{pmatrix}$ とすると，

$$\widehat{V}^{-1} = \frac{1}{2}\begin{pmatrix} 1 & -1 \\ 1 & 1 \end{pmatrix},$$
$$\widehat{V}^{-1}\widehat{A}\widehat{V} = \widehat{\Lambda} = \begin{pmatrix} -1 & 0 \\ 0 & 1 \end{pmatrix}.$$

微分方程式に左から $\widehat{V}^{-1}$ を掛けて変形すると，

$$\widehat{V}^{-1}\frac{d}{dx}\boldsymbol{Y}(x) = \widehat{V}^{-1}\widehat{A}\boldsymbol{Y}(x)$$
$$= \widehat{V}^{-1}\widehat{A}\widehat{V}\widehat{V}^{-1}\boldsymbol{Y}(x)$$
$$\longrightarrow \frac{d}{dx}\widehat{V}^{-1}\boldsymbol{Y}(x) = \widehat{\Lambda}\widehat{V}^{-1}\boldsymbol{Y}(x).$$

ゆえに，

$$\boldsymbol{Z}(x) = \begin{pmatrix} z_1(x) \\ z_2(x) \end{pmatrix} \equiv \widehat{V}^{-1}\boldsymbol{Y}(x)$$
$$= \begin{pmatrix} \frac{1}{2}y_1(x) - \frac{1}{2}y_2(x) \\ \frac{1}{2}y_1(x) + \frac{1}{2}y_2(x) \end{pmatrix}$$

とすると，

$$\frac{d}{dx}\boldsymbol{Z}(x) = \widehat{\Lambda}\boldsymbol{Z}(x)$$
$$\longrightarrow \begin{cases} \dfrac{d}{dx}z_1(x) = -z_1(x) \\ \qquad \longrightarrow z_1(x) = c_1 e^{-x}, \\ \dfrac{d}{dx}z_2(x) = z_2(x) \\ \qquad \longrightarrow z_2(x) = c_2 e^x. \end{cases}$$

$y_1(x), y_2(x)$ は逆変換より求まり，

$$\boldsymbol{Y}(x) = \widehat{V}\boldsymbol{Z}(x) = z_1(x)\boldsymbol{v}_1 + z_2(x)\boldsymbol{v}_2$$
$$= z_1(x)\begin{pmatrix} 1 \\ -1 \end{pmatrix} + z_2(x)\begin{pmatrix} 1 \\ 1 \end{pmatrix}$$
$$= \begin{pmatrix} z_1(x) + z_2(x) \\ -z_1(x) + z_2(x) \end{pmatrix}$$
$$\longrightarrow \begin{cases} y_1(x) = c_1 e^{-x} + c_2 e^x, \\ y_2(x) = -c_1 e^{-x} + c_2 e^x \end{cases}$$

(c_1, c_2 は任意定数)．

(2) $\dfrac{d}{dx}\boldsymbol{Y}(x) = \widehat{A}\boldsymbol{Y}(x) + \boldsymbol{R}(x),$
$$\widehat{A} = \begin{pmatrix} 0 & 1 \\ 1 & 0 \end{pmatrix}, \quad \boldsymbol{R}(x) = \begin{pmatrix} e^{-x} \\ -e^{-x} \end{pmatrix}.$$

斉次の場合の基本解は，(1) より

$$\boldsymbol{Y}_1(x) = e^{-x}\begin{pmatrix} 1 \\ -1 \end{pmatrix}, \quad \boldsymbol{Y}_2(x) = e^x\begin{pmatrix} 1 \\ 1 \end{pmatrix}.$$

これらの基本解を並べて行列 $\widehat{Y}(x)$ を作ると

$$\widehat{Y}(x) = (\, \boldsymbol{Y}_1(x) \; \boldsymbol{Y}_2(x) \,) = \begin{pmatrix} e^{-x} & e^x \\ -e^{-x} & e^x \end{pmatrix},$$

$$\{\widehat{Y}(x)\}^{-1} = \frac{1}{2}\begin{pmatrix} e^x & -e^x \\ e^{-x} & e^{-x} \end{pmatrix}.$$

以上より,

$$\int_0^x \{\widehat{Y}(x')\}^{-1}\boldsymbol{R}(x')dx'$$
$$= \int_0^x \frac{1}{2}\begin{pmatrix} e^{x'} & -e^{x'} \\ e^{-x'} & e^{-x'} \end{pmatrix}\begin{pmatrix} e^{-x'} \\ -e^{-x'} \end{pmatrix}dx'$$
$$= \int_0^x \begin{pmatrix} 1 \\ 0 \end{pmatrix}dx' = \begin{pmatrix} x \\ 0 \end{pmatrix}.$$

ゆえに, 求める一般解は,

$$\boldsymbol{Y}(x)$$
$$= \widehat{Y}(x)\left(\boldsymbol{C}_0 + \int_0^x \{\widehat{Y}(x')\}^{-1}\boldsymbol{R}(x')dx'\right)$$
$$= \begin{pmatrix} e^{-x} & e^x \\ -e^{-x} & e^x \end{pmatrix}\begin{pmatrix} c_1+x \\ c_2 \end{pmatrix}$$
$$= \begin{pmatrix} (c_1+x)e^{-x}+c_2e^x \\ -(c_1+x)e^{-x}+c_2e^x \end{pmatrix}$$
$$\longrightarrow \begin{cases} y_1(x) = c_1e^{-x}+c_2e^x+xe^{-x}, \\ y_2(x) = -c_1e^{-x}+c_2e^x-xe^{-x} \end{cases}$$

となる (c_1, c_2 は任意定数).

【(2) 別解】 $\frac{d}{dx}\boldsymbol{Y}(x) = \widehat{A}\boldsymbol{Y}(x)+\boldsymbol{R}(x)$ を (1) の $\widehat{V}, \widehat{V}^{-1}$ を用いて変形すると,

$$\frac{d}{dx}\boldsymbol{Z}(x) = \widehat{\Lambda}\boldsymbol{Z}(x)+\widehat{V}^{-1}\boldsymbol{R}(x)$$

$$\longrightarrow \begin{cases} \frac{d}{dx}z_1(x) = -z_1(x)+e^{-x} \\ \quad\longrightarrow\; z_1(x) = (c_1+x)e^{-x}, \\ \frac{d}{dx}z_2(x) = z_2(x) \\ \quad\longrightarrow\; z_2(x) = c_2e^x. \end{cases}$$

ゆえに,

$$\boldsymbol{Y}(x) = \widehat{V}\boldsymbol{Z}(x) = z_1(x)\boldsymbol{v}_1 + z_2(x)\boldsymbol{v}_2$$

$$\longrightarrow \begin{cases} y_1(x) = z_1(x)+z_2(x) \\ \qquad = (c_1+x)e^{-x}+c_2e^x, \\ y_2(x) = -z_1(x)+z_2(x) \\ \qquad = -(c_1+x)e^{-x}+c_2e^x \end{cases}$$

(c_1, c_2 は任意定数).

2.4.2 微分方程式を整理すると,

$$\frac{d^2}{dt^2}\boldsymbol{x}(t) = \widehat{A}\boldsymbol{x}(t),$$
$$\widehat{A} = \frac{k}{m}\begin{pmatrix} -1 & 1 & 0 \\ a & -2a & a \\ 0 & 1 & -1 \end{pmatrix}.$$

($a = \frac{m}{M}$ とした.) 行列 $\widehat{A}$ の固有値 λ_i と, 対応する固有ベクトル $\boldsymbol{v}_i$ を求めると,

$$\lambda_1 = 0, \quad \boldsymbol{v}_1 = \begin{pmatrix} 1 \\ 1 \\ 1 \end{pmatrix},$$

$$\lambda_2 = -\frac{k}{m}, \quad \boldsymbol{v}_2 = \begin{pmatrix} 1 \\ 0 \\ -1 \end{pmatrix},$$

$$\lambda_3 = -(2a+1)\frac{k}{m}, \quad \boldsymbol{v}_3 = \begin{pmatrix} 1 \\ -2a \\ 1 \end{pmatrix}.$$

ゆえに, $\widehat{V} = \begin{pmatrix} | & | & | \\ \boldsymbol{v}_1 & \boldsymbol{v}_2 & \boldsymbol{v}_3 \\ | & | & | \end{pmatrix} = \begin{pmatrix} 1 & 1 & 1 \\ 1 & 0 & -2a \\ 1 & -1 & 1 \end{pmatrix}$ とすると,

$$\widehat{V}^{-1}$$
$$= \frac{1}{-2(2a+1)}\begin{pmatrix} -2a & -2 & -2a \\ -(2a+1) & 0 & 2a+1 \\ -1 & 2 & -1 \end{pmatrix}$$
$$= \begin{pmatrix} \frac{a}{2a+1} & \frac{1}{2a+1} & \frac{a}{2a+1} \\ \frac{1}{2} & 0 & -\frac{1}{2} \\ \frac{1}{2(2a+1)} & -\frac{1}{2a+1} & \frac{1}{2(2a+1)} \end{pmatrix},$$

$$\widehat{V}^{-1}\widehat{A}\widehat{V} = \widehat{\Lambda} = \begin{pmatrix} 0 & 0 & 0 \\ 0 & -\frac{k}{m} & 0 \\ 0 & 0 & -(2a+1)\frac{k}{m} \end{pmatrix}.$$

これらの関係式を用いて, 微分方程式を変形すると,

$$\frac{d^2}{dt^2}\widehat{V}^{-1}\boldsymbol{x}(t) = \widehat{V}^{-1}\widehat{A}\widehat{V}\widehat{V}^{-1}\boldsymbol{x}(t)$$
$$= \widehat{\Lambda}\widehat{V}^{-1}\boldsymbol{x}(t).$$

ゆえに, $\boldsymbol{X}(t) = \widehat{V}^{-1}\boldsymbol{x}(t)$, すなわち,

$$X_1(t) = \frac{1}{2a+1}\{ax_1(t)+x_2(t)+ax_3(t)\},$$

$$X_2(t) = \frac{1}{2}\{x_1(t)-x_3(t)\},$$

$$X_3(t) = \frac{1}{2(2a+1)}\{x_1(t)-2x_2(t)+x_3(t)\}$$

とすると, 基準座標 $X_1(t), X_2(t), X_3(t)$ が従う微分方程式とその一般解はそれぞれ

$$\frac{d^2X_1(t)}{dt^2} = 0 \quad\longrightarrow\quad X_1(t) = A_1t+B_1,$$

$$\frac{d^2 X_2(t)}{dt^2} = -\frac{k}{m} X_2(t)$$
$$\longrightarrow \quad X_2(t) = A_2 \cos(\omega_2 t + \phi_2),$$
$$\frac{d^2 X_3(t)}{dt^2} = -(2a+1)\frac{k}{m} X_3(t)$$
$$\longrightarrow \quad X_3(t) = A_3 \cos(\omega_3 t + \phi_3)$$

となる。$(\omega_2 = \sqrt{\frac{k}{m}}, \omega_3 = \sqrt{\frac{(2a+1)k}{m}}$。$A_1, B_1, A_2, \phi_2, A_3, \phi_3$ は任意定数。)

ポイント 問題の図 2.11 を見てもわかるように、この連成振動系は、CO_2 などの直線三原子分子のモデルになっています。この系は壁につながれていないので、系の重心が等速直線運動を行い、それが $X_1(t)$ に対応します。そして、残りの 2 つの基準座標 $X_2(t), X_3(t)$ が単振動しており、各原子の運動は、等速直線運動と 2 つの単振動の重ね合わせで記述されます。

2.4.3 重心座標 $X_1(t) = \frac{1}{2}\{x_1(t) + x_2(t)\}$、相対座標 $X_2(t) = x_1(t) - x_2(t)$ を導入すると、

$$M \frac{d^2 X_1(t)}{dt^2} = \frac{M}{2} \left\{ \frac{d^2 x_1(t)}{dt^2} + \frac{d^2 x_2(t)}{dt^2} \right\}$$
$$= -\frac{k}{2} \{x_1(t) + x_2(t)\}$$
$$\quad + \frac{1}{2} \{q_1 E_0 \cos(\omega t) + q_2 E_0 \cos(\omega t)\}$$
$$= -k X_1(t) + \frac{1}{2}(q_1 + q_2) E_0 \cos(\omega t),$$
$$M \frac{d^2 X_2(t)}{dt^2} = M \left\{ \frac{d^2 x_1(t)}{dt^2} - \frac{d^2 x_2(t)}{dt^2} \right\}$$
$$= -3k\{x_1(t) - x_2(t)\}$$
$$\quad + \{q_1 E_0 \cos(\omega t) - q_2 E_0 \cos(\omega t)\}$$
$$= -3k X_2(t) + (q_1 - q_2) E_0 \cos(\omega t).$$

整理して、

$$\frac{d^2 X_1(t)}{dt^2} = -\frac{k}{M} X_1(t) + \frac{(q_1+q_2)E_0}{2M} \cos(\omega t),$$
$$\frac{d^2 X_2(t)}{dt^2} = -\frac{3k}{M} X_2(t) + \frac{(q_1-q_2)E_0}{M} \cos(\omega t).$$

ゆえに連立微分方程式が、$X_1(t), X_2(t)$ に対する独立な微分方程式に分離でき、さらに両者とも

$$\frac{d^2 X_i(t)}{dt^2} = -\omega_i^2 X_i(t) + f_i \cos(\omega t)$$

の形になる (問題の条件より、$\omega_i \neq \omega$)。この微分方程式は、2.3 節で述べた解法で解くことができ (基本問題 2.10 参照)、一般解はそれぞれ

$$X_1(t) = C_1 \cos(\omega_1 t + \phi_1)$$
$$\quad + \frac{(q_1+q_2)E_0}{2M(\omega_1^2 - \omega^2)} \cos(\omega t),$$
$$X_2(t) = C_2 \cos(\omega_2 t + \phi_2)$$
$$\quad + \frac{(q_1-q_2)E_0}{M(\omega_2^2 - \omega^2)} \cos(\omega t).$$

$(\omega_1 = \sqrt{\frac{k}{M}},\ \omega_2 = \sqrt{\frac{3k}{M}}$。$C_1, \phi_1, C_2, \phi_2$ は任意定数。) 元の座標 $x_1(t), x_2(t)$ の一般解は、逆変換から求まり、

$$x_1(t) = X_1(t) + \frac{1}{2} X_2(t)$$
$$= C_1 \cos(\omega_1 t + \phi_1) + \frac{C_2}{2} \cos(\omega_2 t + \phi_2)$$
$$\quad + \left\{ \frac{(q_1+q_2)E_0}{2M(\omega_1^2 - \omega^2)} \right.$$
$$\quad\quad \left. + \frac{(q_1-q_2)E_0}{2M(\omega_2^2 - \omega^2)} \right\} \cos(\omega t),$$
$$x_2(t) = X_1(t) - \frac{1}{2} X_2(t)$$
$$= C_1 \cos(\omega_1 t + \phi_1) - \frac{C_2}{2} \cos(\omega_2 t + \phi_2)$$
$$\quad + \left\{ \frac{(q_1+q_2)E_0}{2M(\omega_1^2 - \omega^2)} \right.$$
$$\quad\quad \left. - \frac{(q_1-q_2)E_0}{2M(\omega_2^2 - \omega^2)} \right\} \cos(\omega t).$$

ポイント ここでは基準座標が重心座標、相対座標になることがわかっているとして、解答でその式を用いていますが、基準座標がわかっていない場合でも、係数行列 $\widehat{A}$ の対角化から基準座標を求めれば、後は解答と同じ手順で問題を解くことができます。ポイントは、各基準座標の微分方程式に現れる非斉次項が、各おもりにかかる外力の線形結合で表されるという点です。特にこの問題のように、各おもりに振動する外力が働いた場合は、考える基準座標に対する外力

の振幅(例えば $X_1(t)$ に対する $\frac{1}{2}(q_1+q_2)$) がたまたま 0 にならない限り,外力の角振動数 ω が系の固有角振動数 $\{\omega_i\}$ のどれかに近づくにつれ対応する基準モードの振幅が大きくなり,$\omega = \omega_i$ で共鳴がおこります.これは,連成振動系の運動の本質が,それぞれのおもりの運動ではなく,基準モードの振動にあることを示す最も端的な例です.この意味で,固有角振動数 $\{\omega_i\}$ は,連成振動系の性質を記述する最も重要な物理量といえます.

2.4.4 (1)

$$\frac{d}{dx}e^{x\widehat{A}} = \frac{d}{dx}\left(\sum_{m=0}^{\infty}\frac{1}{m!}x^m\widehat{A}^m\right)$$
$$= \sum_{m=0}^{\infty}\frac{1}{m!}mx^{m-1}\widehat{A}^m$$
$$= \sum_{m=1}^{\infty}\frac{1}{(m-1)!}x^{m-1}\widehat{A}^m$$
$$= \widehat{A}\left(\sum_{k=0}^{\infty}\frac{1}{k!}x^k\widehat{A}^k\right) = \widehat{A}e^{x\widehat{A}}.$$

(途中で $m-1 = k$ とした.)

(2) (1) より,

$$\frac{d}{dx}\left(e^{x\widehat{A}}\boldsymbol{Y}_0\right) = \frac{d}{dx}\left(e^{x\widehat{A}}\right)\boldsymbol{Y}_0 = \widehat{A}e^{x\widehat{A}}\boldsymbol{Y}_0.$$

ゆえに $\boldsymbol{Y}(x) = e^{x\widehat{A}}\boldsymbol{Y}_0$ は微分方程式を満たし,かつ,$x=0$ で

$$\boldsymbol{Y}(0) = e^{0\cdot\widehat{A}}\boldsymbol{Y}_0 = \boldsymbol{Y}_0$$

となり初期条件を満たす.すなわち $\boldsymbol{Y}(x) = e^{x\widehat{A}}\boldsymbol{Y}_0$ は求める解である.

(3) $\widehat{A}$ の固有ベクトル $\{\boldsymbol{v}_i\}$ を並べた行列を $\widehat{V} = \begin{pmatrix} | & & | \\ \boldsymbol{v}_1 & \cdots & \boldsymbol{v}_n \\ | & & | \end{pmatrix}$ とする.$e^{x\widehat{A}}$ を $\widehat{V}^{-1},\widehat{V}$ で挟むと

$$\widehat{V}^{-1}e^{x\widehat{A}}\widehat{V}$$
$$= \widehat{V}^{-1}\left(\sum_{m=0}^{\infty}\frac{1}{m!}x^m\widehat{A}^m\right)\widehat{V}$$
$$= \sum_{m=0}^{\infty}\frac{1}{m!}x^m\widehat{V}^{-1}\widehat{A}^m\widehat{V}$$
$$= \sum_{m=0}^{\infty}\frac{1}{m!}x^m\widehat{V}^{-1}\widehat{A}\widehat{V}\widehat{V}^{-1}\widehat{A}\cdots\widehat{V}\widehat{V}^{-1}\widehat{A}\widehat{V}.$$

($\widehat{V}^{-1}\widehat{V} = \widehat{I}$ (単位行列) を $\widehat{A}$ の間に挟んだ.) ここで $\widehat{V}^{-1}\widehat{A}\widehat{V}$ は,$\widehat{A}$ の固有値 λ_i ($i=1,...,n$) を対角成分とする対角行列

$$\widehat{V}^{-1}\widehat{A}\widehat{V} = \widehat{\Lambda} = \begin{pmatrix} \lambda_1 & 0 & \cdots & 0 \\ 0 & \ddots & \ddots & \vdots \\ \vdots & \ddots & \ddots & 0 \\ 0 & \cdots & 0 & \lambda_n \end{pmatrix}$$

であるので,

$$\widehat{V}^{-1}e^{x\widehat{A}}\widehat{V} = \sum_{m=0}^{\infty}\frac{1}{m!}x^m\widehat{\Lambda}^m$$
$$= \sum_{m=0}^{\infty}\frac{1}{m!}x^m\begin{pmatrix} \lambda_1^m & 0 & \cdots & 0 \\ 0 & \ddots & \ddots & \vdots \\ \vdots & \ddots & \ddots & 0 \\ 0 & \cdots & 0 & \lambda_n^m \end{pmatrix}.$$

この行列の非対角要素は 0 であり,i 番目の対角要素は,

$$\sum_{m=0}^{\infty}\frac{1}{m!}x^m\lambda_i^m = e^{x\lambda_i}.$$

ゆえに,

$$\widehat{V}^{-1}e^{x\widehat{A}}\widehat{V} = \begin{pmatrix} e^{x\lambda_1} & 0 & \cdots & 0 \\ 0 & \ddots & \ddots & \vdots \\ \vdots & \ddots & \ddots & 0 \\ 0 & \cdots & 0 & e^{x\lambda_n} \end{pmatrix}$$

$$\longrightarrow e^{x\widehat{A}} = \widehat{V}\begin{pmatrix} e^{x\lambda_1} & 0 & \cdots & 0 \\ 0 & \ddots & \ddots & \vdots \\ \vdots & \ddots & \ddots & 0 \\ 0 & \cdots & 0 & e^{x\lambda_n} \end{pmatrix}\widehat{V}^{-1}.$$

ポイント この問題は,定係数連立常微分方程式(斉次)に対する,行列の指数関数を用いた解法を与えるものです.ここでこの解法について解説します.

行列の指数関数 $e^{x\widehat{A}}$ とは,本演習問題にある定義式で定義されるもので,行列のべき級数和で与えられます.この $e^{x\widehat{A}}$ の大きな特徴は,定義式のように変数 x を含ませておくことで,(1) のように,x についての微分が通常の指数関数と同じような形で与えられることです.この性質を用いると,斉次の連立微分方程式の解を,(2) のように,あっけないほど簡単に求めることができます.この解は,$\boldsymbol{Y}_0$ の各成分を n 個の任意定数として含む一般解であり,任意の初期条件 $\boldsymbol{Y}_0$ に対応できる解になっています.

ここで一つ,不思議に思うことがあるかもしれません.この本では,基本的に $\widehat{A}$ が対角化できる場合のみを考える(対角化できない場合は

問題が難しくなる）といっていましたが，上記の (1), (2) では，$\widehat{A}$ が対角化可能という条件はどこにも使われていません．これは $\widehat{A}$ が対角化できない場合でも，問題が解けたということでしょうか．その答えが (3) になります．$e^{x\widehat{A}}$ の定義式を見ればわかるように，$e^{x\widehat{A}}$ の行列要素を求めるには，$\widehat{A}^m$ を，$m=0$ から $m=\infty$ まで全て計算して足し上げる必要がありますが，この計算は一般には大変難しい計算です．この意味で，(2) で得られた解 $\boldsymbol{Y}(x) = e^{x\widehat{A}}\boldsymbol{Y}_0$ は，「式で書くことはできるけれど，（一般には）計算が難しい」という "形式的な" 解といえます．しかし，$\widehat{A}$ が対角化可能な場合には，$e^{x\widehat{A}}$ を (3) の解答のように計算することで，$\boldsymbol{Y}(x) = e^{x\widehat{A}}\boldsymbol{Y}_0$ を具体的に求めることができます．

(3) の解答をみると，$e^{x\widehat{A}}$ の計算に際して，「対角行列は何回でも簡単に掛け算できる」ことが利用されています．つまり，$\widehat{A}$ が対角化可能であることが本質的に重要です．一方，$\widehat{A}$ が対角化できない場合は，$e^{x\widehat{A}}$ の計算は一般に難しく，その困難が，$\widehat{A}$ が対角化不可能な連立微分方程式の難しさに対応しています．

2.4.5 微分方程式を行列とベクトルで表すと，
$$\frac{d}{dx}\boldsymbol{Y}(x) = \widehat{A}\boldsymbol{Y}(x),$$
$$\widehat{A} = \begin{pmatrix} 3 & -2 & 1 \\ 1 & -1 & 0 \\ 0 & 1 & -2 \end{pmatrix}.$$

行列 $\widehat{A}$ の特性方程式は
$$\begin{vmatrix} 3-\lambda & -2 & 1 \\ 1 & -1-\lambda & 0 \\ 0 & 1 & -2-\lambda \end{vmatrix} = -\lambda^3 + 5\lambda + 3 = 0$$
$$\longrightarrow \quad \lambda^3 - 5\lambda - 3 = 0.$$

次に，連立微分方程式を高階微分方程式になおす．$y_1' = 3y_1 - 2y_2 + y_3 \quad \cdots \text{①}$ より，
$$y_1'' = 3y_1' - 2y_2' + y_3'$$
$$= 3y_1' - 2(y_1 - y_2) + (y_2 - 2y_3)$$
$$= 3y_1' - 2y_1 + 3y_2 - 2y_3, \qquad \text{②}$$
$$y_1''' = 3y_1'' - 2y_1' + 3y_2' - 2y_3'$$
$$= 3y_1'' - 2y_1' + 3(y_1 - y_2) - 2(y_2 - 2y_3)$$
$$= 3y_1'' - 2y_1' + 3y_1 - 5y_2 + 4y_3. \qquad \text{③}$$

ここで①，②より，
$$y_2 = -y_1'' + y_1' + 4y_1,$$
$$y_3 = -2y_1'' + 3y_1' + 5y_1$$
であることを用いて，③から y_2, y_3 を消去すると，
$$y_1''' = 5y_1' + 3y_1 \quad \longrightarrow \quad y_1''' - 5y_1' - 3y_1 = 0.$$
この微分方程式の特性方程式は $\lambda^3 - 5\lambda - 3 = 0$ であり，行列 $\widehat{A}$ の特性方程式と一致する．

■ポイント■ 連立微分方程式を y_2, y_3 それぞれの高階微分方程式になおしても，特性方程式は同じになります．

2.5.1 (1) 任意の x で $y \neq 0$ と仮定して，与式を変形すると，
$$y' = x^3 y^2$$
$$\longrightarrow \quad \frac{1}{y^2} y' = x^3$$
$$\longrightarrow \quad \int \frac{1}{y^2} \frac{dy}{dx} dx = \int \frac{dy}{y^2} = \int x^3 dx$$
$$\longrightarrow \quad -\frac{1}{y} = \frac{1}{4}x^4 + C$$

(C は任意定数)．ゆえに一般解は，
$$y = -\frac{1}{\frac{1}{4}x^4 + C} = \frac{4}{-x^4 + C'}$$

(C' は任意定数)．

ある $x = x_0$ で $y = 0$ となる場合は，$y'(x_0) = 0$ より，y は 0 であり続ける．ゆえに $y(x) = 0$ も解であり，これは特異解となる．

(2) 与式を変形して，
$$y' = \{\sin(x+y) + \sin(x-y)\}^2$$
$$= (\sin x \cos y + \cos x \sin y$$
$$\quad + \sin x \cos y - \cos x \sin y)^2$$
$$= 4\sin^2 x \cos^2 y. \qquad \text{①}$$

任意の x で $\cos y \neq 0$，すなわち $y \neq \frac{\pi}{2} + n\pi$ (n は整数) であると仮定して，
$$\frac{1}{\cos^2 y} y' = 4\sin^2 x$$
$$\longrightarrow \quad \int \frac{1}{\cos^2 y} \frac{dy}{dx} dx = \int \frac{dy}{\cos^2 y}$$

$$= 4\int \sin^2 x \, dx.$$

ここで，

$$\int \frac{dy}{\cos^2 y} = \tan y + c_1,$$

$$\int \sin^2 x \, dx$$
$$= -\sin x \cos x - \int (-\cos^2 x) dx$$
$$= -\sin x \cos x + \int (1 - \sin^2 x) dx$$
$$= -\sin x \cos x + x + c_2 - \int \sin^2 x \, dx$$
$$\longrightarrow \int \sin^2 x \, dx = \frac{-\sin x \cos x + x + c_2}{2}.$$

ゆえに，

$$\tan y = -2\sin x \cos x + 2x + C$$
$$= -\sin(2x) + 2x + C$$

(C は任意定数) となり，一般解は，

$$y = \tan^{-1}\left(-\sin(2x) + 2x + C\right).$$

ある $x = x_0$ で $y = \frac{\pi}{2} + n\pi$ の場合は，① より，

$$y'(x_0) = 4\sin^2 x_0 \cos^2\left(\frac{\pi}{2} + n\pi\right) = 0.$$

ゆえに y は $\frac{\pi}{2} + n\pi$ であり続ける．すなわち，$y = \frac{\pi}{2} + n\pi$ も解であり，これは特異解となる．

2.5.2 $z = \frac{y}{x}$ とすると，

$$y = xz \longrightarrow y' = xz' + z.$$

今，$y' = \frac{x+y}{2x} = \frac{1}{2}(1+z)$．ゆえに，

$$\frac{1}{2}(1+z) = xz' + z$$
$$\longrightarrow z' = \frac{1}{2x}(1-z).$$

この微分方程式は変数分離形．
$z \neq 1$ と仮定して変形すると，

$$\int \frac{1}{1-z}\frac{dz}{dx}dx = \int \frac{dz}{1-z} = \int \frac{dx}{2x}$$
$$\longrightarrow -\ln|1-z| = \frac{1}{2}\ln|x| + c$$
$$\longrightarrow \ln\left|\sqrt{|x|}(1-z)\right| = -c$$
$$\longrightarrow \sqrt{|x|}(1-z) = C$$
$$\longrightarrow z = 1 - \frac{C}{\sqrt{|x|}}$$

($C = \pm e^{-c}$ は任意定数)．ゆえに，求める $y(x)$ の一般解は，

$$y(x) = xz = x\left(1 - \frac{C}{\sqrt{|x|}}\right).$$

ある $x = x_0$ で $z = 1$ のとき，$z'(x_0) = 0$ であり，z は 1 であり続ける．ゆえに，$z = 1$ も解であり，これは $C = 0$ として，上記の一般解に含むことができる．

2.5.3 (1) $y(x) \neq 0$ と仮定し，$u(x) = \{y(x)\}^{1-2} = \frac{1}{y(x)}$ とすると，$u' = -\frac{1}{y^2}y'$．微分方程式を $-y^2$ で割って，

$$-\frac{y'}{y^2} - \frac{1}{xy} - 2 = 0 \longrightarrow u' - \frac{1}{x}u = 2.$$

これは線形 1 階常微分方程式になっている．まず，斉次の解を求めると，

$$u' = \frac{u}{x}$$
$$\longrightarrow \frac{u'}{u} = \frac{1}{x}$$
$$\longrightarrow \int \frac{1}{u}\frac{du}{dx}dx = \int \frac{du}{u} = \int \frac{dx}{x}$$
$$\longrightarrow \ln|u| = \ln|x| + c$$
$$\longrightarrow \ln|u| - \ln|x| = \ln\left|\frac{u}{x}\right| = c$$
$$\longrightarrow u = Cx$$

($C = \pm e^c$ は任意定数)．
定数変化法を用いて，非斉次の解を求める．$u(x) = C(x)x$ と仮定すると，

$$u' - \frac{1}{x}u = C'(x)x + C(x) - C(x)$$
$$= C'(x)x = 2$$
$$\longrightarrow \frac{dC(x)}{dx} = \frac{2}{x}$$
$$\longrightarrow C(x) = \int \frac{2}{x}dx = 2\ln|x| + D$$

(D は任意定数)．ゆえに，

$$u(x) = (2\ln|x| + D)x$$
$$\longrightarrow \quad y(x) = \frac{1}{(2\ln|x| + D)x}.$$

ある $x = x_0$ で $y(x_0) = 0$ であれば，$y'(x_0) = 0$ より，y は 0 であり続ける．ゆえに $y(x) = 0$ も解であり，これは特異解となる．

(2) $u(x) = \{y(x)\}^{1-(-1)} = \{y(x)\}^2$ とすると，$u' = 2yy'$．微分方程式に $2y$ を掛けて，
$$2yy' + 2y^2 - 2\cos x = 0$$
$$\longrightarrow \quad u' + 2u = 2\cos x.$$

これは定係数線形 1 階常微分方程式になっている．まず，斉次の解を $u = Ce^{\lambda x}$ と仮定すると，特性方程式は，
$$\lambda + 2 = 0 \quad \longrightarrow \quad \lambda = -2.$$

ゆえに斉次の一般解は $u_0(x) = Ce^{-2x}$．
非斉次の特解を $U_0(x) = A\cos x + B\sin x$ と仮定すると，
$$U_0'(x) + 2U_0(x)$$
$$= -A\sin x + B\cos x + 2(A\cos x + B\sin x)$$
$$= (2A + B)\cos x + (-A + 2B)\sin x = 2\cos x$$
$$\longrightarrow \quad 2A + B = 2, -A + 2B = 0$$
$$\longrightarrow \quad A = \frac{4}{5}, B = \frac{2}{5}.$$

ゆえに，$u(x)$ の一般解は，
$$u(x) = u_0(x) + U_0(x)$$
$$= Ce^{-2x} + \frac{4}{5}\cos x + \frac{2}{5}\sin x$$

となり，求める $y(x)$ の一般解は，
$$y(x) = \pm\sqrt{Ce^{-2x} + \frac{4}{5}\cos x + \frac{2}{5}\sin x}$$

(C は任意定数)．

■ポイント■ 一度，線形 1 階常微分方程式になおしてしまえば，(1) のように定数変化法を使っても，(2) のように未定係数法を使っても，どちらでも解くことができます．

2.5.4 (1) 特解を $y_1(x) = a$ (定数) と仮定して，与式に代入すると，$y_1' = 0$ に注意して，

$$0 = -3x^2 + (x^2 + 3)a - a^2$$
$$= (-3 + a)(x^2 - a).$$

ゆえに $a = 3$ であれば y_1 は解，すなわち特解は $y_1(x) = 3$．
$u(x) = y(x) - 3$ とすると，$y = u + 3, y' = u'$ より，
$$u' = -3x^2 + (x^2 + 3)(u + 3) - (u + 3)^2$$
$$= -3x^2 + x^2 u + 3x^2 + 3u + 9$$
$$\quad - (u^2 + 6u + 9)$$
$$= (x^2 - 3)u - u^2.$$

これは u に対するベルヌイ型微分方程式である．

(2) 特解を $y_1(x) = ax$ (a は定数) と仮定して，与式に代入すると，$y_1' = a$ に注意して，
$$a = 1 - \frac{1}{x} + \left(\frac{1}{x^2} - x\right)ax + (ax)^2$$
$$= 1 - \frac{1}{x} + \left(\frac{1}{x} - x^2\right)a + a^2 x^2$$
$$\longrightarrow \quad (1 - a) + \frac{1}{x}(a - 1) + a(a - 1)x^2 = 0.$$

ゆえに $a = 1$ であれば y_1 は解，すなわち特解は $y_1(x) = x$．
$u(x) = y(x) - x$ とすると，$y = u + x$, $y' = u' + 1$ より，
$$u' + 1$$
$$= 1 - \frac{1}{x} + \left(\frac{1}{x^2} - x\right)(u + x) + (u + x)^2$$
$$= 1 - \frac{1}{x} + \left(\frac{1}{x^2} - x\right)u + \frac{1}{x} - x^2$$
$$\quad + u^2 + 2xu + x^2$$
$$= 1 + \left(\frac{1}{x^2} + x\right)u + u^2$$
$$\longrightarrow \quad u' - \left(\frac{1}{x^2} + x\right)u - u^2 = 0.$$

これは u に対するベルヌイ型微分方程式である．

■ポイント■ (1), (2) とも，特解 $y_1(x)$ は微分方程式を見て，適当な関数を仮定することで，解を求めています．この特解を求める部分は，解の形を見つけるセンスと試行錯誤が必要になります．

2.5.5 運動方程式は
$$m\frac{d^2x(t)}{dt^2} = m\frac{dv(t)}{dt}$$
$$= -\Gamma v(t) - \widetilde{\Gamma}\{v(t)\}^2 + F_0.$$

(1) $v(t) = c$（定数）と仮定して，運動方程式に代入すると，
$$0 = -\Gamma c - \widetilde{\Gamma}c^2 + F_0$$
$$\longrightarrow \widetilde{\Gamma}c^2 + \Gamma c - F_0 = 0.$$

ゆえに，
$$c_\pm = \frac{-\Gamma \pm \sqrt{\Gamma^2 + 4\widetilde{\Gamma}F_0}}{2\widetilde{\Gamma}}$$
$$\equiv \frac{-\Gamma \pm D}{2\widetilde{\Gamma}}. \quad \left(D \equiv \sqrt{\Gamma^2 + 4\widetilde{\Gamma}F_0}\right)$$

$D > \Gamma > 0$ より，$c_+ > 0 > c_-$. ゆえに，終端速度 $v_\infty > 0$ は
$$v_\infty = c_+ = \frac{D - \Gamma}{2\widetilde{\Gamma}}.$$

(2) ある時刻 $t = t_0$ で $v(t_0) = c_\pm$ であれば，$\frac{dv(t_0)}{dt} = 0$ となり，v は $c_\pm$ であり続ける．ゆえに $v(t) = c_\pm$ は特解で，また，この運動方程式の解曲線は $v = c_\pm$ の線と交差することはない．

これらの特解のうち，$v_1(t) = c_+$ の方を用いて $u(t) = v(t) - c_+$ と変数変換すると，
$$\frac{du(t)}{dt} = \frac{dv(t)}{dt}, \quad v(t) = u(t) + c_+.$$

これらを運動方程式に代入して，
$$m\frac{du}{dt} = -\Gamma(u + c_+) - \widetilde{\Gamma}(u + c_+)^2 + F_0$$
$$= -\Gamma u - \widetilde{\Gamma}(u^2 + 2c_+ u)$$
$$\quad -\Gamma c_+ - \widetilde{\Gamma}c_+^2 + F_0.$$

$\Gamma c_+ + \widetilde{\Gamma}c_+^2 - F_0 = 0$, $\Gamma + 2\widetilde{\Gamma}c_+ = D$ に注意して，
$$m\frac{du}{dt} = -Du - \widetilde{\Gamma}u^2.$$

この微分方程式はベルヌイ型であり，ベルヌイ型の解法で解くことができて（基本問題 2.21, 2.22 参照），$u(t)$ の一般解は

$$u(t) = \frac{1}{Ce^{(D/m)t} - \frac{\widetilde{\Gamma}}{D}}$$

(C は任意定数). 初速度 $v(0) = v_0 > v_\infty > 0$ より，$u(0) = v(0) - c_+ = v_0 - v_\infty > 0$. ゆえに問題の初期条件に対応する $u(t)$ の特解は，
$$u(t) = \frac{1}{\left(\frac{1}{v_0 - v_\infty} + \frac{\widetilde{\Gamma}}{D}\right)e^{(D/m)t} - \frac{\widetilde{\Gamma}}{D}}.$$

ゆえに求める $v(t)$ の解は，
$$v(t) = u(t) + c_+$$
$$= \frac{1}{\left(\frac{1}{v_0 - v_\infty} + \frac{\widetilde{\Gamma}}{D}\right)e^{(D/m)t} - \frac{\widetilde{\Gamma}}{D}} + v_\infty.$$

2.5.6 $\Longrightarrow$ の証明：$P(x,y) = \frac{\partial \phi(x,y)}{\partial x}$, $Q(x,y) = \frac{\partial \phi(x,y)}{\partial y}$ より，
$$\frac{\partial P(x,y)}{\partial y} = \frac{\partial}{\partial y}\frac{\partial \phi(x,y)}{\partial x}$$
$$= \frac{\partial}{\partial x}\frac{\partial \phi(x,y)}{\partial y} = \frac{\partial Q(x,y)}{\partial x}.$$

($\phi(x,y)$ に対する条件から，偏微分の順序が入れ替え可能であることを用いた．)

$\Longleftarrow$ の証明：関数 $\phi(x,y)$ を
$$\phi(x,y)$$
$$= \int P(x,y)dx$$
$$\quad + \int \left\{Q(x,y) - \frac{\partial}{\partial y}\int P(x,y)dx\right\}dy \quad \text{①}$$

と定義する．すると，
$$\frac{\partial \phi(x,y)}{\partial x}$$
$$= \frac{\partial}{\partial x}\int P(x,y)dx$$
$$\quad + \int \left\{\frac{\partial}{\partial x}Q(x,y) - \frac{\partial^2}{\partial x \partial y}\int P(x,y)dx\right\}dy$$
$$= P(x,y)$$
$$\quad + \int \left\{\frac{\partial}{\partial x}Q(x,y) - \frac{\partial}{\partial y}P(x,y)\right\}dy$$
$$= P(x,y).$$

(最後のところで，条件式より積分中の $\{\cdots\} = 0$ であることを用いた．)

$$\frac{\partial \phi(x,y)}{\partial y}$$
$$= \frac{\partial}{\partial y}\int P(x,y)dx$$
$$+ \frac{\partial}{\partial y}\int \left\{Q(x,y) - \frac{\partial}{\partial y}\int P(x,y)dx\right\}dy$$
$$= \frac{\partial}{\partial y}\int P(x,y)dx$$
$$+ Q(x,y) - \frac{\partial}{\partial y}\int P(x,y)dx$$
$$= Q(x,y).$$

ゆえに, ①は $P(x,y) = \frac{\partial \phi(x,y)}{\partial x}, Q(x,y) = \frac{\partial \phi(x,y)}{\partial y}$ を満たす.

2.5.7 (1) 微分方程式は $y'(x) = -\frac{2xy-2y^2-3}{x^2-4xy+1}$ と書ける. ゆえに,

$$P(x,y) = 2xy - 2y^2 - 3 = \frac{\partial \phi(x,y)}{\partial x}, \quad ①$$

$$Q(x,y) = x^2 - 4xy + 1 = \frac{\partial \phi(x,y)}{\partial y} \quad ②$$

となる $\phi(x,y)$ を見つければよい. ①より,

$$\phi(x,y) = \int (2xy - 2y^2 - 3)dx$$
$$= x^2 y - x(2y^2 + 3) + R(y)$$

($R(y)$ は y のみの関数). この $\phi(x,y)$ が②を満たすという条件から

$$\frac{\partial \phi(x,y)}{\partial y} = x^2 - 4xy + \frac{dR(y)}{dy}$$
$$= x^2 - 4xy + 1$$
$$\longrightarrow \quad \frac{dR(y)}{dy} = 1 \quad \longrightarrow \quad R(y) = y + C$$

(C は任意定数). ゆえに,

$$\phi(x,y) = x^2 y - x(2y^2 + 3) + y + C$$

は, ①, ②を満たす. ゆえ求める解は

$$x^2 y - x(2y^2 + 3) + y = D$$

(D は任意定数).

(2) 微分方程式は

$$y'(x) = (x+y)\frac{\sin x}{\cos x} - 1$$

$$= -\frac{\cos x - (x+y)\sin x}{\cos x}$$

と書ける. ゆえに,

$$P(x,y) = \cos x - (x+y)\sin x$$
$$= \frac{\partial \phi(x,y)}{\partial x}, \quad ③$$

$$Q(x,y) = \cos x = \frac{\partial \phi(x,y)}{\partial y} \quad ④$$

となる $\phi(x,y)$ を見つければよい. ④より,

$$\phi(x,y) = \int \cos x \, dy = y\cos x + S(x)$$

($S(x)$ は x のみの関数). この $\phi(x,y)$ を③に代入して,

$$\frac{\partial \phi(x,y)}{\partial x} = -y\sin x + \frac{dS(x)}{dx}$$
$$= \cos x - (x+y)\sin x$$
$$\longrightarrow \quad \frac{dS(x)}{dx} = \cos x - x\sin x$$
$$\longrightarrow \quad S(x) = \int (\cos x - x\sin x)dx$$
$$= x\cos x + C.$$

(C は任意定数). ゆえに,

$$\phi(x,y) = y\cos x + x\cos x + C$$
$$= (x+y)\cos x + C.$$

ゆえに, 求める解は,

$$(x+y)\cos x = D \quad \longrightarrow \quad y = \frac{D}{\cos x} - x$$

(D は任意定数).

2.6.1 (1) $z = y'$ とおくと,

$$y'' = \frac{dz}{dx} = \frac{dy}{dx}\frac{dz}{dy} = z\frac{dz}{dy}.$$

これらを与式に代入すると,

$$z\frac{dz}{dy} + z^2 + 2z\cos y = 0$$

$$\longrightarrow \quad \frac{dz}{dy} + z = -2\cos y.$$

これは $z(y)$ に対する 1 階常微分方程式である.

(2) 与式は y, y', y'' についての 3 次の同次式. $z = \frac{y'}{y}$ とおくと, $y' = yz$, かつ,

$$y'' = y'z + yz'$$
$$= yz^2 + yz' = y(z' + z^2).$$

これらを与式に代入すると,

$$y(z' + z^2)y^2 + x(yz)^3 + x^2 y(yz)^2$$
$$= y^3(z' + z^2 + xz^3 + x^2 z^2) = 0$$
$$\longrightarrow \quad z' + z^2 + xz^3 + x^2 z^2 = 0.$$

これは $z(x)$ に対する 1 階常微分方程式である.

2.6.2 (1) $u(x,t) = X(x)T(t)$ を拡散方程式に代入すると,

$$\frac{\partial}{\partial t}\{X(x)T(t)\} = D\frac{\partial^2}{\partial x^2}\{X(x)T(t)\}$$
$$\longrightarrow \quad X(x)\frac{dT(t)}{dt} = DT(t)\frac{d^2 X(x)}{dx^2}.$$

両辺を $DX(x)T(t)$ で割ると,

$$\frac{1}{DT(t)}\frac{dT(t)}{dt} = \frac{1}{X(x)}\frac{d^2 X(x)}{dx^2}.$$

左辺は t のみ, 右辺は x のみの関数なので, 任意の (x,t) で等式が成り立つためには, 両辺が定数でなければならない. ゆえに分離定数を λ として,

$$\frac{1}{DT(t)}\frac{dT(t)}{dt} = \frac{1}{X(x)}\frac{d^2 X(x)}{dx^2} = \lambda$$
$$\longrightarrow \quad \begin{cases} \dfrac{d^2 X(x)}{dx^2} = \lambda X(x), \\ \dfrac{dT(t)}{dt} = \lambda DT(t). \end{cases}$$

(2) 境界条件 $u(0,t) = u(L,t) = 0$ より, $X(0) = X(L) = 0$. 以下, λ の値によって場合分けする.
  (i) $\lambda > 0$ の場合:

$$\frac{d^2 X(x)}{dx^2} = \lambda X(x)$$
$$\longrightarrow \quad X(x) = c_1 e^{\sqrt{\lambda}\,x} + c_2 e^{-\sqrt{\lambda}\,x}.$$

境界条件より,

$$X(0) = c_1 + c_2 = 0,$$
$$X(L) = c_1 e^{\sqrt{\lambda}\,L} + c_2 e^{-\sqrt{\lambda}\,L} = 0$$
$$\longrightarrow \quad c_1 = c_2 = 0.$$

これは任意の x で $X(x) = 0$, すなわち $u(x,t) = 0$ を与えるため, 物理的に意味のない解となる. ゆえに $\lambda > 0$ は不適.
  (ii) $\lambda = 0$ の場合:

$$\frac{d^2 X(x)}{dx^2} = 0 \quad \longrightarrow \quad X(x) = c_1 x + c_2.$$

境界条件より,

$$X(0) = c_2 = 0, \quad X(L) = c_1 L + c_2 = 0$$
$$\longrightarrow \quad c_1 = c_2 = 0.$$

これも任意の x で $X(x) = 0$, すなわち $u(x,t) = 0$ を与えるため, 物理的に意味のない解となる. ゆえに $\lambda = 0$ も不適.
  (iii) $\lambda < 0$ の場合:$\lambda = -k^2$ として,

$$\frac{d^2 X(x)}{dx^2} = -k^2 X(x)$$
$$\longrightarrow \quad X(x) = c_1 e^{ikx} + c_2 e^{-ikx}.$$

境界条件より,

$$X(0) = c_1 + c_2 = 0 \quad \longrightarrow \quad c_2 = -c_1,$$
$$X(L) = c_1 e^{ikL} + c_2 e^{-ikL}$$
$$= c_1(e^{ikL} - e^{-ikL}) = 2ic_1 \sin(kL) = 0$$
$$\longrightarrow \quad kL = n\pi \quad \longrightarrow \quad k = \frac{n\pi}{L}.$$

ゆえに $\lambda = -\left(\frac{n\pi}{L}\right)^2$ (n は整数) のとき,

$$X(x) = A\sin\left(\frac{n\pi}{L}x\right)$$

(A は任意定数) が解となる.
  (3) $\lambda = -\left(\frac{n\pi}{L}\right)^2$ より,

$$\frac{dT(t)}{dt} = -\left(\frac{n\pi}{L}\right)^2 DT(t)$$
$$\longrightarrow \quad T(t) = Be^{-(n\pi/L)^2 Dt}$$

(B は任意定数). ゆえに $\lambda = -\left(\frac{n\pi}{L}\right)^2$ に対応する解は,

$$u_n(x,t) = C\sin\left(\frac{n\pi}{L}x\right) e^{-(n\pi/L)^2 Dt}$$

(C は任意定数). 拡散方程式は線形なので, この $u_n(x,t)$ を重ね合わせたものが $u(x,t)$ の一般解を与える, すなわち,

$$u(x,t) = \sum_{n=1}^{\infty} C_n \sin\left(\frac{n\pi}{L}x\right) e^{-(n\pi/L)^2 Dt}$$

($\{C_n\}$ は任意定数．)

ポイント 最後，$u_n(x,t)$ の重ね合わせをとるところで，$n \geq 1$ のみの和をとっていますが，これは「$n = 0$ は $u_0(x,t) = 0$ となる」ことと「$n \leq -1$ は符号反転すれば $n \geq 1$ の解と等価な式になる」ことから，$n \leq 0$ の解を含める必要はない，ということに対応しています．

2.6.3 シュレーディンガー方程式を変形して，
$$\left(\frac{\partial^2}{\partial x^2} + \frac{\partial^2}{\partial y^2} + \frac{\partial^2}{\partial z^2}\right)\Psi(x,y,z)$$
$$= -\frac{2mE}{\hbar^2}\Psi(x,y,z).$$

$\Psi(x,y,z) = X(x)Y(y)Z(z)$ と仮定して，方程式に代入すると，
$$YZ\frac{d^2 X}{dx^2} + XZ\frac{d^2 Y}{dy^2} + XY\frac{d^2 Z}{dz^2}$$
$$= -\frac{2mE}{\hbar^2}XYZ.$$

($X(x), Y(y), Z(z)$ を X, Y, Z と略記した．) 両辺を XYZ で割って整理すると，
$$\frac{1}{X}\frac{d^2 X}{dx^2} = -\frac{2mE}{\hbar^2} - \frac{1}{Y}\frac{d^2 Y}{dy^2} - \frac{1}{Z}\frac{d^2 Z}{dz^2}.$$

左辺は x のみ，右辺は y, z のみの関数なので，任意の (x,y,z) で等式が成り立つためには，両辺が定数でなければならない．ゆえに分離定数を λ_1 として，
$$\frac{1}{X}\frac{d^2 X}{dx^2} = -\frac{2mE}{\hbar^2} - \frac{1}{Y}\frac{d^2 Y}{dy^2} - \frac{1}{Z}\frac{d^2 Z}{dz^2}$$
$$= \lambda_1.$$

(中辺) = (右辺) を整理して，
$$\frac{1}{Y}\frac{d^2 Y}{dy^2} = -\frac{2mE}{\hbar^2} - \lambda_1 - \frac{1}{Z}\frac{d^2 Z}{dz^2}.$$

左辺は y のみ，右辺は z のみの関数なので，任意の (y,z) で等式が成り立つためには，両辺が定数．ゆえに分離定数を λ_2 として，
$$\frac{1}{Y}\frac{d^2 Y}{dy^2} = -\frac{2mE}{\hbar^2} - \lambda_1 - \frac{1}{Z}\frac{d^2 Z}{dz^2} = \lambda_2.$$

以上で得られた式をまとめると，
$$\frac{d^2 X(x)}{dx^2} = \lambda_1 X(x),$$
$$\frac{d^2 Y(y)}{dy^2} = \lambda_2 Y(y),$$
$$\frac{d^2 Z(z)}{dz^2} = \left(-\frac{2mE}{\hbar^2} - \lambda_1 - \lambda_2\right)Z(z)$$
$$= \lambda_3 Z(z)$$

(ただし，$\lambda_1 + \lambda_2 + \lambda_3 = -\frac{2mE}{\hbar^2}$) が得られる．

ポイント 3 変数関数に対する偏微分方程式なので，分離定数が λ_1, λ_2 の 2 つ必要になります．(λ_3 は式をきれいにするために導入しただけで，λ_1, λ_2 で表すことができます．) 分離定数の導入の論理さえ理解できていれば，後は単純な問題といえるでしょう．

第 3 章

3.1.1 (1)
$$\boldsymbol{a} \cdot (\boldsymbol{b} \times \boldsymbol{c})$$
$$= a_x(b_y c_z - b_z c_y) + a_y(b_z c_x - b_x c_z)$$
$$+ a_z(b_x c_y - b_y c_x)$$
$$= b_x(c_y a_z - c_z a_y) + b_y(c_z a_x - c_x a_z)$$
$$+ b_z(c_x a_y - c_y a_x)$$
$$= \boldsymbol{b} \cdot (\boldsymbol{c} \times \boldsymbol{a}).$$

同様に，$\boldsymbol{b} \cdot (\boldsymbol{c} \times \boldsymbol{a}) = \boldsymbol{c} \cdot (\boldsymbol{a} \times \boldsymbol{b})$ も示される．

(2) x 成分を計算する．
$$a_y(\boldsymbol{b} \times \boldsymbol{c})_z - a_z(\boldsymbol{b} \times \boldsymbol{c})_y$$
$$+ b_y(\boldsymbol{c} \times \boldsymbol{a})_z - b_z(\boldsymbol{c} \times \boldsymbol{a})_y$$
$$+ c_y(\boldsymbol{a} \times \boldsymbol{b})_z - c_z(\boldsymbol{a} \times \boldsymbol{b})_y$$
$$= a_y(b_x c_y - b_y c_x) - a_z(b_z c_x - b_x c_z)$$
$$+ b_y(c_x a_y - c_y a_x) - b_z(c_z a_x - c_x a_z)$$
$$+ c_y(a_x b_y - a_y b_x) - c_z(a_z b_x - a_x b_z)$$
$$= a_y b_x c_y - a_y b_y c_x - a_z b_z c_x + a_z b_x c_z$$
$$+ b_y c_x a_y - b_y c_y a_x - b_z c_z a_x + b_z c_x a_z$$
$$+ c_y a_x b_y - c_y a_y b_x - c_z a_z b_x + c_z a_x b_z = 0.$$

y, z 成分も同様．

3.1.2 $\boldsymbol{b}, \boldsymbol{c}$ が平行でない (同一直線上にない) とする．このとき $\boldsymbol{b} \times \boldsymbol{c}$ は，$\boldsymbol{b}, \boldsymbol{c}$ が張る平面と垂直なベクトル．ゆえに $\boldsymbol{a}$ が $\boldsymbol{b} \times \boldsymbol{c}$ と垂直であれ

ば（すなわち $\boldsymbol{a} \cdot (\boldsymbol{b} \times \boldsymbol{c}) = 0$ であれば），$\boldsymbol{a}$, $\boldsymbol{b}$, $\boldsymbol{c}$ は同一平面上にあり，$\boldsymbol{a}$ が $\boldsymbol{b} \times \boldsymbol{c}$ と垂直でなければ（すなわち $\boldsymbol{a} \cdot (\boldsymbol{b} \times \boldsymbol{c}) \neq 0$ であれば），$\boldsymbol{a}$, $\boldsymbol{b}$, $\boldsymbol{c}$ は同一平面上にない．

$\boldsymbol{b}$, $\boldsymbol{c}$ が平行である（同一直線上にある）場合は，$\boldsymbol{b} \times \boldsymbol{c} = \boldsymbol{0}$ より，$\boldsymbol{a} \cdot (\boldsymbol{b} \times \boldsymbol{c}) = 0$．このとき，$\boldsymbol{a}$, $\boldsymbol{b}$, $\boldsymbol{c}$ は，$\boldsymbol{b}$, $\boldsymbol{c}$ が乗る直線と $\boldsymbol{a}$ によって張られる平面上にあるため，問題の命題を満たす．

以上より，次が成り立つ．

$\boldsymbol{a}$, $\boldsymbol{b}$, $\boldsymbol{c}$ が同一平面上にある
$\iff \boldsymbol{a} \cdot (\boldsymbol{b} \times \boldsymbol{c}) = 0$

3.1.3 $\boldsymbol{a}_i$ $(i = 1, 2, 3)$ と $\boldsymbol{b}_1$ とのスカラー積を考える．

$$\boldsymbol{a}_1 \cdot \boldsymbol{b}_1 = \frac{\boldsymbol{a}_1 \cdot (\boldsymbol{a}_2 \times \boldsymbol{a}_3)}{\boldsymbol{a}_1 \cdot (\boldsymbol{a}_2 \times \boldsymbol{a}_3)} = 1.$$

$\boldsymbol{a}_2 \times \boldsymbol{a}_3$ は $\boldsymbol{a}_2$, $\boldsymbol{a}_3$ と垂直なので，

$$\boldsymbol{a}_2 \cdot (\boldsymbol{a}_2 \times \boldsymbol{a}_3) = \boldsymbol{a}_3 \cdot (\boldsymbol{a}_2 \times \boldsymbol{a}_3) = 0.$$

ゆえに，$\boldsymbol{a}_2 \cdot \boldsymbol{b}_1 = \boldsymbol{a}_3 \cdot \boldsymbol{b}_1 = 0$．以上より，$\boldsymbol{a}_i \cdot \boldsymbol{b}_1 = \delta_{i1}$．

同様に，$\boldsymbol{a}_i \cdot \boldsymbol{b}_2 = \delta_{i2}$, $\boldsymbol{a}_i \cdot \boldsymbol{b}_3 = \delta_{i3}$, $(\boldsymbol{a}_1 \cdot (\boldsymbol{a}_2 \times \boldsymbol{a}_3) = \boldsymbol{a}_2 \cdot (\boldsymbol{a}_3 \times \boldsymbol{a}_1) = \boldsymbol{a}_3 \cdot (\boldsymbol{a}_1 \times \boldsymbol{a}_2)$ に注意．）ゆえに，$\boldsymbol{a}_i \cdot \boldsymbol{b}_j = \delta_{ij}$.

■ポイント■ 逆格子ベクトルは，物性物理において結晶格子を扱うときに重要となります．大学学部レベルの物理では，X 線回折実験におけるブラッグ反射などで目にすることになるでしょう．

3.1.4 (1)

$$\frac{d}{dt}\{\boldsymbol{a}(t) \cdot \boldsymbol{b}(t)\}$$
$$= \frac{d}{dt}\{a_x(t)b_x(t) + a_y(t)b_y(t) + a_z(t)b_z(t)\}.$$

関数の積 $f(t)g(t)$ の微分については，分配則

$$\frac{d}{dt}\{f(t)g(t)\} = \frac{df(t)}{dt}g(t) + f(t)\frac{dg(t)}{dt}$$

が成り立つので，

$$\frac{d}{dt}\{\boldsymbol{a}(t) \cdot \boldsymbol{b}(t)\}$$
$$= \frac{da_x(t)}{dt}b_x(t) + \frac{da_y(t)}{dt}b_y(t) + \frac{da_z(t)}{dt}b_z(t)$$
$$+ a_x(t)\frac{db_x(t)}{dt} + a_y(t)\frac{db_y(t)}{dt} + a_z(t)\frac{db_z(t)}{dt}$$
$$= \frac{d\boldsymbol{a}(t)}{dt} \cdot \boldsymbol{b}(t) + \boldsymbol{a}(t) \cdot \frac{d\boldsymbol{b}(t)}{dt}.$$

(2) x 成分について考える．

$$\frac{d}{dt}\{\boldsymbol{a}(t) \times \boldsymbol{b}(t)\}_x$$
$$= \frac{d}{dt}\{a_y(t)b_z(t) - a_z(t)b_y(t)\}$$
$$= \frac{da_y(t)}{dt}b_z(t) + a_y(t)\frac{db_z(t)}{dt}$$
$$- \left\{\frac{da_z(t)}{dt}b_y(t) + a_z(t)\frac{db_y(t)}{dt}\right\}$$
$$= \frac{da_y(t)}{dt}b_z(t) - \frac{da_z(t)}{dt}b_y(t)$$
$$+ a_y(t)\frac{db_z(t)}{dt} - a_z(t)\frac{db_y(t)}{dt}$$
$$= \left\{\frac{d\boldsymbol{a}(t)}{dt} \times \boldsymbol{b}(t)\right\}_x + \left\{\boldsymbol{a}(t) \times \frac{d\boldsymbol{b}(t)}{dt}\right\}_x.$$

y, z 成分も同様．

■ポイント■ この問題を見ると，結局，スカラー積，ベクトル積とも，成分の積 $a_\alpha(t)b_\beta(t)$ $(\alpha, \beta = x, y, z)$ の線形結合で表されることから，通常の関数の積 $f(t)g(t)$ と同型の分配則が成り立つことがわかります．

3.1.5 (1) 微分の分配則 (3.6) より，

$$\frac{d\boldsymbol{L}(t)}{dt}$$
$$= \frac{d}{dt}\left(m\boldsymbol{r}(t) \times \frac{d\boldsymbol{r}(t)}{dt}\right)$$
$$= m\frac{d\boldsymbol{r}(t)}{dt} \times \frac{d\boldsymbol{r}(t)}{dt} + m\boldsymbol{r}(t) \times \frac{d^2\boldsymbol{r}(t)}{dt^2}.$$

右辺第 1 項は同じベクトルのベクトル積なので $\boldsymbol{0}$．また今，小物体に働く力が常に $\boldsymbol{r}(t)$ と平行であるので，運動方程式より，小物体の加速度 $\frac{d^2\boldsymbol{r}(t)}{dt^2}$ も $\boldsymbol{r}(t)$ と平行．ゆえに，右辺第 2 項も $\boldsymbol{0}$ となり，

$$\frac{d\boldsymbol{L}(t)}{dt} = \boldsymbol{0}.$$

すなわち，角運動量 $\boldsymbol{L}(t)$ は保存する．

(2) 各小物体の角運動量は，

$$\boldsymbol{L}_i(t) = m_i\boldsymbol{r}_i(t) \times \frac{d\boldsymbol{r}_i(t)}{dt} \quad (i = 1, 2).$$

ゆえに，角運動量の和の時間微分は，

$\dfrac{d}{dt}\{\boldsymbol{L}_1(t) + \boldsymbol{L}_2(t)\}$
$= m_1 \dfrac{d\boldsymbol{r}_1(t)}{dt} \times \dfrac{d\boldsymbol{r}_1(t)}{dt} + m_1 \boldsymbol{r}_1(t) \times \dfrac{d^2\boldsymbol{r}_1(t)}{dt^2}$
$\quad + m_2 \dfrac{d\boldsymbol{r}_2(t)}{dt} \times \dfrac{d\boldsymbol{r}_2(t)}{dt} + m_2 \boldsymbol{r}_2(t) \times \dfrac{d^2\boldsymbol{r}_2(t)}{dt^2}$
$= \boldsymbol{r}_1(t) \times \left(m_1 \dfrac{d^2\boldsymbol{r}_1(t)}{dt^2}\right)$
$\quad + \boldsymbol{r}_2(t) \times \left(m_2 \dfrac{d^2\boldsymbol{r}_2(t)}{dt^2}\right).$

今，小物体 1, 2 に働く力をそれぞれ $\boldsymbol{F}_1(t)$, $\boldsymbol{F}_2(t)$ とすると，力は内力でかつ小物体の位置を結んだ直線に平行なので，運動方程式，作用・反作用の法則より，

$$\boldsymbol{F}_1(t) = m_1 \dfrac{d^2\boldsymbol{r}_1(t)}{dt^2}$$
$$= -\boldsymbol{F}_2(t) = -m_2 \dfrac{d^2\boldsymbol{r}_2(t)}{dt^2}$$
$$= \alpha(t)\boldsymbol{r}_{21}(t).$$

($\boldsymbol{r}_{21}(t) = \boldsymbol{r}_2(t) - \boldsymbol{r}_1(t)$. $\alpha(t)$ はある関数.) ゆえに，

$\dfrac{d}{dt}\{\boldsymbol{L}_1(t) + \boldsymbol{L}_2(t)\}$
$= \boldsymbol{r}_1(t) \times \alpha(t)\boldsymbol{r}_{21}(t) + \boldsymbol{r}_2(t) \times \{-\alpha(t)\boldsymbol{r}_{21}(t)\}$
$= \alpha(t)\{\boldsymbol{r}_1(t) - \boldsymbol{r}_2(t)\} \times \boldsymbol{r}_{21}(t)$
$= -\alpha(t)\boldsymbol{r}_{21}(t) \times \boldsymbol{r}_{21}(t) = \boldsymbol{0}.$

すなわち，角運動量の和 $\boldsymbol{L}_1(t) + \boldsymbol{L}_2(t)$ は保存する．

3.2.1 (1)

$\int_V \phi(\boldsymbol{r}) dv$
$= \int_{-1}^{1} dx \int_{-1}^{1} dy \int_{-1}^{1} dz\, axyz$
$= a \left(\int_{-1}^{1} x\,dx\right)\left(\int_{-1}^{1} y\,dy\right)\left(\int_{-1}^{1} z\,dz\right)$
$= a \left[\dfrac{1}{2}x^2\right]_{-1}^{1} \times \left[\dfrac{1}{2}y^2\right]_{-1}^{1} \times \left[\dfrac{1}{2}z^2\right]_{-1}^{1} = 0.$

(2) 領域 V は，$0 \leq z \leq 1$, $-1 \leq x \leq 1$, $-\sqrt{1-x^2} \leq y \leq \sqrt{1-x^2}$ と表されることから，

$\int_V \phi(\boldsymbol{r}) dv$
$= \int_0^1 dz \int_{-1}^{1} dx \int_{-\sqrt{1-x^2}}^{\sqrt{1-x^2}} dy\, a(x^2 + y^2)$
$= a\left(\int_0^1 dz\right) \times \int_{-1}^{1} dx \left[x^2 y + \dfrac{1}{3}y^3\right]_{-\sqrt{1-x^2}}^{\sqrt{1-x^2}}$
$= a \times 1 \times \int_{-1}^{1} dx \left\{x^2\sqrt{1-x^2}\right.$
$\quad + \dfrac{1}{3}(1-x^2)\sqrt{1-x^2}$
$\quad \left. - \left(-x^2\sqrt{1-x^2} - \dfrac{1}{3}(1-x^2)\sqrt{1-x^2}\right)\right\}$
$= a\left(\dfrac{2}{3}\int_{-1}^{1} dx\sqrt{1-x^2}\right.$
$\quad \left. + \dfrac{4}{3}\int_{-1}^{1} dx\, x^2\sqrt{1-x^2}\right).$

ここで，$x = \cos\theta$ と置換積分を行うと，

$\int_{-1}^{1} dx\sqrt{1-x^2}$
$= \int_{-\pi}^{0} \sqrt{1-\cos^2\theta}\,(-\sin\theta)d\theta$
$= \int_{-\pi}^{0} \sin^2\theta\,d\theta = \dfrac{\pi}{2},$

$\int_{-1}^{1} dx\, x^2\sqrt{1-x^2}$
$= \int_{-\pi}^{0} \cos^2\theta\sqrt{1-\cos^2\theta}\,(-\sin\theta)d\theta$
$= \int_{-\pi}^{0} \cos^2\theta\sin^2\theta\,d\theta$
$= \int_{-\pi}^{0} \dfrac{1}{2}(1+\cos 2\theta)\dfrac{1}{2}(1-\cos 2\theta)d\theta$
$= \dfrac{1}{4}\int_{-\pi}^{0}(1-\cos^2 2\theta)d\theta$
$= \dfrac{1}{4}\int_{-\pi}^{0} \sin^2 2\theta\,d\theta = \dfrac{1}{4}\dfrac{\pi}{2} = \dfrac{\pi}{8}.$

ゆえに，

$$\int_V \phi(\boldsymbol{r})dv = a\left(\dfrac{2}{3}\dfrac{\pi}{2} + \dfrac{4}{3}\dfrac{\pi}{8}\right) = \dfrac{\pi}{2}a.$$

【(2) 別解】 円柱座標 (ρ, φ, z) を用いると (3.5 節参照)，

$\int_V \phi(\boldsymbol{r})dv$
$= \int_0^1 \rho\,d\rho \int_0^{2\pi} d\varphi \int_0^1 dz\, a\rho^2$

$$= a \left(\int_0^1 \rho^3 d\rho\right) \left(\int_0^{2\pi} d\varphi\right) \left(\int_0^1 dz\right)$$
$$= a \left[\frac{1}{4}\rho^4\right]_0^1 \times 2\pi \times 1 = a\frac{1}{4}2\pi = \frac{\pi}{2}a.$$

ポイント (1) は，ここでは丁寧に計算しましたが，$x \to -x$ の変換（yz 平面に対する反転）に際して，$\phi(\boldsymbol{r})$ の符号が反転するので，領域 V（yz 平面での反転について対称）に対する積分が 0 になることは，計算しなくてもすぐにわかります。また，(2) では，$\phi(\boldsymbol{r})$ および領域 V が z 軸周りの回転について対称なので，円柱座標を用いた方が，計算が楽になります。このように対称性を考慮することで，問題が簡単化されることが多くあります。

3.2.2 (1)
$$\int_{C_1} \boldsymbol{A}(\boldsymbol{r}) \cdot d\boldsymbol{r}$$
$$= \int_0^1 A_x(x,0,0)dx + \int_0^1 A_y(1,y,0)dy$$
$$\quad + \int_0^1 A_z(1,1,z)dz$$
$$= \int_0^1 x^2 \, dx + \int_0^1 y\sqrt{1+y^2} \, dy$$
$$\quad + \int_0^1 z\sqrt{2+z^2} \, dz.$$

ここで，
$$\int_0^1 x^2 \, dx = \left[\frac{1}{3}x^3\right]_0^1 = \frac{1}{3},$$
$$\int_0^1 s\sqrt{a+s^2} \, ds = \left[\frac{1}{3}(a+s^2)^{3/2}\right]_0^1$$
$$= \frac{1}{3}\left\{(a+1)^{3/2} - a^{3/2}\right\}$$

より，
$$\int_{C_1} \boldsymbol{A}(\boldsymbol{r}) \cdot d\boldsymbol{r}$$
$$= \frac{1}{3} + \frac{1}{3}\left(2^{3/2} - 1^{3/2}\right) + \frac{1}{3}\left(3^{3/2} - 2^{3/2}\right)$$
$$= \frac{1}{3}3\sqrt{3} = \sqrt{3}.$$

(2) C_2 を $x = y = z = t$ とパラメータ表示する。パラメータ t から $t + dt$ への変化に対応する微小線素を $d\boldsymbol{r} = (dx, dy, dz)$ とすると，$dx = \frac{dx(t)}{dt}dt = dt$. 同様に，$dy = dz = dt.$

ゆえに，
$$\boldsymbol{A}(\boldsymbol{r}) \cdot d\boldsymbol{r}$$
$$= A_x(t,t,t)dx + A_y(t,t,t)dy + A_z(t,t,t)dz$$
$$= 3 \times t\sqrt{3t^2} \, dt = 3\sqrt{3}\, t^3 \, dt$$

より，
$$\int_{C_2} \boldsymbol{A}(\boldsymbol{r}) \cdot d\boldsymbol{r} = \int_0^1 3\sqrt{3}\, t^2 \, dt$$
$$= 3\sqrt{3}\left[\frac{1}{3}t^3\right]_0^1 = 3\sqrt{3}\frac{1}{3} = \sqrt{3}.$$

(2) 別解 C_2 は，ベクトル $(1,1,1)$ に平行に，原点からの距離 $r = 0$ から $r = \sqrt{3}$ まで移動する経路。また，
$$\boldsymbol{A}(\boldsymbol{r}) = xr\boldsymbol{e}_x + yr\boldsymbol{e}_y + zr\boldsymbol{e}_z$$
$$= r^2\left(\frac{x}{r}\boldsymbol{e}_x + \frac{y}{r}\boldsymbol{e}_y + \frac{z}{r}\boldsymbol{e}_z\right) = r^2\boldsymbol{e}_r$$

より，経路 C_2 上では，$\boldsymbol{A}(\boldsymbol{r}) = r^2\boldsymbol{e}_{(1,1,1)}$，$d\boldsymbol{r} = dr\boldsymbol{e}_{(1,1,1)}$.（$\boldsymbol{e}_{(1,1,1)}$ はベクトル $(1,1,1)$ に平行な単位ベクトル。）ゆえに，
$$\int_{C_2} \boldsymbol{A}(\boldsymbol{r}) \cdot d\boldsymbol{r} = \int_0^{\sqrt{3}} r^2 \, dr$$
$$= \left[\frac{1}{3}r^3\right]_0^{\sqrt{3}} = \frac{1}{3}3\sqrt{3} = \sqrt{3}.$$

ポイント 問題のベクトル場は任意の $\boldsymbol{r}$ で回転 $\nabla \times \boldsymbol{A}(\boldsymbol{r}) = \boldsymbol{0}$ となるので，3.4 節で示すように，線積分は始点，終点が決まれば経路によらず同じ値をとります。

3.2.3 (1) 6 つの面それぞれでの面積分の和をとる。$\alpha = -1$ ($\alpha = x, y, z$) の面では，面素ベクトルが α 軸負の向きであることに注意して，
$x = +1$ の面：
$$\int_{x=+1} \boldsymbol{A}(\boldsymbol{r}) \cdot d\boldsymbol{\sigma}$$
$$= \int_{-1}^1 dy \int_{-1}^1 dz \, A_x(1, y, z)$$
$$= \int_{-1}^1 dy \int_{-1}^1 dz \, y^2 z^2$$
$$= \left(\int_{-1}^1 y^2 \, dy\right)\left(\int_{-1}^1 z^2 \, dz\right)$$
$$= \left[\frac{1}{3}y^3\right]_{-1}^1 \times \left[\frac{1}{3}z^3\right]_{-1}^1 = \frac{4}{9},$$

$x = -1$ の面：

$$\int_{x=-1} \boldsymbol{A}(\boldsymbol{r}) \cdot d\boldsymbol{\sigma}$$
$$= -\int_{-1}^{1} dy \int_{-1}^{1} dz\, A_x(-1, y, z)$$
$$= -\int_{-1}^{1} dy \int_{-1}^{1} dz\, y^2 z^2 = -\frac{4}{9},$$

$y = +1$ の面：

$$\int_{y=+1} \boldsymbol{A}(\boldsymbol{r}) \cdot d\boldsymbol{\sigma}$$
$$= \int_{-1}^{1} dz \int_{-1}^{1} dx\, A_y(x, 1, z)$$
$$= \int_{-1}^{1} dz \int_{-1}^{1} dx\, xz$$
$$= \left(\int_{-1}^{1} z\, dz\right)\left(\int_{-1}^{1} x\, dx\right)$$
$$= \left[\frac{1}{2}z^2\right]_{-1}^{1} \times \left[\frac{1}{2}x^2\right]_{-1}^{1} = 0,$$

$y = -1$ の面：

$$\int_{y=-1} \boldsymbol{A}(\boldsymbol{r}) \cdot d\boldsymbol{\sigma}$$
$$= -\int_{-1}^{1} dz \int_{-1}^{1} dx\, A_y(x, -1, z)$$
$$= -\int_{-1}^{1} dz \int_{-1}^{1} dx\, (-xz) = 0,$$

$z = +1$ の面：

$$\int_{z=+1} \boldsymbol{A}(\boldsymbol{r}) \cdot d\boldsymbol{\sigma}$$
$$= \int_{-1}^{1} dx \int_{-1}^{1} dy\, A_z(x, y, 1)$$
$$= \int_{-1}^{1} dx \int_{-1}^{1} dy\, x^2 y^2$$
$$= \left(\int_{-1}^{1} x^2\, dx\right)\left(\int_{-1}^{1} y^2\, dy\right)$$
$$= \left[\frac{1}{3}x^3\right]_{-1}^{1} \times \left[\frac{1}{3}y^3\right]_{-1}^{1} = \frac{4}{9},$$

$z = -1$ の面：

$$\int_{z=-1} \boldsymbol{A}(\boldsymbol{r}) \cdot d\boldsymbol{\sigma}$$
$$= -\int_{-1}^{1} dx \int_{-1}^{1} dy\, A_z(x, y, -1)$$
$$= -\int_{-1}^{1} dx \int_{-1}^{1} dy\, (-x^2 y^2) = \frac{4}{9}.$$

ゆえに，求める面積分は，

$$\int \boldsymbol{A}(\boldsymbol{r}) \cdot d\boldsymbol{\sigma}$$
$$= \frac{4}{9} - \frac{4}{9} + 0 + 0 + \frac{4}{9} + \frac{4}{9} = \frac{8}{9}.$$

(2) 球面 S 上では，$\boldsymbol{A}(\boldsymbol{r}) = e^{-aR^2}\boldsymbol{e}_r$．また，面素ベクトル $d\boldsymbol{\sigma}$ は S 上の任意の点で，$\boldsymbol{e}_r$ と同じ向きである．ゆえに，

$$\int_S \boldsymbol{A}(\boldsymbol{r}) \cdot d\boldsymbol{\sigma} = \int_S e^{-aR^2} d\sigma$$
$$= e^{-aR^2} \int_S d\sigma = 4\pi R^2 e^{-aR^2}.$$

3.2.4 導体球の中心に座標原点をとると，系は原点周りの回転について対称なので，電場は動径方向を向いており，その大きさは原点からの距離のみの関数である．すなわち，$\boldsymbol{E}(\boldsymbol{r}) = E(r)\boldsymbol{e}_r$ ($\boldsymbol{e}_r$ は動径方向の単位ベクトル) と書ける．また，帯電した導体の電荷は導体表面に分布する．

以下，原点中心，半径 r の球面 S を考え，S 上での電場の動径方向成分 $E(r)$ を求める．電場 $\boldsymbol{E}(\boldsymbol{r})$ は球面 S に垂直なので，微小面素ベクトルを $d\boldsymbol{\sigma}$ とすると，$\boldsymbol{E}(\boldsymbol{r}) \cdot d\boldsymbol{\sigma} = E(r)d\sigma$．ゆえに，$S$ 上での電場の面積分は，

$$\int_S \boldsymbol{E}(\boldsymbol{r}) \cdot d\boldsymbol{\sigma}$$
$$= \int_S E(r)d\sigma = E(r)\int_S d\sigma = 4\pi r^2 E(r).$$

(i) $r < R$ の場合：S 内には電荷は存在しないので，ガウスの法則より，

$$\int_S \boldsymbol{E}(\boldsymbol{r}) \cdot d\boldsymbol{\sigma} = 0 \longrightarrow 4\pi r^2 E(r) = 0$$
$$\longrightarrow E(r) = 0.$$

(ii) $r > R$ の場合：S 内に存在する電荷の総量は Q．ゆえに，ガウスの法則より，

$$\int_S \boldsymbol{E}(\boldsymbol{r}) \cdot d\boldsymbol{\sigma} = \frac{Q}{\varepsilon_0} \longrightarrow 4\pi r^2 E(r) = \frac{Q}{\varepsilon_0}$$
$$\longrightarrow E(r) = \frac{Q}{4\pi\varepsilon_0}\frac{1}{r^2}.$$

(ε_0 は真空の誘電率．)

ポイント この問題も，電磁気学における最頻出問題です．ここで「ある閉曲面 S における電場の面積分は，S 内の総電荷を誘電率で割っ

たものに等しい（ガウスの法則）」，「導体の電荷は導体表面に分布する」の 2 点は電磁気学の知識ですが，これらを知っていれば，後はベクトル場の面積分の計算から，電場を求めることができます．

3.3.1 (1) $\frac{\partial \phi}{\partial x} = 1, \frac{\partial \phi}{\partial y} = 1, \frac{\partial \phi}{\partial z} = 0$ より，

$$\nabla \phi(\boldsymbol{r}) = (1, 1, 0).$$

(2) $\frac{\partial \phi}{\partial x} = -ae^{-ar}\frac{\partial r}{\partial x}$

$= -ae^{-ar}\frac{1}{2}\frac{2x}{\sqrt{x^2+y^2+z^2}}$

$= -ae^{-ar}\frac{x}{r}.$

同様に，$\frac{\partial \phi}{\partial y} = -ae^{-ar}\frac{y}{r}, \frac{\partial \phi}{\partial z} = -ae^{-ar}\frac{z}{r}.$
ゆえに，

$$\nabla \phi(\boldsymbol{r}) = -a\frac{e^{-ar}}{r}(x, y, z).$$

なお，動径方向の単位ベクトル $\boldsymbol{e}_r$ が

$$\boldsymbol{e}_r = \frac{x}{r}\boldsymbol{e}_x + \frac{y}{r}\boldsymbol{e}_y + \frac{z}{r}\boldsymbol{e}_z$$

と書けることから，

$$\nabla \phi(\boldsymbol{r}) = -ae^{-ar}\boldsymbol{e}_r$$

であり，勾配 $\nabla \phi(\boldsymbol{r})$ は，動径方向，無限遠から原点に向かう向きのベクトルになっている．

3.3.2 (1)

$\nabla \cdot \boldsymbol{A}(\boldsymbol{r})$
$= \frac{\partial}{\partial x}(x^2 - y^2 - z^2) + \frac{\partial}{\partial y}(y^2 - z^2 - x^2)$
$\quad + \frac{\partial}{\partial z}(z^2 - x^2 - y^2)$
$= 2x + 2y + 2z = 2(x+y+z).$

$\{\nabla \times \boldsymbol{A}(\boldsymbol{r})\}_x$
$= \frac{\partial}{\partial y}(z^2 - x^2 - y^2) - \frac{\partial}{\partial z}(y^2 - z^2 - x^2)$
$= -2y - (-2z) = -2(y-z),$

$\{\nabla \times \boldsymbol{A}(\boldsymbol{r})\}_y$
$= \frac{\partial}{\partial z}(x^2 - y^2 - z^2) - \frac{\partial}{\partial x}(z^2 - x^2 - y^2)$
$= -2z - (-2x) = -2(z-x),$

$\{\nabla \times \boldsymbol{A}(\boldsymbol{r})\}_z$
$= \frac{\partial}{\partial x}(y^2 - z^2 - x^2) - \frac{\partial}{\partial y}(x^2 - y^2 - z^2)$
$= -2x - (-2y) = -2(x-y).$

ゆえに，

$\nabla \times \boldsymbol{A}(\boldsymbol{r})$
$= -2\{(y-z)\boldsymbol{e}_x + (z-x)\boldsymbol{e}_y + (x-y)\boldsymbol{e}_z\}.$

(2) $\boldsymbol{e}_r = \frac{x}{r}\boldsymbol{e}_x + \frac{y}{r}\boldsymbol{e}_y + \frac{z}{r}\boldsymbol{e}_z$ より，

$$\boldsymbol{A}(\boldsymbol{r}) = x\ln r\, \boldsymbol{e}_x + y\ln r\, \boldsymbol{e}_y + z\ln r\, \boldsymbol{e}_z.$$

$\nabla \cdot \boldsymbol{A}(\boldsymbol{r})$
$= \frac{\partial}{\partial x}(x\ln r) + \frac{\partial}{\partial y}(y\ln r) + \frac{\partial}{\partial z}(z\ln r)$
$= \ln r + x\left(\frac{\partial}{\partial x}\ln r\right) + \ln r + y\left(\frac{\partial}{\partial y}\ln r\right)$
$\quad + \ln r + z\left(\frac{\partial}{\partial z}\ln r\right)$
$= 3\ln r + \frac{1}{r^2}(x^2+y^2+z^2) = 3\ln r + 1.$

$\{\nabla \times \boldsymbol{A}(\boldsymbol{r})\}_x = \frac{\partial}{\partial y}(z\ln r) - \frac{\partial}{\partial z}(y\ln r)$
$= z\left(\frac{\partial}{\partial y}\ln r\right) - y\left(\frac{\partial}{\partial z}\ln r\right)$
$= z\frac{y}{r^2} - y\frac{z}{r^2} = 0.$

y, z 成分も同様に 0．ゆえに，$\nabla \times \boldsymbol{A}(\boldsymbol{r}) = \boldsymbol{0}$．

【(2) 別解】 球座標 (r, θ, φ) を用いると，

$$A_r(\boldsymbol{r}) = r\ln r, \quad A_\theta(\boldsymbol{r}) = A_\varphi(\boldsymbol{r}) = 0.$$

ゆえに，3.5 節の球座標系における発散，回転の式を用いると，

$\nabla \cdot \boldsymbol{A}(\boldsymbol{r})$
$= \frac{1}{r^2 \sin\theta}\left\{\sin\theta\frac{\partial}{\partial r}(r^3\ln r)\right\}$
$= \frac{1}{r^2}\left(3r^2\ln r + r^3\frac{1}{r}\right) = 3\ln r + 1.$

$\nabla \times \boldsymbol{A}(\boldsymbol{r})$
$= \frac{1}{r^2 \sin\theta}\begin{vmatrix} \boldsymbol{e}_r & r\boldsymbol{e}_\theta & r\sin\theta\boldsymbol{e}_\varphi \\ \frac{\partial}{\partial r} & \frac{\partial}{\partial \theta} & \frac{\partial}{\partial \varphi} \\ r\ln r & 0 & 0 \end{vmatrix}$

$$= \frac{1}{r^2 \sin\theta} \left\{ r\bm{e}_\theta \frac{\partial}{\partial \varphi}(r\ln r) \right.$$
$$\left. - r\sin\theta\, \bm{e}_\varphi \frac{\partial}{\partial \theta}(r\ln r) \right\} = \bm{0}.$$

ポイント (2) の $\bm{A}(\bm{r})$ は球対称ですので，基本問題 3.14 で示したように，回転は $\bm{0}$ になります．

3.3.3 回転軸を z 軸にとる．位置 $\bm{r}=(x,y,z)$ における流体の速度の x,y 成分は，図より，
$$v_x(\bm{r}) = -\frac{y}{\rho}\rho\omega = -y\omega,$$
$$v_y(\bm{r}) = \frac{x}{\rho}\rho\omega = x\omega.$$

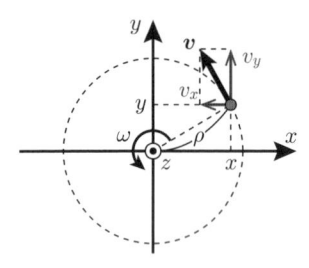

また，$v_z(\bm{r}) = 0$. ゆえに，$\bm{v}(\bm{r})$ の回転は，
$$\nabla \times \bm{v}(\bm{r}) = \begin{vmatrix} \bm{e}_x & \bm{e}_y & \bm{e}_z \\ \frac{\partial}{\partial x} & \frac{\partial}{\partial y} & \frac{\partial}{\partial z} \\ -y\omega & x\omega & 0 \end{vmatrix}$$
$$= -\bm{e}_x \frac{\partial}{\partial z}(x\omega) + \bm{e}_y \frac{\partial}{\partial z}(-y\omega)$$
$$+ \bm{e}_z \left\{ \frac{\partial}{\partial x}(x\omega) - \frac{\partial}{\partial y}(-y\omega) \right\}$$
$$= \{\omega - (-\omega)\}\bm{e}_z = 2\omega\bm{e}_z.$$

【別解】 回転軸を z 軸にとり，円柱座標系を用いると，
$$v_\rho(\bm{r}) = 0, \quad v_\varphi(\bm{r}) = \rho\omega, \quad v_z(\bm{r}) = 0.$$
ゆえに，$\bm{v}(\bm{r})$ の回転は 3.5 節の表式を用いて，
$$\nabla \times \bm{v}(\bm{r}) = \frac{1}{\rho} \begin{vmatrix} \bm{e}_\rho & \rho\bm{e}_\varphi & \bm{e}_z \\ \frac{\partial}{\partial \rho} & \frac{\partial}{\partial \varphi} & \frac{\partial}{\partial z} \\ 0 & \rho(\rho\omega) & 0 \end{vmatrix}$$
$$= \frac{1}{\rho} \left\{ -\bm{e}_\rho \frac{\partial}{\partial z}(\rho^2\omega) + \bm{e}_z \frac{\partial}{\partial \rho}(\rho^2\omega) \right\}$$
$$= \frac{1}{\rho} 2\rho\omega\bm{e}_z = 2\omega\bm{e}_z.$$

3.4.1 (1) x 成分について考える．
$$\{\nabla \times (\phi\bm{A})\}_x$$
$$= \frac{\partial}{\partial y}(\phi A_z) - \frac{\partial}{\partial z}(\phi A_y)$$
$$= \frac{\partial \phi}{\partial y} A_z + \phi \frac{\partial A_z}{\partial y} - \left(\frac{\partial \phi}{\partial z} A_y + \phi \frac{\partial A_y}{\partial z} \right)$$
$$= \frac{\partial \phi}{\partial y} A_z - \frac{\partial \phi}{\partial z} A_y + \phi \frac{\partial A_z}{\partial y} - \phi \frac{\partial A_y}{\partial z}$$
$$= \{(\nabla \phi) \times \bm{A}\}_x + \phi (\nabla \times \bm{A})_x.$$

y, z 成分も同様．

(2)
$$\nabla \cdot (\bm{A} \times \bm{B})$$
$$= \frac{\partial}{\partial x}(\bm{A} \times \bm{B})_x + \frac{\partial}{\partial y}(\bm{A} \times \bm{B})_y + \frac{\partial}{\partial z}(\bm{A} \times \bm{B})_z$$
$$= \frac{\partial}{\partial x}(A_y B_z - A_z B_y) + \frac{\partial}{\partial y}(A_z B_x - A_x B_z)$$
$$\quad + \frac{\partial}{\partial z}(A_x B_y - A_y B_x)$$
$$= \frac{\partial A_y}{\partial x} B_z + A_y \frac{\partial B_z}{\partial x} - \left(\frac{\partial A_z}{\partial x} B_y + A_z \frac{\partial B_y}{\partial x} \right)$$
$$\quad + \frac{\partial A_z}{\partial y} B_x + A_z \frac{\partial B_x}{\partial y} - \left(\frac{\partial A_x}{\partial y} B_z + A_x \frac{\partial B_z}{\partial y} \right)$$
$$\quad + \frac{\partial A_x}{\partial z} B_y + A_x \frac{\partial B_y}{\partial z} - \left(\frac{\partial A_y}{\partial z} B_x + A_y \frac{\partial B_x}{\partial z} \right)$$
$$= \left(\frac{\partial A_z}{\partial y} - \frac{\partial A_y}{\partial z} \right) B_x + \left(\frac{\partial A_x}{\partial z} - \frac{\partial A_z}{\partial x} \right) B_y$$
$$\quad + \left(\frac{\partial A_y}{\partial x} - \frac{\partial A_x}{\partial y} \right) B_z$$
$$\quad - \left\{ A_x \left(\frac{\partial B_z}{\partial y} - \frac{\partial B_y}{\partial z} \right) + A_y \left(\frac{\partial B_x}{\partial z} - \frac{\partial B_z}{\partial x} \right) \right.$$
$$\quad \left. + A_z \left(\frac{\partial B_y}{\partial x} - \frac{\partial B_x}{\partial y} \right) \right\}$$
$$= (\nabla \times \bm{A})_x B_x + (\nabla \times \bm{A})_y B_y + (\nabla \times \bm{A})_z B_z$$
$$\quad - \{ A_x (\nabla \times \bm{B})_x + A_y (\nabla \times \bm{B})_y$$
$$\quad + A_z (\nabla \times \bm{B})_z \}$$
$$= (\nabla \times \bm{A}) \cdot \bm{B} - \bm{A} \cdot (\nabla \times \bm{B}).$$

3.4.2 $\phi(\bm{r})\nabla\varphi(\bm{r})$ の勾配をとる．$\nabla\varphi(\bm{r})$ がベクトル場であることに注意して，分配則 (3.19) より，
$$\nabla \cdot \{\phi(\bm{r})\nabla\varphi(\bm{r})\}$$
$$= \{\nabla\phi(\bm{r})\} \cdot \{\nabla\varphi(\bm{r})\} + \phi(\bm{r})\nabla^2\varphi(\bm{r}).$$

同様に，$\varphi(\boldsymbol{r})\nabla\phi(\boldsymbol{r})$ の勾配をとると，

$$\nabla \cdot \{\varphi(\boldsymbol{r})\nabla\phi(\boldsymbol{r})\}$$
$$= \{\nabla\varphi(\boldsymbol{r})\} \cdot \{\nabla\phi(\boldsymbol{r})\} + \varphi(\boldsymbol{r})\nabla^2\phi(\boldsymbol{r}).$$

両者の差をとって，

$$\nabla \cdot \{\phi(\boldsymbol{r})\nabla\varphi(\boldsymbol{r})\} - \nabla \cdot \{\varphi(\boldsymbol{r})\nabla\phi(\boldsymbol{r})\}$$
$$= \nabla \cdot \{\phi(\boldsymbol{r})\nabla\varphi(\boldsymbol{r}) - \varphi(\boldsymbol{r})\nabla\phi(\boldsymbol{r})\}$$
$$= \phi(\boldsymbol{r})\nabla^2\varphi(\boldsymbol{r}) - \varphi(\boldsymbol{r})\nabla^2\phi(\boldsymbol{r}).$$

この式の体積積分をとり，ストークスの定理を用いると，

$$\int_V \{\phi(\boldsymbol{r})\nabla^2\varphi(\boldsymbol{r}) - \varphi(\boldsymbol{r})\nabla^2\phi(\boldsymbol{r})\}\, dv$$
$$= \int_V \nabla \cdot \{\phi(\boldsymbol{r})\nabla\varphi(\boldsymbol{r}) - \varphi(\boldsymbol{r})\nabla\phi(\boldsymbol{r})\} dv$$
$$= \int_S \{\phi(\boldsymbol{r})\nabla\varphi(\boldsymbol{r}) - \varphi(\boldsymbol{r})\nabla\phi(\boldsymbol{r})\} \cdot d\boldsymbol{\sigma}$$

となり，与式が成り立つ．

3.4.3 (1)

$$\nabla \times \boldsymbol{A}'$$
$$= \nabla \times (\boldsymbol{A} + \nabla u) = \nabla \times \boldsymbol{A} + \nabla \times (\nabla u)$$
$$= \nabla \times \boldsymbol{A}.$$

(恒等式 (3.16) より $\nabla \times (\nabla u) = \boldsymbol{0}$．) ゆえに，$\boldsymbol{F} = \nabla \times \boldsymbol{A}$ はゲージ変換に対して不変．

(2)

$$\frac{\partial u}{\partial x} = -y^2 z, \quad \frac{\partial u}{\partial y} = -2xyz, \quad \frac{\partial u}{\partial z} = -xy^2.$$

ゆえに，

$$\boldsymbol{A}' = \boldsymbol{A} + \nabla u = (0, x^2 z - 2xyz, -xy^2).$$

$\nabla \times \boldsymbol{A},\ \nabla \times \boldsymbol{A}'$ の各成分を計算すると，

$$(\nabla \times \boldsymbol{A})_x = \frac{\partial A_z}{\partial y} - \frac{\partial A_y}{\partial z} = 0 - x^2 = -x^2,$$

$$(\nabla \times \boldsymbol{A})_y = \frac{\partial A_x}{\partial z} - \frac{\partial A_z}{\partial x} = y^2 - 0 = y^2,$$

$$(\nabla \times \boldsymbol{A})_z = \frac{\partial A_y}{\partial x} - \frac{\partial A_x}{\partial y} = 2xz - 2yz,$$

$$(\nabla \times \boldsymbol{A}')_x = \frac{\partial A'_z}{\partial y} - \frac{\partial A'_y}{\partial z}$$
$$= -2xy - (x^2 - 2xy) = -x^2,$$

$$(\nabla \times \boldsymbol{A}')_y = \frac{\partial A'_x}{\partial z} - \frac{\partial A'_z}{\partial x}$$
$$= 0 - (-y^2) = y^2,$$

$$(\nabla \times \boldsymbol{A}')_z = \frac{\partial A'_y}{\partial x} - \frac{\partial A'_x}{\partial y}$$
$$= 2xz - 2yz - 0 = 2xz - 2yz.$$

ゆえに，$\nabla \times \boldsymbol{A} = \nabla \times \boldsymbol{A}'$ が成り立つ．

3.5.1 (1) デカルト座標 (x, y, z) を直交曲線座標 (q_1, q_2, q_3) を用いて

$$(x(q_1, q_2, q_3), y(q_1, q_2, q_3), z(q_1, q_2, q_3))$$

と表す．直交曲線座標系で座標が (q_1, q_2, q_3) から $(q_1 + dq_1, q_2 + dq_2, q_3 + dq_3)$ へ微小変化したときに，デカルト座標系の座標が (x, y, z) から $(x + dx, y + dy, z + dz)$ へ変化したとすると，

$$dx = \left(\frac{\partial x}{\partial q_1}\right) dq_1 + \left(\frac{\partial x}{\partial q_2}\right) dq_2 + \left(\frac{\partial x}{\partial q_3}\right) dq_3$$
$$= \sum_{i=1}^{3} \left(\frac{\partial x}{\partial q_i}\right) dq_i$$

が成り立つ．dy, dz も同様．

また，この座標の微小変化に伴う微小変位ベクトル（実空間で点がどれだけ動いたかを表すベクトル）を $d\boldsymbol{r}$ とすると，スケール因子の定義より，

$$d\boldsymbol{r} = dx\,\boldsymbol{e}_x + dy\,\boldsymbol{e}_y + dz\,\boldsymbol{e}_z$$
$$= h_1\,dq_1\,\boldsymbol{e}_1 + h_2\,dq_2\,\boldsymbol{e}_2 + h_3\,dq_3\,\boldsymbol{e}_3.$$

ここで，デカルト座標系を用いて $|d\boldsymbol{r}|^2$ を表すと，

$$|d\boldsymbol{r}|^2 = (d\boldsymbol{r}) \cdot (d\boldsymbol{r}) = (dx)^2 + (dy)^2 + (dz)^2$$
$$= \left(\sum_{i=1}^{3} \frac{\partial x}{\partial q_i} dq_i\right)^2 + \left(\sum_{i=1}^{3} \frac{\partial y}{\partial q_i} dq_i\right)^2$$
$$\quad + \left(\sum_{i=1}^{3} \frac{\partial z}{\partial q_i} dq_i\right)^2$$
$$= \sum_{i=1}^{3} \sum_{j=1}^{3} g_{ij}\, dq_i\, dq_j. \qquad ①$$

$(\boldsymbol{e}_\alpha \cdot \boldsymbol{e}_\beta = \delta_{\alpha\beta}\ (\alpha, \beta = x, y, z)$ を使用．) ここで，

$$g_{ij} = \left(\frac{\partial x}{\partial q_i}\right)\left(\frac{\partial x}{\partial q_j}\right) + \left(\frac{\partial y}{\partial q_i}\right)\left(\frac{\partial y}{\partial q_j}\right)$$
$$\quad + \left(\frac{\partial z}{\partial q_i}\right)\left(\frac{\partial z}{\partial q_j}\right).$$

また，直交曲線座標系を用いると，

$$|d\boldsymbol{r}|^2 = \sum_{i=1}^{3} h_i^2 (dq_i)^2. \qquad ②$$

($\boldsymbol{e}_i \cdot \boldsymbol{e}_j = \delta_{ij}$ を使用.) ①, ②を比較して,

$$h_i = \sqrt{g_{ii}}$$
$$= \sqrt{\left(\frac{\partial x}{\partial q_i}\right)^2 + \left(\frac{\partial y}{\partial q_i}\right)^2 + \left(\frac{\partial z}{\partial q_i}\right)^2},$$

$g_{ij} = 0. \quad (i \neq j)$

(2) デカルト座標 (x, y, z) と円柱座標 (ρ, φ, z) の関係式 (3.29) より,

$$\frac{\partial x}{\partial \rho} = \cos\varphi, \quad \frac{\partial x}{\partial \varphi} = -\rho\sin\varphi, \quad \frac{\partial x}{\partial z} = 0,$$
$$\frac{\partial y}{\partial \rho} = \sin\varphi, \quad \frac{\partial y}{\partial \varphi} = \rho\cos\varphi, \quad \frac{\partial y}{\partial z} = 0,$$
$$\frac{\partial z}{\partial \rho} = 0, \quad \frac{\partial z}{\partial \varphi} = 0, \quad \frac{\partial z}{\partial z} = 1.$$

これらを (1) で求めた h_i の一般式に代入して,

$$h_\rho = \sqrt{(\cos\varphi)^2 + (\sin\varphi)^2 + 0} = 1,$$
$$h_\varphi = \sqrt{(-\rho\sin\varphi)^2 + (\rho\cos\varphi)^2 + 0} = \rho,$$
$$h_z = \sqrt{0 + 0 + 1^2} = 1.$$

(3) デカルト座標 (x, y, z) と球座標 (r, θ, φ) の関係式 (3.31) より,

$$\frac{\partial x}{\partial r} = \sin\theta\cos\varphi, \quad \frac{\partial x}{\partial \theta} = r\cos\theta\cos\varphi,$$
$$\frac{\partial x}{\partial \varphi} = -r\sin\theta\sin\varphi,$$
$$\frac{\partial y}{\partial r} = \sin\theta\sin\varphi, \quad \frac{\partial y}{\partial \theta} = r\cos\theta\sin\varphi,$$
$$\frac{\partial y}{\partial \varphi} = r\sin\theta\cos\varphi,$$
$$\frac{\partial z}{\partial r} = \cos\theta, \quad \frac{\partial z}{\partial \theta} = -r\sin\theta, \quad \frac{\partial z}{\partial \varphi} = 0.$$

(1) の一般式に代入して,

h_r
$= \sqrt{(\sin\theta\cos\varphi)^2 + (\sin\theta\sin\varphi)^2 + (\cos\theta)^2}$
$= 1,$
h_θ
$= \sqrt{(r\cos\theta\cos\varphi)^2 + (r\cos\theta\sin\varphi)^2 + (-r\sin\theta)^2}$
$= r,$
h_φ
$= \sqrt{(-r\sin\theta\sin\varphi)^2 + (r\sin\theta\cos\varphi)^2 + 0}$
$= r\sin\theta.$

($0 \leq \theta \leq \pi$ より, $\sin\theta \geq 0$ に注意.)

3.5.2 円柱座標系で表示した電場の各成分は,
$$E_\rho(\boldsymbol{r}) = \frac{q}{2\pi\varepsilon_0\rho}, \quad E_\varphi(\boldsymbol{r}) = E_z(\boldsymbol{r}) = 0.$$

ゆえに, 円柱座標系における発散, 回転の表式を用いて,

$$\nabla \cdot \boldsymbol{E}(\boldsymbol{r}) = \frac{1}{\rho}\frac{\partial}{\partial\rho}\left(\rho\frac{q}{2\pi\varepsilon_0\rho}\right)$$
$$= \frac{1}{\rho}\frac{\partial}{\partial\rho}\left(\frac{q}{2\pi\varepsilon_0}\right) = 0,$$

$$\nabla \times \boldsymbol{E}(\boldsymbol{r}) = \frac{1}{\rho}\begin{vmatrix} \boldsymbol{e}_\rho & \rho\boldsymbol{e}_\varphi & \boldsymbol{e}_z \\ \frac{\partial}{\partial\rho} & \frac{\partial}{\partial\varphi} & \frac{\partial}{\partial z} \\ \frac{q}{2\pi\varepsilon_0\rho} & 0 & 0 \end{vmatrix}$$
$$= \frac{1}{\rho}\left\{\rho\boldsymbol{e}_\varphi\frac{\partial}{\partial z}\left(\frac{q}{2\pi\varepsilon_0\rho}\right) - \boldsymbol{e}_z\frac{\partial}{\partial\varphi}\left(\frac{q}{2\pi\varepsilon_0\rho}\right)\right\}$$
$$= \boldsymbol{0}.$$

3.5.3 球座標系で表示した電場の各成分は,
$$E_r(\boldsymbol{r}) = \frac{q}{4\pi\varepsilon_0 r^2}, \quad E_\theta(\boldsymbol{r}) = E_\varphi(\boldsymbol{r}) = 0.$$

ゆえに, 球座標系における発散, 回転の表式を用いて,

$$\nabla \cdot \boldsymbol{E}(\boldsymbol{r})$$
$$= \frac{1}{r^2\sin\theta}\left\{\sin\theta\frac{\partial}{\partial r}\left(r^2\frac{q}{4\pi\varepsilon_0 r^2}\right)\right\}$$
$$= \frac{1}{r^2\sin\theta}\left\{\sin\theta\frac{\partial}{\partial r}\left(\frac{q}{4\pi\varepsilon_0}\right)\right\} = 0,$$

$$\nabla \times \boldsymbol{E}(\boldsymbol{r})$$
$$= \frac{1}{r^2\sin\theta}\begin{vmatrix} \boldsymbol{e}_r & r\boldsymbol{e}_\theta & r\sin\theta\,\boldsymbol{e}_\varphi \\ \frac{\partial}{\partial r} & \frac{\partial}{\partial\theta} & \frac{\partial}{\partial\varphi} \\ \frac{q}{4\pi\varepsilon_0 r^2} & 0 & 0 \end{vmatrix}$$
$$= \frac{1}{r^2\sin\theta}\left\{r\,\boldsymbol{e}_\theta\frac{\partial}{\partial\varphi}\left(\frac{q}{4\pi\varepsilon_0 r^2}\right)\right.$$
$$\left. - r\sin\theta\,\boldsymbol{e}_\varphi\frac{\partial}{\partial\theta}\left(\frac{q}{4\pi\varepsilon_0 r^2}\right)\right\} = \boldsymbol{0}.$$

3.5.4 シュレーディンガー方程式を変形して,

$$\nabla^2 \Psi(\boldsymbol{r}) = K(\rho)\Psi(\boldsymbol{r}).$$
$$\left(K(\rho) = -\frac{2m\{E - V(\rho)\}}{\hbar^2}\right)$$

ラプラシアン ∇^2 を円柱座標系を用いて表すと,
$$\frac{1}{\rho}\frac{\partial}{\partial \rho}\left(\rho \frac{\partial \Psi(\rho,\varphi,z)}{\partial \rho}\right) + \frac{1}{\rho^2}\frac{\partial^2 \Psi(\rho,\varphi,z)}{\partial \varphi^2}$$
$$+ \frac{\partial^2 \Psi(\rho,\varphi,z)}{\partial z^2} = K(\rho)\Psi(\rho,\varphi,z).$$

ここで, $\Psi(\rho,\varphi,z) = P(\rho)\Phi(\varphi)Z(z)$ として, 方程式に代入すると,
$$\frac{1}{\rho}\Phi Z \frac{d}{d\rho}\left(\rho\frac{dP}{d\rho}\right) + \frac{1}{\rho^2}PZ\frac{d^2\Phi}{d\varphi^2}$$
$$+ P\Phi\frac{d^2 Z}{dz^2} = K(\rho)P\Phi Z.$$

両辺を $P\Phi Z$ で割って整理すると,
$$\frac{1}{Z}\frac{d^2 Z}{dz^2} = K(\rho) - \frac{1}{\rho P}\frac{d}{d\rho}\left(\rho\frac{dP}{d\rho}\right) - \frac{1}{\rho^2 \Phi}\frac{d^2\Phi}{d\varphi^2}.$$

左辺は z のみ, 右辺は ρ, φ のみの関数なので, 任意の (ρ,φ,z) に対して等式が成り立つためには, 両辺が定数でなければならない. ゆえに, 分離定数を λ_1 として,
$$\frac{1}{Z}\frac{d^2 Z}{dz^2} = \lambda_1 \qquad ①$$

かつ
$$K(\rho) - \frac{1}{\rho P}\frac{d}{d\rho}\left(\rho\frac{dP}{d\rho}\right) - \frac{1}{\rho^2 \Phi}\frac{d^2\Phi}{d\varphi^2} = \lambda_1.$$

さらに, この式の両辺に ρ^2 を掛けて整理すると,
$$-\frac{\rho}{P}\frac{d}{d\rho}\left(\rho\frac{dP}{d\rho}\right) + \rho^2\{K(\rho) - \lambda_1\} = \frac{1}{\Phi}\frac{d^2\Phi}{d\varphi^2}.$$

左辺は ρ のみ, 右辺は φ のみの関数なので, 任意の (ρ,φ) に対して等式が成り立つためには, 両辺は定数. ゆえに分離定数を λ_2 として,
$$-\frac{\rho}{P}\frac{d}{d\rho}\left(\rho\frac{dP}{d\rho}\right) + \rho^2\{K(\rho) - \lambda_1\} = \lambda_2 \qquad ②$$

かつ
$$\frac{1}{\Phi}\frac{d^2\Phi}{d\varphi^2} = \lambda_2. \qquad ③$$

②, ③, ①を整理してまとめると, 次が得られる.

$$\frac{d}{d\rho}\left(\rho\frac{dP(\rho)}{d\rho}\right)$$
$$- \left[\rho\{K(\rho) - \lambda_1\} - \frac{\lambda_2}{\rho}\right]P(\rho) = 0,$$
$$\frac{d^2\Phi(\varphi)}{d\varphi^2} - \lambda_2 \Phi(\varphi) = 0,$$
$$\frac{d^2 Z(z)}{dz^2} - \lambda_1 Z(z) = 0.$$

第 4 章

4.1.1 $\dfrac{z_1}{z_2} = \dfrac{x_1 + iy_1}{x_2 + iy_2}$
$$= \frac{(x_1 + iy_1)(x_2 - iy_2)}{(x_2 + iy_2)(x_2 - iy_2)}$$
$$= \frac{x_1 x_2 + y_1 y_2 + i(y_1 x_2 - x_1 y_2)}{x_2^2 + y_2^2}$$

に注意して以下へ.

(1)
$$\overline{\left(\frac{z_1}{z_2}\right)}$$
$$= \overline{\left(\frac{x_1 x_2 + y_1 y_2 + i(y_1 x_2 - x_1 y_2)}{x_2^2 + y_2^2}\right)}$$
$$= \frac{x_1 x_2 + y_1 y_2 - i(y_1 x_2 - x_1 y_2)}{x_2^2 + y_2^2}$$
$$= \frac{(x_1 - iy_1)(x_2 + iy_2)}{(x_2 + iy_2)(x_2 - iy_2)}$$
$$= \frac{x_1 - iy_1}{x_2 - iy_2} = \frac{\overline{z_1}}{\overline{z_2}}.$$

(2)
$$\left|\frac{z_1}{z_2}\right| = \left|\frac{x_1 x_2 + y_1 y_2 + i(y_1 x_2 - x_1 y_2)}{x_2^2 + y_2^2}\right|$$
$$= \frac{1}{x_2^2 + y_2^2}\sqrt{(x_1 x_2 + y_1 y_2)^2 + (y_1 x_2 - x_1 y_2)^2}$$
$$= \frac{1}{x_2^2 + y_2^2}\sqrt{x_1^2 x_2^2 + y_1^2 y_2^2 + y_1^2 x_2^2 + x_1^2 y_2^2}$$
$$= \frac{1}{x_2^2 + y_2^2}\sqrt{(x_1^2 + y_1^2)(x_2^2 + y_2^2)}$$
$$= \frac{\sqrt{x_1^2 + y_1^2}}{\sqrt{x_2^2 + y_2^2}} = \frac{|z_1|}{|z_2|}.$$

4.1.2 (1) 点 z が表す図形は, 点 $(0, 2i)$, $(0, -2i)$ からの距離 $|z - 2i|$, $|z + 2i|$ の和が 6 の点の集合である. すなわち $(0, 2i)$, $(0, -2i)$ を焦点とする長径 6 の楕円となる (図参照).

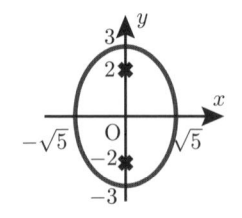

【(1) 別解】 $z = x+iy$ とすると与式より

$\sqrt{x^2+(y-2)^2} + \sqrt{x^2+(y+2)^2} = 6$
$\longrightarrow \quad \sqrt{x^2+(y-2)^2} = 6 - \sqrt{x^2+(y+2)^2}$
$\longrightarrow \quad x^2+(y-2)^2 = 36 + x^2+(y+2)^2$
$\qquad\qquad\qquad\qquad - 12\sqrt{x^2+(y+2)^2}$
$\longrightarrow \quad 36 + 8y = 12\sqrt{x^2+(y+2)^2}$
$\longrightarrow \quad 9 + 2y = 3\sqrt{x^2+(y+2)^2}$
$\longrightarrow \quad 81 + 4y^2 + 36y = 9\{x^2+(y+2)^2\}$
$\longrightarrow \quad 9x^2 + 5y^2 = 45$
$\longrightarrow \quad \dfrac{x^2}{5} + \dfrac{y^2}{9} = 1.$

これは焦点が $x=0, y=\pm\sqrt{9-5}=\pm 2$, 長径が $2\sqrt{9} = 6$ の楕円を表す.

(2) $z = x+iy$ とすると,
$$z^2 = (x+iy)^2 = x^2 - y^2 + i2xy$$
より与式は
$$\text{Im}(z^2) = 2xy > 2 \quad \longrightarrow \quad xy > 1.$$

ゆえに $x > 0$ のとき $y > \frac{1}{x}$, $x < 0$ のとき $y < \frac{1}{x}$ であり, 与式は下図のグレーの領域を表す.

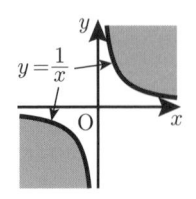

4.1.3 a の値によって, 場合分けする.

$a = 0$ のとき, $|z - z_0| = 0$ より, $z = z_0$.
$a \to \infty$ のとき, $|z - \overline{z_0}| \to 0$ より, $z \to \overline{z_0}$.
$a = 1$ のとき, $|z - z_0| = |z - \overline{z_0}|$. すなわち z は $z_0, \overline{z_0}$ から等距離の位置. ここで $z_0, \overline{z_0}$ は実軸 $y = 0$ に関して対称の位置にあることを考

えると, 与式が表す図形は実軸に一致する.

$0 < a < 1, 1 < a < \infty$ の場合は, $z = x+iy$, $z_0 = x_0 + iy_0$ として,

$|z - z_0| = a|z - \overline{z_0}|$
$\longrightarrow (x-x_0)^2 + (y-y_0)^2$
$\qquad = a^2\{(x-x_0)^2 + (y+y_0)^2\}$
$\longrightarrow (a^2-1)(x-x_0)^2 + (a^2-1)(y^2+y_0^2)$
$\qquad\qquad\qquad\qquad + (a^2+1)2yy_0 = 0$
$\longrightarrow (x-x_0)^2 + y^2 + 2\dfrac{a^2+1}{a^2-1}yy_0 + y_0^2 = 0$
$\longrightarrow (x-x_0)^2 + \left(y + \dfrac{a^2+1}{a^2-1}y_0\right)^2$
$\qquad = -y_0^2 + \left(\dfrac{a^2+1}{a^2-1}y_0\right)^2 = \dfrac{4a^2}{(a^2-1)^2}y_0^2.$

この図形は中心 $\left(x_0, -\dfrac{a^2+1}{a^2-1}y_0\right)$, 半径 $\left|\dfrac{2a}{a^2-1}y_0\right|$ の円であり, a を 0 から ∞ まで変化させたとき, 図のように変化する.

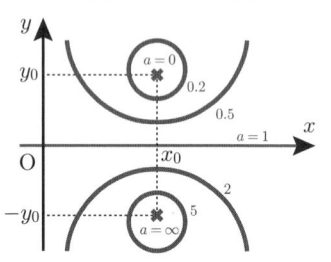

4.1.4 (1) コーシーの判定法, (2) ダランベールの判定法の証明には, 以下の 2 つの定理を用いる.

(A) 2 つの正項級数 $\sum_{n=1}^{\infty} a_n, \sum_{n=1}^{\infty} b_n$ に対して,

- $\sum_{n=1}^{\infty} b_n$ が収束, かつ, ある N に対して, $n > N$ で $a_n \leq b_n$ ならば, $\sum_{n=1}^{\infty} a_n$ は収束.
- $\sum_{n=1}^{\infty} b_n$ が発散, かつ, ある N に対して, $n > N$ で $a_n \geq b_n$ ならば, $\sum_{n=1}^{\infty} a_n$ は発散.

(B) 等比級数 $\sum_{k=1}^{n} r^k = \dfrac{r(1-r^n)}{1-r}$ は $n \to \infty$ において, $0 \leq r < 1$ のとき収束, $r \geq 1$ のとき発散.

これらが成り立つことは自明.

(1) $\lim\limits_{n \to \infty}(a_n)^{1/n} = \alpha$ とする.

$\alpha < 1$ の場合，十分大きな N をとれば，任意の $n > N$ で，$(a_n)^{1/n} < q < 1 \longrightarrow a_n < q^n < 1$ となる q が存在する．すると (B) より，その q に対して $\sum_{n=1}^{\infty} q^n$ は収束．ゆえに (A) より，$\sum_{n=1}^{\infty} a_n$ は収束．

$\alpha > 1$ の場合，十分大きな N をとれば，任意の $n > N$ で，$(a_n)^{1/n} > q > 1 \longrightarrow a_n > q^n > 1$ となる q が存在する．すると (B) より，その q に対して $\sum_{n=1}^{\infty} q^n$ は発散．ゆえに (A) より，$\sum_{n=1}^{\infty} a_n$ は発散．

以上で，コーシーの判定法が証明された．

(2) $\lim_{n \to \infty} \frac{a_{n+1}}{a_n} = \alpha$ とする．

$\alpha < 1$ の場合，十分大きな N をとれば，任意の $n > N$ で，

$$\frac{a_n}{a_{n-1}} < q \longrightarrow a_n < qa_{n-1} < \cdots < q^{n-N}a_N$$

となる $q < 1$ が存在する．すると，

$$\sum_{n=1}^{\infty} a_n = \sum_{n=1}^{N} a_n + \sum_{n=N+1}^{\infty} a_n$$
$$< \sum_{n=1}^{N} a_n + \sum_{n=N+1}^{\infty} q^{n-N} a_N$$
$$= \sum_{n=1}^{N} a_n + a_N \sum_{n=1}^{\infty} q^n.$$

右辺第 1 項は有限の数の項の和なので有限値をとる．また (B) より，右辺第 2 項は収束．ゆえに $\sum_{n=1}^{\infty} a_n$ は収束．

$\alpha > 1$ の場合，十分大きな N をとれば，任意の $n > N$ で，

$$\frac{a_n}{a_{n-1}} > q \longrightarrow a_n > qa_{n-1} > \cdots > q^{n-N}a_N$$

となる $q > 1$ が存在する．すると，

$$\sum_{n=1}^{\infty} a_n = \sum_{n=1}^{N} a_n + \sum_{n=N+1}^{\infty} a_n$$
$$> \sum_{n=1}^{N} a_n + \sum_{n=N+1}^{\infty} q^{n-N} a_N$$
$$= \sum_{n=1}^{N} a_n + a_N \sum_{n=1}^{\infty} q^n.$$

ここで (B) より，右辺第 2 項は発散．ゆえに $\sum_{n=1}^{\infty} a_n$ は発散．

以上で，ダランベールの判定法が証明された．

(3) $f(x)$ を，$f(n) = a_n$ を満たす正の単調減少関数とする．すると図より $\sum_{n=1}^{\infty} a_n$ は $\int_1^{\infty} f(x)dx$（図のグレーの領域の面積）より大きく，また $(\sum_{n=1}^{\infty} a_n) - a_1$ は $\int_1^{\infty} f(x)dx$ より小さい．すなわち，

$$\int_1^{\infty} f(x)dx < \sum_{n=1}^{\infty} a_n < \int_1^{\infty} f(x)dx + a_1.$$

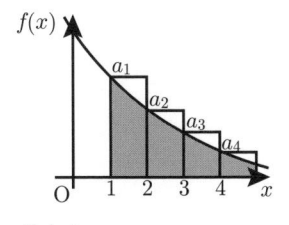

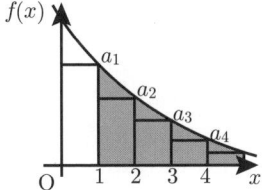

ゆえに $\int_1^{\infty} f(x)dx$ が発散する場合，$\sum_{n=1}^{\infty} a_n$ も発散する．また $\int_1^{\infty} f(x)dx$ が有限である場合は，$\sum_{n=1}^{\infty} a_n$ は上に有界であり，かつ $\sum_{n=1}^{N} a_n$ は N とともに単調増加することから，$\sum_{n=1}^{\infty} a_n$ は $\int_1^{\infty} f(x)dx$ と $\int_1^{\infty} f(x)dx + a_1$ の間のある値に収束する．

以上で，コーシーの積分判定法が証明された．

4.1.5 問題の級数はいずれも正項級数 $\sum_{n=1}^{\infty} a_n$（a_n は正の実数）である．

(1) コーシーの積分判定法を用いる．$f(x) = \frac{1}{x^\alpha}$ とすると，$f(n) = \frac{1}{n^\alpha} = a_n$，かつ $f(x)$ は正の単調減少関数．

$\alpha \neq 1$ の場合，

$$\int_1^{\infty} f(x)dx = \int_1^{\infty} x^{-\alpha} dx = \left[\frac{1}{-\alpha+1} x^{-\alpha+1}\right]_1^{\infty}$$
$$= \lim_{x \to \infty} \frac{1}{-\alpha+1} x^{-\alpha+1} - \frac{1}{-\alpha+1}.$$

この積分は $-\alpha+1 > 0 \longrightarrow \alpha < 1$ で発散，$-\alpha+1 < 0 \longrightarrow \alpha > 1$ で有限値 $-\frac{1}{-\alpha+1}$ に収束．

$\alpha = 1$ の場合，

$$\int_1^{\infty} f(x)dx = \int_1^{\infty} \frac{1}{x} dx = [\ln x]_1^{\infty}$$

$$= \lim_{x \to \infty} \ln x.$$

この積分は発散.

以上をまとめると,問題の級数は $\alpha \leq 1$ で発散, $\alpha > 1$ で収束する.

(2) ダランベールの判定法を用いる. $a_n = \frac{1}{n\alpha^n}$ より,

$$\frac{a_{n+1}}{a_n} = \frac{\frac{1}{(n+1)\alpha^{n+1}}}{\frac{1}{n\alpha^n}} = \frac{n}{n+1}\frac{1}{\alpha}$$

$$\longrightarrow \quad \lim_{n \to \infty} \frac{a_{n+1}}{a_n} = \frac{1}{\alpha}.$$

ゆえに,

$\alpha > 1$ の場合, $\lim_{n \to \infty} \frac{a_{n+1}}{a_n} < 1$ より,級数は収束.

$\alpha < 1$ の場合, $\lim_{n \to \infty} \frac{a_{n+1}}{a_n} > 1$ より,級数は発散.

$\alpha = 1$ の場合は,問題の級数は $\sum_{n=1}^{\infty} \frac{1}{n}$ であり (1) の $\alpha = 1$ の場合に対応,すなわち発散する.

以上をまとめると,問題の級数は $\alpha \leq 1$ で発散, $\alpha > 1$ で収束する.

4.1.6 (1)

$$c_n = \frac{f_n(\alpha)f_n(\beta)}{n!\, f_n(\gamma)}$$

とすると,問題の級数は $\sum_{n=0}^{\infty} c_n z^n$. ゆえに基本問題 4.4 より,収束半径 R は,

$$R = \lim_{n \to \infty} \frac{|c_n|}{|c_{n+1}|}$$

$$= \lim_{n \to \infty} \left| \frac{\frac{\alpha \cdots (\alpha+n-1)\beta \cdots (\beta+n-1)}{n!\, \gamma \cdots (\gamma+n-1)}}{\frac{\alpha \cdots (\alpha+n)\beta \cdots (\beta+n)}{(n+1)!\, \gamma \cdots (\gamma+n)}} \right|$$

$$= \lim_{n \to \infty} \left| \frac{(n+1)(\gamma+n)}{(\alpha+n)(\beta+n)} \right| = 1.$$

すなわち,問題の級数は $|z| < 1$ で絶対収束する.

(2) $u_n = \frac{z}{(1-z)^n}$ とする. ダランベールの判定法より,

$$\lim_{n \to \infty} \frac{|u_{n+1}|}{|u_n|} = \lim_{n \to \infty} \left| \frac{\frac{z}{(1-z)^{n+1}}}{\frac{z}{(1-z)^n}} \right|$$

$$= \lim_{n \to \infty} \frac{1}{|z-1|} = \frac{1}{|z-1|} < 1$$

のとき, $\sum_{n=1}^{\infty} |u_n|$ は収束,すなわち級数 $\sum_{n=1}^{\infty} u_n$ は絶対収束.

ゆえに問題の級数が絶対収束するのは $|z-1| > 1$ の場合であり,図のグレーの領域に対応する.

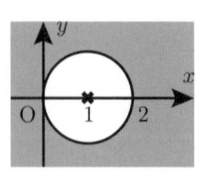

4.2.1 $\cos z$ をべき級数表示したときの n 番目の項が $u_n = \frac{(-1)^n}{(2n)!} z^{2n}$ であることに注意すると,この級数が絶対収束する条件は,ダランベールの判定法より

$$\lim_{n \to \infty} \frac{|u_{n+1}|}{|u_n|} = \lim_{n \to \infty} \left| \frac{\frac{(-1)^{n+1}}{(2n+2)!} z^{2n+2}}{\frac{(-1)^n}{(2n)!} z^{2n}} \right|$$

$$= |z^2| \lim_{n \to \infty} \frac{1}{(2n+2)(2n+1)} < 1$$

$$\longrightarrow \quad |z^2| < \lim_{n \to \infty} (2n+2)(2n+1) = \infty$$

$$\longrightarrow \quad |z| < \infty.$$

ゆえに収束半径は $R = \infty$.

同様に, $\sin z$ のべき級数表示の n 番目の項は $u_n = \frac{(-1)^n}{(2n+1)!} z^{2n+1}$ であることから,絶対収束の条件は

$$\lim_{n \to \infty} \frac{|u_{n+1}|}{|u_n|} = \lim_{n \to \infty} \left| \frac{\frac{(-1)^{n+1}}{(2n+3)!} z^{2n+3}}{\frac{(-1)^n}{(2n+1)!} z^{2n+1}} \right|$$

$$= |z^2| \lim_{n \to \infty} \frac{1}{(2n+3)(2n+2)} < 1$$

$$\longrightarrow \quad |z^2| < \lim_{n \to \infty} (2n+3)(2n+2) = \infty$$

$$\longrightarrow \quad |z| < \infty.$$

ゆえに収束半径は $R = \infty$.

4.2.2 (1)

$$\sin x \cosh y + i \cos x \sinh y$$

$$= \frac{e^{ix} - e^{-ix}}{2i} \frac{e^y + e^{-y}}{2}$$
$$\quad + i \frac{e^{ix} + e^{-ix}}{2} \frac{e^y - e^{-y}}{2}$$

$$= \frac{1}{4} \left\{ (-i) \left(e^{ix+y} + e^{ix-y} \right. \right.$$
$$\left. \left. - e^{-ix+y} - e^{-ix-y} \right) \right.$$

$$
\begin{aligned}
&+ i\left(e^{ix+y} - e^{ix-y}\right.\\
&\left. + e^{-ix+y} - e^{-ix-y}\right)\} \\
&= \frac{i}{4}\left(-2e^{ix-y} + 2e^{-ix+y}\right) \\
&= -\frac{i}{2}\left\{e^{i(x+iy)} - e^{-i(x+iy)}\right\} \\
&= \frac{e^{iz} - e^{-iz}}{2i} = \sin z.
\end{aligned}
$$

$$
\begin{aligned}
&\cos x \cosh y - i \sin x \sinh y \\
&= \frac{e^{ix} + e^{-ix}}{2}\cdot\frac{e^y + e^{-y}}{2} \\
& - i\frac{e^{ix} - e^{-ix}}{2i}\cdot\frac{e^y - e^{-y}}{2} \\
&= \frac{1}{4}\{\left(e^{ix+y} + e^{ix-y}\right.\\
&\left. + e^{-ix+y} + e^{-ix-y}\right) \\
& - \left(e^{ix+y} - e^{ix-y}\right.\\
&\left. - e^{-ix+y} + e^{-ix-y}\right)\} \\
&= \frac{1}{4}\left(2e^{ix-y} + 2e^{-ix+y}\right) \\
&= \frac{1}{2}\left\{e^{i(x+iy)} + e^{-i(x+iy)}\right\} \\
&= \frac{e^{iz} + e^{-iz}}{2} = \cos z.
\end{aligned}
$$

(2) (1) より，

$$
\begin{aligned}
|\sin z|^2 &= |\sin x \cosh y + i \cos x \sinh y|^2 \\
&= \sin^2 x \cosh^2 y + \cos^2 x \sinh^2 y \\
&= \sin^2 x \cosh^2 y - \sin^2 x \sinh^2 y \\
& + \sin^2 x \sinh^2 y + \cos^2 x \sinh^2 y \\
&= \sin^2 x(\cosh^2 y - \sinh^2 y) \\
& + (\sin^2 x + \cos^2 x)\sinh^2 y \\
&= \sin^2 x + \sinh^2 y.
\end{aligned}
$$

($\cosh^2 y - \sinh^2 y = \sin^2 x + \cos^2 x = 1$ を用いた．) 今，x は実数なので，$0 \leq \sin^2 x \leq 1$. ゆえに，

$$|\sin z|^2 = \sin^2 x + \sinh^2 y \geq \sinh^2 y$$
$$\longrightarrow \quad |\sin z| \geq |\sinh y|.$$

また，

$$|\sin z|^2 = \sin^2 x + \sinh^2 y \leq \sinh^2 y + 1 = \cosh^2 y.$$

y は実数なので $\cosh y > 0$. ゆえに，

$$|\sin z| \leq \cosh y.$$

以上をまとめて，与式が成り立つ．

(3) (1) より，

$$
\begin{aligned}
|\cos z|^2 &= |\cos x \cosh y - i \sin x \sinh y|^2 \\
&= \cos^2 x \cosh^2 y + \sin^2 x \sinh^2 y \\
&= \cos^2 x \cosh^2 y - \cos^2 x \sinh^2 y \\
& + \cos^2 x \sinh^2 y + \sin^2 x \sinh^2 y \\
&= \cos^2 x(\cosh^2 y - \sinh^2 y) \\
& + (\cos^2 x + \sin^2 x)\sinh^2 y \\
&= \cos^2 x + \sinh^2 y.
\end{aligned}
$$

今，x は実数なので，$0 \leq \cos^2 x \leq 1$. ゆえに，

$$|\cos z|^2 = \cos^2 x + \sinh^2 y \geq \sinh^2 y$$
$$\longrightarrow \quad |\cos z| \geq |\sinh y|.$$

また，

$$
\begin{aligned}
|\cos z|^2 &= \cos^2 x + \sinh^2 y \\
&\leq \sinh^2 y + 1 = \cosh^2 y.
\end{aligned}
$$

y は実数なので $\cosh y > 0$. ゆえに，

$$|\cos z| \leq \cosh y.$$

以上をまとめて，与式が成り立つ．

4.2.3 (1) 加法定理を用いて，

$$
\begin{aligned}
(\cos\theta + i\sin\theta)^n &= (e^{i\theta})^n = e^{in\theta} \\
&= \cos(n\theta) + i\sin(n\theta).
\end{aligned}
$$

(2) (1) で $n = 4$ として，

$$
\begin{aligned}
\cos(4\theta) &+ i\sin(4\theta) = (\cos\theta + i\sin\theta)^4 \\
&= \cos^4\theta + 4\cos^3\theta(i\sin\theta) + 6\cos^2\theta(i\sin\theta)^2 \\
& + 4\cos\theta(i\sin\theta)^3 + (i\sin\theta)^4 \\
&= \cos^4\theta - 6\cos^2\theta\sin^2\theta + \sin^4\theta \\
& + i(4\cos^3\theta\sin\theta - 4\cos\theta\sin^3\theta).
\end{aligned}
$$

実部，虚部を比較して，

$$\cos(4\theta) = \cos^4\theta - 6\cos^2\theta\sin^2\theta + \sin^4\theta,$$

$\sin(4\theta) = 4\cos^3\theta\sin\theta - 4\cos\theta\sin^3\theta$.

4.2.4 (1) (i) $n=0$ のとき, $\sum_{k=0}^{0} z^k = 1 = \frac{1-z^1}{1-z}$. ゆえに与式は成り立つ.

(ii) ある $n = m \geq 0$ で, $\sum_{k=0}^{m} z^k = \frac{1-z^{m+1}}{1-z}$ が成り立つとすると,

$$\sum_{k=0}^{m+1} z^k = \sum_{k=0}^{m} z^k + z^{m+1}$$
$$= \frac{1-z^{m+1}}{1-z} + z^{m+1}$$
$$= \frac{1-z^{m+1}+(1-z)z^{m+1}}{1-z}$$
$$= \frac{1-z^{m+2}}{1-z}.$$

ゆえに $n = m+1$ でも与式は成り立つ.

(i), (ii) より, 任意の $n \geq 0$ で与式は成り立つ.

(2), (3) (1) の式に, $z = e^{i\theta}$ を代入する.

$$\sum_{k=0}^{n} e^{ik\theta} = \frac{1-e^{i(n+1)\theta}}{1-e^{i\theta}}$$
$$= \frac{e^{-(i/2)\theta} - e^{i(n+(1/2))\theta}}{e^{-(i/2)\theta} - e^{(i/2)\theta}}$$
$$= \frac{1}{-2i\sin\left(\frac{1}{2}\theta\right)}\left[\cos\left(\frac{1}{2}\theta\right) - i\sin\left(\frac{1}{2}\theta\right)\right.$$
$$\left. - \left\{\cos\left(\left(n+\frac{1}{2}\right)\theta\right)\right.\right.$$
$$\left.\left. + i\sin\left(\left(n+\frac{1}{2}\right)\theta\right)\right\}\right]$$
$$= \frac{1}{2\sin\left(\frac{1}{2}\theta\right)}\left[\sin\left(\frac{1}{2}\theta\right) + \sin\left(\left(n+\frac{1}{2}\right)\theta\right)\right.$$
$$\left. + i\left\{\cos\left(\frac{1}{2}\theta\right) - \cos\left(\left(n+\frac{1}{2}\right)\theta\right)\right\}\right].$$

$\sum_{k=0}^{n} e^{ik\theta} = \sum_{k=0}^{n}\cos(k\theta) + i\sum_{k=0}^{n}\sin(k\theta)$ に注意して, 実部と虚部を比較すると,

$$\sum_{k=0}^{n}\cos(k\theta) = 1 + \cos\theta + \cdots + \cos(n\theta)$$
$$= \frac{\sin\left(\frac{1}{2}\theta\right) + \sin\left(\left(n+\frac{1}{2}\right)\theta\right)}{2\sin\left(\frac{1}{2}\theta\right)}$$
$$= \frac{1}{2} + \frac{\sin\left(\left(n+\frac{1}{2}\right)\theta\right)}{2\sin\left(\frac{1}{2}\theta\right)},$$

$\sum_{k=0}^{n}\sin(k\theta) = \sin\theta + \cdots + \sin(n\theta)$

$$= \frac{\cos\left(\frac{1}{2}\theta\right) - \cos\left(\left(n+\frac{1}{2}\right)\theta\right)}{2\sin\left(\frac{1}{2}\theta\right)}$$
$$= \frac{1}{2\tan\left(\frac{1}{2}\theta\right)} - \frac{\cos\left(\left(n+\frac{1}{2}\right)\theta\right)}{2\sin\left(\frac{1}{2}\theta\right)}.$$

4.2.5 (1) $\omega = \ln(\sqrt{3}-i)$ とすると,

$$e^\omega = \sqrt{3} - i = 2\left(\frac{\sqrt{3}}{2} - \frac{1}{2}i\right)$$
$$= 2e^{i(-\pi/6+2\pi m)} = e^{\ln 2 + i(-\pi/6+2\pi m)}$$

(m は整数). ゆえに,

$$\omega = \ln 2 + i\left(-\frac{\pi}{6} + 2\pi m\right).$$

【(1) 別解】 $z = \sqrt{3} - i$ とすると, $|z| = \sqrt{3+1} = 2$. また, z の偏角は $\arg z = -\frac{\pi}{6}$. ゆえに, $\ln z$ の式 (基本問題 4.9 参照) に代入して,

$$\ln(\sqrt{3}-i) = \ln 2 + i\left(-\frac{\pi}{6} + 2\pi m\right).$$

(2) m を整数として,

$$1 + i = \sqrt{2}e^{i(\pi/4+2\pi m)}$$
$$= e^{\ln\sqrt{2}+i(\pi/4+2\pi m)} = e^{(1/2)\ln 2 + i(\pi/4+2\pi m)}.$$

ゆえに

$$(1+i)^i = \{e^{(1/2)\ln 2 + i(\pi/4+2\pi m)}\}^i$$
$$= e^{-(\pi/4+2\pi m)}e^{i(1/2)\ln 2}.$$

(3) m を整数として, $-1 = e^{i(\pi+2\pi m)}$. ゆえに

$$(-1)^{1/i} = (-1)^{-i} = \{e^{i(\pi+2\pi m)}\}^{-i} = e^{\pi+2\pi m}.$$

ポイント (1) は【別解】のように $\ln z$ の式を使ってもよいですが, 公式丸暗記よりは, 解答のように対数関数の定義 (指数関数の逆関数) から値を導出できるようになれば, より理解が深まります.

4.2.6 (1) $\omega = \cos^{-1} z$ とすると,

$$z = \cos\omega = \frac{e^{i\omega} + e^{-i\omega}}{2}$$
$$\longrightarrow e^{i\omega} - 2z + e^{-i\omega} = 0$$
$$\longrightarrow e^{i2\omega} - 2ze^{i\omega} + 1 = 0$$

$\longrightarrow \quad e^{i\omega} = \dfrac{2z \pm \sqrt{4z^2-4}}{2} = z \pm \sqrt{z^2-1}$

$\longrightarrow \quad i\omega = \ln(z \pm \sqrt{z^2-1})$

$\longrightarrow \quad \omega = -i\ln(z \pm \sqrt{z^2-1}).$

(2) $\omega = \tanh^{-1} z$ とすると,

$z = \tanh\omega = \dfrac{e^\omega - e^{-\omega}}{e^\omega + e^{-\omega}}$

$\longrightarrow \quad z\left(e^\omega + e^{-\omega}\right) = e^\omega - e^{-\omega}$

$\longrightarrow \quad z\left(e^{2\omega} + 1\right) = e^{2\omega} - 1$

$\longrightarrow \quad (z-1)e^{2\omega} = -z - 1$

$\longrightarrow \quad e^{2\omega} = \dfrac{1+z}{1-z}$

$\longrightarrow \quad 2\omega = \ln\left(\dfrac{1+z}{1-z}\right)$

$\longrightarrow \quad \omega = \dfrac{1}{2}\ln\left(\dfrac{1+z}{1-z}\right).$

4.2.7 (1) $z = re^{i\theta}$ とすると,

$\omega = f(z) = z^{1/3} = e^{(1/3)\{\ln r + i(\theta + 2\pi m)\}}$
$= r^{1/3} e^{i\{\theta/3 + (2/3)\pi m\}}$

(m は整数). ゆえに 1 つの z に対して, ω は

$\omega_1 = r^{1/3} e^{i\theta/3}, \qquad (m = 3n)$
$\omega_2 = r^{1/3} e^{i\{\theta/3 + (2/3)\pi\}}, \quad (m = 3n+1)$
$\omega_3 = r^{1/3} e^{i\{\theta/3 + (4/3)\pi\}}, \quad (m = 3n+2)$

(n は整数) の 3 つの値をとる. ゆえにリーマン面としては, $0 \le \arg z < 2\pi$ (1 枚目), $2\pi \le \arg z < 4\pi$ (2 枚目), $4\pi \le \arg z < 6\pi$ (3 枚目) に対応する 3 枚の複素平面を重ねて, 図のように, 原点の周りを 1 周するごとに, 1 枚目 $\to$ 2 枚目 $\to$ 3 枚目 $\to$ 1 枚目 $\to \cdots$ と移り変わるようにすればよい.

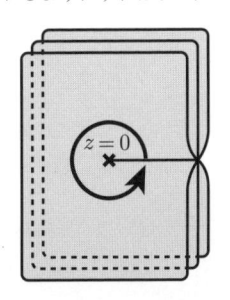

(2) $\omega = f(z) = (z^2 + 1)^{1/2} = (z - i)^{1/2}(z+i)^{1/2}$. ここで,

$z - i = r_1 e^{i\theta_1}, \quad z + i = r_2 e^{i\theta_2}$

とすると, 図のように, 点 z は (θ_1, θ_2) によって指定される (r_1, r_2 は θ_1, θ_2 を決めれば定まる).

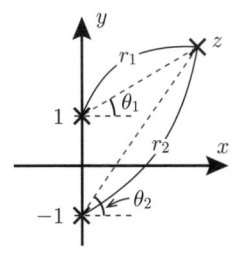

このとき ω は

$\omega = \left\{r_1 e^{i(\theta_1 + 2\pi m_1)}\right\}^{1/2} \left\{r_2 e^{i(\theta_2 + 2\pi m_2)}\right\}^{1/2}$
$= \sqrt{r_1 r_2}\, e^{i(\theta_1/2 + \pi m_1)} e^{i(\theta_2/2 + \pi m_2)}$
$= \sqrt{r_1 r_2}\, e^{i\theta_1/2} e^{i\theta_2/2} e^{i\pi(m_1 + m_2)}$

(m_1, m_2 は整数). ゆえに 1 つの z に対して, ω は

$\omega_1 = \sqrt{r_1 r_2}\, e^{i\theta_1/2} e^{i\theta_2/2},$
$\qquad (m_1 + m_2 = 2n)$
$\omega_2 = -\sqrt{r_1 r_2}\, e^{i\theta_1/2} e^{i\theta_2/2}$
$\qquad (m_1 + m_2 = 2n+1)$

(n は整数) の 2 つの値をとる. ここで z が $z = i$ 周りを 1 周すると m_1 が 1 だけ増加し, $z = -i$ 周りを 1 周すると m_2 が 1 だけ増加することに注意して, リーマン面としては, $m_1 + m_2 = 2n$ (1 枚目), $m_1 + m_2 = 2n+1$ (2 枚目) に対応する 2 枚の複素平面を重ねて, 図のように, $z = i$ または $z = -i$ 周りを 1 周するごとに, 2 枚の複素平面間を移り変わるようにすればよい.

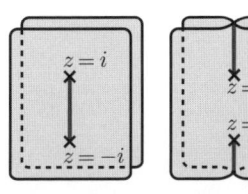

ポイント (2) の分岐線の入れ方は，上図の 2 通りのどちらでもかまいません．また，一般に分岐線は直線でなくてもかまいませんし，無限遠に走る方向も任意にとることができます．

4.3.1 (1) 微分の定義より，

$$\frac{d}{dz}\{f(z)+g(z)\}$$
$$= \lim_{h \to 0} \frac{f(z+h)+g(z+h)-\{f(z)+g(z)\}}{h}$$
$$= \lim_{h \to 0} \left\{ \frac{f(z+h)-f(z)}{h} + \frac{g(z+h)-g(z)}{h} \right\}$$
$$= f'(z) + g'(z).$$

(2) 微分の定義より，

$$\frac{d}{dz}\{f(z)g(z)\}$$
$$= \lim_{h \to 0} \frac{f(z+h)g(z+h) - f(z)g(z)}{h}.$$

ここで $f(z+h) = f(z) + f'(z)h + o(h)$ ($g(z+h)$ も同様) を用いると，

$$\frac{d}{dz}\{f(z)g(z)\}$$
$$= \lim_{h \to 0} \frac{1}{h} [\{f(z) + f'(z)h + o(h)\}$$
$$\times \{g(z) + g'(z)h + o(h)\} - f(z)g(z)]$$
$$= \lim_{h \to 0} \frac{\{f'(z)g(z) + f(z)g'(z)\}h + o(h)}{h}$$
$$= \lim_{h \to 0} \left\{ f'(z)g(z) + f(z)g'(z) + \frac{o(h)}{h} \right\}$$
$$= f'(z)g(z) + f(z)g'(z).$$

(3) (2) と同様に，微分の定義と $f(z+h) = f(z) + f'(z)h + o(h)$ ($g(z+h)$ も同様) を用いて，

$$\frac{d}{dz}\left\{\frac{f(z)}{g(z)}\right\} = \lim_{h \to 0} \frac{1}{h} \left\{ \frac{f(z+h)}{g(z+h)} - \frac{f(z)}{g(z)} \right\}$$
$$= \lim_{h \to 0} \frac{1}{h} \frac{f(z+h)g(z) - f(z)g(z+h)}{g(z)g(z+h)}$$
$$= \lim_{h \to 0} \frac{1}{h} \frac{1}{g(z)\{g(z) + g'(z)h + o(h)\}}$$
$$\times [\{f(z) + f'(z)h + o(h)\} g(z)$$
$$\quad\quad - f(z)\{g(z) + g'(z)h + o(h)\}]$$
$$= \lim_{h \to 0} \frac{1}{h} \frac{\{f'(z)g(z) - f(z)g'(z)\}h + o(h)}{\{g(z)\}^2 + O(h)}$$
$$= \lim_{h \to 0} \frac{\{f'(z)g(z) - f(z)g'(z)\} + \frac{o(h)}{h}}{\{g(z)\}^2 + O(h)}$$
$$= \frac{f'(z)g(z) - f(z)g'(z)}{\{g(z)\}^2}.$$

(4) 微分の定義と $g(z+h) = g(z) + g'(z)h + o(h)$ を用いて，

$$\frac{d}{dz} f(g(z)) = \lim_{h \to 0} \frac{f(g(z+h)) - f(g(z))}{h}$$
$$= \lim_{h \to 0} \frac{f(g(z) + g'(z)h + o(h)) - f(g(z))}{h}.$$

ここで $f(g(z))$ を g の関数と見た上で，$g'(z)h + o(h)$ は $g(z)$ に比べて微小量であることを考えると，

$$f(g(z) + g'(z)h + o(h))$$
$$= f(g(z)) + \frac{df}{dg} \{g'(z)h + o(h)\}$$
$$\quad + o(g'(z)h + o(h))$$
$$= f(g(z)) + \frac{df}{dg} g'(z)h + o(h).$$

これを上式に代入して，

$$\frac{d}{dz} f(g(z)) = \lim_{h \to 0} \frac{\frac{df}{dg} g'(z)h + o(h)}{h}$$
$$= \lim_{h \to 0} \left\{ \frac{df}{dg} g'(z) + \frac{o(h)}{h} \right\} = \frac{df}{dg} g'(z).$$

4.3.2

(1) $\dfrac{d}{dz} \cosh z = \dfrac{d}{dz} \left(\dfrac{e^z + e^{-z}}{2} \right)$
$$= \frac{e^z - e^{-z}}{2} = \sinh z.$$

(2) $\dfrac{d}{dz} \sinh z = \dfrac{d}{dz} \left(\dfrac{e^z - e^{-z}}{2} \right)$
$$= \frac{e^z + e^{-z}}{2} = \cosh z.$$

(3) $\dfrac{d}{dz} \alpha^z = \dfrac{d}{dz} (e^{\ln \alpha})^z = \dfrac{d}{dz} e^{z \ln \alpha}$
$$= e^{z \ln \alpha} \frac{d}{dz} (z \ln \alpha) = \alpha^z \ln \alpha.$$

(4) $\dfrac{d}{dz} z^z = \dfrac{d}{dz} (e^{\ln z})^z = \dfrac{d}{dz} e^{z \ln z}$
$$= e^{z \ln z} \frac{d}{dz} (z \ln z) = z^z \left(\ln z + z \frac{1}{z} \right)$$

4.3.3 (1) $z^3 = (x+iy)^3$
$$= x^3 + 3x^2(iy) + 3x(iy)^2 + (iy)^3$$
$$= x^3 - 3xy^2 + i(3x^2y - y^3)$$
$$\longrightarrow u(x,y) = x^3 - 3xy^2,$$
$$v(x,y) = 3x^2y - y^3.$$

$u(x,y), v(x,y)$ を偏微分して,
$$\frac{\partial u}{\partial x} = 3x^2 - 3y^2, \quad \frac{\partial v}{\partial y} = 3x^2 - 3y^2$$
$$\longrightarrow \frac{\partial u}{\partial x} = \frac{\partial v}{\partial y},$$
$$\frac{\partial u}{\partial y} = -6xy, \quad \frac{\partial v}{\partial x} = 6xy$$
$$\longrightarrow \frac{\partial u}{\partial y} = -\frac{\partial v}{\partial x}.$$

ゆえに $f(z) = z^3$ はコーシー-リーマンの関係式を満たす.

(2) $z = re^{i\theta}, \omega = u+iv = \ln z$ とすると,
$$z = re^{i\theta} = e^\omega = e^u e^{iv}.$$
ゆえに,
$$r = e^u \quad \longrightarrow \quad u(r,\theta) = \ln r,$$
$$v(r,\theta) = \theta + 2\pi m$$

(m は整数). $u(r,\theta), v(r,\theta)$ を r, θ で偏微分して,
$$\frac{\partial u}{\partial r} = \frac{1}{r}, \quad \frac{\partial v}{\partial \theta} = 1 \quad \longrightarrow \quad \frac{\partial u}{\partial r} = \frac{1}{r}\frac{\partial v}{\partial \theta},$$
$$\frac{\partial u}{\partial \theta} = 0, \quad \frac{\partial v}{\partial r} = 0 \quad \longrightarrow \quad \frac{1}{r}\frac{\partial u}{\partial \theta} = -\frac{\partial v}{\partial r}.$$

ゆえに $f(z) = \ln z \ (z \neq 0)$ はコーシー-リーマンの関係式を満たす.

▍ポイント▍ (2) はコーシー-リーマンの関係式の極座標表示 (基本問題 4.19 参照) を用いています.

4.3.4 (1) $f(z)$ が正則なので, コーシー-リーマンの関係式が成り立ち,
$$\frac{\partial v}{\partial y} = \frac{\partial u}{\partial x} = 2x - 1, \qquad ①$$
$$\frac{\partial v}{\partial x} = -\frac{\partial u}{\partial y} = 2y. \qquad ②$$

①を積分して,
$$v(x,y) = \int \frac{\partial v}{\partial y} dy$$
$$= \int (2x-1) dy = (2x-1)y + \varphi(x).$$

②に代入して,
$$\frac{\partial v}{\partial x} = 2y + \frac{d\varphi(x)}{dx} = 2y$$
$$\longrightarrow \frac{d\varphi(x)}{dx} = 0 \quad \longrightarrow \quad \varphi(x) = c_1$$

(c_1 は定数). ゆえに $f(z)$ の虚部は
$$v(x,y) = (2x-1)y + c_1$$
となり, 定数 c_1 の任意性を残して定まる. $f(z)$ をまとめると,
$$f(z) = x^2 - y^2 - x + i\{(2x-1)y + c_1\}$$
$$= x^2 - y^2 + i2xy - (x+iy) + ic_1$$
$$= (x+iy)^2 - (x+iy) + c_2$$
$$= z^2 - z + c_2$$

($c_2 = ic_1$ は定数) となる.

(2) コーシー-リーマンの関係式より,
$$\frac{\partial v}{\partial y} = \frac{\partial u}{\partial x} = -e^{-y}\sin x, \qquad ③$$
$$\frac{\partial v}{\partial x} = -\frac{\partial u}{\partial y} = e^{-y}\cos x. \qquad ④$$

③を積分して,
$$v(x,y) = \int \frac{\partial v}{\partial y} dy$$
$$= \int (-e^{-y}\sin x) dy = e^{-y}\sin x + \varphi(x).$$

④に代入して,
$$\frac{\partial v}{\partial x} = e^{-y}\cos x + \frac{d\varphi(x)}{dx} = e^{-y}\cos x$$
$$\longrightarrow \frac{d\varphi(x)}{dx} = 0 \quad \longrightarrow \quad \varphi(x) = c_1$$

(c_1 は定数). ゆえに,
$$v(x,y) = e^{-y}\sin x + c_1.$$
$f(z)$ にまとめると,
$$f(z) = e^{-y}\cos x + i(e^{-y}\sin x + c_1)$$
$$= e^{-y}(\cos x + i\sin x) + ic_1$$
$$= e^{-y}e^{ix} + ic_1$$

$= e^{i(x+iy)} + ic_1 = e^{iz} + c_2$

($c_2 = ic_1$ は定数) となる.

ポイント ここでの論理の流れは,

$u(x,y)$ が決まる $\iff \frac{\partial u}{\partial x}, \frac{\partial u}{\partial y}$ が決まる

$\iff \frac{\partial v}{\partial x}, \frac{\partial v}{\partial y}$ が決まる $\iff v(x,y)$ が決まる

となります (真ん中の $\iff$ でコーシー-リーマンの関係式を利用). こうして正則関数の実部 $u(x,y)$, 虚部 $v(x,y)$ の片方が与えられれば, もう片方は (定数項を除いて) 一意に決まります.

なお, この問題の例のように, $f(z)$ が正則関数であれば, $f(z)$ は z のみの ($\bar{z}$ を含まない) 式で書くことができます.

4.3.5 (1)

$$\left(\frac{\partial^2}{\partial x^2} + \frac{\partial^2}{\partial y^2}\right) u(x,y)$$
$$= \frac{\partial}{\partial x}\frac{\partial u(x,y)}{\partial x} + \frac{\partial}{\partial y}\frac{\partial u(x,y)}{\partial y}.$$

ここでコーシー-リーマンの関係式を用いると,

$$\left(\frac{\partial^2}{\partial x^2} + \frac{\partial^2}{\partial y^2}\right) u(x,y)$$
$$= \frac{\partial^2 v(x,y)}{\partial x \partial y} - \frac{\partial^2 v(x,y)}{\partial y \partial x} = 0.$$

同様に,

$$\left(\frac{\partial^2}{\partial x^2} + \frac{\partial^2}{\partial y^2}\right) v(x,y)$$
$$= \frac{\partial}{\partial x}\frac{\partial v(x,y)}{\partial x} + \frac{\partial}{\partial y}\frac{\partial v(x,y)}{\partial y}$$
$$= -\frac{\partial^2 u(x,y)}{\partial x \partial y} + \frac{\partial^2 u(x,y)}{\partial y \partial x} = 0.$$

(2) 曲線 $u(x,y) = c_1$ 上を点 (x,y) から $(x+dx, y+dy)$ へ微小移動したときの $u(x,y)$ の変化分を du とすると,

$$du = u(x+dx, y+dy) - u(x,y)$$
$$\simeq \frac{\partial u(x,y)}{\partial x} dx + \frac{\partial u(x,y)}{\partial y} dy$$
$$= \{\nabla u(x,y)\} \cdot d\boldsymbol{r}.$$

ここで複素平面を xy 平面に見立てて, 2 次元ベクトル

$$\nabla u = \left(\frac{\partial u}{\partial x}, \frac{\partial u}{\partial y}\right), \quad d\boldsymbol{r} = (dx, dy)$$

を導入し, dx, dy の 2 次以上の項は落とした. ここで今, $d\boldsymbol{r}$ は曲線 $u(x,y) = c_1$ 上を移動する微小変位なので, $du = 0$, すなわち $\{\nabla u(x,y)\} \cdot d\boldsymbol{r} = 0$. ゆえにベクトル $\nabla u(x,y)$ は $d\boldsymbol{r}$ と直交する, すなわち曲線 $u(x,y) = c_1$ の法線ベクトルと平行である. ($f'(z) \neq 0$ より $\nabla u(x,y) \neq \boldsymbol{0}$ であることに注意.)

同様に $\nabla v(x,y)$ ($\neq \boldsymbol{0}$) は曲線 $v(x,y) = c_2$ の法線ベクトルと平行であることも示される.

すると今, $f(z)$ は正則であるので, コーシー-リーマンの関係式が成立. ゆえに点 (x,y) を曲線 $u(x,y) = c_1, v(x,y) = c_2$ の交点にとると,

$$\{\nabla u(x,y)\} \cdot \{\nabla v(x,y)\}$$
$$= \frac{\partial u(x,y)}{\partial x}\frac{\partial v(x,y)}{\partial x} + \frac{\partial u(x,y)}{\partial y}\frac{\partial v(x,y)}{\partial y}$$
$$= \frac{\partial u(x,y)}{\partial x}\left(-\frac{\partial u(x,y)}{\partial y}\right)$$
$$+ \frac{\partial u(x,y)}{\partial y}\frac{\partial u(x,y)}{\partial x} = 0.$$

ゆえに曲線 $u(x,y) = c_1, v(x,y) = c_2$ の交点において, 互いの法線ベクトルは直交する, すなわち両曲線は直交する.

ポイント (1) の結果は, ある複素関数が正則であれば, その実部, 虚部は自動的に 2 次元ラプラス方程式の解となることを示しています. つまり 2 次元系において, ある境界条件のもとで, ラプラス方程式を解くためには, 単にその境界条件を満たす正則関数を見つければよい, ということになります. ラプラス方程式は物理の様々な分野で出てくる基本的な偏微分方程式ですので, この正則関数の性質は大変有用です.

さらに (2) では, 正則関数の実部, 虚部を用いて作った曲線 $u(x,y) = c_1, v(x,y) = c_2$ が, $f'(z) \neq 0$ の領域で互いに直交することが示されていますが, この性質は, 電磁気学などにおけるある種の問題を解くのに利用できることが知られています. この応用については 4.6 節で詳述します.

4.4.1 (1) 経路 C は
C_1：実軸上 $z = x$ を，$x = -1$ から $x = 0$ へと移動，
C_2：虚軸上 $z = iy$ を，$y = 0$ から $y = 2$ へと移動．

の和となる．C_1 では $dz = dx$，C_2 では $dz = i\,dy$ に注意して，

$$\int_C z^2 dz = \int_{-1}^0 x^2 dx + \int_0^2 (iy)^2 i\,dy$$
$$= \int_{-1}^0 x^2 dx - i\int_0^2 y^2 dy$$
$$= \left[\frac{1}{3}x^3\right]_{-1}^0 - i\left[\frac{1}{3}y^3\right]_0^2 = \frac{1}{3} - i\frac{8}{3}.$$

(2) 経路 C は，実パラメータ t を用いて，
$$z = t - 1 + 2it \quad (t:0 \to 1)$$
と表すことができる．すると，$dz = (1+2i)dt$ に注意して，

$$\int_C z^2 dz$$
$$= \int_0^1 (t-1+2it)^2(1+2i)dt$$
$$= \int_0^1 \{(t-1)^2 - 4t^2 + i4t(t-1)\}(1+2i)dt$$
$$= \int_0^1 \{-3t^2 - 2t + 1 + i(4t^2 - 4t)\}(1+2i)dt$$
$$= \int_0^1 \{-11t^2 + 6t + 1 + i(-2t^2 - 8t + 2)\}dt$$
$$= \left[-\frac{11}{3}t^3 + 3t^2 + t\right]_0^1 + i\left[-\frac{2}{3}t^3 - 4t^2 + 2t\right]_0^1$$
$$= \frac{1}{3} - i\frac{8}{3}.$$

ポイント $f(z) = z^2$ は複素平面全域で正則ですので，その積分は，始点，終点が同じであれば，経路によらず同じ値になります．

4.4.2 経路 C は，$z - z_0 = \rho e^{i\theta} \longrightarrow z = z_0 + \rho e^{i\theta}$ $(\theta: 0 \to 2\pi)$ と表される．$dz = i\rho e^{i\theta}d\theta$ より，

$$\oint_C (z - z_0)^n dz = \int_0^{2\pi} (\rho e^{i\theta})^n i\rho e^{i\theta} d\theta$$
$$= i\rho^{n+1}\int_0^{2\pi} e^{i(n+1)\theta} d\theta.$$

以下，n によって場合分けする．

(i) $n \neq -1$ の場合：

$$\oint_C (z - z_0)^n dz$$
$$= i\rho^{n+1}\left[\frac{1}{i(n+1)}e^{i(n+1)\theta}\right]_0^{2\pi}$$
$$= i\rho^{n+1}\frac{1}{i(n+1)}\{e^{i(n+1)2\pi} - 1\} = 0.$$

(ii) $n = -1$ の場合：

$$\oint_C \frac{1}{z - z_0}dz = i\int_0^{2\pi} d\theta = 2\pi i.$$

4.4.3 点 $z = a$ を中心とし，C 内に収まる半径 ρ の円を C' とする．

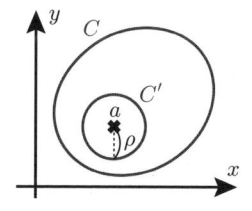

今，C, C' の間で $\frac{f(z)}{z-a}$ は正則であるので，

$$\oint_C \frac{f(z)}{z-a}dz = \oint_{C'} \frac{f(z)}{z-a}dz.$$

$f(z) = f(z) - f(a) + f(a)$ より，

$$\oint_{C'} \frac{f(z)}{z-a}dz$$
$$= \oint_{C'} \frac{f(z) - f(a)}{z-a}dz + f(a)\oint_{C'} \frac{1}{z-a}dz.$$

右辺第 2 項は，経路 C' 上で，$z = a + \rho e^{i\theta}$，$dz = i\rho e^{i\theta}d\theta$ より，

$$f(a)\oint_{C'} \frac{1}{z-a}dz = f(a)\int_0^{2\pi} \frac{1}{\rho e^{i\theta}}i\rho e^{i\theta}d\theta$$
$$= if(a)\int_0^{2\pi} d\theta = 2\pi i f(a)$$

と求まる．ゆえに，

$$\oint_C \frac{f(z)}{z-a}dz - 2\pi i f(a) = \oint_{C'} \frac{f(z) - f(a)}{z-a}dz$$
$$\longrightarrow \left|\oint_C \frac{f(z)}{z-a}dz - 2\pi i f(a)\right|$$
$$= \left|\oint_{C'} \frac{f(z) - f(a)}{z-a}dz\right|$$

$$\leq \oint_{C'} \frac{|f(z)-f(a)|}{|z-a|}|dz|.$$

ここで $f(z)$ は C 内で正則, すなわち, 連続なので, 任意の実数 $\varepsilon > 0$ に対して, 十分小さい ρ をとれば, C' 上で $|f(z)-f(a)| < \varepsilon$ とできる. ゆえに C' 上で $|z-a| = \rho$ に注意して,

$$\left|\oint_C \frac{f(z)}{z-a}dz - 2\pi i f(a)\right|$$
$$< \oint_{C'} \frac{\varepsilon}{|z-a|}|dz|$$
$$= \frac{\varepsilon}{\rho}\oint_{C'}|dz| = \frac{\varepsilon}{\rho}2\pi\rho = 2\pi\varepsilon.$$

$\varepsilon > 0$ は任意なので, 無限小にとると, 結局,

$$\left|\oint_C \frac{f(z)}{z-a}dz - 2\pi i f(a)\right| \to 0. \quad (\rho \to 0)$$

ゆえに,

$$\oint_C \frac{f(z)}{z-a}dz = 2\pi i f(a),$$

すなわち,

$$f(a) = \frac{1}{2\pi i}\oint_C \frac{f(z)}{z-a}dz.$$

4.4.4 $f^{(n)}(a) = \frac{n!}{2\pi i}\oint_C \frac{f(z)}{(z-a)^{n+1}}dz$ が成り立つことを帰納法で証明する.

(i) $n=1$ の場合を考える. 微分の定義より, $f'(a) = \lim_{h\to 0}\frac{f(a+h)-f(a)}{h}$. ここでコーシーの積分公式を用いると,

$f'(a)$
$= \lim_{h\to 0}\frac{1}{h}\frac{1}{2\pi i}\oint_C \left\{\frac{f(z)}{z-(a+h)} - \frac{f(z)}{z-a}\right\}dz$
$= \lim_{h\to 0}\frac{1}{h}\frac{1}{2\pi i}\oint_C f(z)\frac{z-a-(z-a-h)}{(z-a-h)(z-a)}dz$
$= \lim_{h\to 0}\frac{1}{2\pi i}\oint_C \frac{f(z)}{(z-a-h)(z-a)}dz$
$= \frac{1}{2\pi i}\oint_C \frac{f(z)}{(z-a)^2}dz$

となり, 与式が成立.

(ii) $n \leq k-1$ $(k \geq 2)$ で与式が成り立つと仮定し, $n=k$ の場合を考える.

$f^{(k)}(a) = \lim_{h\to 0}\frac{f^{(k-1)}(a+h) - f^{(k-1)}(a)}{h}$

の $f^{(k-1)}(a+h), f^{(k-1)}(a)$ に対して与式を用いると,

$f^{(k)}(a)$
$= \lim_{h\to 0}\frac{1}{h}\frac{(k-1)!}{2\pi i}\oint_C \left[\frac{f(z)}{\{z-(a+h)\}^k} - \frac{f(z)}{(z-a)^k}\right]dz$
$= \lim_{h\to 0}\frac{(k-1)!}{2\pi i}\oint_C \frac{f(z)}{h}\frac{(z-a)^k - \{(z-a)-h\}^k}{(z-a-h)^k(z-a)^k}dz$
$= \lim_{h\to 0}\frac{(k-1)!}{2\pi i}\oint_C \frac{f(z)}{h}\frac{kh(z-a)^{k-1} + O(h^2)}{(z-a-h)^k(z-a)^k}dz$
$= \lim_{h\to 0}\frac{(k-1)!}{2\pi i}k\oint_C f(z)\frac{(z-a)^{k-1} + O(h)}{(z-a-h)^k(z-a)^k}dz$
$= \frac{k!}{2\pi i}\oint_C \frac{f(z)}{(z-a)^{k+1}}dz$

となり, $n=k$ でも与式が成立.

(i), (ii) より, 任意の自然数 n で与式が成立する.

4.4.5 (1) 右辺に $(1-c)$ を掛けると,

$\left(1 + c + c^2 + \cdots + c^{n-1} + \frac{c^n}{1-c}\right)(1-c)$
$= 1 - c + c(1-c) + c^2(1-c)$
$\quad + \cdots + c^{n-1}(1-c) + c^n$
$= 1 - c + c - c^2 + c^2 - c^3$
$\quad + \cdots + c^{n-1} - c^n + c^n = 1$
$\longrightarrow \quad 1 + c + c^2 + \cdots + c^{n-1} + \frac{c^n}{1-c}$
$= \frac{1}{1-c}.$

(2) $\frac{1}{\zeta-z} = \frac{1}{\zeta-a-(z-a)} = \frac{1}{\zeta-a}\frac{1}{1-\frac{z-a}{\zeta-a}}$.

ここで $c = \frac{z-a}{\zeta-a}$ として (1) の式を用いると,

$\frac{1}{\zeta-z}$
$= \frac{1}{\zeta-a}\left\{1 + \frac{z-a}{\zeta-a} + \cdots + \left(\frac{z-a}{\zeta-a}\right)^{n-1}\right.$
$\quad \left. + \frac{\left(\frac{z-a}{\zeta-a}\right)^n}{1 - \frac{z-a}{\zeta-a}}\right\}$
$= \frac{1}{\zeta-a} + \frac{(z-a)}{(\zeta-a)^2} + \cdots + \frac{(z-a)^{n-1}}{(\zeta-a)^n}$
$\quad + \frac{1}{(\zeta-a)\left(1-\frac{z-a}{\zeta-a}\right)}\left(\frac{z-a}{\zeta-a}\right)^n$

$$= \sum_{k=0}^{n-1} \frac{(z-a)^k}{(\zeta-a)^{k+1}} + \frac{(z-a)^n}{(\zeta-z)(\zeta-a)^n}.$$

(3) 点 $z=a$ を中心とする円 C 内と C 上で $f(z)$ が正則であるとする.すると C 内の任意の z に対して,コーシーの積分公式が成り立つ,すなわち,

$$f(z) = \frac{1}{2\pi i} \oint_C \frac{f(\zeta)}{\zeta-z} d\zeta$$

と書ける.ここで (2) の結果を代入すると,

$$f(z) = \frac{1}{2\pi i} \oint_C f(\zeta) \left\{ \sum_{k=0}^{n-1} \frac{(z-a)^k}{(\zeta-a)^{k+1}} \right.$$
$$\left. + \frac{(z-a)^n}{(\zeta-z)(\zeta-a)^n} \right\} d\zeta$$
$$= \sum_{k=0}^{n-1} \frac{1}{2\pi i} (z-a)^k \oint_C \frac{f(\zeta)}{(\zeta-a)^{k+1}} d\zeta$$
$$+ \frac{1}{2\pi i} (z-a)^n \oint_C \frac{f(\zeta)}{(\zeta-z)(\zeta-a)^n} d\zeta.$$

ゆえに剰余項

$$g_n \equiv (z-a)^n \oint_C \frac{f(\zeta)}{(\zeta-z)(\zeta-a)^n} d\zeta$$

が $n \to \infty$ で 0 に収束すればよい.さて,今

$$|g_n| = \left| (z-a)^n \oint_C \frac{f(\zeta)}{(\zeta-z)(\zeta-a)^n} d\zeta \right|$$
$$\leq |z-a|^n \oint_C \frac{|f(\zeta)|}{|\zeta-z| |\zeta-a|^n} |d\zeta|.$$

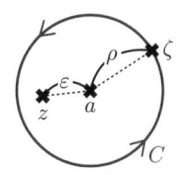

C の半径を $|\zeta-a| = \rho$,また $|z-a| = \varepsilon$ とすると,z は C 内にあるので,$\varepsilon < \rho$,かつ $|\zeta-z| \geq ||\zeta-a| - |a-z|| = \rho - \varepsilon$.(三角不等式 (4.9) を用いた.)ゆえに,

$$|g_n| \leq \varepsilon^n \frac{1}{(\rho-\varepsilon)\rho^n} \oint_C |f(\zeta)| |d\zeta|.$$

さらに今,$f(\zeta)$ は正則なので,$|f(\zeta)|$ は有界(有限値をとる).ゆえに $|f(\zeta)|$ の C 上での最大値を M とすると,

$$|g_n| \leq \frac{\varepsilon^n}{(\rho-\varepsilon)\rho^n} 2\pi \rho M = \frac{2\pi \rho M}{\rho-\varepsilon} \left(\frac{\varepsilon}{\rho} \right)^n.$$

ゆえに,$\varepsilon < \rho$ より,$n \to \infty$ で $g_n \to 0$ であり,剰余項は消える.ゆえに,

$$f(z) = \sum_{n=0}^{\infty} A_n (z-a)^n,$$
$$A_n = \frac{1}{2\pi i} \oint_C \frac{f(\zeta)}{(\zeta-a)^{n+1}} d\zeta$$

が成り立つ.

4.5.1 点 $z=a$ を中心とする同心円 C_1, C_2 上と,C_1, C_2 にはさまれた円環上の領域 D で,$f(z)$ が正則であるとする.図のように,C_1, C_2 をつないだ経路を Γ とする.

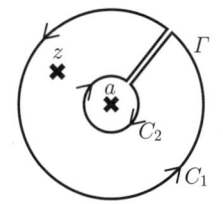

すると,Γ 上と Γ 内で $f(z)$ は正則なので,コーシーの積分公式より,

$$2\pi i f(z) = \oint_\Gamma \frac{f(\zeta)}{\zeta-z} d\zeta$$
$$= \oint_{C_1} \frac{f(\zeta)}{\zeta-z} d\zeta - \oint_{C_2} \frac{f(\zeta)}{\zeta-z} d\zeta. \quad \text{①}$$

(C_1 と C_2 をつなぐ経路での積分は行き帰りで打ち消しあうので 0 とした.)ここで

$$\frac{1}{\zeta-z} = \frac{1}{\zeta-a-(z-a)}$$
$$= \sum_{k=0}^{n-1} \frac{(z-a)^k}{(\zeta-a)^{k+1}} + \frac{(z-a)^n}{(\zeta-z)(\zeta-a)^n}. \quad \text{②}$$

(演習問題 4.4.5 参照.)同様に,

$$\frac{1}{\zeta-z} = -\frac{1}{z-a-(\zeta-a)}$$
$$= -\sum_{k=0}^{n-1} \frac{(\zeta-a)^k}{(z-a)^{k+1}} - \frac{(\zeta-a)^n}{(z-\zeta)(z-a)^n}. \quad \text{③}$$

①の右辺第 1 項に②を代入すると,

$$\oint_{C_1} \frac{f(\zeta)}{\zeta-z} d\zeta = \oint_{C_1} f(\zeta) \left\{ \sum_{k=0}^{n-1} \frac{(z-a)^k}{(\zeta-a)^{k+1}} \right.$$
$$\left. + \frac{(z-a)^n}{(\zeta-z)(\zeta-a)^n} \right\} d\zeta$$

$$= \sum_{k=0}^{n-1}(z-a)^k \oint_{C_1} \frac{f(\zeta)}{(\zeta-a)^{k+1}}d\zeta$$
$$+ \oint_{C_1} \frac{f(\zeta)}{\zeta-z}\left(\frac{z-a}{\zeta-a}\right)^n d\zeta.$$

すると $|\zeta-a|=\rho_1>|z-a|$ (ρ_1 は C_1 の半径) より, $n\to\infty$ で, 剰余項

$$g_{1n} \equiv \oint_{C_1} \frac{f(\zeta)}{\zeta-z}\left(\frac{z-a}{\zeta-a}\right)^n d\zeta \to 0.$$

同様に, ①の右辺第 2 項に③を代入すると,

$$\oint_{C_2} \frac{f(\zeta)}{\zeta-z}d\zeta$$
$$= \oint_{C_2} f(\zeta)\left\{-\sum_{k=0}^{n-1}\frac{(\zeta-a)^k}{(z-a)^{k+1}}\right.$$
$$\left. - \frac{(\zeta-a)^n}{(z-\zeta)(z-a)^n}\right\}d\zeta$$
$$= -\sum_{k=0}^{n-1}\frac{1}{(z-a)^{k+1}}\oint_{C_2} f(\zeta)(\zeta-a)^k d\zeta$$
$$- \oint_{C_2} \frac{f(\zeta)}{z-\zeta}\left(\frac{\zeta-a}{z-a}\right)^n d\zeta.$$

すると $|\zeta-a|=\rho_2<|z-a|$ (ρ_2 は C_2 の半径) より, $n\to\infty$ で, 剰余項

$$g_{2n} \equiv \oint_{C_2} \frac{f(\zeta)}{z-\zeta}\left(\frac{\zeta-a}{z-a}\right)^n d\zeta \to 0.$$

以上をまとめると,

$$2\pi i f(z) = \sum_{k=0}^{\infty}(z-a)^k \oint_{C_1} \frac{f(\zeta)}{(\zeta-a)^{k+1}}d\zeta$$
$$+ \sum_{k=0}^{\infty}\frac{1}{(z-a)^{k+1}}\oint_{C_2} f(\zeta)(\zeta-a)^k d\zeta.$$
④

ここで領域 D において, $\frac{f(\zeta)}{(\zeta-a)^{k+1}}, f(\zeta)(\zeta-a)^k$ ($k\geq 0$) は正則なので, ④の右辺の積分の経路は, C_1, C_2 から, $z=a$ を囲む D 内の任意の閉曲線 C に変更してよい. ゆえに,

$$2\pi i f(z) = \sum_{k=0}^{\infty}(z-a)^k \oint_{C} \frac{f(\zeta)}{(\zeta-a)^{k+1}}d\zeta$$
$$+ \sum_{k=0}^{\infty}\frac{1}{(z-a)^{k+1}}\oint_{C} f(\zeta)(\zeta-a)^k d\zeta$$
$$= \sum_{k=-\infty}^{\infty}(z-a)^k \oint_{C} \frac{f(\zeta)}{(\zeta-a)^{k+1}}d\zeta$$
$$\longrightarrow \quad f(z) = \sum_{n=-\infty}^{\infty} A_n (z-a)^n,$$

$$A_n = \frac{1}{2\pi i}\oint_{C} \frac{f(\zeta)}{(\zeta-a)^{n+1}}d\zeta$$

が成り立つ.

ポイント 剰余項 g_{1n}, g_{2n} が $n\to\infty$ で 0 になる部分については, 詳細を省略しましたが, これはテイラー展開の証明のときと同様の方法で示すことができます. 詳しくは演習問題 4.4.5(3) を参照してください.

4.5.2 $z=e^{i\theta}$ とすると, $dz=ie^{i\theta}d\theta=iz\,d\theta$ より $d\theta=-\frac{i}{z}dz$. また,

$$\cos\theta = \frac{e^{i\theta}+e^{-i\theta}}{2} = \frac{1}{2}\left(z+\frac{1}{z}\right).$$

今, C を原点中心, 半径 1 の円とすると, z は $\theta: 0\to 2\pi$ で C 上を 1 周する. ゆえに,

$$\int_0^{2\pi} \frac{d\theta}{(a+\cos\theta)^2}$$
$$= \oint_C \frac{1}{\{a+\frac{1}{2}(z+\frac{1}{z})\}^2}\left(-\frac{i}{z}\right)dz$$
$$= -i\oint_C \frac{4z}{(2z)^2\left(a+\frac{z}{2}+\frac{1}{2z}\right)^2}dz$$
$$= -4i\oint_C \frac{z}{(z^2+2az+1)^2}dz.$$

ここで $f(z)=\frac{z}{(z^2+2az+1)^2}$ とすると,

$$f(z) = \frac{z}{(z-\alpha)^2(z-\beta)^2}$$
$$(\alpha=-a+\sqrt{a^2-1}, \beta=-a-\sqrt{a^2-1})$$

となり, $f(z)$ は実軸上 $z=\alpha, \beta$ にそれぞれ 2 位の極を持つ.

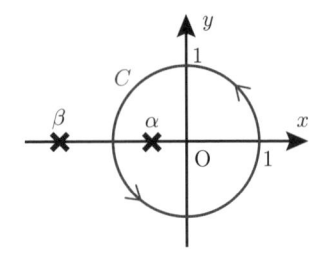

今, $a>1$ より, $-1<\alpha<1, \beta<-1$. ゆえに C 内に含まれる極は $z=\alpha$ で, その留数は,

$$\text{Res}(\alpha) = \lim_{z\to\alpha}\frac{d}{dz}\{(z-\alpha)^2 f(z)\}$$

$$= \lim_{z \to \alpha} \frac{d}{dz}\left\{\frac{z}{(z-\beta)^2}\right\}$$

$$= \lim_{z \to \alpha} \left\{\frac{(z-\beta)^2 - 2z(z-\beta)}{(z-\beta)^4}\right\}$$

$$= -\frac{\alpha + \beta}{(\alpha-\beta)^3} = -\frac{-2a}{(2\sqrt{a^2-1})^3}$$

$$= \frac{a}{4(a^2-1)^{3/2}}.$$

ゆえに留数定理より,

$$\int_0^{2\pi} \frac{d\theta}{(a+\cos\theta)^2} = -4i\oint_C f(z)dz$$

$$= -4i \cdot 2\pi i \frac{a}{4(a^2-1)^{3/2}} = \frac{2\pi a}{(a^2-1)^{3/2}}.$$

4.5.3 $f(z) = e^{-z^2}$ を図の経路 C で積分する.

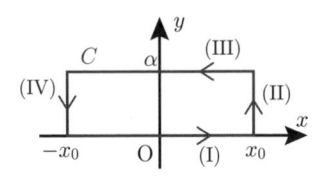

C の各部分での積分は,
(I) $z = x$, $dz = dx$ より,

$$\int_\text{I} f(z)dz = \int_{-x_0}^{x_0} e^{-x^2}dx.$$

(II) $z = x_0 + iy$, $dz = i\,dy$ より,

$$\int_\text{II} f(z)dz = \int_0^\alpha e^{-(x_0+iy)^2} i\,dy$$

$$= ie^{-x_0^2}\int_0^\alpha e^{y^2 - i2x_0 y}dy.$$

(III) $z = x + i\alpha$, $dz = dx$ より,

$$\int_\text{III} f(z)dz = \int_{x_0}^{-x_0} e^{-(x+i\alpha)^2}dx$$

$$= -e^{\alpha^2}\int_{-x_0}^{x_0} e^{-x^2 - i2\alpha x}dx.$$

(IV) $z = -x_0 + iy$, $dz = i\,dy$ より,

$$\int_\text{IV} f(z)dz = \int_\alpha^0 e^{-(-x_0+iy)^2} i\,dy$$

$$= ie^{-x_0^2}\int_\alpha^0 e^{y^2 + i2x_0 y}dy.$$

$x_0 \to \infty$ とすると, $e^{-x_0^2} \to 0$ より,

$$\int_\text{II} f(z)dz \to 0, \quad \int_\text{IV} f(z)dz \to 0.$$

また, $f(z) = e^{-z^2}$ は C 上, C 内で正則. ゆえに, $x_0 \to \infty$ で,

$$0 = \oint_C f(z)dz$$

$$\to \int_{-\infty}^\infty e^{-x^2}dx - e^{\alpha^2}\int_{-\infty}^\infty e^{-x^2 - i2\alpha x}dx.$$

整理して,

$$e^{\alpha^2}\int_{-\infty}^\infty e^{-x^2 - i2\alpha x}dx = \int_{-\infty}^\infty e^{-x^2}dx = \sqrt{\pi}.$$

(ガウス積分を用いた.) ゆえに,

$$\int_{-\infty}^\infty e^{-x^2} e^{-i2\alpha x}dx = \sqrt{\pi}\, e^{-\alpha^2}.$$

実部を比較して,

$$\int_{-\infty}^\infty e^{-x^2}\cos(2\alpha x)dx = \sqrt{\pi}\, e^{-\alpha^2}.$$

4.5.4 まずは, $a > 0$ の場合を考える. $\sin^2 ax = \frac{1-\cos 2ax}{2}$ であることを考慮して, $f(z) = \frac{1-e^{i2az}}{2z^2}$ を図の経路 C で積分する.

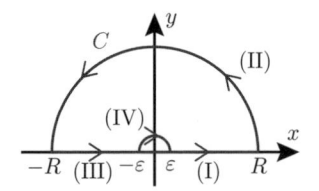

C の各部分での積分は,
(I) $z = x$, $dz = dx$ より,

$$\int_\text{I} f(z)dz = \int_\varepsilon^R \frac{1-e^{i2ax}}{2x^2}dx.$$

(II) $\int_\text{II} f(z)dz = \int_\text{II} \frac{1}{2z^2}dz - \int_\text{II} \frac{e^{i2az}}{2z^2}dz.$

ここで右辺第 1 項は, $z = Re^{i\theta}, dz = iRe^{i\theta}d\theta$ より,

$$\int_\text{II} \frac{1}{2z^2}dz = \int_0^\pi \frac{1}{2(Re^{i\theta})^2}iRe^{i\theta}d\theta$$

$$= \frac{i}{2R}\int_0^\pi e^{-i\theta}d\theta \to 0. \quad (R \to \infty)$$

また, 右辺第 2 項は, ジョルダンの補助定理より, $R \to \infty$ で 0 に収束. ゆえに,

$$\int_\text{II} f(z)dz \to 0. \quad (R \to \infty)$$

(III) $z = x, dz = dx$ より,

$$\int_{\text{III}} f(z)dz$$
$$= \int_{-R}^{-\varepsilon} \frac{1-e^{i2ax}}{2x^2} dx = \int_{\varepsilon}^{R} \frac{1-e^{-i2ax}}{2x^2} dx.$$

(IV) $z = \varepsilon e^{i\theta}, dz = i\varepsilon e^{i\theta} d\theta$ より,

$$\int_{\text{IV}} f(z)dz$$
$$= \int_{\pi}^{0} \frac{1-e^{i2a\varepsilon e^{i\theta}}}{2(\varepsilon e^{i\theta})^2} i\varepsilon e^{i\theta} d\theta$$
$$= -\frac{i}{2}\int_{0}^{\pi} \frac{1-\{1+i2a\varepsilon e^{i\theta}+O(\varepsilon^2)\}}{\varepsilon e^{i\theta}} d\theta$$
$$= -\frac{i}{2}\int_{0}^{\pi} \{-i2a + O(\varepsilon)\} d\theta$$
$$\to -a \int_{0}^{\pi} d\theta = -a\pi. \quad (\varepsilon \to 0)$$

また, $f(z)$ は C 上, C 内で正則. ゆえに, $R \to \infty, \varepsilon \to 0$ で

$$0 = \oint_{C} f(z)dz \to \int_{0}^{\infty} \frac{1-e^{i2ax}}{2x^2} dx$$
$$+ \int_{0}^{\infty} \frac{1-e^{-i2ax}}{2x^2} dx - a\pi.$$

整理して,

$$a\pi = \int_{0}^{\infty} \frac{2-(e^{i2ax}+e^{-i2ax})}{2x^2} dx$$
$$= \int_{0}^{\infty} \frac{1-\cos 2ax}{x^2} dx = 2\int_{0}^{\infty} \frac{\sin^2 ax}{x^2} dx.$$

ゆえに,

$$\int_{0}^{\infty} \frac{\sin^2 ax}{x^2} dx = \frac{a\pi}{2}.$$

$a < 0$ の場合は, $a' = -a > 0$ に対して, 上記の結果を用いると,

$$\int_{0}^{\infty} \frac{\sin^2 a'x}{x^2} dx = \frac{a'\pi}{2}$$

より,

$$\int_{0}^{\infty} \frac{\sin^2 ax}{x^2} dx = \frac{(-a)\pi}{2}.$$

($\sin^2 a'x = \sin^2 ax$ に注意.) 以上をまとめて,

$$\int_{0}^{\infty} \frac{\sin^2 ax}{x^2} dx = \frac{|a|\pi}{2}.$$

4.5.5 $f(z) = \frac{z^2}{(z^2+a^2)^2}$ を図の経路 C で積分する.

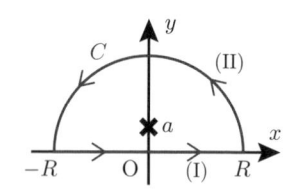

C の各部分での積分は,

(I) $z = x, dz = dx$ より,

$$\int_{\text{I}} f(z)dz \to \int_{-\infty}^{\infty} \frac{x^2}{(x^2+a^2)^2} dx.$$
$(R \to \infty)$

(II) $z = Re^{i\theta}, dz = iRe^{i\theta} d\theta$ より,

$$\int_{\text{II}} f(z)dz$$
$$= \int_{0}^{\pi} \frac{R^2 e^{i2\theta}}{(R^2 e^{i2\theta}+a^2)^2} iRe^{i\theta} d\theta$$
$$= iR^3 \int_{0}^{\pi} \frac{e^{i3\theta}}{R^4 e^{i4\theta}+2a^2 R^2 e^{i2\theta}+a^4} d\theta$$
$$= \frac{i}{R} \int_{0}^{\pi} \frac{e^{i3\theta}}{e^{i4\theta}+\frac{2a^2 e^{i2\theta}}{R^2}+\frac{a^4}{R^4}} d\theta$$
$$\to 0. \quad (R \to \infty)$$

また, $f(z) = \frac{z^2}{(z+ia)^2(z-ia)^2}$ より, $f(z)$ は $z = \pm ia$ に 2 位の極を持つ. そのうち C 内の極は $z = ia$ で, その留数は,

$$\text{Res}(ia) = \lim_{z \to ia} \frac{d}{dz} \frac{z^2}{(z+ia)^2}$$
$$= \lim_{z \to ia} \frac{2z(z+ia)^2 - z^2 \cdot 2(z+ia)}{(z+ia)^4}$$
$$= \frac{2ia(2ia)^2 - (ia)^2 \cdot 2 \cdot 2ia}{(2ia)^4}$$
$$= \frac{-i8a^3 + i4a^3}{16a^4} = -\frac{i}{4a}.$$

ゆえに, $R \to \infty$ で,

$$\oint_{C} f(z)dz \to \int_{-\infty}^{\infty} \frac{x^2}{(x^2+a^2)^2} dx$$
$$= 2\pi i \left(-\frac{i}{4a}\right) = \frac{\pi}{2a}.$$

$\frac{x^2}{(x^2+a^2)^2}$ は偶関数であることに注意して,
$$\int_0^\infty \frac{x^2}{(x^2+a^2)^2}dx = \frac{1}{2}\int_{-\infty}^\infty \frac{x^2}{(x^2+a^2)^2}dx$$
$$= \frac{\pi}{4a}.$$

4.5.6 $f(z) = \frac{\ln z}{(z^2+1)^2}$ を図の経路 C で積分する. ただし $\ln z = \ln r + i\theta$ ($z = re^{i\theta}$) については, $0 \leq \theta \leq \pi$ の範囲での値を用いる.

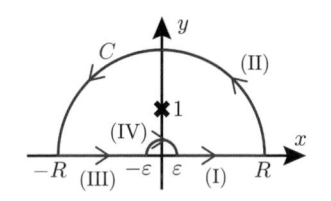

C の各部分での積分は,
(I) $z = x$, $dz = dx$ より,
$$\int_\text{I} f(z)dz = \int_\varepsilon^R \frac{\ln x}{(x^2+1)^2}dx.$$

(II) $z = Re^{i\theta}$, $dz = iRe^{i\theta}d\theta$ より,
$$\int_\text{II} f(z)dz = \int_0^\pi \frac{\ln R + i\theta}{(R^2 e^{i2\theta}+1)^2}iRe^{i\theta}d\theta$$
$$= iR\int_0^\pi \frac{(\ln R + i\theta)e^{i\theta}}{R^4 e^{i4\theta}+2R^2 e^{i2\theta}+1}d\theta$$
$$\to 0. \quad (R \to \infty)$$

(III) $z = x$, $dz = dx$ より,
$$\int_\text{III} f(z)dz = \int_{-R}^{-\varepsilon} \frac{\ln x}{(x^2+1)^2}dx$$
$$= \int_R^\varepsilon \frac{\ln(-x)}{\{(-x)^2+1\}^2}(-dx)$$
$$= \int_\varepsilon^R \frac{\ln(xe^{i\pi})}{(x^2+1)^2}dx$$
$$= \int_\varepsilon^R \frac{\ln x}{(x^2+1)^2}dx + i\pi \int_\varepsilon^R \frac{dx}{(x^2+1)^2}.$$

(IV) $z = \varepsilon e^{i\theta}$, $dz = i\varepsilon e^{i\theta}d\theta$ より,
$$\int_\text{IV} f(z)dz = \int_\pi^0 \frac{\ln \varepsilon + i\theta}{(\varepsilon^2 e^{i2\theta}+1)^2}i\varepsilon e^{i\theta}d\theta$$
$$= -i\int_0^\pi \frac{(\varepsilon \ln \varepsilon + i\varepsilon\theta)e^{i\theta}}{1 + 2\varepsilon^2 e^{i2\theta}+\varepsilon^4 e^{i4\theta}}d\theta$$
$$\to 0. \quad (\varepsilon \to 0)$$

($\varepsilon \ln \varepsilon \to 0$ ($\varepsilon \to 0$) に注意.)

また, $f(z) = \frac{\ln z}{(z+i)^2(z-i)^2}$ より, $f(z)$ は $z = \pm i$ に 2 位の極を持つ. そのうち C 内の極は $z = i$ で, その留数は,
$$\text{Res}(i) = \lim_{z \to i}\frac{d}{dz}\frac{\ln z}{(z+i)^2}$$
$$= \lim_{z \to i}\frac{\frac{1}{z}(z+i)^2 - (\ln z)\cdot 2(z+i)}{(z+i)^4}$$
$$= \frac{\frac{1}{i}(2i)^2 - 4i(\ln i)}{(2i)^4}$$
$$= \frac{4i - 4i\left(\ln 1 + i\frac{\pi}{2}\right)}{16} = \frac{\pi}{8} + \frac{i}{4}.$$

ゆえに, $R \to \infty, \varepsilon \to 0$ で,
$$\oint_C f(z)dz$$
$$\to 2\int_0^\infty \frac{\ln x}{(x^2+1)^2}dx + i\pi \int_0^\infty \frac{dx}{(x^2+1)^2}$$
$$= 2\pi i \left(\frac{\pi}{8} + \frac{i}{4}\right) = -\frac{\pi}{2} + i\frac{\pi^2}{4}.$$

ここで $\int_0^\infty \frac{dx}{(x^2+1)^2} = \frac{\pi}{4}$ を用いると, 結局,
$$\int_0^\infty \frac{\ln x}{(x^2+1)^2}dx$$
$$= \frac{1}{2}\left(-\frac{\pi}{2} + i\frac{\pi^2}{4} - i\pi\frac{\pi}{4}\right) = -\frac{\pi}{4}.$$

4.5.7 (1) $z = a$ が 1 位の極なので, $g(z) = (z-a)h(z)$ ($|h(a)| \neq 0, \infty$) と書ける. (こうおくと, $\lim_{z \to a}f(z)$ は発散, $\lim_{z \to a}(z-a)f(z) = \frac{1}{h(a)}$ は 0 でない有限値で, かつ $\lim_{z \to a}(z-a)^k f(z) = 0$ ($k \geq 2$) となるので, $z = a$ は 1 位の極.) すると, $f(z)$ の留数は,
$$\text{Res}(a) = \lim_{z \to a}(z-a)f(z) = \frac{1}{h(a)}.$$

ここで,
$$g'(z) = \frac{d}{dz}\{(z-a)h(z)\}$$
$$= h(z) + (z-a)h'(z)$$
$$\longrightarrow \quad g'(a) = h(a).$$

ゆえに, $\text{Res}(a) = \frac{1}{g'(a)}$.

(2) $z^n + 1 = 0$ とすると, $z^n = -1 = e^{i(\pi+2m\pi)}$ (m は整数). ゆえに, $z^n + 1 = $

0 は, n 個の解 $z = e^{i(\pi/n)}, e^{i(3/n)\pi}, \ldots,$ $e^{i\{(2n-1)/n\}\pi}$ を持ち,
$$f(z) = \frac{1}{z^n + 1}$$
$$= \frac{1}{(z - e^{i(\pi/n)})(z - e^{i(3/n)\pi}) \cdots (z - e^{i\{(2n-1)/n\}\pi})}$$

と書ける. すなわち, $z = e^{i(\pi/n)}, e^{i(3/n)\pi}, \ldots,$ $e^{i\{(2n-1)/n\}\pi}$ は, 1 位の極である.

(3) $f(z) = \frac{1}{z^n+1}$ を図の経路 C で積分する.

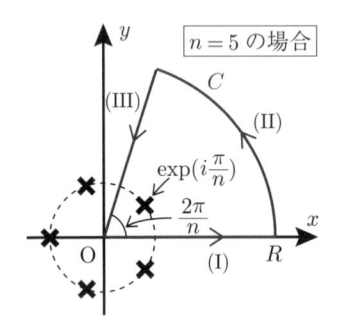

$n = 5$ の場合

C の各部分での積分は,
(I) $z = x, dz = dx$ より,
$$\int_{\text{I}} f(z)dz = \int_0^R \frac{1}{x^n + 1} dx.$$

(II) $z = Re^{i\theta}, dz = iRe^{i\theta}d\theta$ より,
$$\int_{\text{II}} f(z)dz = \int_0^{2\pi/n} \frac{1}{R^n e^{in\theta} + 1} iRe^{i\theta} d\theta.$$

ゆえに, $n \geq 2$ に注意して,
$$\left| \int_{\text{II}} f(z)dz \right| \leq \int_0^{2\pi/n} \left| \frac{R}{R^n e^{in\theta} + 1} \right| d\theta$$
$$= \int_0^{2\pi/n} \left| \frac{R(R^n e^{-in\theta} + 1)}{R^{2n} + 2R^n \cos(n\theta) + 1} \right| d\theta$$
$$\to 0. \quad (R \to \infty)$$

(III) $z = e^{i2\pi/n}t, dz = e^{i2\pi/n}dt$ より,
$$\int_{\text{III}} f(z)dz = \int_R^0 \frac{1}{(e^{i2\pi/n}t)^n + 1} e^{i2\pi/n} dt$$
$$= -e^{i2\pi/n} \int_0^R \frac{1}{t^n + 1} dt.$$

また, C 内の極は $z = e^{i\pi/n}$ で, 留数は (1) より

$$\text{Res}(e^{i\pi/n}) = \lim_{z \to e^{i\pi/n}} \frac{1}{\frac{d}{dz}(z^n + 1)}$$
$$= \lim_{z \to e^{i\pi/n}} \frac{1}{nz^{n-1}} = \frac{1}{n} e^{-i\{(n-1)/n\}\pi}.$$

ゆえに, $R \to \infty$ で,
$$\oint_C f(z)dz \to \int_0^\infty \frac{1}{x^n + 1} dx$$
$$- e^{i2\pi/n} \int_0^\infty \frac{1}{x^n + 1} dx$$
$$= \frac{2\pi i}{n} e^{-i\{(n-1)/n\}\pi}.$$

ゆえに,
$$\int_0^\infty \frac{1}{x^n+1} dx = \frac{1}{1 - e^{i2\pi/n}} \frac{2\pi i}{n} e^{-i\{(n-1)/n\}\pi}$$
$$= \frac{2\pi i}{n} \frac{e^{-i\pi}}{e^{-i\pi/n} - e^{i\pi/n}}$$
$$= \frac{2\pi i}{n} \frac{-1}{-2i\sin\left(\frac{\pi}{n}\right)} = \frac{\frac{\pi}{n}}{\sin\left(\frac{\pi}{n}\right)}.$$

4.6.1 以下, $z = x + iy, \omega = u + iv$ とする.
(1) $\omega = z^2 = (x+iy)^2 = x^2 - y^2 + i2xy$
$\longrightarrow u = x^2 - y^2, v = 2xy.$
$x = a$ とすると,
$$u = a^2 - y^2, \quad v = 2ay \qquad ①$$
$$\longrightarrow u = -\frac{v^2}{4a^2} + a^2.$$
$y = b$ とすると,
$$u = x^2 - b^2, \quad v = 2bx \qquad ②$$
$$\longrightarrow u = \frac{v^2}{4b^2} - b^2.$$

いずれの場合も, z が元の直線の端から端まで (例えば $x = a$ だと $-\infty < y < \infty$ を) 移動するとき, v が $-\infty < v < \infty$ の全ての値をとることは, ①, ② より自明. ゆえに z 平面上の直線 $x = a, y = b$ $(a, b \neq 0)$ は, ω 平面上の, u 軸を対称軸とした放物線に写像される.

(2) $\omega = \cos(x + iy)$
$= \cos x \cos(iy) - \sin x \sin(iy)$
$= \cos x \cosh y - i \sin x \sinh y$
$\longrightarrow u = \cos x \cosh y,$
$\quad v = -\sin x \sinh y.$
$x = a$ とすると,

$u = \cos a \cosh y, \ v = -\sin a \sinh y$ ③

$\longrightarrow \ \left(\dfrac{u}{\cos a}\right)^2 - \left(\dfrac{v}{\sin a}\right)^2$
$\qquad = \cosh^2 y - \sinh^2 y = 1$

$\longrightarrow \ \dfrac{u^2}{\cos^2 a} - \dfrac{v^2}{\sin^2 a} = 1.$

ここで③より，u と $\cos a$ は同符号であり（$\cosh y \geq 1$ に注意），また z が直線 $x = a$ の端から端まで（$-\infty < y < \infty$ を）移動するとき，v は $-\infty < v < \infty$ の全ての値をとる。ゆえに z 平面上の直線 $x = a\ (\neq 0)$ は，ω 平面上の，u 軸を対称軸とした双曲線で，u が $\cos a$ と同符号の領域にある曲線に写像される。

また $y = b$ とすると，

$u = \cos x \cosh b, \ v = -\sin x \sinh b$ ④

$\longrightarrow \ \left(\dfrac{u}{\cosh b}\right)^2 + \left(\dfrac{v}{\sinh b}\right)^2$
$\qquad = \cos^2 x + \sin^2 x = 1$

$\longrightarrow \ \dfrac{u^2}{\cosh^2 b} + \dfrac{v^2}{\sinh^2 b} = 1.$

これは楕円の式であり，z が直線 $y = b$ の端から端まで（$-\infty < x < \infty$ を）移動するとき，ω が楕円上の全ての点をとることは④より自明。ゆえに z 平面上の直線 $y = b\ (\neq 0)$ は，ω 平面上，原点中心の楕円に写像される。

(3) $\omega = \dfrac{1}{z} = \dfrac{1}{x + iy} = \dfrac{x - iy}{x^2 + y^2}$

$\longrightarrow \ u = \dfrac{x}{x^2 + y^2}, \ v = -\dfrac{y}{x^2 + y^2}.$

$x = a$ とすると，

$u = \dfrac{a}{a^2 + y^2}, \ v = -\dfrac{y}{a^2 + y^2}$ ⑤

$\longrightarrow \ u^2 + v^2 = \dfrac{a^2}{(a^2 + y^2)^2} + \dfrac{y^2}{(a^2 + y^2)^2}$
$\qquad\qquad = \dfrac{1}{a^2 + y^2} = \dfrac{u}{a}$

$\longrightarrow \ \left(u - \dfrac{1}{2a}\right)^2 + v^2 = \left(\dfrac{1}{2a}\right)^2.$

これは円の式であり，z が直線 $x = a$ の端から端まで（$-\infty < y < \infty$ を）移動するとき，ω が円上の全ての点をとることは⑤より自明。ゆえに z 平面上の直線 $x = a$ は，ω 平面上，中心 $\left(\dfrac{1}{2a}, 0\right)$，半径 $\dfrac{1}{2|a|}$ の円に写像される。

また $y = b$ とすると，

$u = \dfrac{x}{x^2 + b^2}, \ v = -\dfrac{b}{x^2 + b^2}$ ⑥

$\longrightarrow \ u^2 + v^2 = \dfrac{x^2}{(x^2 + b^2)^2} + \dfrac{b^2}{(x^2 + b^2)^2}$
$\qquad\qquad = \dfrac{1}{x^2 + b^2} = -\dfrac{v}{b}$

$\longrightarrow \ u^2 + \left(v + \dfrac{1}{2b}\right)^2 = \left(\dfrac{1}{2b}\right)^2.$

これは円の式であり，z が直線 $y = b$ の端から端まで（$-\infty < x < \infty$ を）移動するとき，ω が円上の全ての点をとることは⑥より自明。ゆえに z 平面上の直線 $y = b$ は，ω 平面上，中心 $\left(0, -\dfrac{1}{2b}\right)$，半径 $\dfrac{1}{2|b|}$ の円に写像される。

4.6.2 (1) $z = x + iy, z_0 = x_0 + iy_0$ とすると，$\overline{z_0} = x_0 - iy_0$ に注意して，

$$\omega = \dfrac{x - x_0 + i(y - y_0)}{x - x_0 + i(y + y_0)}.$$

ゆえに，

$|\omega| = \left|\dfrac{x - x_0 + i(y - y_0)}{x - x_0 + i(y + y_0)}\right|$

$\quad = \dfrac{|x - x_0 + i(y - y_0)|}{|x - x_0 + i(y + y_0)|}$

$\quad = \dfrac{\sqrt{(x - x_0)^2 + (y - y_0)^2}}{\sqrt{(x - x_0)^2 + (y + y_0)^2}}.$

z 平面の実軸の式 $y = 0$ を代入すると，

$|\omega| = \dfrac{\sqrt{(x - x_0)^2 + y_0^2}}{\sqrt{(x - x_0)^2 + y_0^2}} = 1.$

また，ω の式に $y = 0$ を代入して変形すると，

$\omega = \dfrac{(x - x_0 - iy_0)^2}{(x - x_0 + iy_0)(x - x_0 - iy_0)}$

$\quad = \dfrac{(x - x_0)^2 - y_0^2 - i2(x - x_0)y_0}{(x - x_0)^2 + y_0^2}$

$\longrightarrow \ \arg \omega = \tan^{-1}\left(-\dfrac{2(x - x_0)y_0}{(x - x_0)^2 - y_0^2}\right).$

ゆえに，x を $-\infty$ から ∞ まで動かすことで，ω の偏角は 0 から 2π までの全ての値を取り得る。

以上より，問題の関数は，z 平面の実軸を，ω 平面上，原点中心の単位円へ写像する．

(2) まず z 平面の虚軸を実軸に写像した後で，(1) の関数を用いて原点中心の単位円へ写像すればよい．虚軸を実軸に写す変換は，原点周りの $\frac{\pi}{2}$ 回転であり，その関数は，
$$f(z) = e^{i\pi/2} z = iz.$$
(基本問題 4.33 参照.) この関数と，(1) の関数 $g(z) = \frac{z-z_0}{z-\overline{z_0}}$ を合成すればよいので，求める関数は，
$$g(f(z)) = \frac{iz - z_0}{iz - \overline{z_0}} = \frac{z + iz_0}{z + i\overline{z_0}}$$
となる．

ポイント (2) のように，複数の関数の合成関数を考えれば，連続した写像変換を表すことができます．

4.6.3 (1) 関数 $\omega = z^2$ を考えると，
$$z = |z|e^{i\theta} \longrightarrow \omega = z^2 = |z|^2 e^{i2\theta}.$$
ゆえに $\omega = z^2$ は，第 1 象限 $(0 < \arg z < \frac{\pi}{2})$ を複素上半面 $(0 < \arg \omega < \pi)$ へと移す写像であり，導体表面は ω 平面上の実軸 $(v = 0)$ に写像される．(z 平面実軸 $x > 0$ の部分が，ω 平面実軸 $u > 0$ の部分に，z 平面虚軸 $y > 0$ の部分が，ω 平面実軸 $u < 0$ の部分に，それぞれ写像される．)

また $f(z) = z^2$ は複素平面全域で正則であるので，虚部 $v(x,y)$ はラプラス方程式を満たす．

ゆえに求める電位の式は
$$\phi(x,y) = v(x,y) = \text{Im } z^2 = \text{Im }(x+iy)^2$$
$$= 2xy$$
で与えられる．

(2) $f(z)$ の実部は $u(x,y) = \text{Re}(x+iy)^2 = x^2 - y^2$．今，$f(z) = z^2$ は導体外 (第 1 象限: $|z| > 0, 0 < \arg z < \frac{\pi}{2}$) で正則かつ $f'(z) \neq 0$ であることから，$\omega = z^2$ は導体外の領域で等角写像であり，曲線 $u(x,y) = c_1, v(x,y) = c_2$ (c_1, c_2 は定数) は互いに直交する．

ゆえに (1) より，$v(x,y) = 2xy = c_2$ が等電位線を表し，$u(x,y) = x^2 - y^2 = c_1$ が電気力線を与える．これらはそれぞれ図のような双曲線になる．

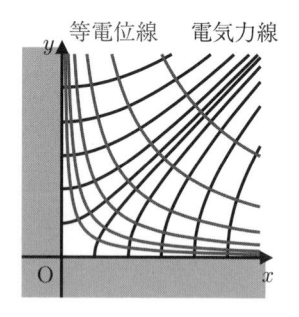

等電位線　電気力線

ポイント この解答のように，$v(x,y)$ を電位に，$u(x,y)$ が一定の曲線を電気力線に対応させることもできます．

第 5 章

5.1.1
$$\int_{-L}^{L} \cos\left(\frac{n\pi}{L}x\right) \cos\left(\frac{m\pi}{L}x\right) dx$$
$$= \frac{1}{2}\left\{\int_{-L}^{L} \cos\left(\frac{(n-m)\pi}{L}x\right) dx \right.$$
$$\left. + \int_{-L}^{L} \cos\left(\frac{(n+m)\pi}{L}x\right) dx\right\}. \quad \text{①}$$

ここで整数 l に対して，
$$\int_{-L}^{L} \cos\left(\frac{l\pi}{L}x\right) dx$$
$$= \begin{cases} \left[\dfrac{L}{l\pi} \sin\left(\dfrac{l\pi}{L}x\right)\right]_{-L}^{L} = 0, & (l \neq 0) \\ \displaystyle\int_{-L}^{L} 1\, dx = 2L. & (l = 0) \end{cases}$$

今，$n, m \geq 1$ より $n + m \neq 0$．ゆえに①右辺の第 2 項は常に 0．第 1 項は，$n - m = 0$ すなわち $n = m$ の場合のみ $2L$ で，それ以外の場合は 0．ゆえに，
$$\int_{-L}^{L} \cos\left(\frac{n\pi}{L}x\right) \cos\left(\frac{m\pi}{L}x\right) dx$$
$$= \frac{1}{2}(2L\delta_{nm} + 0) = L\delta_{nm}.$$

同様に，
$$\int_{-L}^{L} \sin\left(\frac{n\pi}{L}x\right) \sin\left(\frac{m\pi}{L}x\right) dx$$

$$= \frac{1}{2}\left\{\int_{-L}^{L} \cos\left(\frac{(n-m)\pi}{L}x\right)dx\right.$$
$$\left.- \int_{-L}^{L} \cos\left(\frac{(n+m)\pi}{L}x\right)dx\right\}$$
$$= \frac{1}{2}(2L\delta_{nm} - 0) = L\delta_{nm}.$$

最後に,
$$\int_{-L}^{L} \cos\left(\frac{n\pi}{L}x\right)\sin\left(\frac{m\pi}{L}x\right)dx$$
$$= \frac{1}{2}\left\{\int_{-L}^{L} \sin\left(\frac{(n+m)\pi}{L}x\right)dx\right.$$
$$\left.- \int_{-L}^{L} \sin\left(\frac{(n-m)\pi}{L}x\right)dx\right\}.$$

ここで,整数 l に対して,
$$\int_{-L}^{L} \sin\left(\frac{l\pi}{L}x\right)dx$$
$$= \begin{cases} \left[-\frac{L}{l\pi}\cos\left(\frac{l\pi}{L}x\right)\right]_{-L}^{L} = 0 & (l \neq 0) \\ \int_{-L}^{L} 0\,dx = 0 & (l = 0) \end{cases}$$

であり,これらは l によらず 0. ゆえに,
$$\int_{-L}^{L} \cos\left(\frac{n\pi}{L}x\right)\sin\left(\frac{m\pi}{L}x\right)dx = 0.$$

5.1.2 (1) $f(x) = x$ は奇関数なので, $A_0 = 0$.
同様に, $f(x)\cos\left(\frac{n\pi}{L}x\right)$ $(n \geq 1)$ も奇関数なので, $A_n = 0$.
$$B_n = \frac{1}{L}\int_{-L}^{L} x\sin\left(\frac{n\pi}{L}x\right)dx$$
$$= \frac{1}{L}\left\{\left[-\frac{L}{n\pi}x\cos\left(\frac{n\pi}{L}x\right)\right]_{-L}^{L}\right.$$
$$\left.- \int_{-L}^{L}\left(-\frac{L}{n\pi}\right)\cos\left(\frac{n\pi}{L}x\right)dx\right\}$$
$$= \frac{1}{L}\left[\left\{-\frac{L}{n\pi}L\cos(n\pi)\right.\right.$$
$$\left.- \left(-\frac{L}{n\pi}\right)(-L)\cos(-n\pi)\right\}$$
$$\left.+ \frac{L}{n\pi}\left[\frac{L}{n\pi}\sin\left(\frac{n\pi}{L}x\right)\right]_{-L}^{L}\right]$$
$$= -\frac{2L}{n\pi}\cos(n\pi)$$
$$+ \frac{L}{(n\pi)^2}\{\sin(n\pi) - \sin(-n\pi)\}$$
$$= -\frac{2L}{n\pi}(-1)^n.$$

以上をまとめると,
$$f(x) = \frac{2L}{\pi}\sum_{n=1}^{\infty}\frac{(-1)^{n+1}}{n}\sin\left(\frac{n\pi}{L}x\right)$$
$$= \frac{2L}{\pi}\left\{\sin\left(\frac{\pi}{L}x\right) - \frac{1}{2}\sin\left(\frac{2\pi}{L}x\right)\right.$$
$$\left.+ \frac{1}{3}\sin\left(\frac{3\pi}{L}x\right) - \cdots\right\}.$$

(2)
$$f(x) = \begin{cases} \sin\left(\frac{\pi}{L}x\right) & (0 \leq x < L) \\ -\sin\left(\frac{\pi}{L}x\right) & (-L \leq x < 0) \end{cases}$$

であり, $f(x)$ が偶関数であることに注意して,
$$A_0 = \frac{1}{2L}\int_{-L}^{L} f(x)dx = \frac{1}{L}\int_{0}^{L} f(x)dx$$
$$= \frac{1}{L}\int_{0}^{L} \sin\left(\frac{\pi}{L}x\right)dx$$
$$= \frac{1}{L}\left[-\frac{L}{\pi}\cos\left(\frac{\pi}{L}x\right)\right]_{0}^{L}$$
$$= \frac{1}{L}\left(-\frac{L}{\pi}\right)(\cos\pi - \cos 0) = \frac{2}{\pi}.$$

また,
$$A_n = \frac{1}{L}\int_{-L}^{L} f(x)\cos\left(\frac{n\pi}{L}x\right)dx$$
$$= \frac{2}{L}\int_{0}^{L} \sin\left(\frac{\pi}{L}x\right)\cos\left(\frac{n\pi}{L}x\right)dx.$$

ここで, $n = 1$ の場合,
$$A_1 = \frac{2}{L}\int_{0}^{L} \sin\left(\frac{\pi}{L}x\right)\cos\left(\frac{\pi}{L}x\right)dx$$
$$= \frac{1}{L}\int_{0}^{L} \sin\left(\frac{2\pi}{L}x\right)dx$$
$$= \frac{1}{L}\left[-\frac{L}{2\pi}\cos\left(\frac{2\pi}{L}x\right)\right]_{0}^{L}$$
$$= \frac{1}{L}\left(-\frac{L}{2\pi}\right)(\cos 2\pi - \cos 0) = 0.$$

$n \geq 2$ の場合,
$$A_n = \frac{2}{L}\int_{0}^{L} \frac{1}{2}\left\{\sin\left(\frac{(n+1)\pi}{L}x\right)\right.$$

$$\left. - \sin\left(\frac{(n-1)\pi}{L}x\right)\right\} dx$$
$$= \frac{1}{L}\left\{\left[-\frac{L}{(n+1)\pi}\cos\left(\frac{(n+1)\pi}{L}x\right)\right]_0^L\right.$$
$$\left. -\left[-\frac{L}{(n-1)\pi}\cos\left(\frac{(n-1)\pi}{L}x\right)\right]_0^L\right\}$$
$$= \frac{1}{L}\left[\left\{-\frac{L}{(n+1)\pi}\right\}\{\cos((n+1)\pi)-\cos 0\}\right.$$
$$\left. -\left\{-\frac{L}{(n-1)\pi}\right\}\{\cos((n-1)\pi)-\cos 0\}\right]$$
$$= -\frac{1}{\pi}\left[\frac{1}{n+1}\{(-1)^{n+1}-1\}\right.$$
$$\left. -\frac{1}{n-1}\{(-1)^{n-1}-1\}\right]$$
$$= \frac{1}{\pi}\{(-1)^n+1\}\left(\frac{1}{n+1}-\frac{1}{n-1}\right)$$
$$= -\frac{2}{\pi(n^2-1)}\{(-1)^n+1\}.$$

以上をまとめると, $m \geq 1$ に対して,
$$A_{2m-1} = 0, \quad A_{2m} = -\frac{4}{\pi\{(2m)^2-1\}}.$$

最後に, $f(x)$ は偶関数なので, $f(x)\sin\left(\frac{n\pi}{L}x\right)$ $(n \geq 1)$ は奇関数. ゆえに $B_n = 0$.

以上をまとめると,
$$f(x) = \frac{2}{\pi} - \frac{4}{\pi}\sum_{n=1}^{\infty}\frac{1}{(2n)^2-1}\cos\left(\frac{2n\pi}{L}x\right)$$
$$= \frac{2}{\pi} - \frac{4}{\pi}\left\{\frac{1}{3}\cos\left(\frac{2\pi}{L}x\right)\right.$$
$$\left. + \frac{1}{15}\cos\left(\frac{4\pi}{L}x\right) + \cdots\right\}.$$

■ポイント■ (1), (2) とも, 奇関数・偶関数の積分が持つ性質を利用して, 計算を簡略化しています. フーリエ級数の計算では, 最初に, $f(x)$ が奇関数または偶関数でないかを確認するとよいでしょう.

5.1.3 (1) $I_{nm} = \int_{-L}^{L} e^{i(n\pi/L)x} e^{-i(m\pi/L)x}\,dx$ を計算する.

$n \neq m$ のとき,
$$I_{nm} = \int_{-L}^{L} e^{i\{(n-m)\pi/L\}x}\,dx$$

$$= \left[\frac{L}{i(n-m)\pi}e^{i\{(n-m)\pi/L\}x}\right]_{-L}^{L}$$
$$= \frac{L}{i(n-m)\pi}\{e^{i(n-m)\pi} - e^{-i(n-m)\pi}\}$$
$$= \frac{L}{i(n-m)\pi}\{(-1)^{n-m} - (-1)^{n-m}\}$$
$$= 0.$$

$n = m$ のとき,
$$I_{nm} = \int_{-L}^{L} e^0\,dx = \int_{-L}^{L} 1\,dx = 2L.$$

以上より, $I_{nm} = 2L\delta_{nm}$.

(2) フーリエ級数の指数関数表示の式 (5.4) の両辺に, $e^{-i(m\pi/L)x}$ を掛けて, $x = -L$ から L まで積分すると,

$$\int_{-L}^{L} f(x)e^{-i(m\pi/L)x}\,dx$$
$$= \frac{1}{\sqrt{2L}}\sum_{n=-\infty}^{\infty} c_n \int_{-L}^{L} e^{i(n\pi/L)x}e^{-i(m\pi/L)x}\,dx$$
$$= \frac{1}{\sqrt{2L}}\sum_{n=-\infty}^{\infty} c_n 2L\delta_{nm} = \sqrt{2L}\,c_m.$$

m を n に書き換えて,
$$c_n = \frac{1}{\sqrt{2L}}\int_{-L}^{L} f(x)e^{-i(n\pi/L)x}\,dx.$$

■ポイント■ 基本問題 5.3 では, 三角関数によるフーリエ級数展開の式から, フーリエ級数の指数関数表示を導きましたが, この問題のように, 指数関数の直交性から, フーリエ級数指数関数表示の展開係数を直接導くこともできます. (複素) 指数関数の扱いに慣れてしまえば, こちらの方が計算は楽でしょう.

5.1.4 (1) 周期 $2L = 2\pi$ に注意して,
$$A_0 = \frac{1}{2\pi}\int_{-\pi}^{\pi} x^2\,dx = \frac{1}{2\pi}\left[\frac{1}{3}x^3\right]_{-\pi}^{\pi} = \frac{\pi^2}{3}.$$
$$A_n = \frac{1}{\pi}\int_{-\pi}^{\pi} x^2\cos(nx)\,dx$$
$$= \frac{1}{\pi}\left\{\left[\frac{x^2\sin(nx)}{n}\right]_{-\pi}^{\pi}\right.$$
$$\left. -\int_{-\pi}^{\pi}\frac{2x\sin(nx)}{n}\,dx\right\}$$

$$= 0 - \frac{2}{n\pi}\left\{\left[-\frac{x\cos(nx)}{n}\right]_{-\pi}^{\pi}\right.$$
$$\left. - \int_{-\pi}^{\pi}\left\{-\frac{\cos(nx)}{n}\right\}dx\right\}$$
$$= -\frac{2}{n\pi}\left\{-\frac{2\pi}{n}\cos(n\pi) - 0\right\} = \frac{4}{n^2}(-1)^n.$$

また,$x^2\sin(nx)$ は奇関数であることから,
$$B_n = \frac{1}{\pi}\int_{-\pi}^{\pi} x^2\sin(nx)dx = 0.$$

以上をまとめると,
$$f(x) = x^2 = \frac{\pi^2}{3} + \sum_{n=1}^{\infty}\frac{4}{n^2}(-1)^n\cos(nx).$$

(2) (1) で求めた式に $x = \pi$ を代入すると,
$$f(\pi) = \pi^2 = \frac{\pi^2}{3} + 4\sum_{n=1}^{\infty}\frac{1}{n^2}$$
$$\longrightarrow \sum_{n=1}^{\infty}\frac{1}{n^2} = \frac{1}{4}\left(\pi^2 - \frac{\pi^2}{3}\right) = \frac{\pi^2}{6}.$$

同様に,$x = 0$ を代入すると,
$$f(0) = 0 = \frac{\pi^2}{3} + 4\sum_{n=1}^{\infty}\frac{(-1)^n}{n^2}$$
$$\longrightarrow \sum_{n=1}^{\infty}\frac{(-1)^{n+1}}{n^2} = -\sum_{n=1}^{\infty}\frac{(-1)^n}{n^2}$$
$$= \frac{1}{4}\frac{\pi^2}{3} = \frac{\pi^2}{12}.$$

ポイント ここで求めた $\sum_{n=1}^{\infty}\frac{1}{n^2}$ はゼータ関数と呼ばれる関数の一種です.これはかなりテクニカルな問題ですが,このようなやり方で級数和を計算する方法がある,ということは知っておいて損はないでしょう.

5.1.5 (1) 周期 $2L = 2\pi$,および,$f(x)$ が偶関数であることに注意して,
$$A_0 = \frac{1}{2\pi}2\int_0^{\pi} x\,dx = \frac{1}{\pi}\left[\frac{1}{2}x^2\right]_0^{\pi}$$
$$= \frac{1}{\pi}\frac{1}{2}\pi^2 = \frac{\pi}{2}.$$

$f(x)\cos(nx)$ も偶関数なので,
$$A_n = \frac{1}{\pi}2\int_0^{\pi} x\cos(nx)dx$$
$$= \frac{2}{\pi}\left\{\left[\frac{1}{n}x\sin(nx)\right]_0^{\pi} - \frac{1}{n}\int_0^{\pi}\sin(nx)dx\right\}$$

$$= \frac{2}{\pi}\left(-\frac{1}{n}\right)\left[-\frac{1}{n}\cos(nx)\right]_0^{\pi}$$
$$= \frac{2}{\pi n^2}\{\cos(n\pi) - \cos 0\}$$
$$= \frac{2}{\pi n^2}\{(-1)^n - 1\}.$$

ゆえに,$m \geq 1$ として,
$$A_{2m-1} = -\frac{4}{\pi(2m-1)^2}, \quad A_{2m} = 0.$$

また,$f(x)\sin(nx)$ は奇関数なので $B_n = 0$.
ゆえに,フーリエ展開係数で 0 でないのは,A_0 と A_{2n-1} ($n \geq 1$) のみであり,
$$f(x) = \frac{\pi}{2} - \frac{4}{\pi}\sum_{n=1}^{\infty}\frac{1}{(2n-1)^2}\cos\left((2n-1)x\right).$$

(2) (1) で求めたフーリエ級数に $x = 0$ を代入すると,
$$f(0) = 0 = \frac{\pi}{2} - \frac{4}{\pi}\sum_{n=1}^{\infty}\frac{1}{(2n-1)^2}$$
$$\longrightarrow \sum_{n=1}^{\infty}\frac{1}{(2n-1)^2} = \frac{\pi}{2}\frac{\pi}{4} = \frac{\pi^2}{8}.$$

5.2.1 (1) $\Longrightarrow$ の証明:$f(x)$ が実数なので $\overline{f(x)} = f(x)$.ゆえに,
$$\overline{\widehat{f}(k)} = \frac{1}{\sqrt{2\pi}}\int_{-\infty}^{\infty}\overline{f(x)e^{-ikx}}\,dx$$
$$= \frac{1}{\sqrt{2\pi}}\int_{-\infty}^{\infty} f(x)e^{ikx}\,dx$$
$$= \frac{1}{\sqrt{2\pi}}\int_{-\infty}^{\infty} f(x)e^{-i(-k)x}\,dx$$
$$= \widehat{f}(-k).$$

$\Longleftarrow$ の証明:$\overline{\widehat{f}(k)} = \widehat{f}(-k)$ を用いて,
$$\overline{f(x)} = \frac{1}{\sqrt{2\pi}}\int_{-\infty}^{\infty}\overline{\widehat{f}(k)e^{ikx}}\,dk$$
$$= \frac{1}{\sqrt{2\pi}}\int_{-\infty}^{\infty}\widehat{f}(-k)e^{-ikx}\,dk$$
$$= \frac{1}{\sqrt{2\pi}}\int_{\infty}^{-\infty}\widehat{f}(k')e^{ik'x}(-dk')$$
$$= \frac{1}{\sqrt{2\pi}}\int_{-\infty}^{\infty}\widehat{f}(k')e^{ik'x}\,dk'$$
$$= f(x).$$

(途中,$k' = -k$ とした.) ゆえに $f(x)$ は実数.

(2) (1) と同様に証明.

$\Longrightarrow$ の証明：$f(x)$ が純虚数なので $\overline{f(x)} = -f(x)$. ゆえに，

$$\overline{\widehat{f}(k)} = \frac{1}{\sqrt{2\pi}} \int_{-\infty}^{\infty} \overline{f(x) e^{-ikx}} \, dx$$
$$= \frac{1}{\sqrt{2\pi}} \int_{-\infty}^{\infty} \{-f(x)\} e^{ikx} \, dx$$
$$= -\frac{1}{\sqrt{2\pi}} \int_{-\infty}^{\infty} f(x) e^{-i(-k)x} \, dx$$
$$= -\widehat{f}(-k).$$

$\Longleftarrow$ の証明：$\overline{\widehat{f}(k)} = -\widehat{f}(-k)$ を用いて，

$$\overline{f(x)} = \frac{1}{\sqrt{2\pi}} \int_{-\infty}^{\infty} \overline{\widehat{f}(k) e^{ikx}} \, dk$$
$$= \frac{1}{\sqrt{2\pi}} \int_{-\infty}^{\infty} \{-\widehat{f}(-k)\} e^{-ikx} \, dk$$
$$= -\frac{1}{\sqrt{2\pi}} \int_{\infty}^{-\infty} \widehat{f}(k') e^{ik'x} (-dk')$$
$$= -\frac{1}{\sqrt{2\pi}} \int_{-\infty}^{\infty} \widehat{f}(k') e^{ik'x} \, dk'$$
$$= -f(x).$$

(途中, $k' = -k$ とした.) ゆえに $f(x)$ は純虚数.

(3)
$$\mathcal{F}[af(x) + bg(x)]$$
$$= \frac{1}{\sqrt{2\pi}} \int_{-\infty}^{\infty} \{af(x) + bg(x)\} e^{-ikx} \, dx$$
$$= \frac{a}{\sqrt{2\pi}} \int_{-\infty}^{\infty} f(x) e^{-ikx} \, dx$$
$$+ \frac{b}{\sqrt{2\pi}} \int_{-\infty}^{\infty} g(x) e^{-ikx} \, dx$$
$$= a\widehat{f}(k) + b\widehat{g}(k).$$

(4)
$$\mathcal{F}[f(x+a)] = \frac{1}{\sqrt{2\pi}} \int_{-\infty}^{\infty} f(x+a) e^{-ikx} \, dx$$
$$= \frac{1}{\sqrt{2\pi}} \int_{-\infty}^{\infty} f(x') e^{-ik(x'-a)} \, dx'$$
$$= e^{ika} \frac{1}{\sqrt{2\pi}} \int_{-\infty}^{\infty} f(x') e^{-ikx'} \, dx'$$
$$= e^{ika} \widehat{f}(k).$$

(途中, $x' = x + a$ とした.)

5.2.2 $t < 0$ で $f(t) = 0$ に注意して，

$$\widehat{f}(\omega) = \frac{1}{\sqrt{2\pi}} \int_0^{\infty} A e^{-\gamma t} e^{i\omega_0 t} e^{-i\omega t} \, dt$$
$$= \frac{A}{\sqrt{2\pi}} \int_0^{\infty} e^{\{-\gamma + i(\omega_0 - \omega)\} t} \, dt$$
$$= \frac{A}{\sqrt{2\pi}} \left[\frac{1}{-\gamma + i(\omega_0 - \omega)} e^{\{-\gamma + i(\omega_0 - \omega)\} t} \right]_0^{\infty}$$
$$= \frac{A}{\sqrt{2\pi}} \left\{ -\frac{1}{-\gamma + i(\omega_0 - \omega)} \right\}$$
$$= \frac{A}{\sqrt{2\pi}} \frac{1}{\gamma - i(\omega_0 - \omega)}$$
$$= \frac{A}{\sqrt{2\pi}} \frac{\gamma + i(\omega_0 - \omega)}{\gamma^2 + (\omega_0 - \omega)^2}.$$

また，
$$|\widehat{f}(\omega)|^2 = \overline{\widehat{f}(\omega)} \, \widehat{f}(\omega)$$
$$= \frac{A^2}{2\pi} \frac{1}{\gamma + i(\omega_0 - \omega)} \frac{1}{\gamma - i(\omega_0 - \omega)}$$
$$= \frac{A^2}{2\pi} \frac{1}{\gamma^2 + (\omega_0 - \omega)^2}.$$

ポイント このように減衰振動関数 $f(t) = A e^{-\gamma t} e^{i\omega_0 t}$ をフーリエ変換すると，スペクトルの強度 $|\widehat{f}(\omega)|^2$ は，$\omega = \omega_0$ にピークを持つ，半値幅 2γ のローレンツ関数になります。

5.2.3 (1) $f(x) = e^{-ax} \, (x > 0)$, $e^{ax} \, (x < 0)$ に注意してフーリエ変換すると，

$$\widehat{f}(k) = \frac{1}{\sqrt{2\pi}} \left(\int_0^{\infty} e^{-ax} e^{-ikx} \, dx + \int_{-\infty}^0 e^{ax} e^{-ikx} \, dx \right)$$
$$= \frac{1}{\sqrt{2\pi}} \left\{ \left[\frac{1}{-a - ik} e^{(-a - ik)x} \right]_0^{\infty} + \left[\frac{1}{a - ik} e^{(a - ik)x} \right]_{-\infty}^0 \right\}$$
$$= \frac{1}{\sqrt{2\pi}} \left(-\frac{1}{-a - ik} + \frac{1}{a - ik} \right)$$
$$= \sqrt{\frac{2}{\pi}} \frac{a}{k^2 + a^2}.$$

(2) (1) の逆変換を考えると，

$$f(x) = e^{-a|x|} = \frac{1}{\sqrt{2\pi}} \int_{-\infty}^{\infty} \sqrt{\frac{2}{\pi}} \frac{a}{k^2 + a^2} e^{ikx} \, dk$$
$$= \frac{1}{\pi} \left\{ \int_{-\infty}^{\infty} \frac{a}{k^2 + a^2} \cos(kx) \, dk \right.$$

$$+ i\int_{-\infty}^{\infty}\frac{a}{k^2+a^2}\sin(kx)dk\Big\}.$$

実部を比較して,$x>0$ とすると,

$$e^{-ax} = \frac{1}{\pi}\int_{-\infty}^{\infty}\frac{a\cos(kx)}{k^2+a^2}dk$$
$$= \frac{2a}{\pi}\int_{0}^{\infty}\frac{\cos(kx)}{k^2+a^2}dk.$$

(被積分関数が偶関数であることを用いた.) ゆえに,

$$\int_{0}^{\infty}\frac{\cos(kx)}{k^2+a^2}dk = \frac{\pi}{2a}e^{-ax}.$$

ポイント (1) の $f(x)$ は,基本問題 5.5(2) で求めたローレンツ関数のフーリエ変換に対応するものであり,そのフーリエ変換がローレンツ関数に戻っていることが確認できます.また,フーリエ変換は一般には複素関数になりますので,(2) のように,実部,虚部をそれぞれ比較するという作業もしばしば行われます.

5.2.4 (1)

$$\widehat{f}(k) = \frac{1}{\sqrt{2\pi}}\Big\{\int_{0}^{\infty}e^{-ax}e^{-ikx}\,dx$$
$$+ \int_{-\infty}^{0}(-e^{ax})e^{-ikx}\,dx\Big\}$$
$$= \frac{1}{\sqrt{2\pi}}\Big\{\Big[\frac{1}{-a-ik}e^{(-a-ik)x}\Big]_{0}^{\infty}$$
$$- \Big[\frac{1}{a-ik}e^{(a-ik)x}\Big]_{-\infty}^{0}\Big\}$$
$$= \frac{1}{\sqrt{2\pi}}\Big(-\frac{1}{-a-ik}-\frac{1}{a-ik}\Big)$$
$$= -i\sqrt{\frac{2}{\pi}}\frac{k}{k^2+a^2}.$$

(2) (1) の逆変換を考えると,

$$f(x) = \frac{1}{\sqrt{2\pi}}\int_{-\infty}^{\infty}\Big(-i\sqrt{\frac{2}{\pi}}\frac{k}{k^2+a^2}\Big)e^{ikx}\,dk$$
$$= \frac{1}{\pi}\Big(\int_{-\infty}^{\infty}\frac{k\sin(kx)}{k^2+a^2}dk$$
$$- i\int_{-\infty}^{\infty}\frac{k\cos(kx)}{k^2+a^2}dk\Big).$$

実部を比較して,$x>0$ とすると,

$$e^{-ax} = \frac{1}{\pi}\int_{-\infty}^{\infty}\frac{k\sin(kx)}{k^2+a^2}dk$$
$$= \frac{2}{\pi}\int_{0}^{\infty}\frac{k\sin(kx)}{k^2+a^2}dk.$$

(被積分関数が偶関数であることを用いた.) ゆえに,

$$\int_{0}^{\infty}\frac{k\sin(kx)}{k^2+a^2}dk = \frac{\pi}{2}e^{-ax}.$$

ポイント 前問 5.2.3 と同じ解法で解ける問題です.

5.2.5 波動方程式の両辺を x についてフーリエ変換すると,右辺の x についての 2 階偏導関数を $(ik)^2\widehat{u}(k,t)$ になおすことができ,

$$\frac{\partial^2}{\partial t^2}\widehat{u}(k,t) = v^2(ik)^2\widehat{u}(k,t) = -v^2k^2\widehat{u}(k,t).$$

これは t についての 2 階微分方程式であり,一般解は,

$$\widehat{u}(k,t) = A(k)e^{ivkt} + B(k)e^{-ivkt}.$$

ここで,初期条件より,

$$\widehat{u}(k,0) = A(k) + B(k)$$
$$= \frac{1}{\sqrt{2\pi}}\int_{-\infty}^{\infty}f(x)e^{-ikx}\,dx = \widehat{f}(k),$$
$$\frac{\partial\widehat{u}(k,t)}{\partial t}\Big|_{t=0} = ivk\{A(k) - B(k)\} = 0$$
$$\longrightarrow\quad A(k) = B(k) = \frac{1}{2}\widehat{f}(k).$$

ゆえに,初期条件に対応する特解は,

$$\widehat{u}(k,t) = \frac{1}{2}\widehat{f}(k)\left(e^{ivkt} + e^{-ivkt}\right).$$

この解を逆フーリエ変換すれば,求める解が,

$$u(x,t) = \frac{1}{\sqrt{2\pi}}\int_{-\infty}^{\infty}\frac{1}{2}\widehat{f}(k)\left(e^{ivkt}+e^{-ivkt}\right)e^{ikx}\,dk$$
$$= \frac{1}{2}\Big\{\frac{1}{\sqrt{2\pi}}\int_{-\infty}^{\infty}\widehat{f}(k)e^{ik(x+vt)}\,dk$$
$$+ \frac{1}{\sqrt{2\pi}}\int_{-\infty}^{\infty}\widehat{f}(k)e^{ik(x-vt)}\,dk\Big\}$$
$$= \frac{1}{2}\{f(x+vt) + f(x-vt)\}$$

のように求まる.

ポイント 振動・波動分野における最頻出問題です．解に出てきた $f(x \pm vt)$ はそれぞれ，$f(x)$ の形の変位が速度 $\mp v$ で形を崩さずに伝播するような波を表します．ゆえに波動方程式に従う弦を，$u(x,0) = f(x)$ の形から静かに（$\left.\frac{\partial u(x,t)}{\partial t}\right|_{t=0} = 0$ で）はなすと，高さが $\frac{1}{2}$ になった波が，左右に分かれて，形を崩さずに伝播することになります．

なお，この問題は，2.6 節の基本問題 2.26 で述べた（偏微分方程式の）変数分離によって解くこともできます．

5.2.6 (1)

$$\widehat{f}(k) = \frac{1}{\sqrt{2\pi}} \int_{-\infty}^{\infty} f(x) e^{-ikx} \, dx$$
$$= \frac{1}{\sqrt{2\pi}} \int_{-a}^{a} e^{-ikx} \, dx$$
$$= \frac{1}{\sqrt{2\pi}} \left[\frac{1}{-ik} e^{-ikx} \right]_{-a}^{a}$$
$$= \frac{1}{\sqrt{2\pi}} \frac{i}{k} \left(e^{-ika} - e^{ika} \right)$$
$$= \frac{1}{\sqrt{2\pi}} \frac{i}{k} (-2i) \sin(ka)$$
$$= \sqrt{\frac{2}{\pi}} \frac{\sin(ka)}{k}.$$

(2) パーセバルの等式で $g(x) = f(x)$ とおくと，$\widehat{g}(k) = \widehat{f}(k)$ に注意して，

$$\int_{-\infty}^{\infty} \widehat{f}(k) \overline{\widehat{f}(k)} \, dk = \int_{-\infty}^{\infty} f(x) \overline{f(x)} \, dx$$
$$\longrightarrow \int_{-\infty}^{\infty} \frac{2}{\pi} \left(\frac{\sin(ka)}{k} \right)^2 \, dk$$
$$= \int_{-a}^{a} 1 \cdot 1 \, dx = 2a$$
$$\longrightarrow \int_{-\infty}^{\infty} \left(\frac{\sin(ka)}{k} \right)^2 \, dk = \pi a.$$

$ka = t$ と変数変換すると，$dk = \frac{dt}{a}$ より，

$$\pi a = \int_{-\infty}^{\infty} \left(\frac{a \sin t}{t} \right)^2 \frac{dt}{a}$$
$$= a \int_{-\infty}^{\infty} \left(\frac{\sin t}{t} \right)^2 \, dt$$
$$\longrightarrow \int_{-\infty}^{\infty} \left(\frac{\sin t}{t} \right)^2 \, dt = \pi.$$

5.2.7 $f(x) = \frac{1}{x^2+a^2}$ のフーリエ変換は，基本問題 5.5(2) より，

$$\widehat{f}(k) = \frac{1}{\sqrt{2\pi}} \int_{-\infty}^{\infty} \frac{e^{-ikx}}{x^2+a^2} \, dx = \sqrt{\frac{\pi}{2}} \frac{1}{a} e^{-a|k|}.$$

ゆえに，パーセバルの等式より，

$$\int_{-\infty}^{\infty} \frac{dx}{(x^2+a^2)^2} = \int_{-\infty}^{\infty} f(x) \overline{f(x)} \, dx$$
$$= \int_{-\infty}^{\infty} \widehat{f}(k) \overline{\widehat{f}(k)} \, dk$$
$$= \int_{-\infty}^{\infty} \frac{\pi}{2} \frac{1}{a^2} e^{-2a|k|} \, dk = \frac{\pi}{2} \frac{1}{a^2} 2 \int_{0}^{\infty} e^{-2ak} \, dk$$
$$= \frac{\pi}{a^2} \left[\frac{1}{-2a} e^{-2ak} \right]_{0}^{\infty} = \frac{\pi}{a^2} \left(-\frac{1}{-2a} \right)$$
$$= \frac{\pi}{2a^3}.$$

$\frac{1}{(x^2+a^2)^2}$ は偶関数であるので，結局，

$$\int_{0}^{\infty} \frac{dx}{(x^2+a^2)^2} = \frac{1}{2} \int_{-\infty}^{\infty} \frac{dx}{(x^2+a^2)^2}$$
$$= \frac{\pi}{4a^3}.$$

5.3.1 (1)

$$\mathcal{L}[af(x) + bg(x)]$$
$$= \int_{0}^{\infty} \{af(x) + bg(x)\} e^{-sx} \, dx$$
$$= a \int_{0}^{\infty} f(x) e^{-sx} \, dx + b \int_{0}^{\infty} g(x) e^{-sx} \, dx$$
$$= a \widetilde{f}(s) + b \widetilde{g}(s).$$

(2)

$$\mathcal{L}[f(x-a)] = \int_{0}^{\infty} f(x-a) e^{-sx} \, dx$$
$$= \int_{-a}^{\infty} f(x') e^{-s(x'+a)} \, dx'$$
$$= e^{-sa} \int_{0}^{\infty} f(x') e^{-sx'} \, dx'$$
$$= e^{-sa} \widetilde{f}(s).$$

（途中，$x' = x - a$ とし，また，$f(x) = 0 \, (x < 0)$ より，積分の下限を $-a$ から 0 に変更した．）

(3)

$$\mathcal{L}[e^{\alpha x} f(x)] = \int_{0}^{\infty} e^{\alpha x} f(x) e^{-sx} \, dx$$
$$= \int_{0}^{\infty} f(x) e^{-(s-\alpha)x} \, dx$$

$$= \widetilde{f}(s-\alpha).$$

5.3.2 (1), (2) 基本問題 5.11(1) より, $e^{\pm ax}$ のラプラス変換は, $\mathcal{L}(e^{\pm ax}) = \frac{1}{s \mp a}$ (ただし, $\mathrm{Re}(s) > \pm a$). 今,

$$\mathcal{L}[\cosh(ax)] = \frac{1}{2}\left\{\mathcal{L}(e^{ax}) + \mathcal{L}(e^{-ax})\right\}.$$

このラプラス変換が存在するためには, $\mathrm{Re}(s) > a$ かつ $\mathrm{Re}(s) > -a$, すなわち, $\mathrm{Re}(s) > |a|$ でなければならず, このとき,

$$\mathcal{L}[\cosh(ax)] = \frac{1}{2}\left(\frac{1}{s-a} + \frac{1}{s+a}\right)$$
$$= \frac{s}{s^2 - a^2}.$$

同様に,

$$\mathcal{L}[\sinh(ax)] = \frac{1}{2}\left\{\mathcal{L}(e^{ax}) - \mathcal{L}(e^{-ax})\right\}$$
$$= \frac{1}{2}\left(\frac{1}{s-a} - \frac{1}{s+a}\right)$$
$$= \frac{a}{s^2 - a^2}.$$

(ただし, $\mathrm{Re}(s) > |a|$.)

(3), (4) 基本問題 5.11(1) より,

$$\mathcal{L}[e^{\alpha x} e^{\pm iax}] = \frac{1}{s - (\alpha \pm ia)}.$$

ただし, $\mathrm{Re}(s) > \mathrm{Re}(\alpha \pm ia) = \mathrm{Re}(\alpha)$. ゆえに,

$$\mathcal{L}\left[e^{\alpha x} \cos(ax)\right]$$
$$= \frac{1}{2}\left\{\mathcal{L}\left(e^{\alpha x} e^{iax}\right) + \mathcal{L}\left(e^{\alpha x} e^{-iax}\right)\right\}$$
$$= \frac{1}{2}\left(\frac{1}{s - \alpha - ia} + \frac{1}{s - \alpha + ia}\right)$$
$$= \frac{s - \alpha}{(s - \alpha)^2 + a^2},$$

$$\mathcal{L}\left[e^{\alpha x} \sin(ax)\right]$$
$$= \frac{1}{2i}\left\{\mathcal{L}\left(e^{\alpha x} e^{iax}\right) - \mathcal{L}\left(e^{\alpha x} e^{-iax}\right)\right\}$$
$$= \frac{1}{2i}\left(\frac{1}{s - \alpha - ia} - \frac{1}{s - \alpha + ia}\right)$$
$$= \frac{a}{(s - \alpha)^2 + a^2}.$$

(ただし, $\mathrm{Re}(s) > \mathrm{Re}(\alpha)$.)

(5), (6)

$$\mathcal{L}[xe^{\pm iax}] = \int_0^\infty xe^{\pm iax} e^{-sx}\, dx$$
$$= \int_0^\infty xe^{(-s \pm ia)x}\, dx$$
$$= \left[\frac{1}{-s \pm ia} xe^{(-s \pm ia)x}\right]_0^\infty$$
$$\quad - \int_0^\infty \frac{1}{-s \pm ia} e^{(-s \pm ia)x}\, dx$$
$$= \left[\frac{1}{-s \pm ia} xe^{(-s \pm ia)x}\right]_0^\infty$$
$$\quad - \left[\frac{1}{(-s \pm ia)^2} e^{(-s \pm ia)x}\right]_0^\infty.$$

この積分が発散しないためには, $\mathrm{Re}(s) > 0$ でなければならず, このとき,

$$\mathcal{L}[xe^{\pm iax}] = \frac{1}{(-s \pm ia)^2} = \frac{1}{(s \mp ia)^2}.$$

ゆえに,

$$\mathcal{L}[x \cos(ax)]$$
$$= \frac{1}{2}\left\{\mathcal{L}(xe^{iax}) + \mathcal{L}(xe^{-iax})\right\}$$
$$= \frac{1}{2}\left\{\frac{1}{(s - ia)^2} + \frac{1}{(s + ia)^2}\right\}$$
$$= \frac{s^2 - a^2}{(s^2 + a^2)^2},$$

$$\mathcal{L}[x \sin(ax)]$$
$$= \frac{1}{2i}\left\{\mathcal{L}(xe^{iax}) - \mathcal{L}(xe^{-iax})\right\}$$
$$= \frac{1}{2i}\left\{\frac{1}{(s - ia)^2} - \frac{1}{(s + ia)^2}\right\}$$
$$= \frac{2as}{(s^2 + a^2)^2}.$$

(ただし, $\mathrm{Re}(s) > 0$.)

5.3.3 (1) (i)

$$\widetilde{F}(s) = \frac{1}{s(s^2 + a^2)} = \frac{1}{a^2}\left(\frac{1}{s} - \frac{s}{s^2 + a^2}\right).$$

ここで, $\mathcal{L}^{-1}\left(\frac{1}{s}\right) = 1$, $\mathcal{L}^{-1}\left(\frac{s}{s^2 + a^2}\right) = \cos(ax)$ より,

$$F(x) = \mathcal{L}^{-1}[\widetilde{F}(s)]$$
$$= \frac{1}{a^2}\left\{\mathcal{L}^{-1}\left(\frac{1}{s}\right) - \mathcal{L}^{-1}\left(\frac{s}{s^2 + a^2}\right)\right\}$$

$$= \frac{1}{a^2}\{1 - \cos(ax)\}.$$

(ii) $\widetilde{f}(s) = \frac{1}{s}$, $\widetilde{g}(s) = \frac{1}{s^2+a^2}$ とすると,
$$\widetilde{F}(s) = \frac{1}{s(s^2+a^2)} = \widetilde{f}(s)\widetilde{g}(s).$$

ここで,
$$f(x) = \mathcal{L}^{-1}\left(\frac{1}{s}\right) = 1,$$
$$g(x) = \mathcal{L}^{-1}\left(\frac{1}{s^2+a^2}\right) = \frac{1}{a}\sin(ax)$$

より,
$$F(x) = \mathcal{L}^{-1}[\widetilde{F}(s)] = \int_0^x f(x-x')g(x')dx'$$
$$= \int_0^x \frac{1}{a}\sin(ax')dx' = \frac{1}{a}\left[-\frac{1}{a}\cos(ax')\right]_0^x$$
$$= -\frac{1}{a^2}\{\cos(ax) - 1\} = \frac{1}{a^2}\{1 - \cos(ax)\}.$$

(2) (i)
$$\widetilde{F}(s) = \frac{s^2}{(s^2+a^2)(s^2+b^2)}$$
$$= \frac{1}{b^2-a^2}\left(\frac{b^2}{s^2+b^2} - \frac{a^2}{s^2+a^2}\right).$$

ここで,
$$\mathcal{L}^{-1}\left(\frac{c^2}{s^2+c^2}\right) = c\mathcal{L}^{-1}\left(\frac{c}{s^2+c^2}\right)$$
$$= c\sin(cx)$$

$(c = a, b)$ より,
$$F(x) = \mathcal{L}^{-1}[\widetilde{F}(s)]$$
$$= \frac{1}{b^2-a^2}\left\{\mathcal{L}^{-1}\left(\frac{b^2}{s^2+b^2}\right) \right.$$
$$\left. - \mathcal{L}^{-1}\left(\frac{a^2}{s^2+a^2}\right)\right\}$$
$$= \frac{1}{b^2-a^2}\{b\sin(bx) - a\sin(ax)\}$$
$$= \frac{a\sin(ax) - b\sin(bx)}{a^2-b^2}.$$

(ii) $\widetilde{f}(s) = \frac{s}{s^2+a^2}$, $\widetilde{g}(s) = \frac{s}{s^2+b^2}$ とする と,
$$\widetilde{F}(s) = \frac{s^2}{(s^2+a^2)(s^2+b^2)} = \widetilde{f}(s)\widetilde{g}(s).$$

ここで,
$$f(x) = \mathcal{L}^{-1}\left(\frac{s}{s^2+a^2}\right) = \cos(ax),$$
$$g(x) = \mathcal{L}^{-1}\left(\frac{s}{s^2+b^2}\right) = \cos(bx)$$

より,
$$F(x) = \mathcal{L}^{-1}[\widetilde{F}(s)] = \int_0^x f(x-x')g(x')dx'$$
$$= \int_0^x \cos\left(a(x-x')\right)\cos(bx')dx'$$
$$= \frac{1}{2}\left\{\int_0^x \cos\left(ax - (a-b)x'\right)dx' \right.$$
$$\left. + \int_0^x \cos\left(ax - (a+b)x'\right)dx'\right\}$$
$$= \frac{1}{2}\left\{\left[\frac{1}{-(a-b)}\sin\left(ax - (a-b)x'\right)\right]_0^x \right.$$
$$\left. + \left[\frac{1}{-(a+b)}\sin\left(ax - (a+b)x'\right)\right]_0^x\right\}$$
$$= -\frac{1}{2}\left[\frac{1}{a-b}\{\sin(bx) - \sin(ax)\} \right.$$
$$\left. + \frac{1}{a+b}\{\sin(-bx) - \sin(ax)\}\right]$$
$$= -\frac{1}{2}\left\{\left(-\frac{1}{a-b} - \frac{1}{a+b}\right)\sin(ax) \right.$$
$$\left. + \left(\frac{1}{a-b} - \frac{1}{a+b}\right)\sin(bx)\right\}$$
$$= -\frac{1}{2}\left\{-\frac{2a}{a^2-b^2}\sin(ax) \right.$$
$$\left. + \frac{2b}{a^2-b^2}\sin(bx)\right\}$$
$$= \frac{a\sin(ax) - b\sin(bx)}{a^2-b^2}.$$

5.3.4 与式を m で割って,
$$\frac{d^2x(t)}{dt^2} + \gamma\frac{dx(t)}{dt} + kx(t) = f(t)$$
$$\left(\gamma = \frac{\Gamma}{m}, k = \frac{K}{m}, f(t) = \frac{F(t)}{m}\right)$$

としておく. 方程式をラプラス変換すると,
$$s^2\widetilde{x}(s) - sx(0) - \frac{dx(0)}{dt}$$
$$+ \gamma\{s\widetilde{x}(s) - x(0)\} + k\widetilde{x}(s) = \widetilde{f}(s).$$

初期条件を代入して変形すると，
$$(s^2 + \gamma s + k)\widetilde{x}(s) = \widetilde{f}(s)$$
$$\longrightarrow \quad \widetilde{x}(s) = \frac{\widetilde{f}(s)}{s^2 + \gamma s + k}$$
$$= \frac{\widetilde{f}(s)}{(s + \frac{\gamma}{2})^2 + k - \frac{\gamma^2}{4}}.$$

今，$k - \frac{\gamma^2}{4} = \frac{K}{m} - \frac{\Gamma^2}{4m^2} > 0$ より，$\omega_0 = \sqrt{k - \frac{\gamma^2}{4}}$ とおくと，
$$\widetilde{x}(s) = \frac{\widetilde{f}(s)}{(s + \frac{\gamma}{2})^2 + \omega_0^2}.$$

ここで，
$$\widetilde{g}(s) = \frac{1}{(s + \frac{\gamma}{2})^2 + \omega_0^2} = \frac{1}{\omega_0} \frac{\omega_0}{(s + \frac{\gamma}{2})^2 + \omega_0^2}$$

とすると，$\mathcal{L}^{-1}\left[\frac{a}{(s-\alpha)^2+a^2}\right] = e^{\alpha t}\sin(at)$ より，
$$g(t) = \frac{1}{\omega_0} e^{-(\gamma/2)t} \sin(\omega_0 t).$$

ゆえに $\widetilde{x}(s) = \widetilde{f}(s)\widetilde{g}(s)$ に対して，たたみ込み積分の式を用いると，
$$x(t) = \int_0^t f(t-t')g(t')dt'$$
$$= \int_0^t f(t-t') \frac{1}{\omega_0} e^{-(\gamma/2)t'} \sin(\omega_0 t')dt'$$
$$= \frac{1}{m\omega_0} \int_0^t F(t-t') e^{-(\Gamma/2m)t'} \sin(\omega_0 t')dt'$$

となり，解 $x(t)$ が $F(t)$ の式で表される．

第 6 章

6.1.1 以下，$f(x)$ は任意のなめらかな関数とする．

(1) $g(x) = 0$ の解のうち，$x = \alpha_n$ に着目する．ある $\varepsilon > 0$ に対して，$\alpha_n - \varepsilon < x < \alpha_n + \varepsilon$ の範囲にある解が $x = \alpha_n$ のみであるとする．$\varepsilon > 0$ を十分小さくとると，上記の範囲で関数 $g(x)$ を

$$g(x) = g(\alpha_n) + g'(\alpha_n)(x - \alpha_n) + o(x - \alpha_n)$$
$$\rightarrow g'(\alpha_n)(x - \alpha_n) \quad (\varepsilon \rightarrow +0)$$

と近似できる．($g(\alpha_n) = 0$ であることに注意．)

ゆえに，
$$\int_{\alpha_n - \varepsilon}^{\alpha_n + \varepsilon} f(x)\delta(g(x))dx$$
$$= \int_{\alpha_n - \varepsilon}^{\alpha_n + \varepsilon} f(x)\delta(g'(\alpha_n)(x - \alpha_n))dx.$$
$$(\varepsilon \rightarrow +0)$$

ここで，$y = g'(\alpha_n)(x - \alpha_n)$ と変数変換すると，$x = \frac{y}{g'(\alpha_n)} + \alpha_n$ に注意して，
$$\int_{\alpha_n - \varepsilon}^{\alpha_n + \varepsilon} f(x)\delta(g(x))dx$$
$$= \int_{-\varepsilon g'(\alpha_n)}^{\varepsilon g'(\alpha_n)} f\left(\frac{y}{g'(\alpha_n)} + \alpha_n\right) \delta(y) \frac{dy}{g'(\alpha_n)}$$
$$= \begin{cases} \frac{1}{g'(\alpha_n)} f(\alpha_n) & (g'(\alpha_n) > 0) \\ -\frac{1}{g'(\alpha_n)} f(\alpha_n) & (g'(\alpha_n) < 0) \end{cases}$$
$$= \frac{1}{|g'(\alpha_n)|} f(\alpha_n).$$

ゆえに，$x = \alpha_n$ に対して，$\delta(g(x)) = \frac{1}{|g'(\alpha_n)|}\delta(x - \alpha_n)$．$g(x) = 0$ の全ての解に対して同様の式が成り立つので，
$$\delta(g(x)) = \sum_n \frac{1}{|g'(\alpha_n)|} \delta(x - \alpha_n).$$

(2) $a < 0, b > 0$ として，
$$\int_a^b f(x) \frac{dH(x)}{dx} dx$$
$$= [f(x)H(x)]_a^b - \int_a^b \frac{df(x)}{dx} H(x)dx$$
$$= f(b)H(b) - f(a)H(a) - \int_0^b \frac{df(x)}{dx} dx$$
$$= f(b) - [f(x)]_0^b = f(b) - \{f(b) - f(0)\}$$
$$= f(0).$$

ゆえに，$\frac{d}{dx}H(x) = \delta(x)$．

(3) $a < 0, b > 0$ とする．$a < y < b$ に対して，
$$\int_a^b f(x)x\delta(x - y)dx = f(y) \, y.$$

両辺を y で微分して，
$$\int_a^b f(x)x \left\{\frac{d}{dy}\delta(x - y)\right\}dx$$
$$= \int_a^b f(x)x \left\{-\frac{d}{dx}\delta(x - y)\right\}dx$$

$$= \frac{df(y)}{dy}y + f(y).$$

$y = 0$ を代入すると,

$$-\int_a^b f(x)x\left\{\frac{d}{dx}\delta(x)\right\}dx = f(0)$$
$$\longrightarrow \int_a^b f(x)x\delta'(x)dx = -f(0).$$

ゆえに, $x\delta'(x) = -\delta(x)$.

ポイント (1) で「$g(x) = 0$ の解 $x = \alpha_n$ が互いに孤立している」という条件が付いていますが,これは $g(x) = 0$ の解がある点近傍に稠密に(無限小の間隔で)存在する場合は,(1) の解答で考えるような ε が存在しないためです.

6.1.2 $a < 0, b > 0$ とする.十分大きな n をとれば, $a < -\frac{1}{2n} < 0 < \frac{1}{2n} < b$ となることに注意して,

$$\lim_{n\to\infty}\int_a^b f(x)\delta_n(x)dx = \lim_{n\to\infty} n\int_{-1/2n}^{1/2n} f(x)dx.$$

ここで,積分区間 $-\frac{1}{2n} < x < \frac{1}{2n}$ が, $n \to \infty$ で $x = 0$ 周りの無限小の区間になることから,積分中の $f(x)$ を一定値 $f(0)$ で置き換えてよい.
ゆえに,

$$\lim_{n\to\infty}\int_a^b f(x)\delta_n(x)dx$$
$$= \lim_{n\to\infty} nf(0)\int_{-1/2n}^{1/2n} dx$$
$$= \lim_{n\to\infty} nf(0)\frac{1}{n} = f(0).$$

ゆえに,与式の $\delta_n(x)$ はデルタ関数列である.

6.1.3 条件 (i), (ii) より, $\delta_\varepsilon(x)$ は極限 $\varepsilon \to +0$ において, $x \neq 0$ では 0 に収束し, $x = 0$ でのみ 0 でない値をとる.ゆえに, $f(x)\delta_\varepsilon(x)$ の $x = a$ から $x = b$ まで ($a < 0, b > 0$) の積分は, $\varepsilon \to +0$ で,

$$\int_a^b f(x)\delta_\varepsilon(x)dx$$
$$= f(0)\int_a^b \delta_\varepsilon(x)dx = f(0)\int_{-\infty}^\infty \delta_\varepsilon(x)dx.$$

[最後の式変形で, $-\infty < x < a$ および $b < x < \infty$ では $\lim_{\varepsilon\to+0}\delta_\varepsilon(x) = 0$ であることを用いて,積分区間を $-\infty < x < \infty$ に変更した.] ここで,(iii) を用いると,

$$\lim_{\varepsilon\to+0}\int_a^b f(x)\delta_\varepsilon(x)dx$$
$$= f(0)\lim_{\varepsilon\to+0}\int_{-\infty}^\infty \delta_\varepsilon(x)dx = f(0).$$

ゆえに, $\delta_\varepsilon(x)$ はデルタ関数列である.

ポイント 問題の $\delta_\varepsilon(x)$ は,デルタ関数が満たすべき性質 $\int_{-\infty}^\infty \delta_\varepsilon(x)dx = 1$ を常に満たしながら, $\varepsilon \to +0$ で単調にデルタ関数の形に近づく関数列になっています(図参照).なお,問題の条件で, $\delta_\varepsilon(x)$ を $\delta_n(x)$ に, $\varepsilon \to +0$ を $n \to \infty$ に置き換えれば, $\delta_n(x)$ がデルタ関数列であるための十分条件になります.

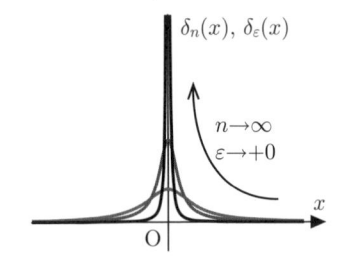

$\delta_n(x), \delta_\varepsilon(x)$

$n\to\infty$
$\varepsilon\to+0$

6.1.4 (1) (i) $x = 0$ のとき,

$$\lim_{\varepsilon\to+0}\delta_\varepsilon(0) = \lim_{\varepsilon\to+0}\frac{1}{\pi\varepsilon} = \infty.$$

(ii) $x \neq 0$ のとき,

$$\lim_{\varepsilon\to+0}\delta_\varepsilon(x) = \lim_{\varepsilon\to+0}\frac{1}{\pi}\frac{\varepsilon}{x^2+\varepsilon^2} = 0.$$

(iii) $f(z) = \dfrac{\varepsilon}{z^2+\varepsilon^2}$ を図の経路 C で複素積分する. C の各部分での積分は,

(I) $z = x, dz = dx$ より,

$$\int_{\mathrm{I}} f(z)dz \to \int_{-\infty}^\infty \frac{\varepsilon}{x^2+\varepsilon^2}dx. \quad (R \to \infty)$$

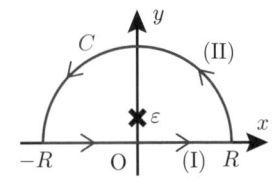

(II) $z = Re^{i\theta}, dz = iRe^{i\theta}d\theta$ より,

$$\int_{\mathrm{II}} f(z)dz = \int_0^\pi \frac{\varepsilon}{R^2e^{i2\theta}+\varepsilon^2}iRe^{i\theta}d\theta$$

また, $f(z) = \frac{\varepsilon}{z^2+\varepsilon^2} = \frac{\varepsilon}{(z-i\varepsilon)(z+i\varepsilon)}$ は, $z = \pm i\varepsilon$ に 1 位の極をもつ. そのうち C 内の極は $z = i\varepsilon$ で, その留数は,

$$\operatorname{Res}(i\varepsilon) = \lim_{z \to i\varepsilon} \frac{\varepsilon}{z+i\varepsilon} = \frac{\varepsilon}{2i\varepsilon} = \frac{1}{2i}.$$

以上をまとめて, 留数定理より,

$$\oint_C f(z)dz = \int_{-\infty}^{\infty} \frac{\varepsilon}{x^2+\varepsilon^2}dx = 2\pi i \frac{1}{2i} = \pi.$$

ゆえに, 任意の $\varepsilon > 0$ に対して,

$$\int_{-\infty}^{\infty} \delta_\varepsilon(x)dx = \frac{1}{\pi}\int_{-\infty}^{\infty} \frac{\varepsilon}{x^2+\varepsilon^2}dx = 1.$$

(2) (i) $x = 0$ のとき,

$$\lim_{\varepsilon \to +0} \delta_\varepsilon(0) = \lim_{\varepsilon \to +0} \frac{1}{\sqrt{4\pi\varepsilon}} = \infty.$$

(ii) $x \neq 0$ のとき,

$$\lim_{\varepsilon \to +0} \delta_\varepsilon(x) = \lim_{\varepsilon \to +0} \frac{1}{\sqrt{4\pi\varepsilon}} e^{-x^2/4\varepsilon} = 0.$$

(iii) 任意の $\varepsilon > 0$ に対して,

$$\int_{-\infty}^{\infty} \delta_\varepsilon(x)dx = \frac{1}{\sqrt{4\pi\varepsilon}}\int_{-\infty}^{\infty} e^{-x^2/4\varepsilon}dx$$
$$= \frac{1}{\sqrt{4\pi\varepsilon}}\sqrt{4\pi\varepsilon} = 1.$$

(ガウス積分を用いた.)

■ポイント (1) (iii) の積分は, $x = \varepsilon\tan\theta$ と置換して θ について積分しても, 求めることができます.

6.2.1 (1) 指数関数の定義

$$e^{-t} = \lim_{n \to \infty} \left(1 - \frac{t}{n}\right)^n$$

を式 (6.13) に代入して, ガンマ関数を

$$\Gamma(z) = \int_0^\infty e^{-t}t^{z-1}\,dt$$
$$= \lim_{n \to \infty} \int_0^n \left(1-\frac{t}{n}\right)^n t^{z-1}\,dt$$

と表す.

$$\Gamma_n(z) = \int_0^n \left(1-\frac{t}{n}\right)^n t^{z-1}\,dt$$

として, $s = \frac{t}{n}$ と変数変換すると, $dt = n\,ds$ に注意して,

$$\Gamma_n(z) = \int_0^1 (1-s)^n (ns)^{z-1}\,n\,ds$$
$$= n^z \int_0^1 (1-s)^n s^{z-1}\,ds.$$

部分積分して,

$$\Gamma_n(z)$$
$$= n^z \left\{ \left[\frac{1}{z}(1-s)^n s^z\right]_0^1 \right.$$
$$\left. - \frac{1}{z}\int_0^1 n(1-s)^{n-1}(-1)s^z\,ds \right\}$$
$$= n^z \frac{n}{z}\int_0^1 (1-s)^{n-1} s^z\,ds.$$

さらに部分積分を繰り返すと,

$$\Gamma_n(z) = n^z \frac{n(n-1)}{z(z+1)} \int_0^1 (1-s)^{n-2} s^{z+1}\,ds$$
$$= \cdots$$
$$= n^z \frac{n(n-1)\cdots 1}{z(z+1)\cdots(z+n-1)}$$
$$\qquad \times \int_0^1 s^{z+n-1}\,ds$$
$$= \left\{ n^z \frac{n!}{z(z+1)\cdots(z+n-1)} \right.$$
$$\left. \times \left[\frac{1}{z+n}s^{z+n}\right]_0^1 \right\}$$
$$= n^z \frac{n!}{z(z+1)\cdots(z+n-1)(z+n)}.$$

ゆえに,

$$\Gamma(z) = \lim_{n \to \infty} \Gamma_n(z)$$
$$= \lim_{n \to \infty} n^z \frac{n!}{z(z+1)\cdots(z+n)}.$$

これは定義式 (6.14) である.

(2) 式 (6.14) が $z = -m$ ($m \geq 0$ は整数) で発散することは自明. この $z = -m$ は孤立特異点である. また, 式 (6.14) を用いて,

$$\lim_{z \to -m}(z+m)\Gamma(z)$$
$$= \lim_{z \to -m} \lim_{n \to \infty} \frac{(z+m)n!\,n^z}{z(z+1)(z+2)\cdots(z+n)}$$

$$\begin{aligned}
&= \lim_{z \to -m} \lim_{n \to \infty} n! \, n^z \frac{1}{z(z+1) \cdots (z+m-1)} \\
&\qquad \times \frac{1}{(z+m+1) \cdots (z+n)} \\
&= \lim_{n \to \infty} \frac{n! \, n^{-m}}{(-m) \cdots (-1) \cdot 1 \cdots (-m+n)} \\
&= \frac{(-1)^m}{m!} \lim_{n \to \infty} \frac{n!}{(n-m)! \, n^m} \\
&= \frac{(-1)^m}{m!} \lim_{n \to \infty} \frac{n(n-1) \cdots (n-m+1)}{n^m} \\
&= \frac{(-1)^m}{m!} \lim_{n \to \infty} 1 \cdot \left(1 - \frac{1}{n}\right) \cdots \left(1 - \frac{m-1}{n}\right) \\
&= \frac{(-1)^m}{m!}.
\end{aligned}$$

ゆえに，$\lim_{z \to -m}(z+m)\Gamma(z)$ は 0 でない有限値をとる．すなわち，$z=-m$ は 1 位の極．

(3) 式 (6.14) より，

$$\begin{aligned}
&\Gamma(z+1) \\
&= \lim_{n \to \infty} \frac{n!}{(z+1)(z+2)\cdots(z+n+1)} n^{z+1} \\
&= \lim_{n \to \infty} \frac{nz}{z+n+1} \\
&\qquad \times \frac{n!}{z(z+1)(z+2)\cdots(z+n)} n^z \\
&= z\Gamma(z).
\end{aligned}$$

6.2.2 半径 R の n 次元球の体積を $V_n(R)$ とする．$V_n(R)$ が R^n に比例することは自明．ゆえに，$V_n(R)=CR^n$ として，係数 C を求める．
n 次元空間全体における，$e^{-(x_1^2+x_2^2+\cdots+x_n^2)}$ $= e^{-r^2}$ の積分 I_n を考える．まず，$(x_1, x_2, \ldots, x_n)$ を変数とした多重積分により，

$$I_n = \int_{-\infty}^{\infty} dx_1 \int_{-\infty}^{\infty} dx_2 \cdots \int_{-\infty}^{\infty} dx_n$$
$$\times e^{-(x_1^2+x_2^2+\cdots+x_n^2)}$$
$$= \left(\int_{-\infty}^{\infty} e^{-x^2} dx\right)^n = \pi^{n/2}.$$

（ガウス積分を用いた．）次に，球座標（極座標）を用いて考えると，半径 $r \sim r+dr$ の球殻の体積が，$\frac{dV_n(r)}{dr}dr = nCr^{n-1}dr$ で与えられることに注意して，

$$I_n = \int_0^{\infty} e^{-r^2} nCr^{n-1} dr.$$

$t = r^2$ に変数変換すると，$r = t^{1/2}$, $dr = \frac{1}{2}t^{-1/2}dt$ で，t の積分区間は $t : 0 \to \infty$．ゆえに，

$$\begin{aligned}
I_n &= nC \int_0^{\infty} e^{-t} t^{(1/2)(n-1)} \frac{1}{2} t^{-1/2} dt \\
&= \frac{n}{2} C \int_0^{\infty} e^{-t} t^{n/2-1} dt = \frac{n}{2} C \Gamma\left(\frac{n}{2}\right) \\
&= C\Gamma\left(\frac{n}{2} + 1\right).
\end{aligned}$$

以上より，

$$I_n = \pi^{n/2} = C\Gamma\left(\frac{n}{2} + 1\right)$$
$$\longrightarrow \quad C = \frac{\pi^{n/2}}{\Gamma\left(\frac{n}{2}+1\right)}.$$

ゆえに，求める n 次元球の体積は，

$$V_n(R) = \frac{\pi^{n/2}}{\Gamma\left(\frac{n}{2}+1\right)} R^n.$$

ポイント n 次元球の体積は，統計力学における状態数の計算などにおいて，重要になります．

6.2.3 式 (6.14) より，

$$\Gamma_n(z) = \frac{n! \, n^z}{z(z+1)(z+2)\cdots(z+n)}$$

とすると，

$$\begin{aligned}
\Gamma_n(z) &= \frac{n^z}{z} \frac{1 \cdot 2 \cdots n}{(1+z)(2+z)\cdots(n+z)} \\
&= \frac{n^z}{z} \frac{1}{(1+z)\left(1+\frac{z}{2}\right)\cdots\left(1+\frac{z}{n}\right)} \\
&= \frac{n^z}{z} \prod_{k=1}^{n} \left(\frac{1}{1+\frac{z}{k}}\right).
\end{aligned}$$

さらに，

$$\begin{aligned}
n^z &= \left(\frac{n}{n-1} \frac{n-1}{n-2} \frac{n-2}{n-3} \cdots \frac{2}{1}\right)^z \\
&= \prod_{m=1}^{n-1} \left(\frac{m+1}{m}\right)^z = \prod_{m=1}^{n-1} \left(1 + \frac{1}{m}\right)^z
\end{aligned}$$

を用いると，

$$\Gamma_n(z) = \frac{1}{z} \prod_{m=1}^{n-1} \left(1 + \frac{1}{m}\right)^z \prod_{k=1}^{n} \left(\frac{1}{1+\frac{z}{k}}\right)$$

$$= \frac{1}{z}\frac{1}{1+\frac{z}{n}}\prod_{k=1}^{n-1}\left\{\left(1+\frac{1}{k}\right)^{z}\left(\frac{1}{1+\frac{z}{k}}\right)\right\}.$$

ゆえに,
$$\Gamma(z) = \lim_{n\to\infty}\Gamma_n(z)$$
$$= \frac{1}{z}\prod_{k=1}^{\infty}\left\{\left(1+\frac{1}{k}\right)^{z}\left(\frac{1}{1+\frac{z}{k}}\right)\right\}.$$

これは (k を n に置き換えれば) 導くべき式である.

6.3.1 (1) $t^q = x$ とおくと, $dx = qt^{q-1}dt = qx^{1-\frac{1}{q}}dt$. x の積分区間は $x: 0 \to 1$ であることに注意して,

$$\int_0^1 \frac{t^{p-1}}{\sqrt{1-t^q}}dt = \int_0^1 \frac{x^{\frac{p-1}{q}}}{\sqrt{1-x}}\frac{1}{qx^{1-\frac{1}{q}}}dx$$
$$= \frac{1}{q}\int_0^1 x^{\frac{p}{q}-\frac{1}{q}+\frac{1}{q}-1}(1-x)^{-\frac{1}{2}}dx$$
$$= \frac{1}{q}\int_0^1 x^{\frac{p}{q}-1}(1-x)^{\frac{1}{2}-1}dx$$
$$= \frac{1}{q}B\left(\frac{p}{q},\frac{1}{2}\right) = \frac{1}{q}\frac{\Gamma\left(\frac{p}{q}\right)\Gamma\left(\frac{1}{2}\right)}{\Gamma\left(\frac{p}{q}+\frac{1}{2}\right)}$$
$$= \frac{\sqrt{\pi}}{q}\frac{\Gamma\left(\frac{p}{q}\right)}{\Gamma\left(\frac{p}{q}+\frac{1}{2}\right)}.$$

最後のところで, 式 (6.21) と $\Gamma\left(\frac{1}{2}\right) = \sqrt{\pi}$ を用いた.

(2) $t = a + (b-a)x$ とおくと, $dt = (b-a)dx$. また, $x = \frac{t-a}{b-a}$ より, 積分区間は $x: 0 \to 1$. ゆえに,

$$\int_a^b (t-a)^{p-1}(b-t)^{q-1}dt$$
$$= \int_0^1 \{(b-a)x\}^{p-1}$$
$$\quad \times \{b-a-(b-a)x\}^{q-1}(b-a)dx$$
$$= (b-a)^{p-1+q-1+1}\int_0^1 x^{p-1}(1-x)^{q-1}dx$$
$$= (b-a)^{p+q-1}B(p,q)$$
$$= (b-a)^{p+q-1}\frac{\Gamma(p)\Gamma(q)}{\Gamma(p+q)}.$$

最後のところで, 式 (6.21) を用いた.

6.3.2 基本問題 6.7 より,

$$\int_0^{\pi/2}\sin^p\theta\cos^q\theta\,d\theta = \frac{1}{2}B\left(\frac{p+1}{2},\frac{q+1}{2}\right).$$

$p = n, q = 0$ とおくと,

$$\int_0^{\pi/2}\sin^n\theta\,d\theta = \frac{1}{2}B\left(\frac{n+1}{2},\frac{1}{2}\right)$$
$$= \frac{1}{2}\frac{\Gamma\left(\frac{n+1}{2}\right)\Gamma\left(\frac{1}{2}\right)}{\Gamma\left(\frac{n}{2}+1\right)} = \frac{\sqrt{\pi}}{2}\frac{\Gamma\left(\frac{n+1}{2}\right)}{\Gamma\left(\frac{n}{2}+1\right)}.$$

(式 (6.21) と $\Gamma\left(\frac{1}{2}\right) = \sqrt{\pi}$ を用いた.)
以下, n によって場合分けする.
(i) n が偶数の場合:

$$\Gamma\left(\frac{n+1}{2}\right) = \frac{n-1}{2}\Gamma\left(\frac{n-1}{2}\right) = \cdots$$
$$= \frac{n-1}{2}\frac{n-3}{2}\cdots\frac{1}{2}\Gamma\left(\frac{1}{2}\right),$$
$$\Gamma\left(\frac{n}{2}+1\right) = \frac{n}{2}\Gamma\left(\frac{n}{2}\right) = \cdots$$
$$= \frac{n}{2}\frac{n-2}{2}\cdots 1\Gamma(1).$$

ゆえに,
$$\int_0^{\pi/2}\sin^n\theta\,d\theta = \frac{\sqrt{\pi}}{2}\frac{\frac{n-1}{2}\frac{n-3}{2}\cdots\frac{1}{2}\Gamma\left(\frac{1}{2}\right)}{\frac{n}{2}\frac{n-2}{2}\cdots 1\Gamma(1)}$$
$$= \frac{\pi}{2}\frac{\frac{n-1}{2}\frac{n-3}{2}\cdots\frac{1}{2}}{\frac{n}{2}\frac{n-2}{2}\cdots 1}.$$

因子 $\frac{\frac{n-1}{2}\frac{n-3}{2}\cdots\frac{1}{2}}{\frac{n}{2}\frac{n-2}{2}\cdots 1}$ で, 分母, 分子の項の数が $\frac{n}{2}$ 個で等しいことに注意して, 分母, 分子にそれぞれ $2^{n/2}$ を掛けると, 結局,

$$\int_0^{\pi/2}\sin^n\theta\,d\theta = \frac{\pi}{2}\frac{(n-1)(n-3)\cdots 1}{n(n-2)\cdots 2}.$$

(ii) n が奇数の場合:

$$\Gamma\left(\frac{n+1}{2}\right) = \frac{n-1}{2}\frac{n-3}{2}\cdots 1\Gamma(1),$$
$$\Gamma\left(\frac{n}{2}+1\right) = \frac{n}{2}\frac{n-2}{2}\cdots\frac{1}{2}\Gamma\left(\frac{1}{2}\right).$$

ゆえに,
$$\int_0^{\pi/2}\sin^n\theta\,d\theta = \frac{\sqrt{\pi}}{2}\frac{\frac{n-1}{2}\frac{n-3}{2}\cdots 1\Gamma(1)}{\frac{n}{2}\frac{n-2}{2}\cdots\frac{1}{2}\Gamma\left(\frac{1}{2}\right)}$$

$$= \frac{1}{2} \frac{\frac{n-1}{2} \frac{n-3}{2} \cdots 1}{\frac{n}{2} \frac{n-2}{2} \cdots \frac{1}{2}}.$$

因子 $\frac{\frac{n-1}{2} \frac{n-3}{2} \cdots 1}{\frac{n}{2} \frac{n-2}{2} \cdots \frac{1}{2}}$ で，分母，分子の項の数が

それぞれ $\frac{n+1}{2}$ 個，$\frac{n-1}{2}$ 個であることに注意して，全体の係数 $\frac{1}{2}$ とのキャンセルも考慮すると，結局，

$$\int_0^{\pi/2} \sin^n \theta\, d\theta = \frac{(n-1)(n-3)\cdots 2}{n(n-2)\cdots 1}.$$

一歩進んだ学習のための文献リスト

　本書の目的は，大学学部レベルの物理数学を一通り習得することですが，そこから一歩進んで，各項目をより深く理解するためには，それぞれのトピックについての専門書を用いることが勧められます．ここでは，そのような目的に適していると思われる参考書をリストアップします．より進んだ学習のために，本リストを役立ててください．なお当然ですが，以下の文献は，多数ある良書の極々一部に過ぎません．このリストはあくまで参考として，図書館などで自分の学習の目的に合った文献を探してください．

- 物理数学全般
  - [1] 寺沢寛一著『自然科学者のための数学概論［増訂版］』岩波書店（1983 年）
    物理数学の定番といえる参考書．本書で扱った内容との関連では，特に，微分・積分，微分方程式，複素関数論が詳しい．

- 微分方程式
  - [2] 長瀬道弘著『微分方程式』裳華房（1993 年）
  - [3] 桑垣煥著『詳説演習微分方程式』培風館（1983 年）
    両者とも，本書で扱った事柄に加え，より進んだトピック（級数解，偏微分方程式など）についても詳しく述べられている．[2] はすっきりと書かれており，読みやすい．[3] は定理の証明や演習問題が多数収録されており，読み応えがある．

- ベクトル解析
  - [4] ジョージ・アルフケン，ハンス・ウェーバー著，権平健一郎，神原武志，小山直人訳，基礎物理数学 第 4 版 vol.1 『ベクトル・テンソルと行列』講談社（1999 年）
  - [5] ファインマン，レイトン，サンズ著，宮島龍興訳，ファインマン物理学 III 『電磁気学』岩波書店（1986 年）
    [4] では，ベクトルの定義から直交曲線座標系の扱いまで，ベクトル解析について詳しく述べられている．[5] はこの文献リストの趣旨から少し外れるが，最初の数章にベクトル解析の数学が簡潔にまとめられており，その物理的イメージを理解するのに有益である．

- 複素関数論
  - [6] R.V. チャーチル，J.W. ブラウン著，中野實訳『複素関数入門』サイエンティスト社（1989 年）

- [7] 有馬朗人，神部勉著，物理のための数学入門『複素関数論』共立出版（1991 年）
- [8] 福山秀敏，小形正男著，基礎物理学シリーズ 3『物理数学 I』朝倉書店（2003 年）

[6], [7] は複素関数の理論や定理の証明などが詳細に述べられており，複素関数論をしっかり学習することができる．[8] は物理への応用の観点からの議論が詳しい．

● フーリエ・ラプラス解析
- [9] 福田礼次郎著，理工系の基礎数学 6『フーリエ解析』岩波書店（1997 年）
- [10] ジョージ・アルフケン，ハンス・ウェーバー著，権平健一郎，神原武志，小山直人訳，基礎物理数学 第 4 版 vol.4『フーリエ変換と変分法』講談社（2002 年）

[9], [10] とも，フーリエ・ラプラス解析の理論と応用がバランスよく述べられており，読みやすい．

● デルタ・ガンマ・ベータ関数

デルタ関数については，上記 [4], [9] に，ガンマ・ベータ関数を含んだ特殊関数については，[7], [8] に詳しい議論がある．

索　引

● あ行 ●

位数　177
一次従属　37, 56, 90
一次独立　37, 56, 90
一般解　26
円柱座標系　129
円筒座標系　129
オイラーの関係式　39, 147

● か行 ●

解曲線　24
外積　87
回転　106, 127
ガウシアン　209
ガウス関数　209
ガウス積分　10
ガウスの超幾何級数　144
ガウスの定理　103
過減衰　41
重ね合わせの原理　35, 42, 50, 60
加法定理　146
完全微分方程式　74
ガンマ関数　236, 237
規格化　22
基準座標　63
基本解　36, 50
逆関数　150
逆行列　16
　　　──の存在条件　18
逆ラプラス変換　221
球座標系　130

求積法　27
強制振動　45
共鳴　45
行列式　17
行列の対角化　19
極　176
極限（値）　140
極座標系　129
極座標表示
　　　複素数の──　148
曲線座標系　121
虚数単位　136
虚部　136
グリーンの定理　120
グルサの公式　172
ゲージ関数　118
ゲージ変換　118, 120
減衰振動　41
勾配　98, 125
コーシーの積分公式　172
コーシーの積分定理　167
コーシーの積分判定法　142
コーシーの定理　140
コーシーの判定法　142
コーシー-リーマンの定理　160
固有値　18
固有値方程式　18
固有ベクトル　18
固有方程式　19
孤立特異点　176

● さ行 ●

三角関数　147
　　——の直交性　199
三角不等式　139
指数関数　145
　　——の直交性　205
実部　136
写像　189
収束円　142
収束座標　217
収束半径　142
主要部　176
循環　107
条件収束　141
常微分方程式　24
ジョルダンの補助定理　184
真性特異点　176, 178
スカラー三重積　87
スカラー積　86
スカラーポテンシャル　115
スケール因子　123
スターリングの公式　238
ストークスの定理　109
正規形　24
正項級数　142
斉次　28, 36, 49
正則　156
正則関数　155
絶対収束　140
絶対値　137
線形常微分方程式　28
線積分　92, 124
全微分　5
双曲関数　149

● た行 ●

対数関数　150
体積積分　91, 123
多価関数　151
多重積分　8
たたみ込み積分　210, 219
ダランベールの判定法　142
単位行列　16
単振動　40
置換積分　8
直交曲線座標系　122
定数変化法　31, 47
定積分　6
テイラー級数　12, 173
テイラー展開　12, 172
テイラーの定理　11, 172
デルタ関数　230
　　——のフーリエ積分表示　234
デルタ関数列　233
転置　16
等角写像　192
導関数　2
同次形　69
特異解　27
特異点　156
特解　26
特殊解　26
特性方程式　19, 39
特別解　26
ド・モアブルの公式　154

● な行 ●

内積　86
ナブラ　97

● は行 ●

パーセバルの等式　215
発散　101, 125
非斉次　28, 42, 57
微分係数　2

微分方程式　24	面素ベクトル　94
フーリエ級数　198, 202	● や行 ●
フーリエ変換　206	ヤコビアン　9
複素共役　137	余因子　17
複素数　136	余因子展開　17
複素積分　164	● ら行 ●
複素平面　138	ラプラシアン　111, 127
不定積分　7	ラプラス変換　217
部分積分　8	ラプラス方程式　112
分離定数　82	リーマン面　152
ベータ関数　241	リッカチ型　73
べき関数　151	留数　179
ベクトル積　87	留数定理　180
ベクトル微分演算子　97	臨界減衰　41
ベクトルポテンシャル　117	連成振動　61
ベルヌイ型　71	ローラン展開　175
変数分離	ローランの定理　175
（1階常微分方程式の）── 29, 68	ローレンチアン　209
（偏微分方程式の）── 81	ローレンツ関数　209
偏導関数　4	ロンスキアン　37
偏微分方程式　24	ロンスキー行列式　37
ポアソン方程式　112, 119	● わ行 ●
● ま行 ●	ワイエルシュトラスの定理　178
未定係数法　43	
面積分　94, 124	

監修者略歴

鈴木 久男
（すずき ひさお）

1988年　名古屋大学大学院理学研究科博士後期課程修了　理学博士
現　在　北海道大学大学院理学研究院教授
　　　　（2006年，「風間・鈴木模型の提唱」により素粒子メダル受賞）
専門分野　素粒子理論
主要著書　「超弦理論を学ぶための 場の量子論」
　　　　　（サイエンス社，2010年）

著者略歴

引原 俊哉
（ひきはら としや）

2000年　神戸大学大学院自然科学研究科博士課程後期課程修了
　　　　博士（理学）
現　在　群馬大学大学院理工学府准教授
専門分野　物性理論（主に物性基礎論，計算物理）

ライブラリ物理の演習しよう＝5
演習しよう　物理数学
―これでマスター！　学期末・大学院入試問題―

2016年7月10日ⓒ	初 版 発 行
2024年9月25日	初版第5刷発行

監修者　鈴木久男	発行者　矢沢和俊
著　者　引原俊哉	印刷者　小宮山恒敏

【発行】　　　　　　　株式会社　数理工学社
〒151–0051　東京都渋谷区千駄ヶ谷1丁目3番25号
編集☎（03）5474–8661（代）　　サイエンスビル

【発売】　　　　　　　株式会社　サイエンス社
〒151–0051　東京都渋谷区千駄ヶ谷1丁目3番25号
営業☎（03）5474–8500（代）　　振替00170–7–2387
FAX☎（03）5474–8900

印刷・製本　小宮山印刷工業（株）

≪検印省略≫

本書の内容を無断で複写複製することは，著作者および出版者の権利を侵害することがありますので，その場合にはあらかじめ小社あて許諾をお求め下さい．

サイエンス社・数理工学社の
ホームページのご案内
https://www.saiensu.co.jp
ご意見・ご要望は
suuri@saiensu.co.jp まで．

ISBN978–4–86481–037–1
PRINTED IN JAPAN

演習力学 ［新訂版］
今井・高見・高木・吉澤・下村共著
2色刷・A5・本体1500円

新・演習 力学
阿部龍蔵著　2色刷・A5・本体1850円

新・基礎 力学演習
永田・佐野・轟木共著　2色刷・A5・本体1850円

演習電磁気学 ［新訂版］
加藤著　和田改訂　2色刷・A5・本体1850円

新・演習 電磁気学
阿部龍蔵著　2色刷・A5・本体1850円

新・基礎 電磁気学演習
永田・佐野・轟木共著　2色刷・A5・本体1950円

電磁気学演習 ［第3版］
山村・北川共著　A5・本体1900円

＊表示価格は全て税抜きです．

サイエンス社

演習量子力学 [新訂版]
岡崎・藤原共著　Ａ５・本体1850円

新・演習　量子力学
阿部龍蔵著　２色刷・Ａ５・本体1800円

演習熱力学・統計力学 [新訂版]
広池・田中共著　Ａ５・本体1850円

新・演習　熱・統計力学
阿部龍蔵著　２色刷・Ａ５・本体1800円

熱・統計力学演習
瀬川・香川・堀辺共著　Ａ５・本体1748円

新版　演習場の量子論
―基礎から学びたい人のために―
柏　太郎著　Ａ５・本体1850円

＊表示価格は全て税抜きです．

サイエンス社

演習 大学院入試問題
　　　　　　［数学］Ⅰ ＜第3版＞
　　姫野・陳共著　　Ａ5・本体2850円

演習 大学院入試問題
　　　　　　［数学］Ⅱ ＜第3版＞
　　姫野・陳共著　　Ａ5・本体2550円

演習 大学院入試問題
　　　　　　［物理学］Ⅰ ＜第3版＞
　　姫野俊一著　　Ａ5・本体2980円

演習 大学院入試問題
　　　　　　［物理学］Ⅱ ＜第3版＞
　　姫野俊一著　　Ａ5・本体2980円

＊表示価格は全て税抜きです．

サイエンス社

解法と演習
工学・理学系大学院入試問題
〈数学・物理学〉[第2版]
陳・姫野共著　A5・本体3300円

詳解と演習
大学院入試問題〈数学〉
大学数学の理解を深めよう
海老原・太田共著　A5・本体2350円

詳解と演習
大学院入試問題〈物理学〉
香取監修　小林・森山共著　A5・本体2250円

大学院入試問題 解法と演習
電気・電子・通信Ⅱ，Ⅲ
姫野俊一著　A5・Ⅱ：本体2950円
Ⅲ：本体2800円

＊表示価格は全て税抜きです．

━━━発行・数理工学社／発売・サイエンス社━━━

━━━ ライブラリ 物理の演習しよう ━━━

演習しよう 力学
これでマスター！ 学期末・大学院入試問題
鈴木監修　松永・須田共著　2色刷・A5・本体2200円

演習しよう 電磁気学
これでマスター！ 学期末・大学院入試問題
鈴木監修　羽部・榎本共著　2色刷・A5・本体2200円

演習しよう 量子力学
これでマスター！ 学期末・大学院入試問題
鈴木・大谷共著　2色刷・A5・本体2450円

演習しよう 熱・統計力学
これでマスター！ 学期末・大学院入試問題
鈴木監修　北著　2色刷・A5・本体2000円

演習しよう 物理数学
これでマスター！ 学期末・大学院入試問題
鈴木監修　引原著　2色刷・A5・本体2400円

演習しよう 振動・波動
これでマスター！ 学期末・大学院入試問題
鈴木監修　引原著　2色刷・A5・本体1800円

＊表示価格は全て税抜きです．

━━━ 発行・数理工学社／発売・サイエンス社 ━━━